W0255912

MLG Mathematik für das Lehramt an Gymnasien

Claus
Einführung in die Informatik
254 Seiten. Kart. DM 24,80

Degen/Profke
**Grundlagen der affinen
und euklidischen Geometrie**
232 Seiten. Kart. DM 25,80

Schafmeister/Wiebe
Grundzüge der Algebra
247 Seiten. Kart. DM 26,80

Walter
**Einführung in die Wahrscheinlichkeitsrechnung
und Statistik**

Wille
Analysis
Eine anwendungsbezogene Einführung
336 Seiten. Kart. DM 29,00

Die Reihe Mathematik für das Lehramt an Gymnasien
wird durch weitere Bände fortgesetzt.
Preisänderungen vorbehalten.

B. G. Teubner Stuttgart

Mathematik für das Lehramt an Gymnasien

Schafmeister/Wiebe
Grundzüge der Algebra

Mathematik für das Lehramt an Gymnasien

Herausgegeben von
Prof. Dr. W. Degen, Stuttgart, Prof. Dr. K. Kirchgässner, Stuttgart,
Oberstudienrat M. Toussaint, Karlsruhe, Prof. Dr. E. Walter, Freiburg

Die Reihe Mathematik für das Lehramt an Gymnasien behandelt die
für den Unterricht in der Sekundarstufe II bedeutsamen Gebiete der
Mathematik. Die einheitlich konzipierten Bände vermitteln dem Lehr-
amtskandidaten klassischen und neueren Universitätsstoff in einer auf
den Schulunterricht bezogenen konkretisierten Form. Dem in der Praxis
stehenden Lehrer dienen die Darstellungen dieser Reihe zur Vertiefung
und Erweiterung seines theoretischen Wissens und bieten ihm den wis-
senschaftlichen Hintergrund für eine eigene Gestaltung des Unterrichts.

Grundzüge der Algebra

Von Dr. rer. nat. Otto Schafmeister
Akad. Oberrat an der Universität Bochum

und Dr. rer. nat. Hartmut Wiebe
Akad. Oberrat an der Universität Bochum

Mit 19 Abbildungen, 19 Beispielen
und 198 Aufgaben

 B. G. Teubner Stuttgart 1978

Dr. rer. nat. Otto Schafmeister

Geboren am 20. 4. 1940 in Perleberg, Mark Brandenburg.
Studium der Mathematik, Physik und Mathematischen
Logik in Münster. 1968 Promotion in Mathematik. Danach
wissenschaftlicher Assistent in Münster und Bochum. Seit
1973 akademischer Oberrat in Bochum

Dr. rer. nat. Hartmut Wiebe

Geboren am 4. 6. 1942 in Bonn. Studium der Mathematik,
Physik und Mathematischen Logik in Münster, Heidelberg
und an der Purdue University, USA. 1967 Promotion in
Mathematik in Münster. Danach wissenschaftlicher Assistent
in Münster und Bochum. Seit 1974 akademischer Oberrat
in Bochum. 1975/76 Vertretung einer Professur für Didaktik
der Mathematik an der Universität Frankfurt.

CIP-Kurztitelaufnahme der Deutschen Bibliothek

Schafmeister, Otto
Grundzüge der Algebra / von Otto Schafmeister u.
Hartmut Wiebe. − 1. Aufl. − Stuttgart : Teubner,
1978.
    (Mathematik für das Lehramt an Gymnasien)
    ISBN 978-3-519-02754-6   ISBN 978-3-322-94751-2 (eBook)
    DOI 10.1007/978-3-322-94751-2
NE: Wiebe, Hartmut:

Das Werk ist urheberrechtlich geschützt. Die dadurch begründeten
Rechte, besonders die der Übersetzung, des Nachdrucks, der Bildent-
nahme, der Funksendung, der Wiedergabe auf photomechanischem
oder ähnlichem Wege, der Speicherung und Auswertung in Datenver-
arbeitungsanlagen, bleiben, auch bei Verwertung von Teilen des
Werkes, dem Verlag vorbehalten.
Bei gewerblichen Zwecken dienender Vervielfältigung ist an den Ver-
lag gemäß § 54 UrhG eine Vergütung zu zahlen, deren Höhe mit dem
Verlag zu vereinbaren ist.
© B. G. Teubner, Stuttgart 1978

Satz: Elsner & Behrens GmbH, Oftersheim

Umschlaggestaltung: W. Koch, Sindelfingen

Vorwort

Algebra ist neben Analysis und Geometrie eine der tragenden Säulen der Schulmathematik und der Mathematik überhaupt. Wir haben in diesem Band versucht, eine Auswahl aus der klassischen Algebra und der elementaren Zahlentheorie zu treffen, die als Hintergrundinformation für den Mathematiklehrer am Gymnasium sinnvoll erscheint.

Bei der ersten Bekanntschaft mit Algebra stehen das Zahlenrechnen und die Suche nach Lösungen für einfache Gleichungen im Vordergrund. Wir geben daher nach einer kurzen Darstellung der wichtigsten algebraischen Grundbegriffe einen vollständigen Überblick über den Aufbau des Zahlsystems, wobei es uns darauf ankam, die Zahlbereichserweiterungen als Spezialfall allgemeiner algebraischer Konstruktionen herauszuarbeiten. So zeigen wir die Gemeinsamkeiten bei der Konstruktion der ganzen und der rationalen Zahlen auf und gewinnen die reellen Zahlen und die komplexen Zahlen durch die allgemeinen Prozesse der Vervollständigung angeordneter Körper bzw. der Adjunktion von Nullstellen.

Bei den Ausführungen über Gruppen legen wir besonderes Gewicht auf Beispiele für endliche Gruppen: Permutationsgruppen, Gruppen kleiner Ordnung, endliche Bewegungsgruppen der Ebene.

Einen zentralen Platz nimmt die ausführliche Behandlung der Teilbarkeitslehre ein. Neben den Anwendungen bei ganzen Zahlen und Polynomen gehen wir exemplarisch auf die Zahlentheorie des Ringes der ganzen Gaußschen Zahlen ein und zeigen, wie sich zahlentheoretische Aussagen über diesen Ring in Aussagen über Quadratsummen natürlicher Zahlen übersetzen lassen.

Entscheidende Antriebsquellen für die Entwicklung der Algebra sind die klassischen Fragen nach Lösungsformeln für Gleichungen höheren Grades und nach der Möglichkeit bestimmter Konstruktionen mit Zirkel und Lineal gewesen. Das wichtigste Hilfsmittel in diesem Zusammenhang ist die Theorie der algebraischen Körpererweiterungen, auf die wir im letzten Kapitel eingehen. Dabei wird der allgemeine Begriffsapparat nur insoweit entwickelt, wie es zu einer angemessenen Behandlung der Unmöglichkeitsaussagen bei den angesprochenen klassischen Problemen notwendig ist.

Im Anhang geben wir einen relativ elementaren Beweis der Transzendenz von π wieder.

Vorkenntnisse werden vom Leser im wesentlichen nicht verlangt. Lediglich in den Abschnitten 21 und 31 greifen wir auf einige elementare Hilfsmittel aus der linearen Algebra zurück.

Der Text enthält zahlreiche Aufgaben, die der Einübung und Illustration des Stoffes dienen; dazu werden Lösungshinweise im Anhang gegeben.

Wir danken Frau D. Jelen und Frau F. Leyhe für die sorgfältige Herstellung des Manuskriptes und dem Teubner-Verlag für die verständnisvolle und geduldige Zusammenarbeit.

Bochum, im Frühjahr 1978 O. Schafmeister, H. Wiebe.

Inhalt

VI Körper

I Grundbegriffe der Mengenlehre

In diesem Abschnitt soll eine kurze Zusammenstellung einiger Grundbegriffe der Mengenlehre erfolgen. Für eine ausführlichere und axiomatisch strengere Behandlung dieses
Themas verweisen wir auf die im Literaturverzeichnis aufgeführten Lehrbücher.

1 Mengen

Wir gehen von einer naiven „Definition" des Mengenbegriffs aus:

Unter einer M e n g e versteht man eine Gesamtheit von einzelnen Objekten, den
E l e m e n t e n dieser Menge. Dabei muß für jedes vorstellbare Objekt feststehen, ob
es Element dieser Menge ist oder nicht. Für ein Objekt a und eine Menge A bedeutet
$a \in A$, daß a Element von A ist, und $a \notin A$, daß a kein Element von A ist.

Man beschreibt Mengen durch Aufzählung ihrer Elemente oder mit Hilfe einer ihre Elemente charakterisierenden Eigenschaft. Beispielsweise kann man die aus den reellen
Zahlen 1 und -1 bestehende Menge in folgender Weise angeben: $\{1, -1\}$, $\{x \mid x \in \mathbf{R}$ und
$x^2 = 1\}$ oder kürzer $\{x \in \mathbf{R} \mid x^2 = 1\}$.

Zwei Mengen A und B heißen gleich, in Zeichen $A = B$, wenn sie dieselben Elemente
besitzen, d. h., wenn jedes Element von A auch ein Element von B ist und umgekehrt.

1.1 Definition Eine Menge A heißt eine T e i l m e n g e einer Menge B, in Zeichen
$A \subset B$ oder $B \supset A$, wenn jedes Element von A auch Element von B ist.

Genau dann gilt also $A = B$, wenn $A \subset B$ und $B \subset A$ ist.

Die l e e r e M e n g e ist die Menge, die überhaupt kein Element enthält. Man bezeichnet sie mit $\emptyset$. Es ist $\emptyset \subset A$ für jede Menge A.

1.2 Definition A und B seien zwei Mengen.

1. Die Menge $\{x \mid x \in A$ und $x \in B\}$ heißt der D u r c h s c h n i t t von A und B und
wird mit $A \cap B$ bezeichnet.

2. Die Menge $\{x \mid x \in A$ oder $x \in B\}$ heißt die V e r e i n i g u n g von A und B und wird
mit $A \cup B$ bezeichnet.

Bei der Definition der Vereinigung darf „oder" nicht mit „entweder — oder" verwechselt
werden. $A \cup B$ besteht also aus allen Elementen, die mindestens zu einer der beiden
Mengen A, B gehören. Ohne Beweis notieren wir die folgenden bekannten Rechenregeln.

1.3 Für Mengen A, B, C gilt:
1. $\qquad A \cup B = B \cup A, \qquad A \cap B = B \cap A.$
2. $\qquad A \cup (B \cup C) = (A \cup B) \cup C, \qquad A \cap (B \cap C) = (A \cap B) \cap C.$
3. $\qquad A \cup (B \cap C) = (A \cup B) \cap (A \cup C), \qquad A \cap (B \cup C) = (A \cap B) \cup (A \cap C).$

Durchschnitt und Vereinigung kann man auch gleich für beliebig viele Mengen erklären.
Ist nämlich $\mathfrak{M}$ eine nichtleere Menge von Mengen, so setzt man:

$$\bigcap_{M \in \mathfrak{M}} M := \{x \mid x \in M \text{ für alle } M \in \mathfrak{M}\},$$

$$\bigcup_{M \in \mathfrak{M}} M := \{x \mid x \in M \text{ für mindestens ein } M \in \mathfrak{M}\}.$$

Im Spezialfall $\mathfrak{M} = \{A, B\}$ erhält man dabei gerade $A \cap B$ und $A \cup B$.

1.4 Definition Für zwei Mengen A und B heißt die Menge $\{x \mid x \in A \text{ und } x \notin B\}$ die D i f f e r e n z von A und B. Sie wird mit $A - B$ bezeichnet.

Man beachte, daß bei dieser Definition B nicht notwendig eine Teilmenge von A sein muß.

1.5 Für Mengen A, B, C gilt:

$$A - (B \cup C) = (A - B) \cap (A - C), \qquad A - (B \cap C) = (A - B) \cup (A - C).$$

1.6 Definition Für zwei Mengen A und B heißt die Menge der geordneten Paare (a, b) von Elementen $a \in A$ und $b \in B$ das k a r t e s i s c h e P r o d u k t von A und B und wird mit $A \times B$ bezeichnet. Es ist also

$$A \times B := \{(a, b) \mid a \in A \text{ und } b \in B\}.$$

Dabei haben wir den Begriff des geordneten Paares als undefinierten Grundbegriff benutzt. Zwei geordnete Paare (a, b) und (a', b') sind (nur dann) gleich, wenn $a = a'$ und $b = b'$ gilt. Man darf also das geordnete Paar (a, b) nicht mit der Menge $\{a, b\}$ verwechseln. Es ist nämlich stets $\{a, b\} = \{b, a\}$, aber $(a, b) = (b, a)$ gilt nur im Fall $a = b$.

A n m e r k u n g. Der Begriff „geordnetes Paar" ließe sich auch auf den Mengenbegriff zurückführen. Setzt man nämlich $(a, b) := \{\{a\}, \{a, b\}\}$, so zeigt man leicht, daß bei dieser Definition zwei geordnete Paare (a, b) und (a', b') genau dann gleich sind (jetzt als Mengen), wenn $a = a'$ und $b = b'$ ist. Dies ist die charakteristische Eigenschaft geordneter Paare.

Im Fall $A = \emptyset$ oder $B = \emptyset$ ist natürlich $A \times B = \emptyset$. Wir halten noch die folgenden Rechenregeln fest.

1.7 Für Mengen A, B, C gilt:

1. $A \times (B \cup C) = (A \times B) \cup (A \times C), \qquad A \times (B \cap C) = (A \times B) \cap (A \times C).$
2. $A \times (B - C) = (A \times B) - (A \times C).$

Schließlich definieren wir:

1.8 Definition Für eine Menge A heißt die Menge der Teilmengen von A die P o t e n z m e n g e von A. Sie wird mit $\mathfrak{P}(A)$ bezeichnet. Es ist also $\mathfrak{P}(A) = \{X \mid X \subset A\}$.

Übungsaufgaben

1.9 Für Mengen A, B zeige man die Äquivalenz der folgenden Aussagen:
1. $A \subset B$; 2. $A \cap B = A$; 3. $A \cup B = B$; 4. Für jede Menge C gilt: $A \cup (B \cap C) = (A \cup C) \cap B$. 5. Es gibt eine Menge C mit: $A \cup (B \cap C) = (A \cup C) \cap B$.

1.10 Für Mengen A, B zeige man die Äquivalenz der folgenden Aussagen:
1. $A = \emptyset$; 2. $A - B = A \cap B$; 3. $B - A = B \cup A$.

1.11 Für Mengen A, B zeige man: Genau dann gilt A x B = B x A, wenn A = B oder A = $\emptyset$ oder B = $\emptyset$ ist.

1.12 Für Mengen A, B, C, D zeige man:
1. $(A \times B) \cap (C \times D) = (A \cap C) \times (B \cap D)$; 2. $(A \times B) \cup (C \times D) \subset (A \cup C) \times (B \cup D)$.
3. Man gebe eine notwendige und hinreichende Bedingung an, unter der in 2. das Gleichheitszeichen gilt.

2 Relationen

Eine Relation zwischen zwei Mengen A und B ist eine „Beziehung", in der gewisse Elemente von A zu gewissen Elementen von B stehen. Dabei kommt es uns nur darauf an, welche Elemente $a \in A$ zu welchen Elementen $b \in B$ in Beziehung stehen, und nicht darauf, wie diese Beziehung beschrieben wird. Daher genügt es zur Angabe einer Relation, die geordneten Paare $(a, b) \in A \times B$ anzugeben, für die a und b in Relation stehen sollen. Im Rahmen der Mengenlehre definiert man Relationen also folgendermaßen:

2.1 Definition A und B seien Mengen. Unter einer R e l a t i o n z w i s c h e n A u n d B versteht man eine Teilmenge R von A x B.

Statt $(a, b) \in R$ schreiben wir dabei kurz a R b.

Im Fall A = B spricht man von einer R e l a t i o n a u f A.

Es werden vor allem Relationen mit zusätzlichen Eigenschaften betrachtet.

2.2 Definition R sei eine Relation auf der Menge A.
1. R heißt r e f l e x i v, wenn für alle $a \in A$ gilt: a R a.
2. R heißt s y m m e t r i s c h, wenn für alle $a, b \in A$ aus a R b stets b R a folgt.
3. R heißt a n t i s y m m e t r i s c h, wenn für alle $a, b \in A$ aus a R b und b R a stets a = b folgt.
4. R heißt t r a n s i t i v, wenn für alle $a, b, c \in A$ aus a R b und b R c stets a R c folgt.
5. R heißt k o n n e x, wenn für alle $a, b \in A$ stets a R b oder b R a gilt.

2.3 Definition Eine Relation auf einer Menge heißt eine O r d n u n g s r e l a t i o n, wenn sie reflexiv, antisymmetrisch und transitiv ist.

Eine Ordnungsrelation, die zusätzlich konnex ist, heißt eine t o t a l e O r d n u n g.

Für Ordnungsrelationen verwendet man häufig das Zeichen „$\leq$" statt „R" und schreibt also $a \leq b$ oder auch $b \geq a$ statt a R b. Ferner schreibt man dann $a < b$ (oder auch $b > a$) statt $a \leq b$ und $a \neq b$.

2.4 Definition A sei eine Menge und $\leq$ eine Ordnungsrelation auf A. Für eine Teilmenge B von A heißt ein Element $b_0 \in B$ k l e i n s t e s E l e m e n t (bzw. g r ö ß t e s E l e m e n t) von B, wenn für alle $b \in B$ gilt $b_0 \leq b$ (bzw. $b \leq b_0$).

In der Situation von 2.4 ist das kleinste Element b_0 von B, falls B überhaupt ein kleinstes Element besitzt, eindeutig bestimmt. Sind nämlich b_0 und b_1 beide kleinste Elemente von B, so ist $b_0 \leq b_1$ und ebenso $b_1 \leq b_0$, woraus $b_0 = b_1$ wegen der Antisymmetrie von $\leq$ folgt. Ist b_0 kleinstes Element von B, so schreiben wir $b_0 = \min B$. Analog ist auch das größte Element von B, falls es existiert, eindeutig bestimmt und wird mit max B bezeichnet.

2.5 Definition Eine totale Ordnung auf einer Menge A heißt eine W o h l o r d n u n g auf A, wenn jede nichtleere Teilmenge von A ein kleinstes Element besitzt.

Bevor wir zu Beispielen kommen, führen wir noch den Begriff der Äquivalenzrelation ein, auf den wir später ausführlicher eingehen.

2.6 Definition Eine Relation auf einer Menge heißt eine Ä q u i v a l e n z r e l a t i o n, wenn sie reflexiv, symmetrisch und transitiv ist.

Beispiele

2.7 Die übliche Relation „$\leq$" auf $\mathbf{N}$, also die Teilmenge $\{(m, n) \in \mathbf{N} \times \mathbf{N} \mid n - m \in \mathbf{N}\}$ von $\mathbf{N} \times \mathbf{N}$, ist eine Wohlordnung auf $\mathbf{N}$. Auf $\mathbf{Z}$ ist die übliche „$\leq$"-Relation hingegen nur eine totale Ordnung, da beispielsweise $\mathbf{Z}$ selbst kein kleinstes Element besitzt.

2.8 Auf der Potenzmenge $\mathfrak{P}(A)$ einer Menge A ist die Teilmengenbeziehung „$\subset$" eine Ordnungsrelation, die im allgemeinen keine totale Ordnung ist. Enthält A nämlich zwei verschiedene Elemente a und b, so gilt weder $\{a\} \subset \{b\}$ noch $\{b\} \subset \{a\}$.

2.9 Die Teilbarkeitsbeziehung auf $\mathbf{Z}$ ist eine reflexive und transitive Relation, die weder symmetrisch noch antisymmetrisch ist. Beispielsweise ist 3 ein Teiler von 6, 6 jedoch kein Teiler von 3. Außerdem ist $3 \neq -3$, aber 3 und -3 teilen sich gegenseitig. Auf $\mathbf{N}$ ist die Teilbarkeitsbeziehung eine Ordnungsrelation, jedoch keine totale Ordnung.

2.10 Für festes $n \in \mathbf{N}$, $n \neq 0$, und beliebige a, $b \in \mathbf{Z}$ setzen wir $a \equiv b \bmod n$ (lies: a kongruent b modulo n) genau dann, wenn a und b bei der Division durch n denselben Rest lassen. Die dadurch definierte Relation R auf $\mathbf{Z}$ ist eine Äquivalenzrelation.

Übungsaufgaben

2.11 Man zeige: 1. Bei der Definition der totalen Ordnung muß die Reflexivität nicht gefordert werden, da jede konnexe Relation bereits reflexiv ist.
2. Bei der Definition der Wohlordnung muß die Konnexität nicht gefordert werden, da jede Ordnungsrelation auf einer Menge A, bei der in jeder nichtleeren Teilmenge von A ein kleinstes Element existiert, bereits konnex ist.

2.12 Für eine Relation R auf der Menge A zeige man: 1. Ist R symmetrisch und konnex, so gilt $R = A \times A$, also a R b für alle a, $b \in A$. 2. Ist R reflexiv, symmetrisch und antisymmetrisch, so ist R die Gleichheitsrelation, d. h., für a, $b \in A$ gilt a R b genau dann, wenn $a = b$ ist.

2.13 Man zeige: 1. Die Relation R auf $\mathbf{Z}$ mit a R b genau dann, wenn $a = b \neq 0$, ist nicht reflexiv, aber symmetrisch und transitiv.
2. Die Relation R auf $\mathbf{Z}$ mit a R b genau dann, wenn $|a - b| < 2$ gilt, ist nicht transitiv, aber reflexiv und symmetrisch.

3 Abbildungen

Unter einer Abbildung f einer Menge A in eine Menge B versteht man eine Zuordnung, die jedem $a \in A$ genau ein Element $f(a) \in B$ zuordnet. Dabei kommt es nicht darauf an, wie diese Zuordnung beschrieben wird. Wichtig ist vielmehr, daß für jedes $a \in A$ genau ein „Bild" $f(a)$ und damit ein geordnetes Paar $(a, f(a))$ festgelegt ist. Abbildungen lassen sich daher im Rahmen der Mengenlehre als spezielle Relationen definieren:

3.1 Definition A und B seien Mengen. Unter einer **A b b i l d u n g** von A in B versteht man eine Relation f zwischen A und B, also eine Teilmenge f von $A \times B$, mit folgender Eigenschaft:

Zu jedem $a \in A$ gibt es genau ein $b \in B$ mit a f b, also mit $(a, b) \in f$.

Ist f eine Abbildung von A in B, so schreiben wir kurz $f : A \to B$. Für $a \in A$ heißt dann das eindeutig bestimmte Element $b \in B$ mit $(a, b) \in f$ das **B i l d** von a unter f und wird mit $f(a)$ bezeichnet. Statt $(a, b) \in f$ schreiben wir also $b = f(a)$. Die Menge A heißt der **D e f i n i t i o n s b e r e i c h** von f.

Im Fall $A \neq \emptyset$ und $B = \emptyset$ gibt es keine Abbildung von A in B, da man für die nach Voraussetzung existierenden Elemente $a \in A$ keine Bilder $b \in B$ angeben kann. Im Fall $A = \emptyset$ gibt es genau eine Abbildung von A in B, nämlich die „leere" Abbildung, d. h. die Teilmenge $f = \emptyset$ von $A \times B$. Sie erfüllt die Abbildungseigenschaft, da es hier überhaupt keine Elemente a in A gibt, für die etwas nachzuprüfen wäre. Beide Fälle sind natürlich uninteressant und können außer acht bleiben.

Abbildungen $f : A \to B$ werden gewöhnlich einfach durch Festlegung des Elementes $f(a)$ für jedes $a \in A$ angegeben. Zwei Abbildungen $f : A \to B$ und $g : A \to B$ (zwischen denselben Mengen) sind definitionsgemäß genau dann gleich, wenn sie als Teilmengen von $A \times B$ gleich sind, d. h., wenn gilt $\{(a, f(a)) \mid a \in A\} = \{(a, g(a)) \mid a \in A\}$. Dies ist genau dann der Fall, wenn $f(a) = g(a)$ für alle $a \in A$ gilt.

Die Menge aller Abbildungen von A in B bezeichnen wir mit Abb(A, B).

3.2 Definition A und B seien Mengen, und A' sei eine Teilmenge von A.

1. Die Abbildung $\iota : A' \to A$ mit $\iota(a) := $ für alle $a \in A'$ heißt die **k a n o n i s c h e I n j e k t i o n** von A' in A.

2. Die Abbildung $\mathrm{id}_A : A \to A$ mit $\mathrm{id}_A(a) := a$ für alle $a \in A$ heißt die **I d e n t i t ä t** auf A.

3. Für eine Abbildung $f : A \to B$ heißt die Abbildung $f \mid A' : A' \to B$ mit $(f \mid A')(a) := f(a)$ für alle $a \in A'$ die **E i n s c h r ä n k u n g** von f auf A'.

Wir führen nun weitere Begriffe im Zusammenhang mit Abbildungen ein.

3.3 Definition $f : A \to B$ sei eine Abbildung.

1. Für eine Teilmenge A' von A heißt die Teilmenge $f(A') := \{f(a) \mid a \in A'\}$ von B das **B i l d** von A' unter f. Speziell setzt man Bild $f := f(A)$.

2. Für eine Teilmenge B' von B heißt die Teilmenge $f^{-1}(B') := \{a \in A \mid f(a) \in B'\}$ von A das **U r b i l d** von B' unter f.

Wir geben ohne Beweis einige Rechenregeln für Bild und Urbild an.

3.4 $f : A \to B$ sei eine Abbildung. Dann gilt für Teilmengen A', A'' von A und B', B'' von B:

1. $\quad f(A' \cup A'') = f(A') \cup f(A''), \quad f(A' \cap A'') \subset f(A') \cap f(A'')$.
2. $\quad f^{-1}(B' \cup B'') = f^{-1}(B') \cup f^{-1}(B''), \quad f^{-1}(B' \cap B'') = f^{-1}(B') \cap f^{-1}(B'')$.
3. $\quad f^{-1}(f(A')) \supset A', \quad f(f^{-1}(B')) \subset B'$.

Abbildungen lassen sich in gewissen Fällen hintereinanderschalten:

3.5 Definition $f : A \to B$ und $g : B \to C$ seien Abbildungen. Dann heißt die Abbildung $g \circ f : A \to C$ mit $(g \circ f)(a) := g(f(a))$ für alle $a \in A$ die K o m p o s i t i o n (auch H i n t e r e i n a n d e r s c h a l t u n g oder V e r k e t t u n g) von f und g.

Es sei darauf hingewiesen, daß sich die Komposition $g \circ f$ von Abbildungen $f : A \to B'$ und $g : B \to C$ in der obigen Weise auch dann erklären läßt, wenn das Bild $f(A)$ eine Teilmenge des Definitionsbereichs B von g ist. Dies bedeutet jedoch keine wesentliche Verallgemeinerung, da sich f in diesem Fall auch als Abbildung von A in B auffassen läßt.

3.6 $f : A \to B$, $g : B \to C$, $h : C \to D$ seien Abbildungen. Dann gilt:

1. $\quad (h \circ g) \circ f = h \circ (g \circ f)$.
2. $\quad \mathrm{id}_B \circ f = f = f \circ \mathrm{id}_A$.

Für eine Abbildung $f : A \to B$ und eine Teilmenge A' von A gilt übrigens $f \mid A' = f \circ \iota$, wo $\iota : A' \to A$ die kanonische Injektion bezeichnet.

Gewisse Abbildungen lassen sich „umkehren":

3.7 Definition Eine Abbildung $f : A \to B$ heißt u m k e h r b a r, wenn es eine Abbildung $g : B \to A$ mit $g \circ f = \mathrm{id}_A$ und $f \circ g = \mathrm{id}_B$ gibt. Die Abbildung g ist dadurch eindeutig bestimmt und heißt die U m k e h r a b b i l d u n g von f. Sie wird mit f^{-1} bezeichnet.

Sind g und g' beide Umkehrabbildungen von f, so folgt in der Tat

$$g = g \circ \mathrm{id}_B = g \circ (f \circ g') = (g \circ f) \circ g' = \mathrm{id}_A \circ g' = g'.$$

A n m e r k u n g. Man beachte, daß bei einer umkehrbaren Abbildung $f : A \to B$ für eine Teilmenge B' von B das Symbol $f^{-1}(B')$ sowohl das Urbild von B' unter f als auch das Bild von B' unter der Umkehrabbildung f^{-1} bezeichnet. Dies führt nicht zu Mißverständnissen, da beide Mengen gleich sind. Im allgemeinen bezeichnet $f^{-1}(B')$ nur das Urbild von B' (ohne daß dabei die Umkehrabbildung f^{-1} von f existieren muß).

3.8 Für Abbildungen $f : A \to B$ und $g : B \to C$ gilt:

1. Ist f umkehrbar, so ist auch f^{-1} umkehrbar mit der Umkehrabbildung $(f^{-1})^{-1} = f$.

2. Sind f und g umkehrbar, so ist auch $g \circ f$ umkehrbar mit der Umkehrabbildung $(g \circ f)^{-1} = f^{-1} \circ g^{-1}$.

3. id_A ist umkehrbar mit $(\mathrm{id}_A)^{-1} = \mathrm{id}_A$.

B e w e i s. 2. Es ist $(f^{-1} \circ g^{-1}) \circ (g \circ f) = f^{-1} \circ (g^{-1} \circ g) \circ f = f^{-1} \circ \mathrm{id}_B \circ f = f^{-1} \circ f = \mathrm{id}_A$ und ebenso $(g \circ f) \circ (f^{-1} \circ g^{-1}) = \mathrm{id}_C$.

Die übrigen Aussagen ergeben sich unmittelbar. ∎

Wir betrachten weitere Eigenschaften von Abbildungen, die mit dem Umkehrproblem zusammenhängen.

3.9 Definition $f : A \rightarrow B$ sei eine Abbildung.

1. f heißt i n j e k t i v , wenn für alle a, $a' \in A$ aus $f(a) = f(a')$ stets $a = a'$ folgt.

2. f heißt s u r j e k t i v , wenn es zu jedem $b \in B$ ein $a \in A$ mit $f(a) = b$ gibt (d. h. wenn $f(A) = B$ ist). Wir sagen dann, f bilde A a u f B ab.

3. f heißt b i j e k t i v , wenn f injektiv und surjektiv ist, d. h. also, wenn es zu jedem $b \in B$ genau ein $a \in A$ gibt mit $f(a) = b$.

3.10 Eine Abbildung $f : A \rightarrow B$ ist genau dann umkehrbar, wenn sie bijektiv ist.

B e w e i s . Es sei f umkehrbar. Dann folgt aus $f(a) = f(a')$ stets $f^{-1}(f(a)) = f^{-1}(f(a'))$, also $a = a'$ wegen $f^{-1} \circ f = \mathrm{id}_A$. Daher ist f injektiv. Ist ferner $b \in B$ vorgegeben, so gilt $f(a) = b$ mit $a := f^{-1}(b)$ wegen $f \circ f^{-1} = \mathrm{id}_B$. Daher ist f auch surjektiv und somit insgesamt bijektiv.

Umgekehrt sei nun f bijektiv. Dann gibt es zu jedem $b \in B$ genau ein $a \in A$ mit $f(a) = b$. Ordnet man nun dem Element b dieses Element a zu, so erhält man eine Abbildung $g : B \rightarrow A$, die offenbar Umkehrabbildung von f ist.   ∎

3.11 Definition Eine bijektive Abbildung einer Menge A auf sich selbst heißt eine P e r m u t a t i o n von A. Die Menge der Permutationen von A wird mit $\mathfrak{S}(A)$ bezeichnet.

Wir notieren einige Regeln für das Rechnen mit injektiven und surjektiven Abbildungen.

3.12 Für Abbildungen $f : A \rightarrow B$ und $g : B \rightarrow C$ gilt:

1. Sind f und g injektiv, so ist auch $g \circ f$ injektiv.

2. Sind f und g surjektiv, so ist auch $g \circ f$ surjektiv.

3. Ist $g \circ f$ injektiv, so ist f injektiv.

4. Ist $g \circ f$ surjektiv, so ist g surjektiv.

B e w e i s . 1. Aus $g(f(a)) = g(f(a'))$ folgt wegen der Injektivität von g zunächst $f(a) = f(a')$ und dann wegen der Injektivität von f auch $a = a'$.

2. Zu $c \in C$ gibt es wegen der Surjektivität von g ein $b \in B$ mit $g(b) = c$ und dazu wegen der Surjektivität von f ein $a \in A$ mit $f(a) = b$, also mit $g(f(a)) = g(b) = c$.
Die übrigen Aussagen werden in ähnlicher Weise bewiesen.   ∎

A' sei eine Teilmenge von A. Dann ist die kanonische Injektion $\iota : A' \rightarrow A$ offenbar injektiv. Wir betrachten weitere Beispiele:

3.13 A und B seien zwei nichtleere Mengen.

1. Die Abbildungen $p_1 : A \times B \rightarrow A$ und $p_2 : A \times B \rightarrow B$ mit $p_1(a, b) := a$ bzw. $p_2(a, b) := b$ für alle $(a, b) \in A \times B$ heißen die k a n o n i s c h e n P r o j e k t i o n e n von $A \times B$ auf die erste bzw. zweite Komponente. Sie sind surjektiv.

2. Für fest gewählte Elemente $a_0 \in A$ und $b_0 \in B$ sind die Abbildungen $i_1 : A \rightarrow A \times B$ und $i_2 : B \rightarrow A \times B$ mit $i_1(a) := (a, b_0)$ bzw. $i_2(b) := (a_0, b)$ (für alle $a \in A$ bzw. $b \in B$) injektiv.

Teilmengen einer gegebenen Menge lassen sich mit Hilfe spezieller Abbildungen beschreiben:

3.14 A sei eine Menge.

1. Für eine Teilmenge A' von A definiert man die c h a r a k t e r i s t i s c h e   F u n k t i o n $\chi_{A'} : A \to \{0, 1\}$ durch $\chi_{A'}(a) := 1$, falls $a \in A'$, und $\chi_{A'}(a) := 0$, falls $a \in A - A'$.

2. Die Abbildung, die jeder Teilmenge von A ihre charakteristische Funktion zuordnet, also die Abbildung $\chi : \mathfrak{P}(A) \to \mathrm{Abb}(A, \{0, 1\})$ mit $\chi(A') := \chi_{A'}$, ist bijektiv.

B e w e i s zu 2. Es sei $\chi_{A'} = \chi_{A''}$. Für alle $a \in A'$ gilt dann $1 = \chi_{A'}(a) = \chi_{A''}(a)$, also $a \in A''$ und damit $A' \subset A''$. Ebenso folgt $A'' \subset A'$ und somit $A' = A''$. Daher ist χ injektiv.

Für $f \in \mathrm{Abb}(A, \{0, 1\})$ ist offenbar $f = \chi(f^{-1}(\{1\}))$. Daher ist χ auch surjektiv.   ∎

Für den Rest dieses Abschnitts setzen wir die Menge **N** der natürlichen Zahlen als bekannt voraus. Auf ihre axiomatische Beschreibung gehen wir später noch genauer ein.

3.15 Definition Eine Abbildung $f : \mathbf{N} \to A$ heißt eine F o l g e in der Menge A. Dabei schreiben wir häufig f_n statt $f(n)$ und geben f in der Form $f = (f_n)$ an.

Die Menge der Folgen in A bezeichnet man auch mit $A^{\mathbf{N}}$ (statt mit $\mathrm{Abb}(\mathbf{N}, A)$).

3.16 Definition A sei eine Menge.

1. A heißt e n d l i c h, wenn A leer ist oder wenn es eine natürliche Zahl $n \geq 1$ und eine bijektive Abbildung von $\mathbf{N}_n^+ := \{x \in \mathbf{N} \mid 1 \leq x \leq n\}$ auf A gibt.

Statt „nicht endlich" sagen wir auch „unendlich".

2. A heißt a b z ä h l b a r, wenn A leer ist oder wenn es eine surjektive Abbildung von **N** auf A gibt.

Eine Menge ist also genau dann abzählbar, wenn sich ihre Elemente in einer Folge aufzählen lassen, wobei Wiederholungen erlaubt sind. (Endliche Mengen sind daher auch abzählbar.)

Die folgende Hilfsaussage über die A n f a n g s a b s c h n i t t e $\mathbf{N}_n^+$ von **N** läßt sich mit vollständiger Induktion beweisen, auf die wir erst später eingehen (vgl. 11.24).

3.17 Jede injektive Abbildung $f : \mathbf{N}_n^+ \to \mathbf{N}_n^+$ ist bereits surjektiv.

Damit können wir die folgende Aussage beweisen, die endliche Mengen sogar charakterisiert.

3.18 Satz A sei eine (nichtleere) endliche Menge und $f : A \to A$ eine Abbildung. Dann gilt:

1. Ist f injektiv, so ist f bereits bijektiv.

2. Ist f surjektiv, so ist f bereits bijektiv.

B e w e i s. 1. Da A endlich ist, gibt es eine bijektive Abbildung $g : \mathbf{N}_n^+ \to A$. Dann ist die Abbildung $h := g^{-1} \circ f \circ g$ von $\mathbf{N}_n^+$ in $\mathbf{N}_n^+$ injektiv (als Komposition injektiver Abbildungen), also nach 3.17 surjektiv und damit bijektiv. Wegen $f = g \circ h \circ g^{-1}$ ist damit auch f bijektiv (nach 3.8).

2. Ist $f : A \to A$ surjektiv, so gibt es wegen 3.23, 2 eine Abbildung $h : A \to A$ mit $f \circ h = \mathrm{id}_A$. Dabei ist h injektiv nach 3.12, 3, also wegen 1. bijektiv. Damit ist auch $f = \mathrm{id}_A \circ h^{-1} = h^{-1}$ bijektiv.   ∎

Wir können nun den Anzahlbegriff für endliche Mengen einführen.

3.19 A sei eine nichtleere endliche Menge. Dann ist die dazu gemäß 3.16, 1 existierende Zahl $n \in \mathbf{N}$ eindeutig bestimmt. Sie heißt die E l e m e n t e z a h l von A und wird mit Anz A oder kürzer mit $|\,A\,|$ bezeichnet.

B e w e i s. Es seien $f : \mathbf{N}_n^+ \to A$ und $g : \mathbf{N}_m^+ \to A$ bijektive Abbildungen. Wir können $m \le n$ und damit $\mathbf{N}_m^+ \subset \mathbf{N}_n^+$ annehmen. Wäre nun $m < n$, so wäre die Abbildung $g^{-1} \circ f : \mathbf{N}_n^+ \to \mathbf{N}_m^+$ eine injektive Abbildung von $\mathbf{N}_n^+$ auf die echte Teilmenge $\mathbf{N}_m^+$ von $\mathbf{N}_n^+$ im Widerspruch zu 3.17. ∎

Für die leere Menge definieren wir noch $\mathrm{Anz}\,\emptyset := 0$.

Übungsaufgaben

3.20 $f : A \to B$ sei eine Abbildung. Für Teilmengen A', A'' von A und B', B'' von B zeige man:
1. $f(A' - A'') \supset f(A') - f(A'')$,   2. $f^{-1}(B' - B'') = f^{-1}(B') - f^{-1}(B'')$.

3.21 $f : A \to B$ und $g : B \to C$ seien Abbildungen. Für Teilmengen A' von A, B' von B und C' von C zeige man:
1. $(g \circ f)\,(A') = g(f(A'))$, $(g \circ f)^{-1}(C') = f^{-1}(g^{-1}(C'))$.
2. Ist f injektiv, so gilt $f^{-1}(f(A')) = A'$. Ist f surjektiv, so gilt $f(f^{-1}(B')) = B'$.

3.22 $f : A \to B$, $g : B \to C$ und $h : C \to D$ seien Abbildungen. Man zeige: 1. Sind $g \circ f$ und $h \circ g$ beide bijektiv, so sind f, g und h sämtlich bijektiv.
2. Ist im Fall C = A und D = B speziell $g \circ f = \mathrm{id}_A$ und $h \circ g = \mathrm{id}_B$, so ist $f = h$ (nämlich die Umkehrabbildung von g).

3.23 $f : A \to B$ sei eine Abbildung $(A \ne \emptyset)$. Man zeige: 1. f ist genau dann injektiv, wenn es eine Abbildung $g : B \to A$ mit $g \circ f = \mathrm{id}_A$ gibt.
2. f ist genau dann surjektiv, wenn es eine Abbildung $h : B \to A$ mit $f \circ h = \mathrm{id}_B$ gibt.

3.24 $f : A \to B$ sei eine Abbildung. Man zeige: 1. f ist genau dann injektiv, wenn für alle Mengen C und alle Abbildungen $g_1 : C \to A$ und $g_2 : C \to A$ aus $f \circ g_1 = f \circ g_2$ bereits $g_1 = g_2$ folgt.
2. f ist genau dann surjektiv, wenn für alle Mengen D und alle Abbildungen $h_1 : B \to D$ und $h_2 : B \to D$ aus $h_1 \circ f = h_2 \circ f$ bereits $h_1 = h_2$ folgt.

4 Quotientenmengen

Wir beschäftigen uns in diesem Abschnitt ausführlicher mit Äquivalenzrelationen, also mit reflexiven, symmetrischen und transitiven Relationen auf einer Menge. Das Standardbeispiel dafür ist die Gleichheit von Elementen. Allgemein dienen Äquivalenzrelationen dazu, gewisse Elemente einer Menge miteinander zu identifizieren, d. h., sie zu neuen Objekten zusammenzufassen. Dabei geht die ursprüngliche Äquivalenzrelation dann in die Gleichheit über.

Im folgenden bezeichnen wir Äquivalenzrelationen häufig mit „$\sim$" statt mit „R", schreiben also $a \sim b$ statt $a \,R\, b$.

4.1 Definition Es sei $\sim$ eine Äquivalenzrelation auf der Menge A. Für jedes $a \in A$ heißt dann die Menge $[a] := \{x \in A \mid x \sim a\}$ eine Ä q u i v a l e n z k l a s s e (bzgl. $\sim$), nämlich die Äquivalenzklasse von a.

4.2 In der Situation von 4.1 gilt $a \in [a]$.

B e w e i s. Da $\sim$ reflexiv ist, gilt $a \sim a$, d. h. $a \in [a]$.   ∎

4.3 Für zwei Äquivalenzklassen $[a]$ und $[b]$ bzgl. einer Äquivalenzrelation $\sim$ auf A sind die folgenden drei Aussagen äquivalent:

1. $[a] = [b]$;   2. $[a] \cap [b] \neq \emptyset$;   3. $a \sim b$.

B e w e i s. $1 \Rightarrow 2$: Wegen $a \in [a] = [b]$ ist $a \in [a] \cap [b]$, also $[a] \cap [b] \neq \emptyset$.

$2 \Rightarrow 3$: Nach Voraussetzung gibt es ein $c \in [a] \cap [b]$. Dies bedeutet $c \sim a$, also auch $a \sim c$ wegen der Symmetrie von $\sim$, und $c \sim b$. Die Transitivität von $\sim$ liefert nun $a \sim b$.

$3 \Rightarrow 1$: Wir zeigen zunächst $[a] \subset [b]$. Aus $x \in [a]$, d. h. $x \sim a$, und der Voraussetzung $a \sim b$ folgt in der Tat $x \sim b$, d. h. $x \in [b]$.

Mit $a \sim b$ gilt auch $b \sim a$. Daraus erhält man ebenso $[b] \subset [a]$, also insgesamt $[a] = [b]$.   ∎

Wir fassen noch einmal zusammen:

4.4 Es sei $\sim$ eine Äquivalenzrelation auf A. Dann bilden die zugehörigen Äquivalenzklassen eine Z e r l e g u n g von A, d. h., es gilt:

1. Für jedes $a \in A$ ist $[a] \neq \emptyset$ (wegen $a \in [a]$).
2. Für $a, b \in A$ gilt $[a] \cap [b] = \emptyset$, falls $[a] \neq [b]$.
3. $A = \bigcup\limits_{a \in A} [a]$ (wegen $a \in [a]$).

Jedes Element $a \in A$ liegt also in genau einer Äquivalenzklasse x (bzgl. $\sim$) und zwar in $x = [a]$. Man nennt dann a einen R e p r ä s e n t a n t e n von x.

Wir betrachten nun die Äquivalenzklassen als eigenständige Objekte und fassen sie zu einer neuen Menge zusammen. Für Äquivalenzklassen verwenden wir dabei häufig die Bezeichnung $\overline{a}$ statt $[a]$.

4.5 Definition Es sei R eine Äquivalenzrelation auf der Menge A. Die Menge der Äquivalenzklassen von A (bzgl. R) heißt dann die Q u o t i e n t e n m e n g e von A (nach R) und wird mit A/R bezeichnet.

Es ist also $A/R = \{\overline{a} \mid a \in A\}$.

Die Abbildung $p : A \to A/R$ mit $p(a) := \overline{a}$ für alle $a \in A$ heißt die k a n o n i s c h e P r o j e k t i o n von A auf A/R.

Offensichtlich ist p surjektiv. Für $a, b \in A$ ist $p(a) = p(b)$, d. h. $\overline{a} = \overline{b}$, nach 4.3 genau dann, wenn $a\,R\,b$ gilt.

Äquivalenzrelationen ergeben sich im Zusammenhang mit Abbildungen:

4.6 $f : A \to B$ sei eine Abbildung. Wir definieren eine Relation R_f auf A, indem wir für $a, b \in A$ genau dann $a\,R_f\,b$ setzen, wenn $f(a) = f(b)$ ist. Dann ist R_f eine Äquivalenzrelation.

Beim Beweis verwendet man nur, daß die Gleichheit eine Äquivalenzrelation auf B ist.

Jede Äquivalenzrelation entsteht auf die in 4.6 beschriebene Weise:

4.7 R sei eine Äquivalenzrelation auf A, und $p : A \to A/R$ sei die zugehörige kanonische Projektion. Dann gilt $R_p = R$.

B e w e i s. Für alle $a, b \in A$ gilt $a\, R_p\, b$ genau dann wenn $p(a) = p(b)$, also wenn $a\, R\, b$ gilt. Dies bedeutet $R_p = R$. ∎

Die folgende Aussage beschreibt, wie man Abbildungen auf Quotientenmengen erhält.

4.8 Satz $f : A \to B$ sei eine Abbildung, R sei eine Äquivalenzrelation auf A und $p : A \to A/R$ die zugehörige kanonische Projektion.

1. Genau dann gibt es eine Abbildung $\overline{f} : A/R \to B$ mit $\overline{f} \circ p = f$, wenn $R \subset R_f$ ist, d. h. wenn aus $a\, R\, b$ stets $f(a) = f(b)$ folgt.

2. Die Abbildung $\overline{f}$ ist dabei eindeutig bestimmt und heißt die durch f auf A/R i n d u -
z i e r t e   A b b i l d u n g.

B e w e i s. 1. Zunächst nehmen wir an, daß es eine Abbildung $\overline{f} : A/R \to B$ mit $\overline{f} \circ p = f$ gibt. Für alle $a \in A$ gilt dann $\overline{f}(\overline{a}) = \overline{f}(p(a)) = f(a)$. Aus $a\, R\, b$, d. h. $\overline{a} = \overline{b}$, folgt daher in der Tat $f(a) = \overline{f}(\overline{a}) = \overline{f}(\overline{b}) = f(b)$.

Zum Beweis der Umkehrung nehmen wir nun an, daß aus $a\, R\, b$ stets $f(a) = f(b)$ folgt. Wir zeigen, daß dann die Relation $\overline{f} := \{(\overline{a}, f(a)) \mid a \in A\} \subset A/R \times B$ die Abbildungseigenschaft aus 3.1 besitzt.

Natürlich gibt es zu jedem $x \in A/R$ ein $a \in A$ mit $x = \overline{a}$, und dann ist $(x, f(a)) \in \overline{f}$. Es seien nun $y, y' \in B$ mit $(x, y), (x, y') \in \overline{f}$. Dann gibt es $a, b \in A$ mit $x = \overline{a}$, $y = f(a)$ und $x = \overline{b}$, $y = f(b)$. Wegen $\overline{a} = x = \overline{b}$, also $a\, R\, b$, ist nach Voraussetzung $f(a) = f(b)$, also $y = y'$. Daher ist $\overline{f}$ eine Abbildung.

Nach Konstruktion gilt $(\overline{a}, f(a)) \in \overline{f}$, d. h. $\overline{f}(\overline{a}) = f(a)$, und somit $\overline{f} \circ p = f$.

2. Da p surjektiv ist, ist $\overline{f}$ wegen $\overline{f} \circ p = f$ eindeutig durch f bestimmt, nämlich durch $\overline{f}(\overline{a}) = f(a)$. ∎

A n m e r k u n g. Im Beweis für die Existenz der induzierten Abbildung kam es wesentlich darauf an, für jede Äquivalenzklasse $x = \overline{a}$ zu zeigen, daß die Definition $\overline{f}(x) := f(a)$
r e p r ä s e n t a n t e n u n a b h ä n g i g ist, d. h., daß aus $x = \overline{a} = \overline{b}$ stets $f(a) = f(b)$ folgt.

4.9 Satz $f : A \to B$ sei eine surjektive Abbildung und R_f bezeichne die zugehörige Äquivalenzrelation (mit $a\, R_f\, b$ genau dann, wenn $f(a) = f(b)$).
Dann ist die induzierte Abbildung $\overline{f} : A/R_f \to B$ bijektiv.

B e w e i s. Die induzierte Abbildung existiert gemäß 4.8 (wegen $R_f \subset R_f$). Aus $\overline{f} \circ p = f$ und der Surjektivität von f folgt die Surjektivität von $\overline{f}$ nach 3.12, 4. Ist schließlich $\overline{f}(\overline{a}) = \overline{f}(\overline{b})$, so folgt $f(a) = \overline{f}(\overline{a}) = \overline{f}(\overline{b}) = f(b)$, also $a\, R_f\, b$ und damit $\overline{a} = \overline{b}$. Daher ist f auch injektiv. ∎

Wir erläutern die vorstehenden Konstruktionen an einem besonders wichtigen Beispiel.

4.10 Beispiel Für festes $n \in \mathbf{N}$, $n \neq 0$, betrachten wir die in 2.10 eingeführte Äquivalenzrelation R („kongruent modulo n") auf **Z**. Zwei Elemente stehen dabei genau dann in Relation, wenn sie bei der Division durch n denselben Rest $r \in \mathbf{N}$, $0 \leq r \leq n-1$, lassen. $\mathbf{Z}/R$ besteht aus den n paarweise elementfremden Äquivalenzklassen $\overline{0}, \ldots, \overline{n-1}$. Dabei gilt $\overline{r} = \{r + q n \mid q \in \mathbf{Z}\}$.

Es sei nun $f : \mathbf{Z} \to \{0, \ldots, n-1\}$ die surjektive Abbildung, die jedem $a \in \mathbf{Z}$ den bei der Division durch n auftretenden (eindeutig bestimmten) Rest r zuordnet. Offenbar gilt $f(a) = f(b)$ genau dann, wenn $a \equiv b \bmod n$, d. h. a R b ist. Daher ist $R_f = R$, und nach 4.9 ist die induzierte Abbildung $\overline{f} : \mathbf{Z}/R \to \{0, \ldots, n-1\}$ bijektiv. Sie bildet die Äquivalenzklasse $\overline{r}$, $0 \leq r \leq n-1$, auf den gemeinsamen Rest r ab, den ihre Elemente bei der Division durch n haben. Die Äquivalenzklassen bei diesem Beispiel heißen auch die R e s t k l a s s e n (mod n).

Übungsaufgaben

4.11 $\mathfrak{M}$ sei eine Z e r l e g u n g einer Menge A, d. h. eine Menge nichtleerer Teilmengen von A mit $X \cap Y = \emptyset$ für $X, Y \in \mathfrak{M}$, $X \neq Y$, und mit $\bigcup_{X \in \mathfrak{M}} X = A$. Wir definieren eine Relation $R_\mathfrak{M}$ auf A, indem wir a $R_\mathfrak{M}$ b genau dann setzen, wenn es ein $X \in \mathfrak{M}$ mit $a \in X$ und $b \in X$ gibt. Man zeige, daß $R_\mathfrak{M}$ eine Äquivalenzrelation auf A und $A/R_\mathfrak{M}$ = $\mathfrak{M}$ ist.

4.12 R sei eine Äquivalenzrelation auf der Menge A und $p : A \to A/R$ die kanonische Projektion. Man zeige, daß p genau dann injektiv (und damit bijektiv) ist, wenn R die Gleichheitsrelation auf A ist.

4.13 Es sei $f : A \to B$ eine Abbildung, S eine Äquivalenzrelation auf B, und $p : B \to B/S$ sei die kanonische Projektion. Für $a, b \in A$ setzen wir a R b genau dann, wenn f(a) S f(b) gilt. Man zeige: 1. R ist eine Äquivalenzrelation auf A.
2. $p \circ f$ induziert eine injektive Abbildung von A/R in B/S, die bei surjektivem f sogar bijektiv ist.

4.14 Für $a, b \in \mathbf{Z}$ setzen wir a R b genau dann, wenn $a = b$ oder $a = -b$ ist. Man zeige:
1. R ist eine Äquivalenzrelation auf $\mathbf{Z}$.
2. Die Abbildung $f : \mathbf{Z} \to \mathbf{N}$ mit $f(a) := |a|$ induziert eine bijektive Abbildung von $\mathbf{Z}/R$ auf $\mathbf{N}$.

II Algebraische Strukturen

In diesem Kapitel werden die wichtigsten algebraischen Grundbegriffe im Zusammenhang eingeführt. In den nachfolgenden Kapiteln gehen wir darauf ausführlicher ein.

5 Halbgruppen und Gruppen

In der Algebra beschäftigt man sich mit Mengen, die zusätzlich eine algebraische Struktur tragen, d. h., mit deren Elementen man „rechnen" kann. Das Charakteristische solcher „Rechenoperationen" oder „Verknüpfungen" ist, daß je zwei Elemente der zugrundeliegenden Menge ein weiteres Element dieser Menge zugeordnet wird, das im allgemeinen von der Reihenfolge der Ausgangselemente abhängt. Diese Vorstellung wird in der folgenden Definition präzisiert.

5.1 Definition A sei eine Menge. Unter einer V e r k n ü p f u n g a u f A versteht man eine Abbildung $\tau : A \times A \to A$. A zusammen mit einer Verknüpfung τ heißt ein V e r k n ü p f u n g s g e b i l d e. Es wird mit (A, τ) bezeichnet oder auch kurz mit A, falls klar ist, welche Verknüpfung auf A gemeint ist.

Bei Verknüpfungen schreiben wir statt $\tau\,(a, b)$ kürzer $a \tau b$.

Für den Umgang mit Verknüpfungen gelten in vielen Beispielen besondere Rechenregeln, die wir zunächst beschreiben wollen.

5.2. Definition Es sei τ eine Verknüpfung auf A.

1. τ heißt a s s o z i a t i v, wenn für alle $a, b, c \in A$ gilt: $(a \tau b) \tau c = a \tau (b \tau c)$.

2. τ heißt k o m m u t a t i v, wenn für alle $a, b \in A$ gilt: $a \tau b = b \tau a$.

Ein Verknüpfungsgebilde (A, τ) mit assoziativer Verknüpfung τ heißt eine H a l b - g r u p p e. Ist τ zusätzlich kommutativ, so sprechen wir von einer k o m m u t a t i - v e n H a l b g r u p p e.

Bei Halbgruppen bezeichnen wir die Verknüpfung in der Regel mit „·" statt mit „τ", schreiben also $a \cdot b$ oder einfach ab statt $a \tau b$ (m u l t i p l i k a t i v e S c h r e i b - w e i s e). Bei kommutativen Halbgruppen ist es allerdings in vielen Fällen üblich, die Verknüpfung mit „+" zu bezeichnen und $a + b$ statt $a \tau b$ zu schreiben (a d d i t i v e S c h r e i b w e i s e).

In einer Halbgruppe A (mit multiplikativer Schreibweise) sind „Produkte" von mehr als zwei Elementen zunächst nicht definiert. Für je drei Elemente von A gilt jedoch wegen der Assoziativität: $(a\,b)\,c = a(b\,c)$ und dann für je vier Elemente: $(a(b\,c))d = ((a\,b)c)d = (a\,b)\,(c\,d) = a(b(c\,d)) = a((b\,c)d)$.

Man erhält also hier bei allen möglichen Klammerungen dasselbe Ergebnis, das wir unter Fortlassen der Klammern kurz mit $a\,b\,c$ bzw. $a\,b\,c\,d$ bezeichnen. Für mehr als vier Faktoren $a_1, \ldots, a_n$ in A gilt eine entsprechende Aussage (a l l g e m e i n e s A s s o z i a - t i v g e s e t z), die man durch vollständige Induktion beweisen kann. Wir schreiben $a_1 \ldots a_n$ oder auch kürzer $\prod_{i=1}^{n} a_i$ für das (bei jeder Klammerung dasselbe Ergebnis liefernde) Produkt $(\ldots ((a_1 a_2)a_3) \ldots)a_n$.

Entsprechend gilt bei einer kommutativen Halbgruppe nicht nur stets $a\,b = b\,a$, sondern man darf auch bei mehrfachen Produkten die Reihenfolge der Faktoren beliebig verändern. Für eine beliebige Permutation σ von $\{1, \ldots, n\}$ gilt also dann allgemein $a_{\sigma(1)} \ldots a_{\sigma(n)} = a_1 \ldots a_n$ (a l l g e m e i n e s K o m m u t a t i v g e s e t z).

Bei einer additiv geschriebenen kommutativen Halbgruppe spricht man analog von mehrfachen Summen und verwendet dafür die Schreibweise $a_1 + \ldots + a_n$ (ohne Klammern) oder kürzer $\sum\limits_{i=1}^{n} a_i$. Das allgemeine Kommutativgesetz lautet dann $a_{\sigma(1)} + \ldots + a_{\sigma(n)} =$

$a_1 + \ldots + a_n$ oder kürzer $\sum\limits_{i=1}^{n} a_{\sigma(i)} = \sum\limits_{i=1}^{n} a_i$.

Wir interessieren uns jetzt für die Eigenschaften spezieller Elemente in Verknüpfungsgebilden, wobei wir uns der Einfachheit halber gleich auf Halbgruppen beschränken, die wir in der Regel multiplikativ schreiben.

5.3 Definition A sei eine Halbgruppe, und es sei $e \in A$.

1. e heißt l i n k s n e u t r a l in A, wenn für alle $a \in A$ gilt: $e\,a = a$.

2. e heißt r e c h t s n e u t r a l in A, wenn für alle $a \in A$ gilt: $a\,e = a$.

3. e heißt n e u t r a l in A, wenn e links- und rechtsneutral in A ist, wenn also stets $e\,a = a\,e = a$ gilt.

Neutrale Elemente sind eindeutig bestimmt:

5.4 Es sei e ein linksneutrales Element und e' ein rechtsneutrales Element in der Halbgruppe A. Dann gilt $e = e'$.

Dies gilt insbesondere, wenn e und e' beide neutral sind.

B e w e i s. Da e linksneutral ist, gilt $e\,e' = e'$, und da e' rechtsneutral ist, gilt $e\,e' = e$. Daraus folgt $e' = e$. ∎

Die vorstehende Aussage rechtfertigt es, von d e m   neutralen Element einer Halbgruppe zu sprechen, falls ein solches überhaupt existiert. Bei einer additiv geschriebenen Halbgruppe A bezeichnen wir das neutrale Element, falls existent, mit 0_A oder kürzer mit 0.

5.5 Definition A sei eine Halbgruppe mit neutralem Element e. Ein Element $a \in A$ heißt i n v e r t i e r b a r (in A), wenn es ein $a' \in A$ gibt mit $a'\,a = e$ und $a\,a' = e$. Dann heißt a' ein i n v e r s e s Element zu a.

Inverse Elemente sind eindeutig bestimmt:

5.6 In einer Halbgruppe A mit neutralem Element e seien a' und a'' beide invers zu $a \in A$. Dann gilt $a' = a''$.

Wir bezeichnen im folgenden das eindeutig bestimmte inverse Element zu a, kurz I n v e r s e s genannt, mit a^{-1}.

B e w e i s. In der Tat gilt $a' = a'\,e = a'(a\,a'') = (a'\,a)a'' = e\,a'' = a''$. ∎

Wir notieren einige Rechenregeln für die Inversenbildung.

5.7 A sei eine Halbgruppe mit neutralem Element e. Für $a, b \in A$ gilt:

1. Ist a invertierbar, so auch a^{-1}, und es gilt $(a^{-1})^{-1} = a$.

2. Sind a und b invertierbar, so ist auch $a\,b$ invertierbar, und es gilt $(a\,b)^{-1} = b^{-1}a^{-1}$.

3. e ist invertierbar mit $e^{-1} = e$.

B e w e i s. 1. Es ist $a^{-1}\,a = e$ und $a\,a^{-1} = e$. Diese Gleichungen besagen auch, daß a^{-1} invertierbar ist mit a als Inversem.

2. Es gilt $(b^{-1}a^{-1})\,(a\,b) = b^{-1}(a^{-1}a)\,b = b^{-1}e\,b = b^{-1}b = e$ und ebenso $(a\,b)\,(b^{-1}a^{-1})$
$= e$. Daher ist $b^{-1}a^{-1}$ invers zu $a\,b$.

3. Die Behauptung folgt aus $e \cdot e = e$. ■

Potenzen in einer Halbgruppe sind mehrfache Produkte eines Elementes mit sich selbst:

5.8 Definition A sei eine Halbgruppe mit neutralem Element e. Für $a \in A$ und $n \in \mathbf{N}$, $n > 0$, definieren wir:

1. $a^n := \prod\limits_{i=1}^{n} a_i$ mit $a_i := a$ für $i = 1, \ldots, n$, also $a^n = a \ldots a$ (n Faktoren). Insbesondere ist $a^1 = a$. Ferner setzen wir $a^0 := e$.

2. $a^{-n} := (a^{-1})^n$, falls a zusätzlich invertierbar ist.

Im Fall der Invertierbarkeit von a sind damit alle ganzzahligen P o t e n z e n $a^z, z \in \mathbf{Z}$, definiert. Offenbar ist $e^z = e$, für alle $z \in \mathbf{Z}$. Es ergeben sich die üblichen Potenzrechenregeln.

5.9 A sei eine Halbgruppe mit neutralem Element e. Für $a, b \in A$ und $m, n \in \mathbf{N}$ gilt dann

1. $\qquad a^m a^n = a^{m+n}$,
2. $\qquad (a^m)^n = a^{mn}$,
3. $\qquad (a\,b)^n = a^n b^n$, $\qquad$ falls $a\,b = b\,a$.

Diese Rechenregeln gelten im Falle der Invertierbarkeit von a (und b) auch für ganze Zahlen $m, n \in \mathbf{Z}$.

B e w e i s. Für natürliche Zahlen m, n ergibt sich die Behauptung leicht durch Abzählen der Faktoren. Dabei kann man bei 3. wegen $a\,b = b\,a$ das Produkt $a\,b \ldots a\,b$ in die Form $a \ldots a\,b \ldots b$ überführen.

Bevor wir zum Beweis für beliebige ganzzahlige Exponenten kommen, bringen wir eine Hilfsaussage.

5.10 A sei eine Halbgruppe mit neutralem Element e. Für invertierbare $a \in A$ und alle $n \in \mathbf{N}$ gilt: $a^{-n} = (a^{-1})^n = (a^n)^{-1}$.

B e w e i s. Die erste Gleichung gilt definitionsgemäß. Ferner ist $a^{-n}a^n = (a^{-1})^n a^n = (a^{-1}a)^n = e^n = e$ und ebenso $a^n a^{-n} = e$. Daher ist a^n invertierbar mit a^{-n} als Inversem, also $(a^n)^{-1} = a^{-n}$. ■

Wir beweisen nun 5.9 für invertierbare a, b und Exponenten $\pm m, \pm n$ aus $\mathbf{Z}$ $(m, n \in \mathbf{N})$:

1. Zunächst berechnen wir $a^m a^{-n}$. Im Fall $m \geq n$, d. h. $m = k + n$ mit $k \in \mathbf{N}$, gilt

$$a^m a^{-n} = a^{k+n} a^{-n} = a^k a^n a^{-n} = a^k a^n (a^{-1})^n = a^k (a\,a^{-1})^n = a^k e^n = a^k = a^{m-n}.$$

Im Fall $m < n$, d. h. $n = m + k$ mit $k \in \mathbf{N}$, ergibt sich

$$a^m a^{-n} = a^m a^{-(m+k)} = a^m (a^{-1})^{m+k} = a^m (a^{-1})^m (a^{-1})^k = (a\,a^{-1})^m (a^{-1})^k$$
$$= e^m a^{-k} = a^{m-n}.$$

Die Ausdrücke $a^{-m}a^n$ und $a^{-m}a^{-n}$ werden analog behandelt.

2. Unter Verwendung von 5.10 erhält man

$$(a^m)^{-n} = ((a^m)^n)^{-1} = (a^{mn})^{-1} = a^{-mn}, \qquad (a^{-m})^n = ((a^{-1})^m)^n = (a^{-1})^{mn} = a^{-mn},$$
$$(a^{-m})^{-n} = ((a^m)^{-1})^{-1})^n = (a^m)^n = a^{mn}.$$

3. Aus a b = b a folgt

$$(a\,b)^{-n} = (b\,a)^{-n} = ((b\,a)^{-1})^n = (a^{-1}b^{-1})^n = (a^{-1})^n(b^{-1})^n = a^{-n}b^{-n}. \qquad \blacksquare$$

Wir notieren die vorstehenden Begriffe und Aussagen noch in additiver Schreibweise.

5.11 $(A, +)$ sei eine additiv geschriebene kommutative Halbgruppe mit neutralem Element 0_A. Existiert zu $a \in A$ das Inverse, so bezeichnen wir es mit $-a$ (statt mit a^{-1}) und schreiben wie üblich $b - a$ statt $b + (-a)$. Für invertierbare Elemente $a, b \in A$ gilt dann (gemäß 5.7):

1.　　　　$-(-a) = a,$
2.　　　　$-(a + b) = (-a) + (-b) = -a - b,$
3.　　　　$-0_A = 0_A.$

Statt von Potenzen spricht man bei additiver Schreibweise von V i e l f a c h e n, die mit $n\,a$ (statt mit a^n) bezeichnet werden. Man setzt also für $a \in A$ und $n \in \mathbf{N}$: $n\,a := a + \ldots + a$ (n Summanden), insbesondere also $1 \cdot a = a$, und $0 \cdot a := 0_A$. Ist a zusätzlich invertierbar, so setzt man $(-n)a := n(-a)$.

Die Potenzrechenregeln aus 5.9 lassen sich dann als die folgenden Rechenregeln für Vielfache interpretieren:

4.　　　　$(m\,a) + (n\,a) = (m + n)a,$
5.　　　　$n(m\,a) = (m\,n)a = (n\,m)a,$
6.　　　　$n(a + b) = (n\,a) + (n\,b).$

Sind dabei a und b in A invertierbar, so gelten diese Regeln auch für beliebige ganze Zahlen m, n.

Neben der Invertierbarkeit von Elementen einer Halbgruppe spielt die Kürzbarkeit eine wichtige Rolle.

5.12 Definition A sei eine (multiplikativ geschriebene) Halbgruppe. Für ein Element $a \in A$ definieren wir:

1. a heißt l i n k s k ü r z b a r, wenn für alle $x, y \in A$ aus $a\,x = a\,y$ stets $x = y$ folgt.

2. a heißt r e c h t s k ü r z b a r, wenn für alle $x, y \in A$ aus $x\,a = y\,a$ stets $x = y$ folgt.

3. a heißt k ü r z b a r, wenn a links- und rechtskürzbar ist.

Wir halten einige Rechenregeln fest:

5.13 A sei eine Halbgruppe mit neutralem Element e. Dann gilt für $a, b \in A$:

1. Ist a invertierbar, so ist a kürzbar.

2. Sind a und b kürzbar, so ist auch a b kürzbar.

3. e ist kürzbar.

B e w e i s. 1. Aus $a\,x = a\,y$ folgt wegen der Existenz von a^{-1} sofort $a^{-1}a\,x = a^{-1}a\,y$, $e\,x = e\,y$, $x = y$. Entsprechend folgt aus $x\,a = y\,a$ auch $x = y$.

2. Aus (a b)x = (a b)y, also a(b x) = a(b y), folgt wegen der Kürzbarkeit von a und b zunächst b x = b y und dann x = y. Die Rechtskürzbarkeit von a b wird analog behandelt.

3. Die Aussage ist trivial. ∎

Sind in einer Halbgruppe alle Elemente kürzbar, so sprechen wir von einer Halbgruppe, in der die K ü r z u n g s r e g e l gilt. Wichtiger sind die Halbgruppen, in denen alle Elemente sogar invertierbar sind.

5.14 Definition Eine Halbgruppe mit neutralem Element, in der jedes Element invertierbar ist, heißt eine G r u p p e.

Eine Gruppe ist also ein Verknüpfungsgebilde G mit folgenden (in multiplikativer Schreibweise notierten) Eigenschaften:

1. Es gilt stets (a b)c = a(b c).

2. Es gibt ein Element e $\in$ G, so daß gilt:

α) e a = a e = a für alle a $\in$ G.

β) Zu jedem a $\in$ G gibt es ein a$'$ $\in$ G mit a$'$ a = a a$'$ = e.

Ist die Verknüpfung einer Gruppe zusätzlich kommutativ, so sprechen wir von einer k o m m u t a t i v e n (oder a b e l s c h e n) Gruppe.

Auf einer einelementigen Menge {x} läßt sich durch x · x := x eine Gruppenstruktur definieren. Wir nennen eine solche Gruppe, die nur aus dem neutralen Element besteht, eine t r i v i a l e G r u p p e.

Die Zahlbereiche **Z**, **Q**, **R** und **C** bilden bzgl. der Addition jeweils eine kommutative Gruppe. **N** ist jedoch keine Gruppe bzgl. „+", da es in (**N**, +) nur zu 0 ein Inverses gibt. Außerdem sind **Q** $-$ {0}, **R** $-$ {0} und **C** $-$ {0} bzgl. der Multiplikation jeweils kommutative Gruppen. Die Halbgruppe (**Z** $-$ {0}, ·) ist jedoch keine Gruppe, da in ihr nur 1 und $-$ 1 invertierbar sind. Wir gehen auf diese und weitere Beispiele später noch genauer ein.

Die Bedeutung der Gruppen liegt darin, daß in ihnen Gleichungen der Form a x = b und y a = b eindeutige Lösungen x, y besitzen. Es gilt nämlich:

5.15 G sei eine Gruppe. Für alle a, b $\in$ G gilt dann:

1. Es gibt genau ein x $\in$ G mit a x = b, nämlich x = a^{-1}b.

2. Es gibt genau ein y $\in$ G mit y a = b, nämlich y = b a^{-1}.

B e w e i s. 1. Für x = a^{-1}b gilt in der Tat a(a^{-1}b) = (a a^{-1})b = e b = b. Aus a x = b folgt umgekehrt x = e x = a^{-1}a x = a^{-1}b.

2. Der Beweis verläuft analog zu 1. ∎

Man beachte, daß dieser Beweis die eindeutige Lösbarkeit der obigen Gleichungen auch in beliebigen Halbgruppen mit neutralem Element liefert, falls nur a invertierbar ist.

Wir wollen noch auf weitere Möglichkeiten zur axiomatischen Einführung des Gruppenbegriffs eingehen. Dazu beweisen wir zunächst, daß man bereits mit einem „schwächeren" Axiomensystem als in 5.14 auskommt.

5.16 Satz A sei eine Halbgruppe mit einem linksneutralen Element e. Gibt es dann zu jedem $a \in A$ ein **l i n k s i n v e r s e s E l e m e n t**, d. h. ein Element $a' \in A$ mit $a'a = e$, so ist A bereits eine Gruppe.

B e w e i s. Zu $a \in A$ gibt es nach Voraussetzung ein $a' \in A$ mit $a'a = e$. Wir zeigen, daß auch $a\,a' = e$ ist. Zu a' gibt es ebenfalls ein linksinverses Element $a'' \in A$ mit $a''a' = e$. Es folgt: $a\,a' = e(a\,a') = (a''a')(a\,a') = a''(a'a)a' = a''e\,a' = a''a' = e$. Also ist a' auch „rechtsinvers" zu a (bzgl. e).

Es bleibt noch zu zeigen, daß e auch rechtsneutral und damit neutral ist. Da a' nun links- und rechtsinvers zu a ist, erhält man $a\,e = a(a'a) = (a\,a')a = e\,a = a$. ■

Die Aussage von 5.16 gilt analog für Halbgruppen mit rechtsneutralem Element, in denen stets „rechtsinverse" Elemente existieren.

Die in 5.15 bewiesene Lösbarkeit von Gleichungen charakterisiert Gruppen ebenfalls. Dabei kann man sogar darauf verzichten, die Eindeutigkeit der Lösungen zu fordern:

5.17 Satz A sei eine nichtleere Halbgruppe, in der alle Gleichungen der Form $a\,x = b$ und $y\,a = b$ (wenigstens) eine Lösung x bzw. y besitzen. Dann ist A bereits eine Gruppe.

B e w e i s. Es genügt, für A die Voraussetzungen von 5.16 nachzuweisen. Wegen $A \neq \emptyset$ gibt es ein $b \in A$. Nach Voraussetzung besitzt die Gleichung $y\,b = b$ eine Lösung $e \in A$. Es gilt also $e\,b = b$. Wir zeigen für ein beliebiges Element $a \in A$ die Beziehung $e\,a = a$. Sei dazu $c \in A$ eine Lösung der Gleichung $b\,x = a$. Wegen $b\,c = a$ gilt dann $e\,a = e(b\,c) = (e\,b)c = b\,c = a$. Also ist e linksneutral.

Da die Gleichung $y\,a = e$ lösbar ist, gibt es außerdem zu jedem a ein a' in A mit $a'a = e$. ■

In Gruppen gilt stets die Kürzungsregel, da invertierbare Elemente kürzbar sind. Das Beispiel $(\mathbf{N}, +)$ zeigt, daß nicht jede Halbgruppe mit Kürzungsregel eine Gruppe ist. Für Halbgruppen mit nur endlich vielen Elementen gilt jedoch:

5.18 Satz A sei eine nichtleere endliche Halbgruppe, in der die Kürzungsregel gilt. Dann ist A bereits eine Gruppe.

B e w e i s. Für jedes $a \in A$ betrachten wir die Abbildungen $\ell_a : A \to A$ und $r_a : A \to A$ mit $\ell_a(x) := a\,x$ und $r_a(x) := x\,a$. Die Gültigkeit der Kürzungsregel liefert die Injektivität von ℓ_a und r_a; denn beispielsweise aus $\ell_a(x) = \ell_a(y)$, d. h. $a\,x = a\,y$, folgt $x = y$. Da A endlich ist, sind ℓ_a und r_a nach 3.18 dann bereits bijektiv. Für jedes $b \in A$ gibt es deshalb Elemente $x, y \in A$ mit $\ell_a(x) = b$, d. h. $a\,x = b$, und mit $r_a(y) = b$, d. h. mit $y\,a = b$. Nach 5.17 ist damit A eine Gruppe. ■

Die vorstehend eingeführten Begriffe wollen wir nun an einigen Beispielen erläutern.

Beispiele

5.19 Auf der Menge $\mathbf{N}$ der natürlichen Zahlen betrachten wir die Verknüpfungen $\top_1$, $\top_2$, $\top_3$ mit $m \top_1 n := m^n$, $m \top_2 n := m^2 + n^2$, $m \top_3 n := m$. Die Verknüpfung $\top_1$ ist weder assoziativ noch kommutativ, $\top_2$ ist kommutativ, aber nicht assoziativ, und $\top_3$ ist assoziativ, aber nicht kommutativ. In $(\mathbf{N}, \top_3)$ ist jedes Element rechtsneutral, jedoch keines linksneutral (vgl. auch 5.4). Außerdem sind alle Gleichungen der Form $y \top_3 a = b$ in $(\mathbf{N}, \top_3)$ eindeutig lösbar, jedoch sind die Gleichungen $a \top_3 x = b$ nur im Fall $a = b$ lösbar (vgl. auch 5.17). Natürlich ist $(\mathbf{N}, \top_3)$ keine Gruppe.

5.20 Auf der Potenzmenge $\mathfrak{P}(X)$ einer Menge X sind die Verknüpfungen „$\cap$" und „$\cup$" beide kommutativ und assoziativ. Ferner ist X neutrales Element bzgl. $\cap$ und $\emptyset$ neutrales

Element bzgl. $\cup$. Trotzdem ist im Falle $X \neq \emptyset$ weder $(\mathfrak{P}(X), \cap)$ noch $(\mathfrak{P}(X), \cup)$ eine Gruppe, da bei beiden Beispielen jeweils nur das neutrale Element invertierbar ist. Dies ist auch das einzige kürzbare Element.

5.21 Auf der Menge $\mathrm{Abb}(X, X)$ der Abbildungen einer Menge X in sich ist die Hintereinanderschaltung „$\circ$" eine assoziative Verknüpfung, d. h., $(\mathrm{Abb}(X, X), \circ)$ ist eine Halbgruppe mit id_X als neutralem Element. Enthält X wenigstens zwei Elemente a, b mit $a \neq b$, so ist diese Halbgruppe nicht kommutativ. Bezeichnen nämlich f und g diejenigen Abbildungen aus $\mathrm{Abb}(X, X)$, die jedes Element $x \in X$ auf a bzw. b abbilden, so gilt stets $(f \circ g)(x) = f(g(x)) = a$ und $(g \circ f)(x) = g(f(x)) = b$ und damit $f \circ g \neq g \circ f$.
In $(\mathrm{Abb}(X, X), \circ)$ sind (nach 3.10) genau die bijektiven Abbildungen invertierbar, genau die injektiven Abbildungen linkskürzbar und genau die surjektiven Abbildungen rechtskürzbar (vgl. auch 3.24). Insbesondere fallen bei diesem Beispiel also die Begriffe „invertierbar" und „kürzbar" zusammen.

5.22 Die Menge $\mathfrak{S}(X)$ der bijektiven Abbildungen einer Menge X auf sich ist mit „$\circ$" als Verknüpfung eine Gruppe. Nach 3.8 ist mit $f, g \in \mathfrak{S}(X)$ in der Tat auch $g \circ f \in \mathfrak{S}(X)$. Offenbar ist id_X das neutrale Element in $\mathfrak{S}(X)$, und zu $f \in \mathfrak{S}(X)$ ist die Umkehrabbildung $f^{-1} \in \mathfrak{S}(X)$ invers. Diese Gruppe $\mathfrak{S}(X)$ heißt die P e r m u t a t i o n s g r u p p e von X. Enthält X mindestens drei verschiedene Elemente, so ist $\mathfrak{S}(X)$ nicht kommutativ (vgl. 17.3).

5.23 Eine Verknüpfung $\top$ auf einer endlichen Menge $A = \{a_1, \ldots, a_n\}$ von n (paarweise) verschiedenen Elementen notiert man häufig in der Form einer V e r k n ü p -f u n g s t a f e l (Abb. 5.1).

$\top$	a_1	$\ldots$	a_j	$\ldots$	a_n
a_1	$a_1 \top a_1$		$\cdot$		$a_1 \top a_n$
$\cdot$			$\cdot$		
$\cdot$			$\cdot$		
$\cdot$			$\cdot$		
a_i	$\ldots\ldots\, a_i \top a_j \,\ldots\ldots$				
$\cdot$			$\cdot$		
$\cdot$			$\cdot$		
a_n	$a_n \top a_1$		$\cdot$		$a_n \top a_n$

Abb. 5.1

Dabei steht in der i-ten Zeile und j-ten Spalte das Element $a_i \top a_j$.
Offenbar ist $\top$ genau dann kommutativ, wenn die Verknüpfungstafel bei „Klappung" um die Hauptdiagonale $a_1 \top a_1, \ldots, a_n \top a_n$ in sich selbst übergeht.
Genau dann ist a_i ein neutrales Element, wenn die i-te Zeile und i-te Spalte gleich der Eingangszeile $a_1, \ldots, a_n$ bzw. der Eingangsspalte ist.
Genau dann ist a_i kürzbar, wenn in der i-ten Zeile und der i-ten Spalte jedes Element von A höchstens (und dann wegen der Endlichkeit von A auch genau) einmal auftritt. Dies bedeutet, daß alle Gleichungen $a_i \top x = b$ und $y \top a_i = b$ eindeutig in A lösbar sind. Ist

τ assoziativ, so ist (A, τ) also nach 5.15 und 5.17 genau dann eine Gruppe, wenn in jeder Zeile und Spalte der Verknüpfungstafel jedes Element von A (genau einmal) auftritt.

Ist (A, τ) eine Gruppe, so spricht man auch von einer G r u p p e n t a f e l.

Als Beispiel untersuchen wir die Halbgruppe A der Abbildungen der Menge $X := \{1,2\}$ in sich mit „$\circ$" als Verknüpfung. A enthält die vier Abbildungen id $=$ id$_X$ und f, g, h mit $f(1) = f(2) = 1$, $g(1) = g(2) = 2$, $h(1) = 2$, $h(2) = 1$. Es ergibt sich dann die Verknüpfungstafel aus Abb. 5.2. Wir erkennen hieran nochmals, daß A weder kommutativ noch eine Gruppe ist.

$\circ$	id	f	g	h
id	id	f	g	h
f	f	f	f	f
g	g	g	g	g
h	h	g	f	id

Abb. 5.2

5.24 Wir betrachten die Menge $A := \{$id$, s_1, s_2, d\}$ von Abbildungen der Koordinatenebene $\mathbf{R}^2$ in sich, die aus id $:=$ id$_{\mathbf{R}^2}$, den Spiegelungen s_1 und s_2 an den beiden Koordinatenachsen, sowie der Punktspiegelung (Drehung um $180°$) am Nullpunkt besteht. Wir erhalten für die Hintereinanderschaltung die Verknüpfungstafel aus Abb. 5.3. Es handelt sich in der Tat um eine Verknüpfung auf A, da alle Produkte wieder in A liegen. Außerdem ist die Komposition $\circ$ assoziativ. Da jedes Element von A in jeder Zeile und Spalte der Tafel genau einmal auftritt, ist $(A, \circ)$ eine Gruppe. Ferner sieht man, daß A kommutativ ist und jedes Element von A zu sich selbst invers.

$\circ$	id	s_1	s_2	d
id	id	s_1	s_2	d
s_1	s_1	id	d	s_2
s_2	s_2	d	id	s_1
d	d	s_2	s_1	id

Abb. 5.3

5.25 A_1 und A_2 seien (multiplikativ geschriebene) Halbgruppen. Auf dem kartesischen Produkt $A_1 \times A_2$ definieren wir eine Verknüpfung „komponentenweise" durch $(a_1, a_2) \cdot (b_1, b_2) := (a_1 b_1, a_2 b_2)$. Dann übertragen sich alle Rechenregeln, die für A_1 und A_2 gelten, auf $A_1 \times A_2$. Daher ist $A_1 \times A_2$ wieder eine Halbgruppe. Wir nennen sie das d i r e k t e   P r o d u k t von A_1 und A_2.

Sind A_1 und A_2 kommutativ, so ist auch $A_1 \times A_2$ kommutativ. Besitzen A_1 und A_2 neutrale Elemente e_1 bzw. e_2, so ist (e_1, e_2) neutrales Element von $A_1 \times A_2$. In dieser Situation ist (a_1, a_2) genau dann in $A_1 \times A_2$ invertierbar (mit Inversem (a_1^{-1}, a_2^{-1})), falls a_1 und a_2 invertierbar sind.

Sind also A_1 und A_2 sogar Gruppen, so ist auch das direkte Produkt $A_1 \times A_2$ eine Gruppe.

5.26 A sei eine (multiplikativ geschriebene) Halbgruppe und X eine nichtleere Menge. Auf der Menge Abb(X, A) der Abbildungen von X in A definieren wir eine Verknüpfung „$\cdot$", indem wir für f, g $\in$ Abb(X, A) setzen: $(f \cdot g)(x) := f(x) \cdot g(x)$ für alle $x \in X$.

Ähnlich wie im vorigen Beispiel übertragen sich alle Rechenregeln von A auf Abb(X, A). Insbesondere ist Abb(X, A) eine Halbgruppe. Falls A eine Gruppe ist, ist auch Abb(X, A) eine Gruppe. Dabei ist die Abbildung, die jedes Element von X auf das neutrale Element von A abbildet, das neutrale Element von Abb(X, A), und zu f ist die Abbildung $g : X \to A$ mit $g(x) := (f(x))^{-1}$ invers in Abb(X, A).

Übungsaufgaben

5.27 Es seien s und t ganze Zahlen. Man betrachte die Verknüpfung τ auf **Z** mit $a \tau b := s\,a + t\,b$ (für alle $a, b \in$ **Z**). Für welche s, t ist diese Verknüpfung assoziativ bzw. kommutativ?

5.28 Auf $A := $ **R** $- \{1\}$ definieren wir eine Verknüpfung τ durch $a \tau b := a + b - a\,b$. Man zeige, daß (A, τ) eine kommutative Gruppe ist.

5.29 A sei eine Halbgruppe mit neutralem Element e. Für alle $a \in A$ gelte $a^2 = e$. Man zeige, daß A dann eine kommutative Gruppe ist.

5.30 A sei eine endliche Halbgruppe mit neutralem Element e. Zu dem Element $a \in A$ gebe es ein linksinverses Element a' in A. Man zeige, daß a' dann auch rechtsinvers zu a ist.

5.31 Man rekonstruiere die Gruppentafel aus Abb. 5.4, bei der einige Angaben verlorengegangen sind. (Die Lösung ist eindeutig.)

	a_1	a_2	a_3	a_4	a_5
a_1	.	.	.	a_4	.
a_2	.	a_3	a_4	.	.
a_3	.	.	.	.	.
a_4	.	.	.	.	.
a_5	.	.	.	.	.

Abb. 5.4

5.32 In Abb. 5.5 ist ein Ausschnitt der Gruppentafel einer (endlichen) Gruppe mit neutralem Element e abgebildet. Welches Element muß an der Stelle des Fragezeichens stehen?

Abb. 5.5

5.33 In jeder Zeile und jeder Spalte der Verknüpfungstafel in Abb. 5.6 kommt jedes Element genau einmal vor. Trotzdem handelt es sich nicht um eine Gruppentafel. Warum nicht?

	e	a	b	c	d
e	e	a	b	c	d
a	a	e	c	d	b
b	b	d	e	a	c
c	c	b	d	e	a
d	d	c	a	b	e

Abb. 5.6

5.34 Bei einem Kartenspiel steht auf jeder der Karten genau ein Element einer festen endlichen Gruppe G. Jeder der beiden Spieler besitzt bei Spielbeginn jede der verschiedenen Karten genau einmal. Einer der Spieler beginnt, indem er eine Karte auflegt. Dann fügen die Spieler abwechselnd an der linken oder rechten Seite der entstehenden Kartenreihe eine weitere Karte an. Wir betrachten zwei verschiedene Spielvarianten:

1. Statt eine Karte anzulegen, kann ein Spieler auch die gesamte Reihe der aufgelegten Karten durch die Karte ersetzen, auf der das Produkt der Elemente auf den einzelnen Karten dieser Reihe steht (falls er diese Karte besitzt). Er bekommt dann die ersetzten Karten und kann sie weiterverwenden. Verloren hat, wer zuerst keine Karten mehr besitzt. Man zeige, daß der anfangende Spieler bei richtiger Strategie seines Gegners stets verliert.

2. Die Spielvorschrift in 1 werde dahingehend abgeändert, daß jeder Spieler verpflichtet ist, die Reihe der aufgelegten Karten zu ersetzen, falls er dies kann. Dabei habe dann derjenige gewonnen, der zuerst alle Karten abgelegt hat. Man zeige, daß der zweite Spieler wieder stets gewinnen kann (falls G wenigstens zwei Elemente enthält).

6 Ringe und Körper

In diesem Abschnitt sollen Rechenbereiche betrachtet werden, bei denen man, ähnlich wie bei den Zahlbereichen, zwei Verknüpfungen gegeben hat, nämlich eine „Addition" und eine „Multiplikation". Dabei interessieren neben den bisher besprochenen Eigenschaften von Verknüpfungen Rechenregeln, die Zusammenhänge zwischen den beiden Verknüpfungen beschreiben. Wir definieren zunächst noch ganz allgemein:

6.1 Definition Auf einer Menge A seien zwei Verknüpfungen $\top$ und $\bot$ gegeben. Dann heißt $\top$ d i s t r i b u t i v über $\bot$, wenn für alle a, b, c $\in$ A gilt:

$$a \top (b \bot c) = (a \top b) \bot (a \top c) \quad \text{und} \quad (b \bot c) \top a = (b \top a) \bot (c \top a).$$

Auf der Potenzmenge $\mathfrak{P}(X)$ einer Menge X beispielsweise ist jeder der beiden Verknüpfungen $\cap$ und $\cup$ über der anderen distributiv. Die Multiplikation in den Zahlbereichen **Z** oder **R** ist distributiv über der Addition. Wir beschäftigen uns hier nur mit den algebraischen Eigenschaften des zweiten Beispiels und definieren:

6.2 Definition Eine Menge R mit zwei Verknüpfungen + und · (Addition bzw. Multiplikation genannt) heißt ein **R i n g**, wenn gilt:

1. $(R, +)$ ist eine kommutative Gruppe.

2. $(R, \cdot)$ ist eine Halbgruppe mit neutralem Element.

3. Die Multiplikation ist distributiv über der Addition, d. h. für alle a, b, c $\in$ R gilt:

$$a(b + c) = (a\,b) + (a\,c), \qquad (b + c)a = (b\,a) + (c\,a).$$

Ist zusätzlich die Multiplikation auf R kommutativ, d. h. gilt stets a b = b a, so spricht man von einem **k o m m u t a t i v e n   R i n g**. In diesem Fall muß natürlich nur eines der beiden Distributivgesetze gefordert werden.

Die Zahlbereiche **Z**, **Q**, **R** und **C** der ganzen, rationalen, reellen bzw. komplexen Zahlen bilden mit der üblichen Addition und Multiplikation jeweils einen kommutativen Ring. Da für eine nichtleere Menge weder $(\mathfrak{P}(X), \cup)$ noch $(\mathfrak{P}(X), \cap)$ eine Gruppe ist, sind $(\mathfrak{P}(X), \cup, \cap)$ und $(\mathfrak{P}(X), \cap, \cup)$ keine Ringe.

6.3 Konvention Bei Ringen verwenden wir zur Klammerersparung die übliche Vereinbarung, daß die Multiplikation „stärker bindet" als die Addition. Wir schreiben beispielsweise statt (a b) + (a c) kürzer a b + a c.

In Ringen gelten die Distributivgesetze auch für mehr als zwei Summanden. Beispielsweise ist $a(b + c + d) = a(b + c) + a\,d = a\,b + a\,c + a\,d$ und allgemein $a(b_1 + \ldots + b_n) = a\,b_1 + \ldots + a\,b_n$, kürzer $a \sum_{j=1}^{n} b_j = \sum_{j=1}^{n} a\,b_j$. Entsprechend ist auch $\left(\sum_{i=1}^{m} a_i \right) b = \sum_{i=1}^{m} a_i b$.

Diese beiden Regeln führen zu dem **a l l g e m e i n e n   D i s t r i b u t i v g e s e t z**

$$\left(\sum_{i=1}^{m} a_i \right) \left(\sum_{j=1}^{n} b_j \right) = \sum_{i=1}^{m} \left(\sum_{j=1}^{n} a_i b_j \right).$$

Wie stets bei additiver Schreibweise bezeichnen wir bei einem Ring R das neutrale Element von $(R, +)$ als das **N u l l e l e m e n t** 0 (genauer 0_R) von R und das Inverse zu a $\in$ R bzgl. + mit $-a$. Statt $a + (-b)$ schreiben wir dann wieder $a - b$. Das ebenfalls eindeutig bestimmte neutrale Element von $(R, \cdot)$ heißt das **E i n s e l e m e n t** 1 (genauer 1_R) von R.

A n m e r k u n g. In diesem Zusammenhang weisen wir darauf hin, daß für Ringe in der Literatur die Existenz eines Einselementes nicht stets gefordert wird. Ringe in unserem Sinne heißen dann Ringe mit Einselement. Die geraden ganzen Zahlen bilden mit der üblichen Addition und Multiplikation einen „Ring" ohne Einselement.

Für die Addition und Multiplikation eines Ringes gelten natürlich die bereits besprochenen Rechenregeln für Gruppen bzw. Halbgruppen. Unter Verwendung der Distributivgesetze erhält man darüber hinaus:

6.4 Für alle Elemente a, b eines Ringes R gilt:

1. $0 \cdot a = a \cdot 0 = 0.$

2. $a(-b) = (-a)b = -(a\,b), \qquad (-a)(-b) = a\,b \qquad$ (V o r z e i c h e n r e g e l n)

3. $a(b - c) = a\,b - a\,c.$

B e w e i s. 1. Es ist $0 \cdot a + 0 \cdot a = (0 + 0) \cdot a = 0 \cdot a = 0 \cdot a + 0$. Daraus folgt $0 \cdot a = 0$ mit Hilfe der Kürzungsregel in der Gruppe $(R, +)$. Analog ergibt sich $a \cdot 0 = 0$.

2. Es ist $a b + a(-b) = a(b + (-b)) = a \cdot 0 = 0$ und daher $a(-b) = -(a b)$. Analog beweist man $(-a)b = -(a b)$. Damit folgt schließlich $(-a)(-b) = -((-a)b) = -(-(a b)) = a b$ nach 5.11.

3. Mit 2. folgt $a(b - c) = a(b + (-c)) = a b + a(-c) = a b + (-(a c)) = a b - a c$.   ∎

In der additiven Gruppe $(R, +)$ eines Ringes R können wir auch ganzzahlige Vielfache bilden. Zusätzlich zu den Rechenregeln aus 5.11 gilt dann

6.5 Für alle Elemente a, b eines Ringes R und alle ganzen Zahlen z ist $z(a b) = (z a)b = a(z b)$.

B e w e i s. Das 0_Z-fache eines jeden Ringelementes ist definitionsgemäß gleich 0_R. Deshalb erhält man die Behauptung für $z = 0_Z$ unter Verwendung von 6.4, 1. Für $n \in \mathbf{N}$, $n > 0$, erhalten wir unter Verwendung des allgemeinen Distributivgesetzes für n Summanden: $n(a b) = a b + .. + a b = a(b + .. + b) = a(n b)$ und ebenso $n(a b) = (a + .. + a)b = (n a)b$. Damit folgt unter Verwendung der Vorzeichenregeln schließlich $(-n)(a b) = n(-(a b)) = n((-a)b) = (n(-a))b = ((-n)a)b$ und ebenso $(-n)(a b) = a((-n)b)$.   ∎

In der multiplikativen Halbgruppe $(R, \cdot)$ eines Ringes R gelten natürlich die Rechenregeln für Potenzen aus 5.9. Darüber hinaus wollen wir noch den binomischen Lehrsatz besprechen. Dazu erinnern wir an die B i n o m i a l k o e f f i z i e n t e n:

6.6 Definition Für alle $n \in \mathbf{N}$ und alle $k = 0, \ldots, n$ setzt man $\binom{n}{k} := \dfrac{n!}{k!\,(n-k)!}$, wobei wie üblich $k! := 1 \cdot 2 \cdots k$ für $k > 0$ und $0! := 1$ bedeutet.

Aus der Definition ergibt sich unmittelbar $\binom{n}{k} = \binom{n}{n-k}$ sowie $\binom{n}{0} = \binom{n}{n} = 1$. Wir beweisen:

6.7 Für $n \in \mathbf{N}$ und $k = 1, \ldots, n$ gilt

$$\binom{n+1}{k} := \binom{n}{k} + \binom{n}{k-1}.$$

Insbesondere ist $\binom{n}{k}$ stets eine natürliche Zahl.

B e w e i s.

$$\binom{n}{k} + \binom{n}{k-1} = \frac{n!}{k!\,(n-k)!} + \frac{n!}{(k-1)!\,(n-k+1)!} = \frac{n!\,(n-k+1) + n! \cdot k}{k!\,(n-k+1)!}$$

$$= \frac{(n+1)!}{k!\,(n+1-k)!} = \binom{n+1}{k}.$$

Aus dieser Formel folgt sofort durch vollständige Induktion über n, daß $\binom{n}{k}$ stets eine natürliche Zahl ist. In der Tat ist $\binom{0}{0} = 1 \in \mathbf{N}$, und für $1 \le k \le n$ gilt nach Induktions-

voraussetzung $\binom{n}{k}, \binom{n}{k-1} \in \mathbf{N}$, also auch $\binom{n+1}{k} = \binom{n}{k} + \binom{n}{k-1} \in \mathbf{N}$. Schließlich ist

$$\binom{n+1}{n+1} = \binom{n+1}{0} = 1 \in \mathbf{N}.$$ ∎

6.8 Satz Es seien a, b Elemente eines Ringes R mit a b = b a. Dann gilt für alle $n \in \mathbf{N}$:
1. (Binomischer Lehrsatz)

$$(a + b)^n = \sum_{k=0}^{n} \binom{n}{k} a^{n-k}b^k = a^n + n\, a^{n-1}b + \ldots + \binom{n}{k} a^{n-k}b^k + \ldots + n\, a\, b^{n-1} + b^n$$

2. $a^{n+1} - b^{n+1} = (a-b) \sum_{k=0}^{n} a^{n-k}b^k = (a-b)(a^n + a^{n-1}b + \ldots + a^{n-k}b^k + \ldots + b^n)$.

B e w e i s. 1. Wir verwenden vollständige Induktion über n. Im Fall $n = 0$ ist $(a + b)^0 = 1 = \binom{0}{0} a^0 b^0$. Beim Schluß von n auf $n + 1$ erhalten wir mit Hilfe von 6.7 und der Induktions-voraussetzung

$$\begin{aligned}
(a + b)^{n+1} &= (a + b)^n (a + b) \\[2mm]
&= \left(a^n + n\, a^{n-1}b + \ldots + \binom{n}{k} a^{n-k}b^k + \ldots + n\, a\, b^{n-1} + b^n\right)(a + b) \\[2mm]
&= a^{n+1} + n\, a^n b + \ldots + \binom{n}{k} a^{n+1-k}b^k + \ldots + a\, b^n \\[2mm]
&\quad + a^n b + \ldots + \binom{n}{k-1} a^{n+1-k}b^k + \ldots + n\, a\, b^n + b^{n+1} \\[2mm]
&= a^{n+1} + (n+1)a^n b + \ldots + \binom{n+1}{k} a^{n+1-k}b^k + \ldots + (n+1)a\, b^n + b^{n+1}.
\end{aligned}$$

Dabei haben wir benutzt, daß wegen $a\, b = b\, a$ auch $a\, b^k = b^k a$ ist.
2. Es folgt (ebenfalls unter Verwendung von $a\, b^k = b^k a$)

$$\begin{aligned}
(a-b)(a^n + a^{n-1}b + \ldots + a\, b^{n-1} + b^n) &= a^{n+1} + a^n b + \ldots + a\, b^n - a^n b - \ldots - a\, b^n - b^{n+1} \\[2mm]
&= a^{n+1} - b^{n+1}.
\end{aligned}$$ ∎

Wir beschäftigen uns nun mit spezielleren Eigenschaften von Ringen. Eine einelementige Menge $\{x\}$ läßt sich durch $x + x := x$ und $x \cdot x := x$ immer zu einem Ring mit x als Null- und Einselement machen. Wir bezeichnen einen solchen Ring, der nur aus dem Nullelement besteht, als N u l l r i n g. Es gilt

6.9 Genau dann ist ein Ring R nicht der Nullring, wenn $1_R \neq 0_R$ ist.

B e w e i s. Ist R ein Ring mit $1_R = 0_R$, so folgt $a = 1 \cdot a = 0 \cdot a = 0$ für alle $a \in R$, also $R = \{0\}$. Die Umkehrung ist klar.   ∎

Im Fall $R \neq \{0\}$ ist die multiplikative Halbgruppe $(R, \cdot)$ eines Ringes R sicherlich keine Gruppe, da beispielsweise die Gleichung $0 \cdot x = 1$ in R unlösbar ist. Wegen $0 \cdot 0 = 0 \cdot 1$ ist 0 dann nicht einmal kürzbar. In vielen Ringen, wie etwa in **Z**, ist jedoch jedes Element $\neq 0$ kürzbar (bzgl. $\cdot$).

Die Distributivgesetze gestatten es, kürzbare Elemente bzgl. der Multiplikation in einem Ring einfach zu charakterisieren. Wir beschränken uns dabei auf kommutative Ringe.

6.10 Definition $R \neq \{0\}$ sei ein kommutativer Ring.

1. Ein Element $a \in R$ heißt ein N u l l t e i l e r (in R), wenn es ein $b \neq 0$ aus R gibt mit $a\, b = 0$. Andernfalls, also wenn aus $a\, b = 0$ stets $b = 0$ folgt, heißt a ein N i c h t n u l l - t e i l e r.

2. R heißt ein I n t e g r i t ä t s r i n g, wenn R außer 0 keine weiteren Nullteiler enthält.

Genau dann ist $R \neq \{0\}$ ein Integritätsring, wenn R keine Nullteiler $a \neq 0$ besitzt, d. h., wenn in R aus $a \neq 0$ und $b \neq 0$ stets $a\, b \neq 0$ folgt. Bei einem Integritätsring führt also die Multiplikation nicht aus $R - \{0\}$ heraus. Da das Assoziativgesetz für die Multiplikation in $R - \{0\}$ weiterhin gilt, ist dann $(R - \{0\}, \cdot)$ sogar eine Halbgruppe mit neutralem Element 1_R.

6.11 $R \neq \{0\}$ sei ein kommutativer Ring. Dann gilt:

1. Die kürzbaren Elemente in $(R, \cdot)$ sind genau die Nichtnullteiler in R.

2. Ist R ein Integritätsring, so ist $(R - \{0\}, \cdot)$ eine Halbgruppe, in der die Kürzungsregel gilt.

B e w e i s. 1. Ist a ein Nullteiler in R, so gibt es ein $b \neq 0$ aus R mit $a\, b = 0 = a \cdot 0$, d. h. a ist nicht kürzbar. Ist umgekehrt a ein Nichtnullteiler in R, so folgt aus $a\, b = a\, c$, d. h. $a(b - c) = a\, b - a\, c = 0$, bereits $b - c = 0$, $b = c$. Daher ist a kürzbar.

2. Die Behauptung ergibt sich unmittelbar aus 1. und der Vorüberlegung.   ∎

Beispiele für Integritätsringe sind neben **Z** auch die Zahlbereiche **Q**, **R** und **C**. In den letztgenannten Fällen sind sogar alle Elemente $\neq 0$ invertierbar bzgl. der Multiplikation (und damit erst recht kürzbar, also Nichtnullteiler). Wir definieren allgemein:

6.12 Definition $R \neq \{0\}$ sei ein Ring. Ein Element $a \in R$ heißt eine E i n h e i t in R, wenn es in der multiplikativen Halbgruppe $(R, \cdot)$ invertierbar ist, d. h., wenn es ein $a' \in R$ mit $a\, a' = a'a = 1$ gibt.

Das (eindeutig bestimmte) inverse Element a' bezeichnen wir wieder mit a^{-1}.

Wir notieren einige einfache Eigenschaften von Einheiten.

6.13 $R \neq \{0\}$ sei ein Ring. Dann gilt:

1. Die Einheiten von R bilden, versehen mit der Multiplikation von R, eine Gruppe mit 1_R als neutralem Element. Sie heißt die E i n h e i t e n g r u p p e von R und wird mit R^* bezeichnet.

2. Für jede Einheit $a \in R$ ist auch $-a$ eine Einheit mit $-(a^{-1})$ als Inversem.

B e w e i s. 1. Nach 5.7 ist für Einheiten a, $b \in R$ auch $a\,b$ eine Einheit, und es ist 1_R eine Einheit. Daher ist die Menge der Einheiten von R, versehen mit der Multiplikation des Ringes, eine Halbgruppe R^* mit 1_R als neutralem Element. Ferner ergibt sich, daß für jedes $a \in R^*$ auch a^{-1} wieder in R^* liegt, so daß a in R^* ein Inverses besitzt. Daher ist R^* eine Gruppe.

2. Für $a \in R^*$ ist $(-a)\,(-(a^{-1})) = a\,a^{-1} = 1$ und ebenso $(-(a^{-1}))\,(-a) = 1$.   ∎

In einem Ring $R \neq \{0\}$ sind höchstens die von 0 verschiedenen Elemente Einheiten (wegen $0 \cdot a' = 0 \neq 1$ für alle $a' \in R$). Wir definieren nun:

6.14 Definition Ein kommutativer Ring $K \neq \{0\}$ heißt ein K ö r p e r, wenn alle von 0 verschiedenen Elemente Einheiten in K sind.

$\mathbb{Q}$, $\mathbb{R}$ und $\mathbb{C}$ sind Beispiele für Körper. Die einzigen Einheiten von $\mathbb{Z}$ sind jedoch 1 und -1, d. h., der Integritätsring $\mathbb{Z}$ ist kein Körper.

6.15 Jeder Körper ist ein Integritätsring.

B e w e i s. In einem Körper folgt aus $a\,b = 0$ und $a \neq 0$ wegen der Existenz eines Inversen zu a sofort $b = a^{-1} a\,b = a^{-1} \cdot 0 = 0$, d. h., es gibt keine Nullteiler $a \neq 0$.   ∎

Man sieht dies auch folgendermaßen ein: Jedes Element $\neq 0$ eines Körpers ist invertierbar, also kürzbar (bzgl. $\cdot$), und damit ein Nichtnullteiler.

Definitionsgemäß ist ein kommutativer Ring $R \neq \{0\}$ genau dann ein Körper, wenn die Einheitengruppe R^* von R bereits ganz $R - \{0\}$ ist, d. h., wenn $R - \{0\}$ bzgl. „$\cdot$" selbst eine Gruppe ist. Wir können damit für endliche Ringe eine Umkehrung von 6.15 beweisen:

6.16 Satz Jeder endliche Integritätsring ist bereits ein Körper.

B e w e i s. Für jeden Integritätsring R ist $(R - \{0\}, \cdot)$ nach 6.11 eine Halbgruppe mit Kürzungsregel. Ist R endlich, so ist auch diese Halbgruppe endlich und somit nach 5.18 eine Gruppe, also R ein Körper.   ∎

In Körpern ist es üblich, die „Bruchschreibweise" zu verwenden. Dies ist auch in beliebigen kommutativen Ringen möglich, wenn man als „Nenner" nur Einheiten zuläßt. Dann gelten die nachfolgenden Rechenregeln ebenfalls:

6.17 K sei ein Körper. Für a, $s \in K$, $s \neq 0$, setzt man $\dfrac{a}{s} := a\,s^{-1}$. Dann gilt für a, b, s, $t \in K$ mit s, $t \neq 0$:

1. Es ist $\dfrac{a}{s} = \dfrac{b}{t}$ genau dann, wenn $a\,t = b\,s$ ist. Ferner ist $\dfrac{a\,t}{s\,t} = \dfrac{a}{s}$.

2. $\dfrac{a}{s} \cdot \dfrac{b}{t} = \dfrac{a\,b}{s\,t}$, $\left(\dfrac{a}{s}\right)^{-1} = \dfrac{s}{a}$ für $a \neq 0$.

3. $\dfrac{a}{s} + \dfrac{b}{t} = \dfrac{a\,t + b\,s}{s\,t}$, $-\dfrac{a}{s} = \dfrac{-a}{s} = \dfrac{a}{-s}$.

B e w e i s. Die Regeln 1 und 2 ergeben sich wegen der Kommutativität von $(K, \cdot)$ direkt aus den Rechenregeln für inverse Elemente (5.7).

3. Es ist $a\,s^{-1} + b\,t^{-1} = a\,t\,t^{-1}s^{-1} + b\,s\,s^{-1}t^{-1} = (a\,t + b\,s)t^{-1}s^{-1} = (a\,t + b\,s)(s\,t)^{-1}$.

Außerdem ist $(-s)^{-1} = -(s^{-1})$ und daher $-(a\,s^{-1}) = (-a)s^{-1} = a(-(s^{-1})) = a(-s)^{-1}$. ∎

Wir besprechen noch zwei Prinzipien zur Konstruktion neuer Ringe, die wir bei Halbgruppen und Gruppen bereits eingeführt haben.

6.18 R_1 und R_2 seien Ringe. Auf dem kartesischen Produkt $R_1 \times R_2$ definieren wir eine Addition und eine Multiplikation durch

$$(a_1, a_2) + (b_1, b_2) := (a_1 + b_1, a_2 + b_2), \qquad (a_1, a_2) \cdot (b_1, b_2) := (a_1 b_1, a_2 b_2).$$

Dann ist $(R_1 \times R_2, +)$ eine kommutative Gruppe und $(R_1 \times R_2, \cdot)$ eine Halbgruppe mit neutralem Element $(1_{R_1}, 1_{R_2})$ nach 5.25. Da sich auch die komponentenweise gültigen Distributivgesetze auf $R_1 \times R_2$ übertragen, ist $R_1 \times R_2$ sogar ein Ring. Wir nennen ihn das d i r e k t e P r o d u k t der beiden Ringe R_1 und R_2.

$R_1 \times R_2$ ist genau dann kommutativ, wenn R_1 und R_2 kommutativ sind. Ferner ist (a_1, a_2) genau dann eine Einheit in $R_1 \times R_2$, wenn a_1 und a_2 jeweils Einheiten sind. Es gilt also für die Einheitengruppen: $(R_1 \times R_2)^* = R_1^* \times R_2^*$.

Im Fall $R_1, R_2 \neq \{0\}$ sind alle Elemente $\neq (0, 0)$ der Form $(a_1, 0)$ und $(0, a_2)$ Nullteiler wegen $(a_1, 0)(0, a_2) = (0, 0)$. Insbesondere ist $R_1 \times R_2$ dann kein Integritätsring.

Schließlich weisen wir noch darauf hin, daß man direkte Produkte auch von mehr als zwei Ringen $R_1, \ldots, R_n$ bilden kann. Man wendet dazu die obige Konstruktion mehrfach an und bildet $(\ldots(R_1 \times R_2) \times \ldots) \times R_n$ oder definiert kurz $R_1 \times \ldots \times R_n$ als Menge der n-Tupel $(a_1, \ldots, a_n)$ mit $a_1 \in R_1, \ldots, a_n \in R_n$, mit denen man dann ebenfalls komponentenweise rechnet. Die obigen Aussagen gelten analog.

6.19 R sei ein Ring und X eine nichtleere Menge. Auf $\mathrm{Abb}(X, R)$ definieren wir eine Addition und eine Multiplikation durch

$$(f + g)(x) := f(x) + g(x), \ (f \cdot g)(x) := f(x) \cdot g(x)$$

für $f, g \in \mathrm{Abb}(X, R)$ und alle $x \in X$. Dadurch wird $\mathrm{Abb}(X, R)$ wieder zu einem Ring. Das Null- bzw. Einselement sind dabei die konstanten Abbildungen, die jedes $x \in X$ auf 0_R bzw. 1_R abbilden. Ist R kommutativ, so auch $\mathrm{Abb}(X, R)$. Ähnlich wie oben sieht man, daß $\mathrm{Abb}(X, R)$ niemals Integritätsring ist, falls X mindestens zwei Elemente enthält.

Als Spezialfall erhalten wir den Ring $R^{\mathbf{N}} = \mathrm{Abb}(\mathbf{N}, R)$ der Folgen in einem Ring R. Für Folgen $f = (f_n)$, $g = (g_n)$ in R sind also Summe und Produkt folgendermaßen definiert:

$$(f_n) + (g_n) := (f_n + g_n), \qquad (f_n) \cdot (g_n) := (f_n g_n).$$

Übungsaufgaben

6.20 Man zeige, daß bei Ringen die Kommutativität der Addition bereits aus den übrigen Ringaxiomen folgt.

6.21 Wir versehen $\mathbf{Z}$ mit der üblichen Addition. Man zeige, daß dann die übliche Multiplikation $\cdot$ und die „Multiplikation" $\top$ mit $a \top b := -a \cdot b$ für $a, b \in \mathbf{Z}$ die einzigen Möglichkeiten sind, $(\mathbf{Z}, +)$ zu einem Ring zu machen.

6.22 R sei ein Ring mit $a^2 = a$ für alle $a \in R$. Man zeige: 1. Es ist $a + a = 0$ für alle $a \in R$.
2. R ist kommutativ.
3. Jedes Element $a \neq 1$ in R ist ein Nullteiler.

6.23 $R \neq \{0\}$ sei ein Ring und $a \in R$ ein Element mit $a^n = 0$ für ein $n \in \mathbf{N}$, $n > 0$. Man zeige, daß dann $1 - a$ eine Einheit in R ist.

6.24 Man zeige, daß ein kommutativer Ring $R \neq \{0\}$ genau dann ein Körper ist, wenn in R Gleichungen der Form $a\,x + b = 0$ für $a \neq 0$ stets (eindeutig) lösbar sind.

6.25 Man zeige, daß die einzige Möglichkeit, die Menge $\{0, 1\}$ zu einem Ring mit 0 als Nullelement und 1 als Einselement zu machen, durch die Verknüpfungstafeln aus Abb. 6.1 gegeben ist. Dabei handelt es sich sogar um einen Körper.

$+$	0	1		$\cdot$	0	1
0	0	1		0	0	0
1	1	0		1	0	1

Abb. 6.1

6.26 Auf der Potenzmenge $\mathfrak{P}(X)$ einer Menge X definieren wir eine Verknüpfung $\triangle$ (s y m m e t r i s c h e D i f f e r e n z), indem wir für A, B $\subset$ X setzen: $A \triangle B :=$ $(A - B) \cup (B - A) = \{x \in X \mid x$ liegt in genau einer der beiden Mengen A und B$\}$. Man zeige, daß $\mathfrak{P}(X)$ mit $\triangle$ als Addition und $\cap$ als Multiplikation einen kommutativen Ring bildet. (Dieser Ring hat die Eigenschaften aus 6.22.)

7 Unterstrukturen

Bei einem Verknüpfungsgebilde (A, τ) läßt sich τ auch als Verknüpfung auf denjenigen Teilmengen von A auffassen, aus denen die Verknüpfung nicht „herausführt". Dies ist etwa bei $(\mathbf{R}, +)$ für die Teilmenge $\mathbf{Z}$ der Fall. Allgemein definieren wir:

7.1 Definition (A, τ) sei ein Verknüpfungsgebilde und B eine Teilmenge von A. Gilt dann für alle a, b $\in$ B auch $a \tau b \in B$, so heißt B a b g e s c h l o s s e n in A bzgl. τ. Dann wird durch $a \tau' b := a \tau b$ für alle a, b $\in$ B eine Verknüpfung τ' auf B definiert. Wir nennen τ' die E i n s c h r ä n k u n g von τ auf B und (B, τ') ein U n t e r g e - b i l d e von (A, τ).

Es ist bei Untergebilden üblich, die eingeschränkte Verknüpfung wieder wie die ursprüngliche Verknüpfung zu bezeichnen, also wieder τ statt τ' zu schreiben. Ferner sprechen wir einfach von dem Untergebilde B von (A, τ), da es dann klar ist, welche Verknüpfung auf B gemeint ist.

Ist (A, τ) ein Verknüpfungsgebilde mit assoziativer bzw. kommutativer Verknüpfung, so gilt dies natürlich auch für jedes Untergebilde von A. Insbesondere sind Untergebilde von Halbgruppen selbst wieder Halbgruppen. Wir sprechen dann von U n t e r h a l b - g r u p p e n. Besonders wichtig ist der Fall, daß es sich um Gruppen handelt.

7.2 Definition G sei eine Gruppe. Eine Unterhalbgruppe von G, die auch eine Gruppe ist, heißt eine U n t e r g r u p p e von G.

Eine Untergruppe von G ist also eine Teilmenge von G, die bzgl. der Verknüpfung von G abgeschlossen ist und die mit der eingeschränkten Verknüpfung selbst wieder eine Gruppe ist.

Offenbar sind stets G selbst und die triviale Gruppe $\{e\}$, die nur aus dem neutralen Element von G besteht, Untergruppen der Gruppe G. Ferner ist natürlich jede Untergruppe einer Untergruppe von G auch eine Untergruppe von G.

Eine Unterhalbgruppe H einer Halbgruppe G mit neutralem Element e_G kann ein neutrales Element e_H besitzen mit $e_H \neq e_G$. Ein Beispiel dafür ist die Unterhalbgruppe $H := \{0_Z\}$ von $(Z, \cdot)$. Bei Gruppen ist dies nicht möglich:

7.3 H sei eine Untergruppe der Gruppe G. Dann gilt:

1. Das neutrale Element e von G liegt bereits in H und ist damit das neutrale Element von H.

2. Für jedes Element $a \in H$ führt die Inversenbildung in G und in H zum selben Ergebnis a^{-1}.

B e w e i s. 1. Für das neutrale Element e_H der Untergruppe H gilt $e_H \cdot e_H = e_H$ und, da e in ganz G neutral ist, auch $e \cdot e_H = e_H$. Die Eindeutigkeit der Lösung y von $y\, e_H = e_H$ in G liefert $e_H = e$.

2. Die Behauptung folgt aus der Eindeutigkeit der Lösung x von $a\, x = e\ (= e_H)$ in G. ∎

Wir bringen nun Kriterien für Untergruppen.

7.4 Eine Teilmenge H einer Gruppe G ist genau dann eine Untergruppe von G, wenn gilt:

1. Mit $a, b \in H$ ist stets auch $a\, b \in H$.

2. Das neutrale Element e von G liegt in H.

3. Mit $a \in H$ ist stets auch $a^{-1} \in H$.

B e w e i s. Bedingung 1 bedeutet genau, daß H eine Unterhalbgruppe von G ist. Für Untergruppen H gelten gemäß 7.3 auch die beiden weiteren Bedingungen. Umgekehrt folgt aus diesen sofort, daß die Unterhalbgruppe H bereits eine Gruppe ist (mit demselben neutralen und denselben inversen Elementen wie bei G). ∎

7.5 Eine Teilmenge H einer Gruppe G ist genau dann eine Untergruppe von G, wenn gilt:

1. Mit $a, b \in H$ ist stets auch $a\, b^{-1} \in H$.

2. Das neutrale Element e von G liegt in H.

B e w e i s. Für eine Untergruppe H von G gelten die angegebenen Bedingungen nach 7.4. Umgekehrt habe H die angegebene Eigenschaft. Wegen $e \in H$ ist für alle $b \in H$ dann $e\, b^{-1} \in H$, also $b^{-1} \in H$, und damit für alle $a \in H$ auch $a(b^{-1})^{-1} \in H$, also $a\, b \in H$. Wiederum nach 7.4 ist daher H eine Untergruppe von G. ∎

Im Fall endlicher Teilmengen lassen sich die vorstehenden Untergruppenkriterien noch vereinfachen.

7.6 Satz Eine endliche Teilmenge $H \neq \emptyset$ einer Gruppe G ist bereits dann eine Untergruppe von G, wenn mit a, b $\in$ H stets auch a b $\in$ H ist.

B e w e i s. Die angegebene Bedingung besagt, daß H eine Unterhalbgruppe von G ist. Da in der Gruppe G die Kürzungsregel gilt, gilt sie erst recht in H. Da H endlich ist, ist H daher nach 5.18 bereits eine Gruppe.   ∎

Als Anwendung von 7.5 notieren wir:

7.7 H_1 und H_2 seien Untergruppen einer Gruppe G. Dann ist auch $H_1 \cap H_2$ eine Untergruppe von G.

B e w e i s. Nach 7.5 ist $e \in H_1$ und $e \in H_2$, also $e \in H_1 \cap H_2$. Ebenso folgt aus a, b $\in H_1 \cap H_2$, d. h. a, b $\in H_1$ und a, b $\in H_2$, bereits $a\, b^{-1} \in H_1$ und $a\, b^{-1} \in H_2$ und somit $a\, b^{-1} \in H_1 \cap H_2$. Daher ist auch $H_1 \cap H_2$ eine Untergruppe von G.   ∎

Natürlich gilt die vorstehende Aussage (mit analogem Beweis) auch für Durchschnitte von beliebig vielen Untergruppen von G. Vereinigungen von Untergruppen sind dagegen in der Regel keine Untergruppen mehr (vgl. 7.13).

Bei Ringen betrachten wir Teilmengen, die mit der eingeschränkten Addition und Multiplikation wieder einen Ring bilden.

7.8 Definition R sei ein Ring. Dann heißt ein Ring S mit $S \subset R$ ein U n t e r r i n g von R, wenn gilt:

1. Die Addition von S ist die Einschränkung der Addition von R.

2. Die Multiplikation von S ist die Einschränkung der Multiplikation von R.

3. S und R haben dasselbe Einselement $1_S = 1_R$.

Bei einem Unterring S von R ist also (S, +) eine Untergruppe von (R, +) und (S, ·) eine Unterhalbgruppe von (R, ·) mit demselben neutralen Element. Die Nullelemente von S und R stimmen dann nach 7.3 überein, d. h., $0_S = 0_R$ braucht nicht eigens gefordert zu werden.

Die Ringe $\mathbf{Z} \subset \mathbf{Q} \subset \mathbf{R} \subset \mathbf{C}$ sind beispielsweise Unterringe voneinander. Hingegen ist $\mathbf{Z} \times \{0\}$ ein im Ring $\mathbf{Z} \times \mathbf{Z}$ (vgl. 6.18) enthaltener Ring (bzgl. der eingeschränkten Addition und Multiplikation), jedoch in unserem Sinne kein Unterring, da sein Einselement (1, 0) vom Einselement (1, 1) von $\mathbf{Z} \times \mathbf{Z}$ verschieden ist.

Im Ring Abb(X, $\mathbf{R}$) aller reellwertigen Funktionen auf einem Intervall $X \subset \mathbf{R}$ bilden die stetigen bzw. differenzierbaren Funktionen einen Unterring. Dies folgt wegen der Summen- und Produktregel für stetige bzw. differenzierbare Funktionen aus dem nachfolgenden U n t e r r i n g k r i t e r i u m:

7.9 Eine Teilmenge S eines Ringes R ist genau dann ein Unterring von R, wenn gilt:

1. Mit a, b $\in$ S ist stets auch $a - b \in S$ und a b $\in$ S.

2. Es ist $1_R \in S$.

B e w e i s. Sind die angegebenen Bedingungen erfüllt, so ist (S, ·) eine Unterhalbgruppe von (R, ·). Außerdem ist dann $0 = 1_R - 1_R \in S$ wegen $1_R \in S$, und somit ist (S, +) eine Untergruppe von (R, +) nach 7.5. Die Distributivgesetze vererben sich natürlich von R auf S. Schließlich ist $1_R \in S$ erst recht neutral in (S, ·), also gleich 1_S. Insgesamt ist S damit ein Unterring von R.

Umgekehrt sind 1. und 2. bei einem Unterring S von R sicher erfüllt.   ∎

Wir beschäftigen uns nun noch mit dem Spezialfall von Körpern.

7.10 Definition K sei ein Körper. Ein Unterring von K, der auch ein Körper ist, heißt ein U n t e r k ö r p e r von K.

7.11 Eine Teilmenge L eines Körpers K ist genau dann ein Unterkörper von K, wenn gilt:

1. Mit a, b $\in$ L ist stets a $-$ b $\in$ L und, falls b $\neq$ 0, auch a/b $\in$ L.

2. Es ist $1_K \in$ L.

B e w e i s. Wir zeigen, daß L unter den angegebenen Bedingungen ein Unterkörper ist: Wegen $1_K \in$ L ist mit b $\neq$ 0 aus L auch $1/b \in$ L, also $b^{-1} \in$ L. Für beliebige a $\in$ L ist dann $a/b^{-1} = a(b^{-1})^{-1} = a\,b$ ebenfalls in L. Ferner ist $1_K - 1_K \in$ L, also $0 \in$ L, und damit a b $\in$ L auch im Fall b = 0. Nach 7.9 ist daher L ein Unterring, der mit b $\neq$ 0 auch $b^{-1} = 1/b$ enthält, also ein Unterkörper von K. Umgekehrt sind die Bedingungen 1. und 2. bei einem Unterkörper natürlich erfüllt. ∎

Als Anwendung der vorstehenden Kriterien erhalten wir die zu 7.7 analoge Aussage, daß Durchschnitte von Unterringen wieder Unterringe und Durchschnitte von Unterkörpern wieder Unterkörper sind.

Es sei noch erwähnt, daß Unterringe von Integritätsringen wieder Integritätsringe sind. Ferner sind die Einheiten eines Unterringes S von R auch Einheiten im Ring R (wegen $1_R = 1_S$), und somit ist die Einheitengruppe S* von S eine Untergruppe von R*.

Übungsaufgaben

7.12 X sei eine Menge und $x_0 \in$ X fest gewählt. Man zeige, daß $\{f \in \mathfrak{S}(X) \mid f(x_0) = x_0\}$ eine Untergruppe der Permutationsgruppe $\mathfrak{S}(X)$ ist.

7.13 H_1 und H_2 seien Untergruppen einer Gruppe G. Man zeige, daß $H_1 \cup H_2$ nur dann eine Untergruppe von G ist, wenn gilt $H_1 \subset H_2$ oder $H_2 \subset H_1$.

7.14 1. Für eine Gruppe G definiert man das Z e n t r u m von G durch $Z(G) :=$ $\{x \in G \mid a\,x = x\,a$ für alle $a \in G\}$. Man zeige, daß $Z(G)$ eine Untergruppe von G ist.
2. Für einen Ring R definiert man das Z e n t r u m von R ebenso durch $Z(R) :=$ $\{x \in R \mid a\,x = x\,a$ für alle $a \in R\}$. Man zeige, daß $Z(R)$ ein Unterring von R ist.

7.15 R sei ein kommutativer Ring. Für eine natürliche Zahl n $>$ 0 heißt ein Element $x \in R$ eine n - t e E i n h e i t s w u r z e l, wenn $x^n = 1$ ist. Man zeige, daß die n-ten Einheitswurzeln eine Untergruppe der Einheitengruppe R* von R bilden.

7.16 Man zeige, daß die Menge der Brüche ganzer Zahlen mit ungeradem Nenner ein Unterring von **Q** ist.

7.17 Man zeige, daß $\mathbf{Q}\,[\sqrt{2}\,] := \{a + b\,\sqrt{2} \mid a, b \in \mathbf{Q}\}$ ein Unterkörper von **R** ist.

8 Homomorphismen

Zwischen Verknüpfungsgebilden A und A' interessieren solche Abbildungen, bei denen man mit den Elementen a, b $\in$ A stets genauso rechnet wie mit ihren Bildern f(a), f(b) in A'. Ein Beispiel dafür ist die Logarithmusfunktion log von der Menge der positiven reellen Zahlen, versehen mit der Multiplikation, in die Menge der reellen Zahlen, versehen mit der Addition. Hier gilt stets $\log(a \cdot b) = \log a + \log b$. Wir definieren allgemein:

8.1 Definition (A, τ) und (A', τ') seien Verknüpfungsgebilde.

1. Eine Abbildung $f : A \to A'$ heißt ein H o m o m o r p h i s m u s von A in A' (bzgl. τ und τ'), wenn für alle a, b $\in$ A gilt:

$$f(a \tau b) = f(a) \tau' f(b).$$

2. Ein Homomorphismus von A in A', der zusätzlich bijektiv ist, heißt ein I s o m o r - p h i s m u s von A auf A'.

Gibt es einen Isomorphismus von A auf A', so heißen A und A' i s o m o r p h, und wir schreiben dann $A \cong A'$.

Einen Homomorphismus eines Verknüpfungsgebildes (A, τ) in sich selbst nennen wir gelegentlich einen E n d o m o r p h i s m u s von A und einen Isomorphismus von (A, τ) auf sich selbst einen A u t o m o r p h i s m u s von A.

Aus der Definition ergibt sich sofort:

8.2 (A, τ), (A', τ') und (A'', τ'') seien Verknüpfungsgebilde. Dann gilt:

1. Sind $f : A \to A'$ und $g : A' \to A''$ Homomorphismen, so ist auch $g \circ f : A \to A''$ ein Homomorphismus.

Sind f und g sogar Isomorphismen, so ist auch $g \circ f$ ein Isomorphismus.

2. Ist $f : A \to A'$ ein Isomorphismus, so ist auch die Umkehrabbildung $f^{-1} : A' \to A$ ein Isomorphismus.

3. Die Identität $\mathrm{id}_A : A \to A$ ist ein Isomorphismus.

B e w e i s. 1. Für alle a, b $\in$ A folgt aus der Homomorphieeigenschaft von f und g: $g(f(a \tau b)) = g(f(a) \tau' f(b)) = g(f(a)) \tau'' g(f(b))$, d. h., $g \circ f$ ist ein Homomorphismus. Mit f und g ist $g \circ f$ auch bijektiv, also ein Isomorphismus.

2. Als Isomorphismus ist f bijektiv. Für a', b' $\in$ A' setzen wir $a := f^{-1}(a')$, $b := f^{-1}(b')$ und erhalten aus der Homomorphieeigenschaft von f: $f^{-1}(a' \tau' b') = f^{-1}(f(a) \tau' f(b)) = f^{-1}(f(a \tau b)) = a \tau b = f^{-1}(a') \tau f^{-1}(b')$. Dies ist die Behauptung, da natürlich f^{-1} ebenfalls bijektiv ist.

3. Es ist $\mathrm{id}_A(a \tau b) = a \tau b = \mathrm{id}_A(a) \tau \mathrm{id}_A(b)$ für a, b $\in$ A. ∎

Die Aussage von 8.2, 2 besagt für das eingangs behandelte Beispiel des Logarithmus zur Basis 10, daß die Umkehrfunktion 10^x auch ein Homomorphismus ist. In der Tat gilt $10^{a' + b'} = 10^{a'} \cdot 10^{b'}$.

Etwas allgemeiner als in 8.2, 3 ist natürlich für jedes Untergebilde B von (A, τ) die kanonische Injektion $\iota : B \to A$ ein Homomorphismus. Für jeden Homomorphismus $f : A \to A'$ ist dann auch $f|B = f \circ \iota$ ein Homomorphismus von B in A'.

Auf einer Menge von Verknüpfungsgebilden ist die Isomorphie „$\cong$" eine Äquivalenzrelation. Wir haben nämlich in 8.2 bewiesen:

1. Aus $A \cong A'$ und $A' \cong A''$ folgt $A \cong A''$. 2. Aus $A \cong A'$ folgt $A' \cong A$. 3. Es ist stets $A \cong A$.

A n m e r k u n g. Wir zeigen im weiteren, daß sich bei Homomorphismen in bestimmten Fällen Eigenschaften von Verknüpfungsgebilden übertragen. Bei Isomorphismen gilt dies nicht nur für die weiter unten angesprochenen Eigenschaften. Vielmehr übertragen sich dabei alle mit Hilfe der Verknüpfungen formulierbaren Aussagen und Begriffe. Diese allgemeine Behauptung, die sich in konkreten Fällen stets leicht nachprüfen läßt, wird im Rahmen der mathematischen Logik behandelt. Isomorphismen lassen sich also als strukturerhaltende Umbenennungen auffassen. Isomorphe Verknüpfungsgebilde kann man daher in der Algebra als „im wesentlichen gleich" betrachten.

Ist beispielsweise $f : A \to A'$ ein injektiver Homomorphismus von Verknüpfungsgebilden, so ist A (vermöge f) zu dem Untergebilde f(A) von A' isomorph. Dann identifiziert man häufig die Elemente $a \in A$ mit ihren Bildern $f(a) \in A'$ und faßt so A als Untergebilde von A' auf. Dies ist vor allem bei der Konstruktion der Zahlbereichserweiterungen üblich.

Wir zeigen nun:

8.3 Es sei f ein surjektiver Homomorphismus von (A, τ) auf (A', τ'). Mit τ ist dann auch τ' assoziativ. Ist also (A, τ) eine Halbgruppe, so auch (A', τ').

B e w e i s. Zu $a_1', a_2', a_3' \in A'$ gibt es wegen der Surjektivität von f stets Elemente a_1, $a_2, a_3 \in A$ mit $f(a_i) = a_i'$, $i = 1, 2, 3$. Aus der Assoziativität von τ und der Homomorphieeigenschaft von f ergibt sich:

$$(a_1' \,\tau' a_2') \,\tau' \, a_3' = (f(a_1) \,\tau' f(a_2)) \,\tau' f(a_3) = f(a_1 \,\tau\, a_2) \,\tau' f(a_3) = f((a_1 \,\tau\, a_2) \,\tau\, a_3)$$

$$= f(a_1 \,\tau\, (a_2 \,\tau\, a_3)) = f(a_1) \,\tau' f(a_2 \,\tau\, a_3) = f(a_1) \,\tau' (f(a_2) \,\tau' f(a_3))$$

$$= a_1' \,\tau' (a_2' \,\tau' a_3').$$
∎

Im folgenden beschränken wir uns auf die Untersuchung von Homomorphismen zwischen Halbgruppen, wobei wir multiplikative Schreibweise verwenden (falls nichts anderes gesagt ist). Die Homomorphiebedingung aus 8.1 nimmt dann die Gestalt $f(a\, b) = f(a)\, f(b)$ an. Bei mehrfachen Produkten erhält man durch mehrfache Anwendung dieser Gleichung $f(a_1 \ldots a_n) = f(a_1) \ldots f(a_n)$, insbesondere also $f(a^n) = (f(a))^n$ für alle $n > 0$.

8.4 A und A' seien Halbgruppen, und $f : A \to A'$ sei ein surjektiver Homomorphismus. Dann gilt:

1. Ist A kommutativ, so auch A'.

2. Besitzt A ein neutrales Element e, so ist f(e) neutral in A'.

B e w e i s. 1. Der Beweis verläuft analog wie bei 8.3.
2. Für jedes $a' \in A'$ gibt es nach Voraussetzung ein $a \in A$ mit $f(a) = a'$. Dann ist $f(e) \cdot a' = f(e)f(a) = f(e\, a) = f(a) = a'$ und analog $a'f(e) = a'$.
∎

Bei nichtsurjektiven Homomorphismen f zwischen Halbgruppen A und A' mit neutralen Elementen e bzw. e' gilt nicht stets $f(e) = e'$. Ein Beispiel hierfür ist der Homomorphismus $f : (\mathbf{Z}, \cdot) \to (\mathbf{Z}, \cdot)$ mit $f(z) := 0$ für alle $z \in \mathbf{Z}$. Unter der Voraussetzung $f(e) = e'$ können wir jedoch beweisen:

8.5 A und A' seien Halbgruppen mit neutralen Elementen e bzw. e', und es sei $f : A \to A'$ ein Homomorphismus mit $f(e) = e'$. Für alle invertierbaren Elemente a in A ist dann auch f(a) invertierbar in A' mit $(f(a))^{-1} = f(a^{-1})$, und es gilt sogar $f(a^z) = (f(a))^z$ für alle $z \in \mathbf{Z}$.

B e w e i s. Ist $a \in A$ invertierbar, so ist in der Tat $f(a^{-1}) f(a) = f(a^{-1} a) = f(e) = e'$ und analog $f(a) f(a^{-1}) = e'$.

Nach Voraussetzung ist ferner $f(a^0) = f(e) = e' = (f(a))^0$, und für $n > 0$ gilt $f(a^{-n}) = f((a^{-1})^n) = (f(a^{-1}))^n = (f(a)^{-1})^n = (f(a))^{-n}$. ∎

Bei Gruppen gilt 8.5 ohne die einschränkenden Voraussetzungen:

8.6 Satz Es sei $f : G \to G'$ ein Homomorphismus von Gruppen G und G' mit den neutralen Elementen e bzw. e'. Dann gilt:

1. $f(e) = e'$.

2. $f(a^{-1}) = (f(a))^{-1}$ und allgemeiner $f(a^z) = (f(a))^z$ für alle $a \in G$, $z \in \mathbf{Z}$.

B e w e i s. Wir haben nur noch 1. zu beweisen. Es ist $f(e) f(e) = f(e\, e) = f(e)$ und andererseits $f(e) e' = f(e)$. Die Eindeutigkeit der Lösung von $f(e) x = f(e)$ in der Gruppe G' liefert $f(e) = e'$. ∎

Bilder von Gruppen unter Homomorphismen sind wieder Gruppen:

8.7 Es sei $f : G \to A'$ ein surjektiver Homomorphismus einer Gruppe G auf ein (multiplikativ geschriebenes) Verknüpfungsgebilde A'. Dann ist auch A' eine Gruppe.

B e w e i s. Nach 8.3 ist A' eine Halbgruppe, und nach 8.4 ist das Bild $e' := f(e)$ des neutralen Elementes e von G neutral in A'. Wegen der Surjektivität von f läßt sich jedes Element von A' in der Form $f(a)$, $a \in G$, schreiben, ist also nach 8.5 dann ebenfalls invertierbar. ∎

8.8 Satz Es sei $f : G \to G'$ ein Homomorphismus von Gruppen. Dann gilt:

1. Für jede Untergruppe H von G ist $f(H)$ eine Untergruppe von G'.

2. Für jede Untergruppe H' von G' ist $f^{-1}(H')$ eine Untergruppe von G.

B e w e i s. 1. Wir zeigen zunächst, daß $f(H)$ bzgl. der Verknüpfung von G' abgeschlossen ist. Zu $a', b' \in f(H)$ gibt es $a, b \in H$ mit $f(a) = a'$, $f(b) = b'$. Dann folgt $a' b' = f(a) f(b) = f(a\, b) \in f(H)$ wegen $a\, b \in H$. Daher können wir f als surjektiven Homomorphismus von G auf das Untergebilde $f(H)$ von G' auffassen und erhalten die Behauptung nach 8.7.

2. Wir verwenden das Kriterium 7.5 für Untergruppen. Wegen $f(e) = e' \in H'$ ist $e \in f^{-1}(H')$. Für $a, b \in f^{-1}(H')$ ist $f(a), f(b) \in H'$ und damit $f(a\, b^{-1}) = f(a) f(b^{-1}) = f(a)\, (f(b))^{-1} \in H'$, also $a\, b^{-1} \in f^{-1}(H')$. Daher ist mit H' auch $f^{-1}(H')$ eine Untergruppe. ∎

Natürlich hätte man auch den ersten Teil von 8.8 analog zum zweiten Teil mit dem Untergruppenkriterium beweisen können.

Bei Homomorphismen von Gruppen interessiert insbesondere das Urbild der trivialen Untergruppe:

8.9 Definition Es sei $f : G \to G'$ ein Homomorphismus von Gruppen. Bezeichnet e' das neutrale Element von G', so heißt die Untergruppe $f^{-1}(\{e'\})$ von G der **K e r n** von f und wird mit Kern f bezeichnet.

Es ist also Kern $f = \{a \in G \mid f(a) = e'\}$. Die Bedeutung des Kerns geht aus dem folgenden Satz hervor.

8.10 Satz Es sei $f : G \to G'$ ein Homomorphismus von Gruppen G und G' mit den neutralen Elementen e bzw. e'.

Genau dann ist f injektiv, wenn Kern $f = \{e\}$ ist.

B e w e i s. Sei f injektiv. Dann folgt wegen $f(e) = e'$ aus $f(a) = e'$ stets $a = e$, d. h., Kern f enthält nur das Element e.

Sei nun umgekehrt Kern $f = \{e\}$ vorausgesetzt. Aus $f(a) = f(b)$ folgt dann $f(a\,b^{-1}) = f(a)\,(f(b))^{-1} = e'$, d. h. $a\,b^{-1} \in$ Kern $f = \{e\}$, also $a\,b^{-1} = e$, $a = b$.   ∎

Eine Abbildung $f : G \to G'$ ist genau dann injektiv, wenn jedes $a' \in G'$ höchstens ein Urbild besitzt. Der obige Satz besagt, daß es bei Gruppenhomomorphismen genügt, dies für $a' = e'$ nachzuprüfen.

Wir betrachten nun Beispiele von Homomorphismen.

8.11 G sei eine Gruppe. Dann gibt es zu jedem $a \in G$ genau einen Homomorphismus f von $(\mathbf{Z}, +)$ in G mit $f(1) = a$. Für ihn gilt $f(z) = a^z$ für alle $z \in \mathbf{Z}$.

B e w e i s. Wegen der Potenzrechenregel $a^{z+z'} = a^z a^{z'}$ ist die angegebene Abbildung f in der Tat ein Homomorphismus mit $f(1) = a^1 = a$.

Für jeden anderen Homomorphismus g von $(\mathbf{Z}, +)$ in die Gruppe G mit $g(1) = a$ muß nach 8.6, 2 ebenfalls gelten: $g(z) = g(z \cdot 1) = (g(1))^z = a^z$. Dabei beachte man, daß in der additiven Gruppe $(\mathbf{Z}, +)$ statt Potenzen Vielfache auftreten.   ∎

Die Automorphismen einer Gruppe G, also die Isomorphismen von G auf sich selbst, bilden mit der Hintereinanderschaltung als Verknüpfung wieder eine Gruppe, die A u t o - m o r p h i s m e n g r u p p e Aut G von G. Dies folgt unmittelbar aus 8.2. Wir behandeln im folgenden eine spezielle Klasse von Gruppenautomorphismen:

8.12 G sei eine Gruppe. Für jedes (feste) Element $a \in G$ betrachten wir die Abbildung $s_a : G \to G$ mit $s_a(x) := a\,x\,a^{-1}$ für alle $x \in G$. Dann gilt:

1. s_a ist ein Automorphismus von G.

2. Die Abbildung $s : G \to$ Aut G mit $s(a) := s_a$ für alle $a \in G$ ist ein Gruppenhomomorphismus.

3. Es ist Kern $s = Z(G) := \{a \in G \mid a\,x = x\,a$ für alle $x \in G\}$.

B e w e i s. 1. Für alle $x, y \in G$ gilt in der Tat $s_a(x)s_a(y) = a\,x\,a^{-1}\,a\,y\,a^{-1} = a\,x\,y\,a^{-1} = s_a(x\,y)$. Dies ist die Homomorphieeigenschaft von s_a. Ferner gilt für $a, b \in G$ nun $s_{ab}(x) = a\,b\,x\,(a\,b)^{-1} = a\,b\,x\,b^{-1}a^{-1} = s_a(b\,x\,b^{-1}) = s_a(s_b(x))$, also $s_{ab} = s_a \circ s_b$. Außerdem ist $s_e(x) = e\,x\,e^{-1} = x$ für das neutrale Element e von G, d. h. $s_e = \mathrm{id}_G$. Insbesondere ist $s_a \circ s_{a^{-1}} = s_{aa^{-1}} = s_e = \mathrm{id}_G$ und analog $s_{a^{-1}} \circ s_a = \mathrm{id}_G$, d. h., s_a ist sogar ein Automorphismus von G mit $s_{a^{-1}}$ als Umkehrabbildung.

2. Aus dem soeben Bewiesenen folgt $s(a\,b) = s_{ab} = s_a \circ s_b = s(a) \circ s(b)$ für alle $a, b \in G$.

3. Für $a \in G$ gilt genau dann $a \in$ Kern s, wenn $s_a = \mathrm{id}_G$ ist, d. h., wenn für alle $x \in G$ gilt $a\,x\,a^{-1} = x$, also $a\,x = x\,a$.   ∎

Man nennt die soeben eingeführten Automorphismen s_a von G die i n n e r e n A u t o - m o r p h i s m e n von G. Sie bilden als Bild der Gruppe G unter dem Homomorphismus s eine Untergruppe von Aut G.

Der Kern $Z(G)$ von s ist eine Untergruppe von G, das Z e n t r u m von G (vgl. auch
7.14). Das Zentrum $Z(G)$ gibt an, inwieweit G kommutativ ist: G ist nämlich genau
dann kommutativ, wenn $Z(G)$ gleich der ganzen Gruppe G ist. In diesem Fall ist übrigens $s_a = id_G$ für alle $a \in G$, d. h., id_G ist dann der einzige innere Automorphismus
von G. Wir zeigen später bei der Untersuchung von Permutationsgruppen, daß auch der
andere Extremfall $Z(G) = \{e\}$ auftreten kann.

Bei Verknüpfungsgebilden mit mehreren Verknüpfungen verlangt man von einem Homomorphismus, daß er mit allen Verknüpfungen verträglich ist. Wir präzisieren dies nun für
den Fall von Ringen.

8.13 Definition R und R' seien Ringe. Eine Abbildung $f : R \to R'$ heißt ein R i n g -
h o m o m o r p h i s m u s von R in R', wenn gilt:

1. f ist ein Homomorphismus von $(R, +)$ in $(R', +)$, d. h., es gilt stets $f(a + b) = f(a) + f(b)$.

2. f ist ein Homomorphismus von $(R, \cdot)$ in $(R', \cdot)$, d. h., es gilt stets $f(a\,b) = f(a)f(b)$.

3. f bildet die Einselemente von R und R' aufeinander ab, d. h., es gilt $f(1_R) = 1_{R'}$.

Ein bijektiver Ringhomomorphismus heißt ein R i n g i s o m o r p h i s m u s. R und
R' heißen i s o m o r p h, in Zeichen: $R \cong R'$, wenn es einen Ringisomorphismus von
R auf R' gibt. Ein Ringisomorphismus von R auf sich selbst heißt ein (Ring-) A u t o -
m o r p h i s m u s von R.

Da wir Ringhomomorphismen als Homomorphismen bzgl. der Addition und der Multiplikation definiert haben, gelten die am Anfang dieses Abschnitts für Homomorphismen
allgemein bewiesenen Aussagen weiter. Man muß lediglich noch auf die Bedingung 8.13,
3 über die Einselemente achten. Beispielsweise ist für einen Unterring S von R die kanonische Injektion von S in R eine Ringhomomorphismus. Ferner erhält man aus 8.2:

8.14 R, R' und R'' seien Ringe. Dann gilt:

1. Mit $f : R \to R'$ und $g : R' \to R''$ ist auch $g \circ f$ ein Ringhomomorphismus bzw. Ringisomorphismus.

2. Mit $f : R \to R'$ ist auch $f^{-1} : R' \to R$ ein Ringisomorphismus.

3. id_R ist ein Ringisomorphismus.

Auch auf einer Menge von Ringen ist die Isomorphie also eine Äquivalenzrelation.

Wir betrachten einen Ringhomomorphismus $f : R \to R'$. Wenden wir 8.6 auf die additiven
Gruppen $(R, +)$ und $(R', +)$ an, so erhalten wir $f(0_R) = 0_{R'}$, $f(-a) = -f(a)$ und $f(z\,a) = z\,f(a)$ für alle $a \in R$, $z \in \mathbf{Z}$.

Natürlich ist $f(a^n) = (f(a))^n$ für $n > 0$ und wegen $f(1) = 1$ auch für $n = 0$. Nach 8.5 ist
deswegen mit a auch $f(a)$ eine Einheit, und es gilt dann sogar $f(a^z) = (f(a))^z$ für alle
$z \in \mathbf{Z}$.

A n m e r k u n g. Wir weisen an dieser Stelle darauf hin, daß die Bedingung $f(1) = 1$
bei einem Ringhomomorphismus f sich nicht aus den übrigen Homomorphieeigenschaften ableiten läßt. Fassen wir beispielsweise $\mathbf{Z} \times \mathbf{Z}$ gemäß 6.18 als Ring auf, so ist die Abbildung $i_1 : \mathbf{Z} \to \mathbf{Z} \times \mathbf{Z}$ mit $i_1(z) := (z, 0)$ offenbar ein Homomorphismus bzgl. + und $\cdot$,
aber es ist $i_1(1) = (1, 0)$ vom Einselement $(1, 1)$ in $\mathbf{Z} \times \mathbf{Z}$ verschieden.

In Analogie zu der Situation bei Gruppen gilt:

8.15 R sei ein Ring, und R′ sei eine Menge mit zwei Verknüpfungen, die wir gleich mit „+" und „·" bezeichnen. Ferner sei f : R → R′ eine surjektive Abbildung, die ein Homomorphismus sowohl bzgl. + als auch bzgl. · ist. Dann ist R′ ebenfalls ein Ring und f ein Ringhomomorphismus.

B e w e i s. Nach 8.7 und 8.4 ist (R′, +) eine kommutative Gruppe. Ferner ist (R′, ·) eine Halbgruppe mit dem neutralen Element $1_{R'} := f(1_R)$ nach 8.3 und 8.4. Schließlich übertragen sich auch die Distributivgesetze vermöge f von R auf R′ (ganz analog wie beim Beweis zu 8.3). ∎

Ist in der obigen Situation R ein kommutativer Ring, so wird natürlich auch R′ ein kommutativer Ring. Als Folgerung aus 8.15 erhält man, daß bei Ringhomomorphismen die Bilder von Unterringen wieder Unterringe sind.

Wie bei Gruppenhomomorphismen testet man die Injektivität von Ringhomomorphismen mit Hilfe des Kerns. Wir definieren dazu:

8.16 Definition Es sei f : R → R′ ein Ringhomomorphismus. Dann versteht man unter dem K e r n von f die Menge Kern $f := \{a \in R \mid f(a) = 0_{R'}\}$, also den Kern von f, aufgefaßt als Homomorphismus der additiven Gruppen von R und R′.

Nach der für Gruppen bereits bewiesenen Aussage (8.10) ist also auch ein Ringhomomorphismus f : R → R′ genau dann injektiv, wenn Kern $f = \{0_R\}$ ist.

Als Anwendung notieren wir:

8.17 K sei ein Körper und R′ ein vom Nullring verschiedener Ring. Dann ist jeder Ringhomomorphismus f : K → R′ injektiv.

B e w e i s. Angenommen, es gäbe ein $a \neq 0$ aus K mit $f(a) = 0$. Da a im Körper K eine Einheit ist, folgt dann $0_{R'} = 0_{R'} \cdot f(a^{-1}) = f(a)f(a^{-1}) = f(a\,a^{-1}) = f(1_K) = 1_{R'}$ im Widerspruch zur Voraussetzung $R' \neq \{0_{R'}\}$.

Damit ist also Kern $f = \{0_R\}$ und somit f injektiv. ∎

Wir betrachten noch zwei B e i s p i e l e:

8.18 Zu jedem Ring R gibt es genau einen Ringhomomorphismus f : **Z** → R. Er ist gegeben durch $f(z) := z\,1_R$.

B e w e i s. Für jeden Ringhomomorphismus f : **Z** → R muß $f(1_Z) = 1_R$ sein. Dann ergibt 8.6, angewandt auf die additiven Gruppen, sofort $f(z) = z\,1_R$ für alle $z \in$ **Z**.
Umgekehrt ist die so definierte Abbildung f ein Homomorphismus bzgl. + und wegen
$$f(z\,z') = (z\,z')\,1_R = (z\,z')\,(1_R \cdot 1_R) = z(z'(1_R \cdot 1_R)) = z(1_R\,(z'\,1_R)) = (z\,1_R)\,(z'\,1_R) =$$
$f(z)f(z')$ sowie $f(1_Z) = 1_Z \cdot 1_R = 1_R$ sogar ein Ringhomomorphismus. Dabei haben wir nur die früher besprochenen Rechenregeln für die Vielfachenbildung benutzt. ∎

Wir behandeln noch Homomorphismen im Zusammenhang mit direkten Produkten.

8.19 $R_1 \times R_2$ sei das direkte Produkt zweier Ringe R_1 und R_2. Dann gilt:

1. Die kanonischen Projektionen p_1 und p_2 von $R_1 \times R_2$ auf R_1 bzw. R_2 sind Ringhomomorphismen.

2. Sind $f_1 : R \to R_1$ und $f_2 : R \to R_2$ Ringhomomorphismen, so ist die Abbildung $f : R \to R_1 \times R_2$ mit $f(a) := (f_1(a), f_2(a))$ für alle $a \in R$ ebenfalls ein Ringhomomorphismus.

Der Beweis ergibt sich unmittelbar aus der Konstruktion von $R_1 \times R_2$.

Eine zu 8.19 analoge Aussage gilt natürlich auch für das direkte Produkt $G_1 \times G_2$ von zwei Gruppen. In diesem Fall sind auch die Injektionen $i_1 : G_1 \to G_1 \times G_2$ und $i_2 : G_2 \to G_1 \times G_2$ mit $i_1(a_1) := (a_1, e_2)$ bzw. $i_2(a_2) := (e_1, a_2)$ Homomorphismen, wobei e_1 und e_2 die neutralen Elemente bedeuten. (Bei Ringen vergleiche man dazu das Beispiel vor 8.15).

Übungsaufgaben

8.20 Auf der Potenzmenge $\mathfrak{P}(X)$ einer Menge X betrachten wir die Abbildung $f : \mathfrak{P}(X) \to \mathfrak{P}(X)$ mit $f(A) := X - A$ für alle $A \subset X$. Man zeige, daß f ein Isomorphismus von $(\mathfrak{P}(X), \cap)$ auf $(\mathfrak{P}(X), \cup)$ ist.

8.21 Für welche $r, s, t \in \mathbf{R}$ ist die Abbildung $f : \mathbf{R} \to \mathbf{R}$ mit $f(a) := r\,a^2 + s\,a + t$ (für alle $a \in \mathbf{R}$) 1. ein Homomorphismus bzgl. +; 2. ein Ringhomomorphismus?

8.22 Man überlege sich, daß zwei (endliche) Gruppen G und G' genau dann isomorph sind, wenn es eine bijektive Abbildung $f : G \to G'$ mit folgender Eigenschaft gibt: Die Gruppentafel von G geht in die Gruppentafel von G' über, wenn man darin überall die Elemente aus G durch ihre Bilder unter f ersetzt.

8.23 G sei ein Gruppe. Wir betrachten die Abbildung $f : G \to G$ (bzw. $g : G \to G$) mit $f(a) := a^{-1}$ (bzw. $g(a) := a^2$) für alle $a \in G$. Man zeige, daß G genau dann kommutativ ist, wenn f (bzw. g) ein Homomorphismus ist.

8.24 Es seien $f : R \to R'$ und $g : R \to R'$ Ringhomomorphismen. Man zeige: 1. Für jeden Unterring S' von R' ist auch $f^{-1}(S')$ ein Unterring von R.
2. $\{a \in R \mid f(a) = g(a)\}$ ist ein Unterring von R.

8.25 Es sei f eine bijektive Abbildung einer (multiplikativ geschriebenen) Gruppe G auf eine Menge A. Wir definieren eine Verknüpfung τ auf A durch $a \tau b := f(f^{-1}(a) \cdot f^{-1}(b))$ für alle $a, b \in A$. Man zeige, daß dann (A, τ) auch eine Gruppe ist.
Man überlege, wie die Gruppe A aus 5.28 auf diese Weise aus der Gruppe $(\mathbf{R} - \{0\}, \cdot)$ entsteht.

8.26 Es sei $f : R \to R'$ ein Ringisomorphismus. Dann übertragen sich alle algebraischen Eigenschaften von R auf R' und umgekehrt. Man prüfe dies an den folgenden Aussagen nach: R ist genau dann ein Integritätsring (bzw. Körper), wenn dies für R' gilt.

8.27 Man zeige, daß es keinen Ringisomorphismus von dem Unterkörper $\mathbf{Q}\,[\sqrt{2}\,]$ von $\mathbf{R}$ (vgl. 7.17) auf den analog gebildeten Unterkörper $\mathbf{Q}\,[\sqrt{3}\,] := \{a + b\sqrt{3} \mid a, b \in \mathbf{Q}\}$ von $\mathbf{R}$ gibt.

9 Quotientenstrukturen

In diesem Abschnitt beschäftigen wir uns mit Verknüpfungen auf Quotientenmengen. Wir gehen dabei von einem Verknüpfungsgebilde A aus, auf dem zusätzlich eine Äquivalenzrelation „$\sim$" gegeben ist, und versuchen, die Verknüpfung von A vermöge der kanonischen Projektion $p : A \to A/\sim$ von A auf die Quotientenmenge $A/\sim$ zu übertragen. Dies soll heißen, daß wir $A/\sim$ so mit einer Verknüpfung versehen wollen, daß p ein Homomorphismus wird. Dazu muß die Äquivalenzrelation $\sim$ in gewisser Weise mit der Verknüpfung von A verträglich sein, wie wir zunächst zeigen.

9.1 Es sei $f : A \to B$ ein Homomorphismus zwischen zwei (multiplikativ geschriebenen) Verknüpfungsgebilden. Für die gemäß 4.6 definierte zugehörige Äquivalenzrelation R_f auf A gilt dann: Aus a R_f a$'$ und b R_f b$'$ folgt stets (a b) R_f (a$'$b$'$).

B e w e i s. Es bedeuten a R_f a$'$ und b R_f b$'$ definitionsgemäß, daß f(a) = f(a$'$) und f(b) = f(b$'$) ist. Wegen der Homomorphieeigenschaft von f folgt hieraus f(a b) = f(a)f(b) = f(a$'$)f(b$'$) = f(a$'$b$'$), also (a b) R_f (a$'$ b$'$). ∎

Wir nehmen das obige Ergebnis zum Anlaß der folgenden allgemeinen Definition, wobei wir uns von nun an der Einfachheit halber auf Halbgruppen beschränken.

9.2 Definition Eine Äquivalenzrelation $\sim$ auf einer Halbgruppe A heißt eine K o n - g r u e n z r e l a t i o n (bzgl. der Verknüpfung von A), wenn für alle a, a$'$, b, b$'$ $\in$ A gilt: Aus a $\sim$ a$'$ und b $\sim$ b$'$ folgt a b $\sim$ a$'$ b$'$.

Wir kommen auf das eingangs geschilderte Problem zurück und zeigen:

9.3 Satz A sei eine Halbgruppe und $\sim$ eine Äquivalenzrelation auf A. Genau dann gibt es auf der Quotientenmenge $A/\sim$ eine Verknüpfung, die die kanonische Projektion $p : A \to A/\sim$ zu einem Homomorphismus macht, wenn $\sim$ eine Kongruenzrelation auf A ist.

Diese Verknüpfung auf $A/\sim$ ist dann eindeutig bestimmt und heißt die auf $A/\sim$ i n d u - z i e r t e V e r k n ü p f u n g.

B e w e i s. Gibt es eine Verknüpfung auf $A/\sim$, mit der p ein Homomorphismus ist, so ist die Relation R_p, die nach 4.7 mit der Relation $\sim$ übereinstimmt, wegen 9.1 eine Kongruenzrelation auf A.

Es sei nun umgekehrt $\sim$ eine Kongruenzrelation. Für Äquivalenzklassen x, y $\in A/\sim$ gibt es Repräsentanten a, b $\in$ A, also Elemente mit x = $\overline{a}$ = p(a) und y = $\overline{b}$ = p(b). Damit p ein Homomorphismus wird, muß die auf $A/\sim$ zu definierende Verknüpfung „·" die Eigenschaft x $\cdot$ y = p(a) $\cdot$ p(b) = p(a b) = $\overline{a\,b}$ haben. Sie ist also durch die Verknüpfung auf A eindeutig bestimmt.

Wir setzen nun x $\cdot$ y := $\overline{a\,b}$ und zeigen, daß diese Definition unabhängig von der Wahl der Repräsentanten a, b von x, y ist. Dazu seien a$'$, b$'$ weitere Elemente aus A mit $\overline{a'}$ = x = $\overline{a}$ und $\overline{b'}$ = y = $\overline{b}$. Dann ist a $\sim$ a$'$ und b$\sim$ b$'$ (nach 4.3). Da $\sim$ eine Kongruenzrelation ist, folgt a b $\sim$ a$'$ b$'$, also in der Tat $\overline{a\,b}$ = $\overline{a'b'}$.

Nach Konstruktion der Verknüpfung auf $A/\sim$ ist nun p ein Homomorphismus. ∎

Man kann den obigen Beweis so interpretieren, daß wir für die Relation
$\{((\overline{a}, \overline{b}), \overline{a\,b}) \mid a, b \in A\}$ zwischen $(A/\!\sim) \times (A/\!\sim)$ und $A/\!\sim$ die Abbildungseigenschaft aus
3.1 nachgewiesen haben, um die gesuchte Verknüpfung zu erhalten. Diese mengentheoretisch präzisere Vorgehensweise entspricht unserem Beweis von 4.8.

Die Konstruktion der induzierten Verknüpfung liefert sofort:

9.4 Es sei $f : A \to B$ ein Homomorphismus zwischen Halbgruppen und R eine Kongruenzrelation auf A mit $R \subset R_f$. Dann ist die gemäß 4.8 induzierte Abbildung $\overline{f} : A/R \to B$ ebenfalls ein Homomorphismus.

B e w e i s. Die Behauptung folgt aus $\overline{f}(\overline{a}\,\overline{b}) = \overline{f}(\overline{a\,b}) = f(a\,b) = f(a)f(b) = \overline{f}(\overline{a})\,\overline{f}(\overline{b})$. ∎

Da die kanonische Projektion $p : A \to A/R$ ein surjektiver Homomorphismus ist, übertragen sich Rechenregeln wie Assoziativgesetz, Kommutativgesetz, Existenz neutraler Elemente usw. von A auf A/R (vgl. 8.3, 8.4). Wir halten noch fest, daß „Quotientenstrukturen" von Gruppen wieder Gruppen und von Ringen wieder Ringe sind. Es gilt nämlich:

9.5 1. G sei eine Gruppe, und $\sim$ sei eine Kongruenzrelation auf G. Dann ist auch $G/\!\sim$ (mit der induzierten Verknüpfung) eine Gruppe.

2. R sei ein Ring, und $\sim$ sei eine Kongruenzrelation sowohl bzgl. $+$ als auch bzgl. $\cdot$ auf R. Dann ist auch $R/\!\sim$ mit der induzierten Addition und Multiplikation ein Ring und die kanonische Projektion p von R auf $R/\!\sim$ ein Ringhomomorphismus.

B e w e i s. Die Behauptungen ergeben sich wegen der Surjektivität der kanonischen Projektionen unmittelbar aus 8.7 und 8.15. ∎

Wir zeigen später, daß bei Gruppen die Kongruenzrelationen mit speziellen Untergruppen, den sogenannten „Normalteilern", zusammenhängen und bei Ringen mit speziellen Untergruppen der additiven Gruppe, den sogenannten „Idealen".

Die Konstruktion induzierter Verknüpfungen erläutern wir noch einmal an einem Beispiel, das die Herkunft des Wortes „Kongruenzrelation" verdeutlicht.

9.6 Beispiel Für eine natürliche Zahl $n > 0$ ist die bereits in 2.10 und 4.10 besprochene Äquivalenzrelation „$\equiv$ (mod n)" (kongruent modulo n) auf **Z** sogar eine Kongruenzrelation.

Aus $a \equiv a' \pmod{n}$ und $b \equiv b' \pmod{n}$ folgt nämlich, daß $a - a'$ und $b - b'$ durch n (ohne Rest) teilbar sind. Dann sind auch $(a + b) - (a' + b') = (a - a') + (b - b')$ und $a\,b - a'\,b' = (a - a')b + a'(b - b')$ durch n teilbar, d. h. es ist $a + b \equiv a' + b' \pmod{n}$ und $a\,b \equiv a'\,b' \pmod{n}$.

Nach 9.5 wird nun auf der Menge $\mathbf{Z}_n := \{\overline{0}, \dots, \overline{n-1}\}$ der Restklassen mod n eine Ringstruktur definiert durch $\overline{a} + \overline{b} := \overline{a + b}$ und $\overline{a} \cdot \overline{b} := \overline{a\,b}$ (mit $\overline{0}$ als Nullelement und $\overline{1}$ als Einselement).

In $\mathbf{Z}_5$ ist beispielsweise $\overline{4} \cdot \overline{3} = \overline{12} = \overline{2}$, da 12 bei der Division durch 5 den Rest 2 läßt, also kongruent zu 2 modulo 5 ist. Zur Illustration geben wir in Abb. 9.1 noch die vollständigen Verknüpfungstafeln von $\mathbf{Z}_5$ an, an denen man abliest, daß es sich sogar um einen Körper handelt, da jedes Element $\neq \overline{0}$ in $\mathbf{Z}_5$ eine Einheit ist.

+	$\bar{0}$	$\bar{1}$	$\bar{2}$	$\bar{3}$	$\bar{4}$		$\cdot$	$\bar{0}$	$\bar{1}$	$\bar{2}$	$\bar{3}$	$\bar{4}$
$\bar{0}$	$\bar{0}$	$\bar{1}$	$\bar{2}$	$\bar{3}$	$\bar{4}$		$\bar{0}$	$\bar{0}$	$\bar{0}$	$\bar{0}$	$\bar{0}$	$\bar{0}$
$\bar{1}$	$\bar{1}$	$\bar{2}$	$\bar{3}$	$\bar{4}$	$\bar{0}$		$\bar{1}$	$\bar{0}$	$\bar{1}$	$\bar{2}$	$\bar{3}$	$\bar{4}$
$\bar{2}$	$\bar{2}$	$\bar{3}$	$\bar{4}$	$\bar{0}$	$\bar{1}$		$\bar{2}$	$\bar{0}$	$\bar{2}$	$\bar{4}$	$\bar{1}$	$\bar{3}$
$\bar{3}$	$\bar{3}$	$\bar{4}$	$\bar{0}$	$\bar{1}$	$\bar{2}$		$\bar{3}$	$\bar{0}$	$\bar{3}$	$\bar{1}$	$\bar{4}$	$\bar{2}$
$\bar{4}$	$\bar{4}$	$\bar{0}$	$\bar{1}$	$\bar{2}$	$\bar{3}$		$\bar{4}$	$\bar{0}$	$\bar{4}$	$\bar{3}$	$\bar{2}$	$\bar{1}$

Abb. 9.1

Diese „Restklassenringe" $\mathbf{Z}_n$ sollen später noch genauer untersucht werden.

Als Anwendung des Rechnens mit Restklassen besprechen wir die sogenannte N e u n e r p r o b e.

Jede natürliche Zahl $n \geq 1$ besitzt eine (eindeutig bestimmte) Dezimaldarstellung $n = z_r z_{r-1} \ldots z_0 := z_r 10^r + z_{r-1} 10^{r-1} + \ldots + z_0 10^0$ mit „Ziffern" $z_i \in \mathbf{N}$, $0 \leq z_i \leq 9$, und $z_r \neq 0$ (vgl. auch 11.20). Die Q u e r s u m m e von n ist dann definiert als $Q(n) := z_r + z_{r-1} + \ldots + z_0$. Wir zeigen:

9.7 Für jede natürliche Zahl $n \geq 1$ repräsentieren n und die Quersumme $Q(n)$ dieselbe Restklasse mod 9, d. h., es gilt $\bar{n} = \overline{Q(n)}$ in $\mathbf{Z}_9$.

B e w e i s. In $\mathbf{Z}_9$ ist $\overline{10} = \bar{1}$ (da 10 und 1 bei Division durch 9 denselben Rest 1 lassen). Das Rechnen mit Restklassen ist so definiert, daß der Übergang von $a \in \mathbf{Z}$ zu $\bar{a} \in \mathbf{Z}_9$ ein Homomorphismus bzgl. $+$ und $\cdot$ ist. Daher folgt:

$$\bar{n} = \overline{z_r 10^r + \ldots + z_0 10^0} = \bar{z}_r \overline{10}^r + \ldots + \bar{z}_0 \overline{10}^0 = \bar{z}_r \bar{1}^r + \ldots + \bar{z}_0 \bar{1}^0 = \bar{z}_r + \ldots + \bar{z}_0$$
$$= \overline{z_r + \ldots + z_0} = \overline{Q(n)}. \qquad \blacksquare$$

Dieses Ergebnis bedeutet zunächst: n ist genau dann durch 9 (ohne Rest) teilbar, d. h., es ist $\bar{n} = \bar{0}$, wenn $\overline{Q(n)} = \bar{0}$ ist, also wenn $Q(n)$ durch 9 teilbar ist.

Außerdem ergibt sich für $m, n \in \mathbf{N}$: $\overline{Q(m\,n)} = \overline{m\,n} = \bar{m}\,\bar{n} = \overline{Q(m)}\,\overline{Q(n)} = \overline{Q(m)\,Q(n)}$ und analog $\overline{Q(m+n)} = \overline{Q(m)} + \overline{Q(n)}$. Die Quersumme des Produktes von m und n läßt also bei der Division durch 9 denselben Rest wie das Produkt der beiden Quersummen $Q(m)$ und $Q(n)$. Eine entsprechende Aussage gilt für die Summen. Dies liefert die Möglichkeit, bestimmte Fehler bei Rechnungen mit großen Zahlen aufzuspüren. Beispielsweise ist $13\,576 \cdot 9\,281 = 125\,998\,856$. Das Produkt der Quersummen links ist $22 \cdot 20$, die Quersumme auf der rechten Seite ist 53. Statt nun die Reste von $22 \cdot 20$ und von 53 bei Division durch 9 zu kontrollieren, empfiehlt es sich, nochmals zu Quersummen überzugehen. Dann ergibt sich in der Tat: $\overline{22 \cdot 20} = \overline{Q(22)} \cdot \overline{Q(20)} = \bar{4} \cdot \bar{2} = \bar{8} = \overline{Q(53)} = \overline{53}$. Man beachte, daß bei dieser Neunerprobe beispielsweise das falsche Ergebnis $125\,998\,865$ nicht aufgefallen wäre, da es die richtige Quersumme besitzt.

Übungsaufgaben

9.8 Es sei X eine endliche Menge mit wenigstens zwei verschiedenen Elementen. Für Teilmengen A, B von X setzen wir $A \sim B$ genau dann, wenn A und B gleiche Elementezahl haben. Man zeige, daß diese Äquivalenzrelation auf $\mathfrak{P}(X)$ keine Kongruenzrelation bzgl. „$\cup$" ist.

9.9 Für den Restklassenring $\mathbf{Z}_6$ bestimme man die Verknüpfungstafeln sowie die Einheiten und Nullteiler.

9.10 Man zeige (unter Verwendung von 8.22), daß die additive Gruppe $(\mathbf{Z}_4, +)$ und die Einheitengruppe $(\mathbf{Z}_5 - \{\overline{0}\}, \cdot)$ von $\mathbf{Z}_5$ isomorph sind.

9.11 Für eine natürliche Zahl $n \geq 1$ mit der Dezimaldarstellung $n = z_r 10^r + \ldots + z_0 10^0$ $(0 \leq z_i \leq 9)$ definiert man die a l t e r n i e r e n d e Q u e r s u m m e durch $A(n) := (-1)^r z_r + \ldots -z_1 + z_0$.
1. Man zeige: $\overline{n} = \overline{A(n)}$ in $\mathbf{Z}_{11}$.
2. Man formuliere ein Teilbarkeitskriterium für 11 und die „Elferprobe".

9.12 Man denke sich eine natürliche Zahl n in Dezimaldarstellung, vertausche irgendwie die Ziffern dieser Zahl untereinander, lasse dann eine der von 0 verschiedenen Ziffern fort und subtrahiere die so erhaltene Zahl m von n. Wie kann man allein aus der Kenntnis der Differenz $n - m$ den Wert der fortgelassenen Ziffer rekonstruieren?

10 Konstruktion von Brüchen

Die natürlichen Zahlen bilden bzgl. der Addition nur eine Halbgruppe; eine Gleichung wie etwa $3 + x = 1$ hat in **N** keine Lösung. Durch „Hinzunahme" negativer Zahlen, also Übergang zu den ganzen Zahlen, läßt sich dieser Mangel beheben. Da der Ring **Z** jedoch kein Körper ist, sind gewisse Gleichungen, beispielsweise $3 x - 1 = 0$, in **Z** immer noch nicht lösbar. Man nimmt deshalb die Brüche hinzu und gelangt zum Körper der rationalen Zahlen.

Wir wollen in diesem Abschnitt die diesen Erweiterungsprozessen zugrunde liegenden allgemeinen Konstruktionen besprechen. Dazu versuchen wir eine (multiplikativ geschriebene) Halbgruppe A in eine Halbgruppe B einzubetten, in der möglichst viele Elemente von A invertierbar sind. Da invertierbare Elemente kürzbar sind, können in B höchstens die kürzbaren Elemente von A invertierbar werden. Bei der Halbgruppe $(\mathbf{Z}, \cdot)$ beispielsweise lassen sich allenfalls die Elemente $\neq 0$ invertierbar machen.

10.1 Satz A sei eine kommutative Halbgruppe mit neutralem Element e. Dann gibt es eine kommutative Halbgruppe B mit folgenden Eigenschaften:
1. A ist eine Unterhalbgruppe von B.
2. e ist auch neutrales Element von B.
3. Jedes kürzbare Element von A ist in B invertierbar.
4. Jedes Element $x \in B$ läßt sich in der Form $x = a\, s^{-1}$ mit $a \in A$ und kürzbarem $s \in A$ schreiben.

B e w e i s. Die Idee des folgenden Beweises ist es, B als Menge der „Brüche" $a\, s^{-1}$ zu konstruieren. Dabei bedeutet die Gleichheit $a\, s^{-1} = a'\, s'^{-1}$ in B, daß $a\, s' = a'\, s$ (bereits in A) gilt. Das Produkt zweier Brüche $a\, s^{-1}$ und $b\, t^{-1}$ in B muß offenbar gleich $(a\, b) \cdot (s\, t)^{-1}$ werden. Schließlich „identifizieren" wir jedes Element $a \in A$ mit dem Bruch $a\, e^{-1} \in B$. Diese Vorstellungen werden nun präzisiert.

Mit S bezeichnen wir die Menge der kürzbaren Elemente von A. Nach 5.13 ist S eine Unterhalbgruppe von A, die das neutrale Element e enthält. Dann ist das direkte Produkt $A \times S$ wieder eine kommutative Halbgruppe mit der Multiplikation $(a, s)\,(b, t) :=$

(a b, s t) und dem neutralen Element (e, e), vgl. 5.25. Die Vorbemerkung legt es nahe, auf A x S die Relation $\sim$ zu betrachten mit (a, s) $\sim$ (a′, s′) genau dann, wenn a s′ = a′s. Wir zeigen zunächst, daß $\sim$ eine Äquivalenzrelation ist.

Wegen a s = a s gilt stets (a, s) $\sim$ (a, s). Aus (a, s) $\sim$ (a′, s′) folgt a s′ = a′ s, also auch a′ s = a s′, d. h. (a′, s′) $\sim$ (a, s). Wir haben noch die Transitivität zu zeigen. Aus (a, s) $\sim$ (a′, s′) und (a′, s′) $\sim$ (a″, s″), d. h., aus a s′ = a′ s und a′ s″ = a″ s′, folgt a s′ s″ = a′ s s″ und a′ s″ s = a″ s′ s, also auch a s′ s″ = a″ s′ s (wobei wir die Kommutativität von A verwandt haben). Aus a s″ s′ = a″ s s′ folgt wegen der Kürzbarkeit von s′ $\in$ S nun a s″ = a″s, d. h. (a, s) $\sim$ (a″, s″).

Wir weisen nach, daß $\sim$ sogar eine Kongruenzrelation bzgl. der Verknüpfung von A x S ist. Aus (a, s) $\sim$ (a′, s′) und (b, t) $\sim$ (b′, t′) folgt in der Tat a s′ = a′ s, b t′ = b′ t und damit auch a b s′ t′ = a′ b′ s t, d. h. (a b, s t) $\sim$ (a′ b′, s′ t′), also schließlich (a, s) (b, t) $\sim$ (a′, s′) (b′, t′).

Die Quotientenmenge B := A x S/$\sim$ wird gemäß 9.3 mit der induzierten Verknüpfung versehen. Für die Äquivalenzklassen gilt also $\overline{(a,\,s)} \cdot \overline{(b,\,t)} := \overline{(a,\,s)\,(b,\,t)} = \overline{(a\,b,\,s\,t)}$. Dann ist B wieder eine kommutative Halbgruppe mit $\overline{(e,\,e)}$ als neutralem Element.

Wir wollen nun A in B einbetten und betrachten dazu die Abbildung i : A $\to$ B mit i(a) := $\overline{(a,\,e)}$. Wegen i(a b) = $\overline{(a\,b,\,e)}$ = $\overline{(a,\,e)}\;\overline{(b,\,e)}$ = i(a)i(b) ist i ein Homomorphismus. Außerdem ist i injektiv. Aus i(a) = i(a′), d. h. $\overline{(a,\,e)}$ = $\overline{(a',\,e)}$, folgt nämlich (a, e) $\sim$ (a′, e), also a e = a′ e, a = a′.

Vermöge des injektiven Homomorphismus i fassen wir A als Unterhalbgruppe von B auf, d. h., wir identifizieren a $\in$ A mit i(a) = $\overline{(a,\,e)}$ $\in$ B. Dann ist insbesondere e mit dem neutralen Element $\overline{(e,\,e)}$ von A gleichzusetzen.

Jetzt ist jedes kürzbare Element s = $\overline{(s,\,e)}$ aus A in B invertierbar mit $\overline{(e,\,s)}$ als Inversem: In der Tat ist $\overline{(e,\,s)}\;\overline{(s,\,e)}$ = $\overline{(e\,s,\,s\,e)}$ = $\overline{(s,\,s)}$ = $\overline{(e,\,e)}$. Dabei gilt das letzte Gleichheitszeichen wegen s e = e s, also (s, s) $\sim$ (e, e).

Schließlich läßt sich jedes Element aus B in der Form $\overline{(a,\,s)}$ = $\overline{(a,\,e)}\;\overline{(e,\,s)}$ schreiben. Identifiziert man wieder $\overline{(a,\,e)}$ mit a und $\overline{(s,\,e)}$ mit s, so ist nach obiger Rechnung $\overline{(e,\,s)} = s^{-1}$ in B und daher $\overline{(a,\,s)} = a\,s^{-1}$. ∎

Wir zeigen nun, daß die soeben konstruierte Halbgruppe B durch A im wesentlichen eindeutig bestimmt ist:

10.2 A sei eine kommutative Halbgruppe mit neutralem Element e. Sind dann B_1 und B_2 zwei kommutative Halbgruppen, die beide die Eigenschaften der Halbgruppe B aus 10.1 haben, so gibt es einen Isomorphismus f : $B_1 \to B_2$ mit f(a) = a für alle a $\in$ A.

B e w e i s. Es genügt, einen Isomorphismus $\overline{g}$ von der im Beweis zu 10.1 konstruierten Halbgruppe B auf B_1 anzugeben mit $\overline{g}$(a) = a für alle a $\in$ A. Dann sind nämlich B und B_1 und analog B und B_2, also auch B_1 und B_2 in der gewünschten Weise isomorph.

Wir greifen auf die Konstruktion B = A x S/$\sim$ zurück und definieren zunächst eine Abbildung g : A x S $\to B_1$ durch g(a, s) := a s^{-1}. Man beachte, daß s nach Bedingung 3 aus 10.1 in B_1 invertierbar ist. Nach Bedingung 4 ist g surjektiv. Für (a, s), (a′, s′) $\in$ A x S gilt g(a, s) = g(a′, s′), d. h. a s^{-1} = a′ s'^{-1}(in B_1 gebildet), genau dann, wenn a $s' = a' s$ (sogar in A) ist, d. h. wenn $(a, s) \sim (a', s')$ ist. Daher stimmt die durch g definierte Äquivalenzrelation R_g auf A x S (vgl. 4.6) mit der Relation $\sim$ überein. Nach 4.9 induziert g deshalb eine bijektive Abbildung $\overline{g}$ von B = A x S/$\sim$ auf B_1.

Wegen $g((a, s) (b, t)) = g(a\,b, s\,t) = (a\,b) (s\,t)^{-1} = (a\,s^{-1}) (b\,t^{-1}) = g(a, s)\, g(b, t)$ ist g ein Homomorphismus. Nach 9.4 ist daher auch $\overline{g}$ ein Homomorphismus, also insgesamt ein Isomorphismus.

Berücksichtigt man, in welcher Weise A in A x S/$\sim$ eingebettet wurde, so erhält man schließlich $\overline{g}(a) = \overline{g(a, e)} = g(a, e) = a\,e^{-1} = a$. ∎

A n m e r k u n g. Den gesuchten Isomorphismus f : $B_1 \to B_2$ kann man auch direkt angeben, indem man $x = a\,s^{-1}$ (gebildet in B_1) abbildet auf $a\,s^{-1}$ (gebildet in B_2). Dabei muß man zunächst überlegen, daß die Abbildungsvorschrift unabhängig von der „Bruchdarstellung" von x ist, d. h., daß aus der Gleichheit $x = a\,s^{-1} = a'\,s'^{-1}$ in B_1 auch die Gleichheit $a\,s^{-1} = a'\,s'^{-1}$ in B_2 folgt. Dann kann man die Isomorphieeigenschaft von f direkt nachrechnen.

Übrigens ist die so konstruierte Abbildung der einzige Isomorphismus f : $B_1 \to B_2$ mit $f(a) = a$ für $a \in A$.

Wir können nun definieren:

10.3 Definition A sei eine kommutative Halbgruppe mit neutralem Element. Dann heißt die nach 10.2 bis auf Isomorphie eindeutig bestimmte kommutative Halbgruppe B mit den Eigenschaften aus 10.1 d i e H a l b g r u p p e d e r B r ü c h e von A.

Besonders wichtig ist der Spezialfall, daß alle Elemente von A kürzbar sind:

10.4 Satz A sei eine kommutative Halbgruppe mit neutralem Element, in der die Kürzungsregel gilt. Dann ist die Halbgruppe der Brüche von A bereits eine kommutative Gruppe.

Wir sprechen in diesem Falle von der G r u p p e d e r B r ü c h e von A.

B e w e i s. Wir haben nur noch zu zeigen, daß in der Halbgruppe B der Brüche von A jedes Element x invertierbar ist. Nach Konstruktion besitzt x eine Darstellung $x = a\,s^{-1}$ mit $a, s \in A$. Da nach Voraussetzung auch a in A kürzbar ist, können wir in B das Element $s\,a^{-1}$ bilden, das offenbar zu x invers ist. ∎

Die obige Konstruktion von „Brüchen" kann man auch verwenden, um Integritätsringe zu Körpern zu erweitern.

10.5 Satz R sei ein Integritätsring. Dann gibt es einen Körper K mit folgenden Eigenschaften:

1. R ist ein Unterring von K.

2. Jedes Element $x \in K$ läßt sich in der Form $x = a\,s^{-1}$ (= a/s) mit $a, s \in R$ und $s \neq 0$ schreiben.

B e w e i s. Wir betrachten die Halbgruppe K der Brüche von (R, ·). Da im Integritätsring R genau die Elemente $\neq 0$ kürzbar sind (vgl. 6.11), besteht K aus Elementen der Form $a\,s^{-1}$ mit $a, s \in R$ und $s \neq 0$. Nach Konstruktion ist (R, ·) eine Unterhalbgruppe von (K, ·), und $1 := 1_R$ ist auch neutrales Element von (K, ·).

Auf K definieren wir nun eine Addition $+_K$ mit Hilfe der Addition $+_R$ von R, wobei wir uns von der Bruchrechenregel 6.17, 3 leiten lassen. Für $x = a\,s^{-1}$ und $y = b\,t^{-1}$ aus K setzen wir $x +_K y := (a\,t +_R b\,s)\,(s\,t)^{-1}$. Diese Definition ist unabhängig von der Darstellung von x und y als Quotient von Elementen aus R. Ist nämlich auch $x = a'\,s'^{-1}$ und $y = b'\,t'^{-1}$, so ist $a's = a\,s'$, $b't = b\,t'$, und es folgt

$$(a't' +_R b's')\,(s\,t) = a'st't +_R b'ts's = as't't +_R bt's's = (a\,t +_R b\,s)\,(s'\,t'),$$

d. h. $(a't' +_R b's')\,(s't')^{-1} = (a\,t +_R b\,s)\,(s\,t)^{-1}.$

Für $a, b \in R \subset K$ ist dann $a +_K b = a \cdot 1^{-1} +_K b \cdot 1^{-1} = (a \cdot 1 +_R b \cdot 1)\,(1 \cdot 1)^{-1} = a +_R b$. Daher ist $(R, +_R)$ ein Untergebilde von $(K, +_K)$, und wir schreiben wieder kurz + statt $+_R$ und $+_K$.

Die Kommutativität und die Assoziativität von $(K, +)$ ergeben sich nun leicht unter Verwendung der üblichen Rechenregeln im kommutativen Ring R. Ferner ist $0 := 0_R$ auch neutrales Element von $(K, +)$ wegen $0_R + a\,s^{-1} = 0_R \cdot 1^{-1} + a\,s^{-1} = (0_R \cdot s + a \cdot 1) \cdot (1 \cdot s)^{-1} = a\,s^{-1}$. Jedes $x = a\,s^{-1}$ ist in $(K, +)$ invertierbar mit $-x = (-a)s^{-1}$. In der Tat ist $a\,s^{-1} + (-a)s^{-1} = (a\,s + (-a)s)\,(s^2)^{-1} = 0_R \cdot (s^2)^{-1} = 0_R$. Dabei gilt das letzte Gleichheitszeichen, da in R schon $0_R = 0_R \cdot s^2$ bekannt ist. Insgesamt ist $(K, +)$ eine kommutative Gruppe.

Beim Nachweis der Ringaxiome für K fehlt noch das Distributivgesetz. Für $x = a\,s^{-1}$, $y = b\,t^{-1}$, $z = c\,u^{-1}$ aus K gilt

$$(x + y)z = ((a\,t + b\,s)\,(s\,t)^{-1})\,(c\,u^{-1}) = ((a\,t + b\,s)c\,u)\,(s\,t\,u^2)^{-1}$$
$$= (a\,c\,t\,u + b\,c\,s\,u)\,(s\,u\,t\,u)^{-1}$$
$$= (a\,c)\,(s\,u)^{-1} + (b\,c)\,(t\,u)^{-1} = a\,s^{-1}c\,u^{-1} + b\,t^{-1}c\,u^{-1} = x\,z + y\,z.$$

K ist sogar ein Körper. Für $x = a\,s^{-1}$ aus K mit $x \neq 0$ ist nämlich auch $a \neq 0$ (wegen $0 \cdot s^{-1} = 0$ in K). Daher können wir in K das zu x inverse Element $s\,a^{-1}$ bilden.

R ist nach Konstruktion ein Unterring des Körpers K.   ∎

Im vorstehenden Satz ist der Körper K durch R bis auf Isomorphie eindeutig bestimmt:

10.6 R sei Integritätsring. Sind dann K_1 und K_2 zwei Körper, die beide die Eigenschaften des Körpers K aus 10.5 haben, so gibt es einen Ringisomorphismus $f : K_1 \to K_2$ mit $f(a) = a$ für alle $a \in R$.

B e w e i s. $(K_1, \cdot)$ und $(K_2, \cdot)$ sind beide Halbgruppen, die für $A := (R, \cdot)$ die Eigenschaften 1 bis 4 der Halbgruppen B aus 10.1 haben. Da nämlich R ein Unterring von K_1 ist, sind 1. und 2. erfüllt. Bedingung 3 folgt aus der Körpereigenschaft von K_1, und 4. ist mit der für K_1 vorausgesetzten Eigenschaft 10.5, 2 identisch.

Es gibt also nach 10.2 einen Isomorphismus f von $(K_1, \cdot)$ auf $(K_2, \cdot)$ mit $f(a) := a$ für alle $a \in R$, insbesondere also mit $f(1) = 1$. Wir haben nur noch zu zeigen, daß f auch ein Homomorphismus bzgl. + ist.

Zu $x, y \in K_1$ wählen wir Darstellungen $x = a\,s^{-1}$, $y = b\,t^{-1}$ von x, y als Quotienten von Elementen aus R. Da f ein Homomorphismus bzgl. $\cdot$ ist, gilt dann $f(x) = f(a\,s^{-1}) =$

$f(a) (f(s))^{-1} = a\,s^{-1}$. Dabei ist der letzte Quotient $a\,s^{-1}$ in K_2 zu bilden. Ebenso erhält man $f(y) = b\,t^{-1}$ (gebildet in K_2) und $f(x + y) = f((a\,t + b\,s)\,(s\,t)^{-1}) = f(at + b\,s)\cdot (f(s\,t))^{-1} = (a\,t + b\,s)\,(s\,t)^{-1}$ (gebildet in K_2). Da die Bruchrechenregel $(a\,t + b\,s)\cdot (s\,t)^{-1} = a\,s^{-1} + b\,t^{-1}$ (vgl. 6.17) auch in K_2 gilt, folgt $f(x + y) = f(x) + f(y)$. ∎

10.7 Definition R sei ein Integritätsring. Der nach 10.6 bis auf Isomorphie eindeutig bestimmte Körper K mit den Eigenschaften aus 10.5 heißt d e r K ö r p e r d e r B r ü c h e (oder Q u o t i e n t e n k ö r p e r) von R. Wir bezeichnen ihn mit Q(R).

Q(R) ist also ein Körper, der R als Unterring enthält und aus den Brüchen $a\,s^{-1} = a/s$ mit $a, s \in R$, $s \neq 0$, besteht. Im Fall $R = \mathbf{Z}$ wird $Q(\mathbf{Z})$ der Körper $\mathbf{Q}$ der rationalen Zahlen. Nimmt man für R den Ring der ganzrationalen Funktionen (Polynome) über $\mathbf{R}$, so erhält man als Quotientenkörper den Körper der (gebrochen-)rationalen Funktionen über $\mathbf{R}$.

Übungsaufgaben

10.8 G sei eine Gruppe. Man zeige, daß die Gruppe der Brüche von G dann mit G selbst übereinstimmt.

10.9 R sei der Unterring von $\mathbf{Q}$, der aus den Brüchen ganzer Zahlen mit ungeradem Nenner besteht (vgl. 7.16). Man zeige, daß $\mathbf{Q}$ auch Quotientenkörper von R ist.

III Zahlbereiche

Die bislang eingeführten algebraischen Begriffe sollen in diesem Kapitel verwandt werden, um den Aufbau des Zahlsystems von den natürlichen Zahlen bis zu den reellen Zahlen darzustellen.

11 Die natürlichen Zahlen

In diesem Abschnitt wollen wir die natürlichen Zahlen algebraisch beschreiben. Dazu gehen wir von den Eigenschaften der Addition auf $\mathbf{N}$ aus. Das folgende Axiomensystem steht offenbar im Einklang mit der naiven Vorstellung von den natürlichen Zahlen.

11.1 Definition Unter den n a t ü r l i c h e n Z a h l e n verstehen wir eine Halbgruppe $(\mathbf{N}, +)$ mit folgenden Eigenschaften:

1. $(\mathbf{N}, +)$ ist eine kommutative Halbgruppe mit neutralem Element 0, die außer 0 wenigstens ein weiteres Element enthält.

2. In $(\mathbf{N}, +)$ ist jedes Element kürzbar, aber nur 0 invertierbar.

3. Jede nichtleere Teilmenge M von $\mathbf{N}$ enthält ein Element m, so daß gilt: Zu jedem $n \in M$ gibt es ein $x \in \mathbf{N}$ mit $m + x = n$ (Axiom vom kleinsten Element).

Wir gehen zunächst nicht auf die Frage ein, ob es überhaupt eine Halbgruppe der in 11.1 beschriebenen Art gibt und ob diese eindeutig bestimmt ist. Trotzdem sprechen wir bereits von d e n natürlichen Zahlen, genauer der additiven Halbgruppe der natürlichen Zahlen, und leiten aus dem angegebenen Axiomensystem weitere Aussagen über N her. Dazu definieren wir:

11.2 Definition Für m, n $\in N$ setzen wir m $\leq$ n genau dann, wenn es ein x $\in N$ mit m + x = n gibt.

11.3 Die Relation $\leq$ ist eine Wohlordnung auf N.

B e w e i s. Wegen n + 0 = n ist stets n $\leq$ n, d. h. $\leq$ ist reflexiv. Ist m $\leq$ n und n $\leq$ p, so gibt es x, y $\in N$ mit m + x = n und n + y = p. Es folgt m + (x + y) = (m + x) + y = n + y = p, also m $\leq$ p. Daher ist $\leq$ transitiv. Ist m $\leq$ n und n $\leq$ m, so gibt es x, y $\in N$ mit m + x = n und n + y = m. Wie oben folgt m + (x + y) = m = m + 0. Da m nach 11.1, 2 kürzbar ist, ergibt sich x + y = 0, d. h. x ist invertierbar in $(N, +)$. Nach 11.1, 2 ist daher x = 0 und somit m = n. Also ist $\leq$ auch antisymmetrisch und insgesamt eine Ordnungsrelation.

Für je zwei Elemente m, n $\in N$ besitzt die Menge M := \{m, n\} nach 11.1, 3 ein kleinstes Element. Dieses kann nur m oder n sein, d. h., es ist m $\leq$ n oder n $\leq$ m. Daher ist $\leq$ sogar eine totale Ordnung.

Nun wird die Wohlordnungseigenschaft von $\leq$ gerade in 11.1, 3 gegeben.   ∎

Das kleinste Element von ganz N ist 0; denn für alle n $\in N$ ist 0 + n = n, also 0 $\leq$ n. Wegen der Wohlordnungseigenschaft besitzt auch die nach 11.1, 1 nichtleere Teilmenge $N - \{0\}$ von N ein (eindeutig bestimmtes) kleinstes Element.

11.4 Definition Das kleinste Element der Teilmenge $N - \{0\}$ von N wird mit 1 bezeichnet.

Wir gehen nun auf weitere elementare Eigenschaften der Addition und der $\leq$ -Beziehung auf N ein. Dabei verwenden wir (wie immer bei einer Ordnungsrelation $\leq$) die Schreibweise „m $<$ n" für „m $\leq$ n und m $\neq$ n".

11.5 In N folgt aus m $\leq$ n stets m + p $\leq$ n + p und aus m $<$ n stets m + p $<$ n + p (M o n o t o n i e d e r A d d i t i o n).

B e w e i s. Wegen m $\leq$ n gibt es ein x $\in N$ mit m + x = n. Es folgt (m + p) + x = (m + x) + p = n + p, also m + p $\leq$ n + p. Ist zusätzlich m $\neq$ n, so ist auch m + p $\neq$ n + p. Wäre nämlich m + p = n + p, so erhielte man wegen der Kürzbarkeit von p den Widerspruch m = n. Insgesamt folgt aus m $<$ n also m + p $<$ n + p.   ∎

11.6 Für alle m, n $\in N$ gilt:

1. Genau dann ist m $<$ n, wenn es ein x $\neq$ 0 aus N mit m + x = n gibt. Insbesondere ist m $<$ m + 1.

2. Aus m $<$ n folgt m + 1 $\leq$ n.

3. Ist n $\neq$ 0, so gibt es (genau) ein x $\in N$ mit x + 1 = n.

B e w e i s. 1. Sei m $<$ n. Wegen m $\leq$ n gibt es ein x $\in N$ mit m + x = n, und wegen m $\neq$ n ist natürlich x $\neq$ 0. Ist umgekehrt m + x = n (= n + 0) mit einem x $\neq$ 0 aus N, so ist $m \leq n$. Ferner folgt $m \neq n$, da man andernfalls durch Kürzen von $m = n$ den Widerspruch $x = 0$ erhielte.

2. Wegen $m < n$ gibt es nach 1. ein $x \neq 0$ aus $\mathbf{N}$ mit $m + x = n$. Nach 11.4 ist $1 \leq x$, und mit der Monotonie der Addition erhält man $m + 1 \leq m + x = n$.

3. Aus $n \neq 0$ folgt $1 \leq n$, d. h. $1 + x = n$ für ein (wegen der Kürzbarkeit von 1 eindeutig bestimmtes) $x \in \mathbf{N}$. ∎

Es wurde oben unter anderem gezeigt, daß stets $m < m + 1$ ist und daß für jede weitere natürliche Zahl n mit $m < n \leq m + 1$ bereits $m + 1 \leq n$ und damit $n = m + 1$ ist. Daher ist $m + 1$ die nach m „nächstgrößere" natürliche Zahl, die wir auch den N a c h f o l g e r von m nennen.

Wir leiten nun das P r i n z i p d e r v o l l s t ä n d i g e n I n d u k t i o n her, wobei im wesentlichen das Axiom vom kleinsten Element benutzt wird.

11.7 Satz M sei eine Teilmenge von $\mathbf{N}$, für die gilt:

1. $0 \in M$.

2. Für alle $n \in M$ ist auch $n + 1 \in M$.

Dann ist $M = \mathbf{N}$.

B e w e i s. Angenommen, es wäre $M \neq \mathbf{N}$. Dann ist die Menge $\mathbf{N} - M$ nicht leer, enthält also wegen der Wohlordnungseigenschaft von $\mathbf{N}$ ein kleinstes Element m. Wegen $0 \in M$, d. h. $0 \notin \mathbf{N} - M$, ist dabei $m \neq 0$. Nach 11.6, 3 gibt es nun ein $x \in \mathbf{N}$ mit $m = x + 1$. Dann ist $x < m$, und wegen der Minimalität von m in $\mathbf{N} - M$ ist $x \notin \mathbf{N} - M$, d. h. $x \in M$. Nach der Voraussetzung über M ist dann auch $x + 1 \in M$, also $m \in M$, im Widerspruch zu $m \in \mathbf{N} - M$. ∎

Häufig wird das Induktionsprinzip in der folgenden Form formuliert:

11.8 Satz Es sei α eine Aussage über natürliche Zahlen, für die gilt:

1. α trifft auf 0 zu.

2. Trifft α auf eine natürliche Zahl n zu, so stets auch auf $n + 1$.

Dann trifft α auf alle natürlichen Zahlen zu.

B e w e i s. Die Menge M aller natürlichen Zahlen, auf die α zutrifft, erfüllt nach Voraussetzung über α die Bedingungen aus 11.7, stimmt also mit ganz $\mathbf{N}$ überein. ∎

Um eine Aussage α für alle natürlichen Zahlen durch vollständige Induktion nachzuweisen, muß man also zeigen, daß α auf 0 zutrifft (I n d u k t i o n s a n f a n g), und man muß den I n d u k t i o n s s c h l u ß (für alle $n \in \mathbf{N}$) durchführen, d. h. aus der I n d u k - t i o n s v o r a u s s e t z u n g, daß α auf n zutrifft, schließen, daß α auch auf $n + 1$ zu- trifft.

Das Induktionsprinzip gestattet es, Abbildungen f von $\mathbf{N}$ in eine andere Menge A „rekur- siv" zu definieren. Dabei genügt es, $f(0)$ festzulegen und eine Vorschrift F anzugeben, wie man jeweils $f(n + 1)$ zu berechnen hat, falls $f(n)$ bereits bekannt ist.

11.9 (R e k u r s i o n s s a t z) A sei eine Menge, a_0 ein Element von A und $F : A \to A$ eine Abbildung. Dann gibt es genau eine Abbildung $f : \mathbf{N} \to A$, für die gilt:

1. $f(0) = a_0$.

2. Für alle $n \in \mathbf{N}$ ist $f(n + 1) = F(f(n))$.

Man beachte dabei, daß der R e k u r s i o n s a n f a n g 1 und die R e k u r s i o n s -
g l e i c h u n g 2 keine direkte Definition von f darstellen, da f auf beiden Seiten von 2.
auftritt.

Die Beweisidee bei 11.9 besteht darin, durch vollständige Induktion die Existenz von
Abbildungen auf den „Anfangsabschnitten" von $\mathbf{N}$ nachzuweisen, die dort bereits dem
Rekursionsschema genügen und die sich zu der gesuchten Abbildung f zusammensetzen
lassen. Wir verzichten dabei auf die hier naheliegende Beschreibung der Anfangsabschnitte
mit Hilfe der Relation $\leq$ als Menge der natürlichen Zahlen zwischen 0 und einer bestimmten Zahl n. Statt dessen definieren wir sie im Hinblick auf das später diskutierte Peanosche Axiomensystem unter alleiniger Verwendung des Nachfolgerbegriffs.

11.10 Definition Eine Teilmenge M von $\mathbf{N}$ heißt ein A n f a n g s a b s c h n i t t (von
$\mathbf{N}$), wenn für alle $m \in \mathbf{N}$ aus $m + 1 \in M$ stets $m \in M$ folgt.

Man beachte, daß bei dieser Definition auch $\mathbf{N}$ selbst ein Anfangsabschnitt von $\mathbf{N}$ ist.
Bevor wir zum Beweis des Rekursionssatzes kommen, schicken wir zwei Hilfssätze
voraus, bei denen A, a_0 und F wie in 11.9 gewählt sind.

11.11 Hilfssatz Zu jedem $n \in \mathbf{N}$ gibt es einen Anfangsabschnitt M von $\mathbf{N}$ mit $0 \in M$,
$n \in M$ und eine Abbildung $g : M \to A$, die folgendem Rekursionsschema genügt:

1. $g(0) = a_0$.

2. Für alle $m \in \mathbf{N}$ mit $m + 1 \in M$ ist $g(m + 1) = F(g(m))$.

B e w e i s . Wir beweisen die Aussage durch vollständige Induktion über n. Beim Induktionsanfang $n = 0$ setzen wir einfach $M := \{0\}$ und $g(0) := a_0$. Da M dann keine Elemente
der Form $m + 1$ enthält, genügen M und g den geforderten Bedingungen.
Als Induktionsvoraussetzung können wir nun annehmen, daß es einen Anfangsabschnitt
M von $\mathbf{N}$ mit $0 \in M$, $n \in M$ und eine Abbildung $g : M \to A$ gibt, so daß die Bedingungen
1 und 2 erfüllt sind. Wir suchen einen Anfangsabschnitt M' mit $0 \in M'$, $n + 1 \in M'$ und
eine Abbildung $g' : M' \to A$, die ebenfalls dem Rekursionsschema genügt.
Ist bereits $n + 1 \in M$, so setzen wir einfach $M' := M$ und $g' := g$. Im Fall $n + 1 \notin M$ setzen
wir $M' := M \cup \{n + 1\}$ und definieren g' durch $g'(m) := g(m)$ für $m \in M$ und $g'(n + 1) :=$
$F(g(n))$. Wir zeigen, daß M' und g' die geforderten Eigenschaften besitzen.
Nach Konstruktion ist $0 \in M'$, $n + 1 \in M'$ und $g'(0) = g(0) = a_0$. Wir zeigen noch, daß M'
ein Anfangsabschnitt ist und daß g' der Rekursionsgleichung genügt. Sei dazu $m + 1 \in M'$.
Ist bereits $m + 1 \in M$, so ist $m \in M \subset M'$, da M ein Anfangsabschnitt ist, und es gilt
$g'(m + 1) = g(m + 1) = F(g(m)) = F(g'(m))$ nach Konstruktion von g' und der Voraussetzung über g. Ist jedoch $m + 1 \notin M$, so muß $m + 1 = n + 1$ und damit $m = n$ sein. Dann ist
wegen $n \in M$ auch $m \in M \subset M'$. Ferner gilt $g'(m + 1) = g'(n + 1) = F(g(n)) = F(g'(n))$
nach Definition von g'. ∎

Wir bemerken noch, daß natürlich jeder nichtleere Anfangsabschnitt M von $\mathbf{N}$ die Zahl
0 enthält. Wegen der Wohlordnungseigenschaft besitzt M nämlich ein kleinstes Element
m. Wäre $m \neq 0$, so gäbe es nach 11.6, 3 ein $x \in \mathbf{N}$ mit $m = x + 1$. Da M ein Anfangsabschnitt ist, müßte dann auch $x \in M$ sein im Widerspruch zur Minimalität von m.

11.12 Hilfssatz M_1 und M_2 seien Anfangsabschnitte von $\mathbf{N}$ (mit $0 \in M_1$, $0 \in M_2$) und
$g_1 : M_1 \to A$, $g_2 : M_2 \to A$ seien Abbildungen, die beide dem Rekursionsschema aus 11.11
genügen. Dann ist $g_1 \,|\, M_1 \cap M_2 = g_2 \,|\, M_1 \cap M_2$.

B e w e i s. Es genügt, für alle $n \in \mathbf{N}$ die folgende Aussage zu beweisen: Ist $n \in M_1 \cap M_2$, so ist $g_1(n) = g_2(n)$.

Wir verwenden vollständige Induktion über n. Für $n = 0$ ist nach Bedingung 1 in der Tat $g_1(0) = a_0 = g_2(0)$. Ist nun $n + 1 \in M_1 \cap M_2$, so ist auch $n \in M_1 \cap M_2$, da M_1 und M_2 Anfangsabschnitte sind, und es gilt nach Induktionsvoraussetzung $g_1(n) = g_2(n)$. Die Rekursionsgleichung liefert dann $g_1(n + 1) = F(g_1(n)) = F(g_2(n)) = g_2(n + 1)$.   ∎

B e w e i s zu 11.9 Wir zeigen zunächst die Existenz der gesuchten Abbildung f. Zu jedem $n \in \mathbf{N}$ wählen wir einen Anfangsabschnitt M mit $n \in M$ und eine Abbildung $g : M \to A$ gemäß 11.11 und definieren $f(n) := g(n)$. Nach 11.12 ist diese Definition unabhängig von der speziellen Wahl von M und g. Die Konstruktion von f liefert zunächst $f(0) = a_0$. Um auch die Rekursionsgleichung für f zu bestätigen, betrachten wir einen Anfangsabschnitt M' mit $n + 1 \in M'$ und eine Abbildung $g' : M' \to A$ gemäß 11.11. Dann ist auch $n \in M'$, und es gilt $f(n + 1) = g'(n + 1)$ sowie $f(n) = g'(n)$. Die Rekursionsgleichung 11.11, 2 für g' liefert dann $f(n + 1) = g'(n + 1) = F(g'(n)) = F(f(n))$.

Die Eindeutigkeitsaussage über f folgt aus 11.12, angewandt auf $M_1 := M_2 := \mathbf{N}$.   ∎

Als erste Anwendung des Rekursionssatzes zeigen wir, daß die additive Halbgruppe $(\mathbf{N}, +)$ der natürlichen Zahlen durch die Axiome in 11.1 bis auf Isomorphie eindeutig bestimmt ist.

11.13 Satz $(\mathbf{N}, +)$ und $(\mathbf{N}', +)$ seien zwei Halbgruppen, die beide den Axiomen aus 11.1 genügen. Dann gibt es einen Isomorphismus $f : \mathbf{N} \to \mathbf{N}'$, d. h., $(\mathbf{N}, +)$ und $(\mathbf{N}', +)$ sind isomorph.

B e w e i s. Wir wenden auf $(\mathbf{N}, +)$ den Rekursionssatz an mit $A := \mathbf{N}'$, $a_0 := 0'$ (neutrales Element von $\mathbf{N}'$) und $F(n') := n' + 1'$ für alle $n' \in \mathbf{N}'$, wobei $1'$ das „Einselement" von $\mathbf{N}'$ gemäß 11.4 bedeutet. Es gibt also eine Abbildung $f : \mathbf{N} \to \mathbf{N}'$ mit $f(0) = 0'$ und mit $f(n + 1) = f(n) + 1'$.

Aus Symmetriegründen gibt es analog eine Abbildung $f' : \mathbf{N}' \to \mathbf{N}$ mit $f'(0') = 0$ und mit $f'(n' + 1') = f'(n') + 1$. Dann ist $(f' \circ f)(0) = f'(0') = 0$ und $(f' \circ f)(n + 1) = f'(f(n) + 1') = (f' \circ f)(n) + 1$. Die Abbildung $\mathrm{id}_{\mathbf{N}} : \mathbf{N} \to \mathbf{N}$ erfüllt dasselbe Rekursionsschema wie $f' \circ f$; es ist nämlich auch $\mathrm{id}_{\mathbf{N}}(0) = 0$ und $\mathrm{id}_{\mathbf{N}}(n + 1) = \mathrm{id}_{\mathbf{N}}(n) + 1$. Wegen der Eindeutigkeitsaussage im Rekursionssatz folgt $f' \circ f = \mathrm{id}_{\mathbf{N}}$. Aus Symmetriegründen ist analog auch $f \circ f' = \mathrm{id}_{\mathbf{N}}$, d. h., f ist bijektiv mit f' als Umkehrabbildung.

Wir zeigen noch die Homomorphieeigenschaft von f, indem wir die Gleichung $f(m + n) = f(m) + f(n)$ durch Induktion über n beweisen. Der Induktionsanfang ergibt sich aus $f(m + 0) = f(m) = f(m) + 0' = f(m) + f(0)$. Beim Induktionsschluß erhält man unter Verwendung der Induktionsvoraussetzung und der Rekursionsgleichung schließlich $f(m + n + 1) = f(m + n) + 1' = f(m) + f(n) + 1' = f(m) + f(n + 1)$.   ∎

Zwei verschiedene Modelle $\mathbf{N}$ und $\mathbf{N}'$ für die additive Halbgruppe der natürlichen Zahlen sind also bis auf eine Umbenennung f gleich, bei der die Addition von $\mathbf{N}$ in die Addition von $\mathbf{N}'$ übergeht und das Nullelement von $\mathbf{N}$ in das Nullelement von $\mathbf{N}'$. Eine solche Umbenennung ist auch mit abgeleiteten Begriffen wie beispielsweise der $\leq$-Relation (und der noch zu definierenden Multiplikation) verträglich. Ist für $m, n \in \mathbf{N}$ nämlich $m \leq n$, so gibt es ein $x \in \mathbf{N}$ mit $m + x = n$, und wegen $f(m) + f(x) = f(m + x) = f(n)$ ist dann auch $f(m) \leq f(n)$ in $\mathbf{N}'$.

Insgesamt ist es daher nachträglich gerechtfertigt, von d e n natürlichen Zahlen zu sprechen.

Wir wollen nun mit Hilfe des Rekursionssatzes die Multiplikation auf N definieren. Sie soll wenigstens die Eigenschaften $0 \cdot m = 0$, $1 \cdot m = m$ haben und dem Spezialfall $(n + 1)m = n \cdot m + 1 \cdot m = n\,m + m$ des Distributivgesetzes genügen. Dabei verwenden wir zur Klammerersparung die übliche Konvention, daß die Multiplikation stärker bindet als die Addition.

11.14 Es gibt genau eine Verknüpfung „$\cdot$" auf N, für die gilt:

1. $0 \cdot m = 0$ für alle $m \in M$.

2. $(n + 1) \cdot m = n \cdot m + m$ für alle $n, m \in M$.

Diese Verknüpfung heißt die M u l t i p l i k a t i o n   a u f N.

B e w e i s. Für jedes feste $m \in N$ gibt es nach dem Rekursionssatz (angewandt mit $A := N$, $a_0 := 0$ und $F(x) := x + m$) genau eine Abbildung $f_m : N \to N$ mit $f_m(0) = 0$ und $f_m(n + 1) = f_m(n) + m$. Wir definieren nun $n \cdot m := f_m(n)$ für alle $m, n \in N$. Dann gilt in der Tat $0 \cdot m = f_m(0) = 0$ und $(n + 1)m = f_m(n + 1) = f_m(n) + m = n\,m + m$.

Die Eindeutigkeitsaussage ergibt sich sofort aus der Eindeutigkeit der Abbildungen f_m. ∎

Wir beweisen nun die üblichen Rechenregeln für die Multiplikation auf N.

11.15 $(N, \cdot)$ ist eine kommutative Halbgruppe mit 1 als neutralem Element. Außerdem ist die Multiplikation auf N distributiv über der Addition.

Wir beweisen zunächst zwei Hilfsaussagen.

11.16 Hilfssatz Es gilt:

1. $m \cdot 0 = 0$ für alle $m \in N$.

2. $m(n + 1) = m\,n + m$ für alle $m, n \in M$.

B e w e i s. Wir beweisen beide Aussagen durch Induktion über m.

1. Für $m = 0$ ist $0 \cdot 0 = 0$ nach 11.14, 1. Aus $m \cdot 0 = 0$ folgt mit 11.14, 2 ferner $(m + 1) \cdot 0 = m \cdot 0 + 0 = 0 + 0 = 0$.

2. Für $m = 0$ ist $0 \cdot (n + 1) = 0$ und ebenso $0 \cdot n + 0 = 0 + 0 = 0$. Aus $m(n + 1) = m\,n + m$ folgt ferner $(m + 1)(n + 1) = m(n + 1) + (n + 1) = m\,n + m + n + 1 = (m\,n + n) + (m + 1) = (m + 1)n + (m + 1)$. Bei der letzten Umformung wurde 11.14, 2 verwandt. ∎

B e w e i s zu 11.15. Wir beweisen zunächst das Kommutativgesetz $n\,m = m\,n$ durch Induktion über n. Für $n = 0$ gilt wegen 11.14, 1 und 11.16, 1 bereits $0 \cdot m = 0 = m \cdot 0$. Aus $n\,m = m\,n$ folgt mit 11.14, 2 und 11.16, 2 ferner $(n + 1)m = n\,m + m = m\,n + m = m(n + 1)$.

Zum Nachweis der Distributivität von $\cdot$ über $+$ genügt es nun, die Gleichung $n(m + p) = n\,m + n\,p$ durch Induktion über n zu beweisen. Für $n = 0$ ist wieder $0 \cdot (m + p) = 0$ und ebenso $0 \cdot m + 0 \cdot p = 0 + 0 = 0$. Aus $n(m + p) = n\,m + n\,p$ folgt nach 11.14, 2 auch $(n + 1)(m + p) = n(m + p) + (m + p) = n\,m + n\,p + m + p = (n\,m + m) + (n\,p + p) = (n + 1)m + (n + 1)p$.

Das Assoziativgesetz $n(m\,p) = (n\,m)p$ beweisen wir durch Induktion über n. Für $n = 0$ ist $0 \cdot (m\,p) = 0$ und ebenso $(0 \cdot m)p = 0 \cdot p = 0$. Aus $n(m\,p) = (n\,m)p$ folgt unter Ver-

wendung von 11.14, 2 und der bereits bewiesenen Distributivität $(n + 1)(m\,p) =$
$n(m\,p) + m\,p = (n\,m)p + m\,p = (n\,m + m)p = ((n + 1)m)p$.

Schließlich ist $1 \cdot m = (0 + 1)m = 0 \cdot m + m = 0 + m = m$, d. h., 1 ist neutrales Element
in der kommutativen Halbgruppe $(\mathbf{N}, \cdot)$. ∎

Auch die Multiplikation in $\mathbf{N}$ ist mit der $\leq$-Relation verträglich:

11.17 In $\mathbf{N}$ folgt aus $m \leq n$ stets $m\,p \leq n\,p$, und im Fall $p \neq 0$ folgt aus $m < n$ sogar
$m\,p < n\,p$ (M o n o t o n i e d e r M u l t i p l i k a t i o n).

B e w e i s. Wegen $m \leq n$ gibt ein $x \in \mathbf{N}$ mit $m + x = n$. Es folgt $m\,p + x\,p = (m + x)p =$
$n\,p$ und somit $m\,p \leq n\,p$. Ist zusätzlich $m \neq n$, so ist $x \neq 0$, also $1 \leq x$, und es gibt
daher ein $y \in \mathbf{N}$ mit $1 + y = x$. Dann ist $x\,p = (1 + y)p = p + y\,p$, also $p \leq x\,p$, und damit
$x\,p \neq 0$ im Fall $p \neq 0$, d. h. $0 < p$. Daher ist in diesem Fall $m\,p < n\,p$. ∎

11.18 In $(\mathbf{N}, \cdot)$ ist jedes Element $\neq 0$ kürzbar, aber nur 1 invertierbar.

B e w e i s. Es sei $p \neq 0$ und $m\,p = n\,p$. Wir haben zum Nachweis der Kürzbarkeit von p
dann $m = n$ zu zeigen. Wäre $m \neq n$, so wäre $m < n$ oder $n < m$, da $\leq$ ein totale Ordnung
auf $\mathbf{N}$ ist. Nach 11.17 ergäbe dies $m\,p < n\,p$ bzw. $n\,p < m\,p$, im Widerspruch zu
$m\,p = n\,p$.

Es sei n invertierbar in $(\mathbf{N}, \cdot)$. Dann gibt es ein $p \in \mathbf{N}$ mit $p\,n = 1$. Dabei ist natürlich
$n \neq 0$ und $p \neq 0$ wegen $p \cdot 0 = 0 = 0 \cdot n$, also $1 \leq n$ und $1 \leq p$. Wegen der Monotonie
der Multiplikation folgt $1 \cdot n \leq p\,n = 1$, also $n \leq 1$, und insgesamt $n = 1$. ∎

In der Halbgruppe $(\mathbf{N}, \cdot)$ können wir natürlich gemäß 5.8 auch mit Potenzen rechnen.
Auf die jetzt mögliche präzisere Definition des Potenzbegriffs mit Hilfe des Rekursionssatzes gehen wir in 11.22 ein.

Wir wollen an dieser Stelle bereits einige wichtige Aussagen aus der Teilbarkeitslehre
der natürlichen Zahlen anfügen. Als erstes behandeln wir die D i v i s i o n m i t R e s t:

11.19 Satz Zu je zwei natürlichen Zahlen m, n mit $n \neq 0$ gibt es eindeutig bestimmte
natürliche Zahlen q und r mit

$$m = q\,n + r \quad \text{und} \quad r < n.$$

B e w e i s. Die Idee des folgenden Beweises ist es, zunächst alle Darstellungen $m = p\,n + s$
zu betrachten und dabei den „Rest" s möglichst klein zu wählen.

Es sei also $M := \{s \in \mathbf{N} \mid m = p\,n + s$ für ein $p \in \mathbf{N}\}$. Wegen $m = 0 \cdot n + m$ ist $m \in M$, also
$M \neq \emptyset$. Nach der Wohlordnungseigenschaft von $\mathbf{N}$ besitzt M nun ein kleinstes Element r,
zu dem es also ein $q \in \mathbf{N}$ mit $m = q\,n + r$ gibt. Wir haben noch $r < n$ zu zeigen und nehmen an, es wäre $n \leq r$. Dann gibt es ein $x \in \mathbf{N}$ mit $n + x = r$. Diese Gleichung besagt auch
$x \leq r$ und sogar $x < r$ wegen $n \neq 0$. Andererseits ist jedoch $m = q\,n + r = q\,n + n + x =$
$(q + 1)n + x$ und somit $x \in M$, im Widerspruch zu $x < r$ und der Minimalität von r in M.

Zum Nachweis der Eindeutigkeit betrachten wir eine weitere Darstellung $m = q'n + r'$
mit $q', r' \in \mathbf{N}$ und $r' < n$. Wäre $q \neq q'$, etwa $q < q'$, so wäre $q + 1 \leq q'$ nach 11.6 und
damit $(q + 1)n \leq q'n$ wegen der Monotonie der Multiplikation. Insgesamt erhält man
nun einen Widerspruch: $m = q\,n + r < q\,n + n = (q + 1)n \leq q'n \leq q'n + r' = m$.
Also war doch $q = q'$ und dann natürlich auch $r = r'$. ∎

Als Anwendung der Division mit Rest besprechen wir die Dezimalentwicklung natürlicher Zahlen. Dabei betrachten wir gleich Entwicklungen zu einer beliebigen Grundzahl
$g \geq 2$ anstelle des Spezialfalls $g = 10$.

11.20 Satz Es sei $g \geq 2$ aus $\mathbb{N}$ fest vorgegeben. Dann besitzt jede natürliche Zahl $n \neq 0$
eine eindeutig bestimmte Darstellung $n = z_k\,g^k + \ldots + z_0 g^0$ mit „Ziffern" $z_0, \ldots, z_k \in \mathbb{N}$,
für die $z_0 < g, \ldots, z_k < g$ und $z_k \neq 0$ gilt.

B e w e i s. Wir nehmen zunächst an, daß nicht jede natürliche Zahl ≥ 1 eine Darstellung
der angegebenen Art besitzt. Wegen der Wohlordnungseigenschaft müßte es dann eine
kleinste solche Zahl m geben. Durch Division mit Rest erhalten wir Zahlen q, $r \in \mathbb{N}$
mit $m = q\,g + r$. Dabei ist entweder $q = 0$ oder wegen $g \geq 2$ andernfalls $q < q\,g \leq m$.

Im Fall $q = 0$ ist $m = z_0 g^0$ mit $z_0 := r < g$, und im Fall $q \neq 0$, also $q < m$, gibt es wegen
der Minimalität von m für q eine Darstellung $q = z'_\ell g^\ell + \ldots + z'_0 g^0$ mit $z'_0 < g, \ldots, z'_\ell < g$
und $z'_\ell \neq 0$. Dann ist $m = q\,g + r = z_k g^k + \ldots + z_0 g^0$ mit $k := \ell + 1$, $z_k := z'_\ell, \ldots, z_1 := z'_0$,
$z_0 := r$. In jedem Fall haben wir damit doch eine Darstellung der gewünschten Art für m
gefunden, im Widerspruch zur Wahl von m.

Zum Nachweis der Eindeutigkeit betrachten wir zwei Darstellungen $n = z_k g^k + \ldots + z_0 g^0$
$= z'_\ell g^\ell + \ldots + z'_0 g^0$. Dann ist $(z_k g^{k-1} + \ldots + z_1 g^0)g + z_0 = (z'_\ell g^{\ell-1} + \ldots + z'_1 g^0)\,g + z'_0$
mit $z_0 < g$ und $z'_0 < g$. Die Eindeutigkeit der Division mit Rest (durch g) liefert $z_0 = z'_0$
und $z_k g^{k-1} + \ldots + z_1 g^0 = z'_\ell g^{\ell-1} + \ldots + z'_1 g^0$. Wendet man diese Schlußweise auf die
letzte Gleichung analog an, so erhält man $z_1 = z'_1$ und weiterhin der Reihe nach
$z_2 = z'_2, z_3 = z'_3, \ldots$

A n m e r k u n g. Die Eindeutigkeit der g-alen Entwicklung läßt sich auch mit Hilfe der
geometrischen Reihe beweisen. Wir gehen darauf bei der Behandlung der reellen Zahlen
ein.

Zur Ergänzung besprechen wir noch kurz die beim Aufbau des Zahlsystems vielfach
übliche Methode, die natürlichen Zahlen mit Hilfe des Peanoschen Axiomensystems
zu beschreiben. Dabei geht man nicht von der Addition, sondern von der Nachfolgerbildung (Addition von 1) als Grundbegriff aus. Wir behandeln hier die P e a n o a x i -
o m e in einer leicht modifizierten Fassung, in der die Zahl 0 nicht eigens genannt wird.

11.21 Satz $\mathbb{N}$ sei eine Menge und $s : \mathbb{N} \to \mathbb{N}$ eine Abbildung (N a c h f o l g e r a b b i l -
d u n g) mit folgenden Eigenschaften:

1. s ist injektiv.

2. s ist nicht surjektiv.

3. Für jede Teilmenge M von $\mathbb{N}$ gilt: Ist $M \not\subseteq s(\mathbb{N})$ und $s(M) \subset M$, so folgt bereits $M = \mathbb{N}$
(I n d u k t i o n s a x i o m).

Dann gibt es eine Addition „+" auf $\mathbb{N}$, so daß $(\mathbb{N}, +)$ die Halbgruppe der natürlichen
Zahlen im Sinne von 11.1 wird und $s(n) = n + 1$ für alle $n \in \mathbb{N}$ ist.

B e w e i s. Die einzelnen Beweisschritte sollen im folgenden nur skizziert werden. Dabei schreiben wir häufig kurz n' statt $s(n)$.

Wir konstruieren zunächst das Nullelement. Da s nicht surjektiv ist, enthält $\mathbb{N} - s(\mathbb{N})$
wenigstens ein Element, das wir mit 0 bezeichnen. Für $M := s(\mathbb{N}) \cup \{0\}$ gilt nach dem
Induktionsaxiom bereits $s(\mathbb{N}) \cup \{0\} = \mathbb{N}$, so daß $\mathbb{N} - s(\mathbb{N})$ nur das Element 0 enthält.
Die Bedingung $M \not\subseteq s(\mathbb{N})$ bedeutet also gerade $0 \in M$. Außerdem bedeutet $s(M) \subset M$
einfach $n' = s(n) \in M$ für alle $n \in M$. Daher erhält das Induktionsaxiom die folgende
Gestalt (wie in 11.7):

Für jede Teilmenge M von N mit $0 \in M$ und mit $n' \in M$ für alle $n \in M$ gilt bereits M = N.
Der Rekursionssatz und sein Beweis lassen sich nun wörtlich übertragen, wobei man
nur $n + 1$ durch n' zu ersetzen hat. Damit kann man die Addition (der Zahl $m \in N$)
durch folgendes Rekursionsschema definieren: $0 + m = m$, $n' + m = (n + m)'$.

Wir weisen nun für (N, +) die Axiome aus 11.1 nach:

Das Assoziativgesetz $n + (m + p) = (n + m) + p$ läßt sich sofort durch Induktion über
n beweisen. Das Kommutativgesetz $n + m = m + n$ wird ebenfalls durch Induktion über
n bewiesen, wobei man beim Induktionsanfang bzw. beim Induktionsschluß die Gleichungen $m + 0 = m$ bzw. $m + n' = (m + n)'$ benutzt, die sich ihrerseits durch Induktion
über m beweisen lassen. Es ist damit auch klar, daß 0 neutrales Element von (N, +) ist.
Ferner enthält N außer 0 noch wenigstens ein weiteres Element; denn beispielsweise ist
$0' \neq 0$ wegen $0' = s(0) \in s(N)$ und $0 \notin s(N)$.

Zum Nachweis der Kürzbarkeit eines jeden Elementes $n \in N$ leitet man aus $n + m =$
$n + p$ durch Induktion über n die Beziehung $m = p$ her. Dabei wird die Injektivität der
Nachfolgerabbildung s benutzt. Es sei nun $m \in N$ invertierbar in (N, +). Dann gibt es
ein $n \in N$ mit $m + n = 0$. Wäre $m \neq 0$, so wäre $m \in s(N)$ wegen $N - s(N) = \{0\}$, und es
gäbe ein $x \in N$ mit $m = x'$. Daraus erhielte man den Widerspruch $0 = m + n = x' + n =$
$(x + n)' \in s(N)$.

Wie in 11.2 können wir nun die $\leq$-Beziehung auf N definieren durch: $m \leq n$ genau dann,
wenn es ein $x \in N$ gibt mit $m + x = n$. Der Beweis von 11.3 läßt sich soweit übertragen,
daß $\leq$ bereits eine Ordnungsrelation ist. Zum noch ausstehenden Nachweis des Axioms
11.1, 3 ist zu zeigen, daß $\leq$ eine Wohlordnung ist.

Wir zeigen, daß $\leq$ eine totale Ordnung ist. Durch Induktion über n beweisen wir dazu, daß
stets gilt $m \leq n$ oder $n \leq m$. Im Fall $n = 0$ ist $0 \leq m$ wegen $0 + m = m$. Nach Induktionsvoraussetzung gelte bereits $m \leq n$ oder $n < m$. Im ersten Fall ist $m + x = n$ für ein $x \in N$,
und es folgt $m + x' = (m + x)' = n'$, also $m \leq n'$. Im zweiten Fall ist $n + y = m$ für ein $y \neq 0$
aus N, also ein $y \in s(N)$. Dann gibt es ein $z \in N$ mit $y = z'$, und es folgt $n' + z = (n + z)' =$
$n + z' = n + y = m$, also $n' \leq m$.

Für eine nichtleere Teilmenge M von N soll nun die Existenz eines kleinsten Elementes
nachgewiesen werden. Da es in M ein Element r_0 gibt, genügt es, durch Induktion über n
die folgende Aussage zu beweisen: Existiert ein Element $r \in M$ mit $r \leq n$, so besitzt M
ein kleinstes Element. (Man wendet diese Aussage mit $r := n := r_0$ an).

Im Fall $n = 0$ gibt es ein $r \in M$ mit $r \leq 0$, also mit $r + x = 0$ für ein $x \in N$. Dann ist r invertierbar in (N, +) und damit gleich 0. Wegen $0 + m = m$ ist $0 \leq m$ für jedes $m \in M$, und daher ist $r = 0 \in M$ kleinstes Element von M.

Beim Induktionsschritt nehmen wir an, daß es ein $r_1 \in M$ gibt mit $r_1 \leq n'$. Gibt es dabei
kein $r \in M$ mit $r < n'$, so ist $n' = r_1$, also $n' \in M$, und $n' \leq r$ für alle $r \in M$ (wegen der bereits bewiesenen Konnexität von $\leq$). In diesem Fall ist also n' kleinstes Element von M.
Andernfalls gibt es ein $r_2 \in M$ mit $r_2 < n'$, also mit $r_2 + y = n'$ für ein $y \neq 0$ aus N. Wegen
$y \neq 0$ können wir y in der Form $y = z'$ schreiben und erhalten $n' = r_2 + y = r_2 + z' =$
$(r_2 + z)'$, also $n = r_2 + z$ wegen der Injektivität von s, und damit $r_2 \leq n$. Nach Induktionsvoraussetzung besitzt M nun auch in diesem Fall ein kleinstes Element.

Schließlich zeigen wir noch, daß stets $n' = n + 1$ ist, wo 1 das kleinste Element von
$N - \{0\}$ bedeutet. Es ist $n' = (n + 0)' = n + 0'$. Wir haben also zu zeigen, daß $0'$ das kleinste Element von $N - \{0\}$ ist. In der Tat läßt sich jedes $y \neq 0$ in der Form $y = z' = (z + 0)' =$
$z + 0'$ schreiben, d. h., es ist $0' \leq y$. ∎

Die natürlichen Zahlen **N**, wie wir sie am Anfang dieses Abschnittes definiert haben, er-
füllen natürlich auch umgekehrt die Axiome aus 11.21, wenn man die Nachfolgerabbildung durch $s(n) := n + 1$ definiert. Die Injektivität von s ist dann ein Spezialfall der
Kürzungsregel, und wegen $0 < n + 1$ ist $0 \notin s(\mathbf{N})$, also s nicht surjektiv. Ferner ist dann
$\mathbf{N} - s(\mathbf{N}) = \{0\}$ nach 11.6, 3, so daß 11.21, 3 sich aus 11.7 ergibt.

A n m e r k u n g. Wir haben nicht gezeigt, daß es überhaupt ein Modell für unser Axiomensystem der natürlichen Zahlen oder das Peanosche Axiomensystem gibt. Im Rahmen der Mengenlehre lassen sich solche Modelle finden. Man kann etwa die natürlichen Zahlen als Äquivalenzklassen gleichmächtiger endlicher Mengen interpretieren, wobei die Nachfolgerbildung der Hinzunahme eines weiteren Elementes und die Addition der Vereinigung elementfremder endlicher Mengen entspricht. Allerdings darf man dann die Endlichkeit von Mengen nicht mit Hilfe der gerade zu konstruierenden natürlichen Zahlen definieren, wie wir es in 3.16 getan haben, sondern man wird die in 3.18 angesprochene Eigenschaft endlicher Mengen zur Definition heranziehen. Eine weitere Interpretation der natürlichen Zahlen erhält man, indem man 0 als die leere Menge definiert und die Nachfolgerbildung als den Übergang von einer Menge X zu $X \cup \{X\}$. Die natürlichen Zahlen sind dann genau diejenigen Mengen, die man durch wiederholte Anwendung der Nachfolgeroperation aus $\emptyset$ erhält. Die exakte Durchführung bleibt in beiden Fällen der axiomatischen Mengenlehre vorbehalten.

Übungsaufgaben

11.22 A sei eine Halbgruppe mit neutralem Element e. Für $a \in A$ liefert das Rekursionsschema $a^0 := e$, $a^{n+1} := a^n \cdot a$ gemäß 11.9 (angewandt mit $F(x) := x \cdot a$ für alle $x \in A$) eine Definition von Potenzen mit natürlichen Exponenten ohne die bei unserer Definition $a^n := a \ldots a$ verwandten „Pünktchen".
Man beweise damit die Potenzrechenregeln aus 5.9 durch vollständige Induktion.

11.23 Man zeige: 1. Jede kommutative endliche Gruppe mit mindestens zwei Elementen (beispielsweise $(\mathbf{Z_n}, +)$ aus 9.6) erfüllt alle Axiome aus 11.1 mit Ausnahme der Bedingung, daß nur das neutrale Element invertierbar ist.
2. Die Unterhalbgruppe $\{2^n \mid n \in \mathbf{N}\} \cup \{0\}$ von $(\mathbf{N}, \cdot)$ erfüllt alle Axiome aus 11.1 mit Ausnahme der Bedingung, daß jedes Element kürzbar ist.

11.24 Man beweise die Aussage 3.17 durch vollständige Induktion über n.

11.25 Zu einer Balkenwaage sei ein Gewichtssatz mit den Gewichtstücken $1, 2, 2^2, \ldots,$ $2^n, \ldots$ (in Einheiten) gegeben. Man zeige, daß sich jeder ganzzahlige Gewichtsbetrag damit auswiegen läßt, wobei Gewichtstücke nur auf einer der beiden Waagschalen liegen dürfen.

12 Die ganzen und die rationalen Zahlen

Wir wollen nun, ausgehend von den natürlichen Zahlen, den Ring $\mathbf{Z}$ der ganzen Zahlen und daraus den Körper $\mathbf{Q}$ der rationalen Zahlen konstruieren. Dabei sollen die allgemeinen Überlegungen aus Abschn. 10 verwandt werden.

Da in der additiven Halbgruppe $(\mathbf{N}, +)$ der natürlichen Zahlen die Kürzungsregel gilt, können wir sie gemäß 10.4 in die zugehörige Gruppe der Brüche einbetten. Wegen der additiven Schreibweise sind die Elemente dieser Gruppe allerdings als Differenzen und nicht als Brüche zu schreiben.

12.1 Definition Unter der additiven Gruppe $(\mathbf{Z}, +)$ der g a n z e n Z a h l e n verstehen wir die (bis auf Isomorphie) eindeutig bestimmte kommutative Gruppe, die $(\mathbf{N}, +)$ als Unterhalbgruppe enthält und deren Elemente sich in der Form $n - m$ mit $n, m \in \mathbf{N}$ schreiben lassen.

Wir zeigen, daß man bei der Darstellung ganzer Zahlen als Differenz natürlicher Zahlen bereits mit Darstellungen der Form $n - 0$ und $0 - m$ auskommt.

12.2 Jede ganze Zahl $a \neq 0$ ist entweder eine natürliche Zahl oder läßt sich in der Form $a = -m$ mit $m \in \mathbf{N}$ schreiben. Im ersten Fall nennen wir a p o s i t i v und im zweiten Fall n e g a t i v.

B e w e i s. Es sei $a = n - m$ mit $n, m \in \mathbf{N}$. Ist dabei $m \leq n$, so gibt es ein $x \in \mathbf{N}$ mit $m + x = n$ (vgl. 11.2). Da $n - m$ in der Gruppe $(\mathbf{Z}, +)$ die eindeutige Lösung x der Gleichung $m + x = n$ ist, folgt $a = x \in \mathbf{N}$. Ist jedoch $n \leq m$, so ist ebenso $y := m - n \in \mathbf{N}$. Dabei ist $a = n - m = -(m - n) = -y$. Wegen $y \in \mathbf{N}$ kann nicht $a \in \mathbf{N}$ sein, da sonst a in $(\mathbf{N}, +)$ invertierbar wäre mit $-a = y \in \mathbf{N}$. In $(\mathbf{N}, +)$ ist jedoch nur 0 invertierbar (vgl. 11.1). ∎

Wir wollen nun die Multiplikation von $\mathbf{N}$ auf $\mathbf{Z}$ fortsetzen. Damit $\mathbf{Z}$ ein Ring wird, muß für $a = m_1 - m_2$ und $b = n_1 - n_2$ aus $\mathbf{Z}$ nach dem Distributivgesetz und den üblichen Vorzeichenregeln $a\,b := (m_1 n_1 + m_2 n_2) - (m_1 n_2 + m_2 n_1)$ gesetzt werden, wobei auf der rechten Seite nur die Multiplikation von $\mathbf{N}$ benutzt wird. Wir überlegen, daß diese Definition unabhängig von der gewählten Darstellung von a und b als Differenzen natürlicher Zahlen ist. Zunächst betrachten wir eine weitere Darstellung $a = p_1 - p_2$ und behalten die Darstellung von b bei. Dann ergibt sich $m_1 + p_2 = p_1 + m_2$ und somit $(m_1 + p_2)n_1 + (p_1 + m_2)n_2 = (p_1 + m_2)n_1 + (m_1 + p_2)n_2$, also $(m_1 n_1 + m_2 n_2) - (m_1 n_2 + m_2 n_1) = (p_1 n_1 + p_2 n_2) - (p_1 n_2 + p_2 n_1)$. Daher ist die obige Produktdefinition von der Darstellung von a und analog auch von der Darstellung von b unabhängig. Wir können daher definieren:

12.3 Definition Für ganze Zahlen $a = m_1 - m_2$ und $b = n_1 - n_2$ mit $m_1, m_2, n_1, n_2 \in \mathbf{N}$ definieren wir das Produkt durch $a \cdot b := (m_1 n_1 + m_2 n_2) - (m_1 n_2 + m_2 n_1)$.

Für natürliche Zahlen $m = m - 0$ und $n = n - 0$ erhält man bei dieser Definition als Produkt das Produkt in $\mathbf{N}$, nämlich $(m\,n + 0 \cdot 0) - (m \cdot 0 + 0 \cdot n)$.

Verwenden wir die Darstellung ganzer Zahlen gemäß 12.2, so haben wir also (mit $m, n \in \mathbf{N}$) die Multiplikation ganzer Zahlen von $\mathbf{N}$ auf $\mathbf{Z}$ fortgesetzt durch $(-m)n = m(-n) = -(m\,n)$ und $(-m)(-n) = m\,n$, wie man sofort nachrechnet.

Wir weisen nun für $\mathbf{Z}$ die Ringeigenschaft nach:

12.4 Satz $\mathbf{Z}$ ist, versehen mit der oben betrachteten Addition und Multiplikation, ein Integritätsring mit der natürlichen Zahl 1 als Einselement.

B e w e i s. Nach Konstruktion ist $(\mathbf{Z}, +)$ bereits eine kommutative Gruppe.

Aus der Definition ergibt sich unmittelbar die Kommutativität der Multiplikation in $\mathbf{Z}$, da die Verknüpfungen auf $\mathbf{N}$ kommutativ sind. Wegen $1 \cdot n = n$ und $1 \cdot (-n) = -(1 \cdot n) = -n$ für alle $n \in \mathbf{N}$ ist 1 neutrales Element von $(\mathbf{Z}, \cdot)$.

Beim Nachweis des Assoziativgesetzes $(a\,b)\,c = a(b\,c)$ betrachten wir zunächst den Fall $a = n \in \mathbf{N}$ und $b = -m$, $c = -p$ mit $m, p \in \mathbf{N}$. Dann ist $(a\,b)c = (n(-m))\,(-p) = (-(n\,m))\,(-p) = (n\,m)p = n(m\,p) = n\,((-m)\,(-p)) = a(b\,c)$. Die übrigen Fälle werden in analoger Weise auf das Assoziativgesetz in $(\mathbf{N}, \cdot)$ zurückgeführt.

Das Distributivgesetz läßt sich einfacher direkt aus der Definition der Multiplikation gemäß 12.3 herleiten. Für $a, b, c \in \mathbf{Z}$ wählen wir Darstellungen $a = m_1 - m_2$, $b = n_1 - n_2$, $c = p_1 - p_2$ als Differenz natürlicher Zahlen und erhalten dann:

$$
\begin{aligned}
a(b + c) &= (m_1 - m_2)\,((n_1 + p_1) - (n_2 + p_2)) \\
&= (m_1(n_1 + p_1) + m_2(n_2 + p_2)) - (m_1(n_2 + p_2) + m_2(n_1 + p_1)) \\
&= (m_1 n_1 + m_1 p_1 + m_2 n_2 + m_2 p_2) - (m_1 n_2 + m_1 p_2 + m_2 n_1 + m_2 p_1) \\
&= ((m_1 n_1 + m_2 n_2) - (m_1 n_2 + m_2 n_1)) + ((m_1 p_1 + m_2 p_2) - (m_1 p_2 + m_2 p_1)) \\
&= a\,b + a\,c.
\end{aligned}
$$

Damit ist $\mathbf{Z}$ als kommutativer Ring nachgewiesen. Wir zeigen noch, daß $\mathbf{Z}$ ein Integritätsring ist, d. h., daß aus $a \cdot b = 0$ und $a \neq 0$ in $\mathbf{Z}$ stets $b = 0$ folgt. Im Fall $a, b \in \mathbf{N}$ folgt aus $a \cdot b = 0 = a \cdot 0$ wegen der Kürzbarkeit von a in $(\mathbf{N}, \cdot)$ (vgl. 11.18) sofort $b = 0$. Die übrigen Fälle, in denen a oder b negativ ist, folgen aus diesem ersten Fall unter Verwendung der Vorzeichenregeln.   ∎

Zu dem Integritätsring $\mathbf{Z}$ können wir nun gemäß 10.7 den Körper der Brüche bilden und kommen so zu den rationalen Zahlen.

12.5 Definition Unter dem Körper $\mathbf{Q}$ der r a t i o n a l e n Zahlen verstehen wir den Quotientenkörper des Integritätsringes $\mathbf{Z}$ der ganzen Zahlen.

Rationale Zahlen sind also Brüche der Form a/b mit $a, b \in \mathbf{Z}$ und $b \neq 0$. Da man ganze Zahlen a stets in der Form $a = m$ oder $a = -m$ mit $m \in \mathbf{N}$ schreiben kann, läßt sich jede rationale Zahl in der Form $\dfrac{m}{n}$ oder $\dfrac{-m}{n} = -\dfrac{m}{n}$ mit $m, n \in \mathbf{N}$ und $n \neq 0$ darstellen.

A n m e r k u n g. Dies legt eine weitere Möglichkeit zur Konstruktion rationaler Zahlen nahe. Dabei bildet man, ausgehend von der Halbgruppe $(\mathbf{N}, \cdot)$, zunächst die zugehörige Halbgruppe $(B, \cdot)$ der Brüche und erhält so die rationalen Zahlen der Form m/n mit m, n aus $\mathbf{N}$ und $n \neq 0$. Dann setzt man die Addition von $\mathbf{N}$ durch $\dfrac{m_1}{n_1} + \dfrac{m_2}{n_2} := \dfrac{m_1 n_2 + m_2 n_1}{n_1 n_2}$

auf B fort und erhält eine kommutative Halbgruppe $(B, +)$, in der die Kürzungsregel gilt. Diese Halbgruppe wird nun gemäß 10.4 in eine kommutative Gruppe $(\widetilde{\mathbf{Q}}, +)$ eingebettet, deren Elemente also Differenzen der Form $a_1 - a_2$ mit $a_1 = m_1/n_1$ und $a_2 = m_2/n_2$ aus B sind. Schließlich setzt man die Multiplikation von $(B, \cdot)$ wie in 12.3 durch $(a_1 - a_2) \cdot (b_1 - b_2) := (a_1 b_1 + a_2 b_2) - (a_1 b_2 + a_2 b_1)$ auf $\widetilde{\mathbf{Q}}$ fort. Wie man leicht bestätigt, erhält man insgesamt auf diese Weise einen Körper $\widetilde{\mathbf{Q}}$, der $\mathbf{Z}$, nämlich die Differenzen $\dfrac{m_1}{1} - \dfrac{m_2}{1}$,

als Unterring enthält. Da sich die Elemente von $\widetilde{\mathbf{Q}}$ in der Form $a_1 - a_2 = \dfrac{m_1 n_2 - m_2 n_1}{n_1 n_2}$,

also als Quotienten ganzer Zahlen schreiben lassen, ist $\widetilde{\mathbf{Q}}$ der bis auf Isomorphie eindeutig bestimmte Quotientenkörper $\mathbf{Q}$ von $\mathbf{Z}$.

Wir kommen nun noch einmal zu den ganzen Zahlen zurück und beschäftigen uns mit

der elementaren Teilbarkeitstheorie in **Z**. Als erstes übertragen wir die D i v i s i o n
m i t R e s t.

12.6 Zu jeder ganzen Zahl a und jeder natürlichen Zahl $n \neq 0$ gibt es eindeutig bestimmte
Zahlen $q \in \mathbf{Z}$ und $r \in \mathbf{N}$ mit $a = q\,n + r$ und $r < n$.

B e w e i s. Bei Nachweis der Existenz von q und r können wir uns wegen 11.19 gleich
auf den Fall $a = -m$ mit $m \in \mathbf{N}$ beschränken. Dann erhalten wir zunächst $m = q'n + r'$
mit $q', r' \in \mathbf{N}$ und $r' < n$ (wiederum nach 11.19). Es folgt $a = -m = (-q')n + (-r')$. Im
Fall $r' = 0$ ist $a = (-q')n + 0$ die gesuchte Darstellung. Andernfalls ist $n - r' \in \mathbf{N}$ wegen
$r' < n$ und $n - r' < n$ wegen $r' \neq 0$, und dann ist $a = -m = (-q' - 1)n + (n - r')$ die gesuchte Darstellung.

Es seien nun $a = q_1 n + r_1 = q_2 n + r_2$ zwei Darstellungen der angegebenen Art. Wir nehmen $q_1 - q_2 \in \mathbf{N}$ an (andernfalls betrachte man $q_2 - q_1$). Wäre nun $q_1 \neq q_2$, so wäre
$1 \leq q_1 - q_2$ und damit $n \leq (q_1 - q_2)n$. Andererseits ist aber $(q_1 - q_2)n = r_2 - r_1 \leq$
$r_2 < n$. Es folgt also $q_1 = q_2$ und dann auch $r_1 = r_2$. ∎

Wir definieren nun:

12.7 Definition Eine ganze Zahl b heißt ein T e i l e r der ganzen Zahl a, wenn es ein
$q \in \mathbf{Z}$ gibt mit $a = q\,b$. Dann heißt a auch ein V i e l f a c h e s von b.

Wegen der Eindeutigkeitsaussage in 12.6 ist $n \neq 0$ genau dann ein Teiler von $a \in \mathbf{Z}$, wenn
die Division mit Rest von a durch n „aufgeht", d. h., den Rest $r = 0$ ergibt. Darüber
hinaus gilt:

12.8 Es seien m, $n \in \mathbf{N}$ mit $n \neq 0$. Ist n ein Teiler von m, so liegt der eindeutig bestimmte
Faktor $q \in \mathbf{Z}$ mit $m = q\,n$ bereits in **N**.

B e w e i s. Wäre $q \notin \mathbf{N}$, also $q = -p$ mit $p \in \mathbf{N}$, so wäre auch $m = -(p\,n) \notin \mathbf{N}$ nach
12.2. Dabei ist $p\,n \neq 0$ wegen $n \neq 0$ und $q \notin \mathbf{N}$, also $q \neq 0$. ∎

Als nächstes bestimmen wir die Einheiten im Ring **Z**, also die invertierbaren Elemente
von $(\mathbf{Z}, \cdot)$. In jedem Ring ist neben 1 auch -1 eine Einheit wegen $(-1)(-1) = 1 \cdot 1 = 1$.
In **Z** gilt sogar:

12.9 Es sind 1 und -1 die einzigen Einheiten von **Z**.

B e w e i s. In **Z** folgt aus $a\,b = 1$ im Fall $a \in \mathbf{N}$ wegen 12.8 auch $b \in \mathbf{N}$. Dann ist $a = b =$
1, da in $(\mathbf{N}, \cdot)$ nur 1 invertierbar ist (vgl. 11.18). Im Fall $a \notin \mathbf{N}$, also $-a \in \mathbf{N}$, ist wegen
$1 = a\,b = (-a)(-b)$ nach dem ersten Fall $-a = 1$ und somit $a = -1$. ∎

Wir gehen nun noch auf die e i n d e u t i g e P r i m f a k t o r z e r l e g u n g natürlicher
Zahlen ein, die sich auch zur Untersuchung ganzer und rationaler Zahlen verwenden läßt.

12.10 Definition Eine natürliche Zahl $p > 1$ heißt eine P r i m z a h l, wenn sie außer
1 und p keine weiteren natürlichen Zahlen als Teiler besitzt.

Man beachte, daß eine Primzahl p in **Z** natürlich noch die Teiler -1 und $-p$ hat.

12.11 Satz Jede natürliche Zahl $n > 1$ läßt sich als Produkt endlich vieler Primzahlen
schreiben. Diese Darstellung ist bis auf die Reihenfolge der Primzahlen eindeutig.

B e w e i s. Wir zeigen zunächst die Existenz einer Primfaktorzerlegung. Gäbe es Zahlen $m > 1$ ohne Primfaktorzerlegung, so könnten wir eine kleinste solche Zahl m_0 betrachten. Dann ist m_0 selbst keine Primzahl, da als Primfaktorzerlegung auch Produkte mit nur einem Faktor zugelassen sind. Es gibt also einen „echten" Teiler n_1 von m_0, d. h., es ist $m_0 = n_1 n_2$ mit $1 < n_1 < m_0$ und dann auch $1 < n_2 < m_0$. Wegen der Minimalität von m_0 besitzen n_1 und n_2 also Primfaktorzerlegungen, deren Produkt doch eine Primfaktorzerlegung von m_0 ergibt, im Widerspruch zur Wahl von m_0.

Wäre die Primfaktorzerlegung nicht stets eindeutig, so könnten wir wieder eine kleinste Zahl $m_0 > 1$ mit zwei verschiedenen Primfaktorzerlegungen $m_0 = p_1 \ldots p_r = q_1 \ldots q_s$ wählen. Wäre dabei $r = 1$, so müßte, da p_1 Primzahl ist, auch $s = 1$ sein, und damit wären die Zerlegungen $m_0 = p_1 = q_1$ doch gleich. Also ist $r \geq 2$ und ebenso $s \geq 2$.

Jede der Primzahlen p_i ist nun von jeder der Primzahlen q_j verschieden. Wäre nämlich etwa $p_1 = q_1$, so erhielte man durch Kürzen $p_2 \ldots p_r = q_2 \ldots q_s$, also verschiedene Primfaktorzerlegungen für eine natürliche Zahl, die noch kleiner als m_0 ist. Widerspruch!

Insbesondere ist daher $p_1 \neq q_1$, etwa $p_1 < q_1$. Für $n := (q_1 - p_1) q_2 \ldots q_s$ gilt dann $1 < n = q_1 q_2 \ldots q_s - p_1 q_2 \ldots q_s = m_0 - p_1 q_2 \ldots q_s < m_0$, d. h., die Primfaktorzerlegung von n, deren Existenz wir bereits allgemein bewiesen haben, ist wegen der Minimalität von m_0 sogar eindeutig. Man erhält sie auf zweierlei Weise, nämlich indem man für die Zahlen $q_1 - p_1$ und $p_2 \ldots p_r - q_2 \ldots q_s$ in der Gleichung $n = (q_1 - p_1) \cdot q_2 \ldots q_s = m_0 - p_1 q_2 \ldots q_s = p_1 \ldots p_r - p_1 q_2 \ldots q_s = p_1 (p_2 \ldots p_r - q_2 \ldots q_s)$ Primfaktorzerlegungen einsetzt (falls diese Zahlen, die nach 12.8 in $\mathbf{N}$ liegen, nicht schon gleich 1 sind). Wegen der Eindeutigkeit und da p_1 von $q_2, \ldots, q_s$ verschieden war, muß also p_1 in der Primfaktorzerlegung von $q_1 - p_1$ vorkommen. Daher ist p_1 ein Teiler von $q_1 - p_1$, d. h., es gibt ein $t \in \mathbf{N}$ mit $q_1 - p_1 = t\, p_1$, also mit $q_1 = (1 + t) p_1$. Dies ist ein Widerspruch zur Primzahleigenschaft von q_1. ∎

Der vorstehende Beweis für die Eindeutigkeit der Primfaktorzerlegung in $\mathbf{N}$ geht auf Zermelo zurück. Im Rahmen der Teilbarkeitstheorie in beliebigen Ringen behandeln wir später noch eine weitere Beweismethode, die auch in allgemeineren Situationen anwendbar ist. Wir beschränken uns hier auf einige elementare Folgerungen aus 12.11.

12.12 Es gibt unendlich viele Primzahlen in $\mathbf{N}$.

B e w e i s. Angenommen, es gäbe nur endlich viele Primzahlen $p_1, \ldots, p_r$. Wir betrachten eine Primzahl q aus der Primfaktorzerlegung von $n := p_1 \ldots p_r + 1$. Dann muß q unter den Primzahlen $p_1, \ldots, p_r$ vorkommen, also etwa $q = p_1$ sein. Zu dem Teiler p_1 von n gibt es nun ein $t \in \mathbf{N}$ mit $t\, p_1 = n = p_1 \ldots p_r + 1$ und daher mit $p_1 (t - p_2 \ldots p_r) = 1$. Dies ist ein Widerspruch, da p_1 wegen $p_1 > 1$ in $\mathbf{Z}$ keine Einheit sein kann. ∎

Negative ganze Zahlen $a \neq -1$ lassen sich nach 12.11 (angewandt auf $n := -a$) in der Form $a = -p_1 \ldots p_r$ mit Primzahlen $p_1, \ldots, p_r$ schreiben, die bis auf die Reihenfolge der Faktoren eindeutig bestimmt sind.

Wir können nun eine weitere Charakterisierung der Primzahlen geben:

12.13 Für jede natürliche Zahl $p > 1$ sind die folgenden Aussagen äquivalent:

1. p ist eine Primzahl.

2. Teilt p ein Produkt a b ganzer Zahlen, so teilt p stets wenigstens einen der beiden Faktoren a, b.

B e w e i s. Für eine Primzahl p, die ein Produkt a b ganzer Zahlen teilen möge, zeigen wir zunächst, daß p ein Teiler von a oder b ist. Dabei können wir uns auf den Fall $a \neq 0$ und $b \neq 0$ beschränken, da p wegen $0 = 0 \cdot p$ ein Teiler von 0 ist. Nach Voraussetzung gibt es ein $t \neq 0$ aus $\mathbf{Z}$ mit $p\,t = a\,b$. Für die Zahlen t, a und b (soweit sie $\neq \pm 1$ sind) setzen wir in dieser Gleichung Primfaktorzerlegungen ein. Wegen der Eindeutigkeit der Primfaktorzerlegung von $p\,t = a\,b$ muß p dann in der Primfaktorzerlegung von a oder b auftreten, d. h., p muß ein Teiler von a oder von b sein.

Ist umgekehrt p keine Primzahl, so gibt es eine „echte" Zerlegung $p = a\,b$ mit $1 < a < p$ und $1 < b < p$ in $\mathbf{N}$. Wegen $1 \cdot p = a\,b$ ist dabei p ein Teiler von a b, aber natürlich kein Teiler von a oder b.   ∎

Bei rationalen Zahlen $a = \pm\, m/n$ mit $m, n \geq 1$ kann man für m und n Primfaktorzerlegungen einsetzen und erhält so Darstellungen der Form $a = \pm\, \dfrac{p_1 \cdots p_r}{q_1 \cdots q_s}$. Dabei ist im Fall $m = 1$ bzw. $n = 1$ einfach $p_1 \ldots p_r := 1$ bzw. $q_1 \ldots p_s := 1$ zu lesen. Indem man noch gleiche Primfaktoren in Zähler und Nenner herauskürzt, kann man zu einer Darstellung übergehen, bei der jede der Primzahlen p_i im Zähler von jeder der Primzahlen q_j im Nenner verschieden ist. Wir sprechen dann von einer g e k ü r z t e n   D a r s t e l l u n g.

Sie ist eindeutig bestimmt. Ist nämlich auch $a = \pm\, \dfrac{p_1' \cdots p_k'}{q_1' \cdots q_\varrho'}$ eine gekürzte Darstellung, so folgt aus $p_1 \ldots p_r q_1' \ldots q_\varrho' = p_1' \ldots p_k' q_1 \ldots q_s$ wegen der Eindeutigkeit der Primfaktorzerlegung in $\mathbf{N}$ und wegen der Voraussetzung über die p_i, q_j, daß die beiden gekürzten Darstellungen von a bis auf die Reihenfolge der Faktoren in Zähler und Nenner schon gleich waren.

Als Anwendung erhalten wir:

12.14 Satz Jede rationale Zahl x, die einer Gleichung $x^n + a_{n-1}x^{n-1} + \ldots + a_1 x + a_0 = 0$ mit Koeffizienten $a_0, \ldots, a_{n-1}$ aus $\mathbf{Z}$ genügt, ist bereits selbst eine ganze Zahl.

B e w e i s. Angenommen, x wäre keine ganze Zahl. Dann betrachten wir die gekürzte Darstellung $x = \pm\, \dfrac{p_1 \cdots p_r}{q_1 \cdots q_s} = \dfrac{c}{d}$ mit $c := \pm\, p_1 \ldots p_r$ und $d := q_1 \ldots q_s$. Wegen $x \notin \mathbf{Z}$ steht dabei wenigstens ein Primfaktor q_1 im Nenner. Einsetzen in die für x gegebene Gleichung und Multiplizieren mit d^n liefert nun $c^n + a_{n-1}c^{n-1}d + \ldots + a_0 d^n = 0$. Daraus erhält man die Gleichung $c^n = -(a_{n-1}c^{n-1} + \ldots + a_0 d^{n-1}) \cdot d$, in der nur ganze Zahlen auftreten. Also ist d und damit erst recht q_1 ein Teiler von $c^n = c \ldots c$. Nach 12.13 teilt q_1 dann bereits einen der Faktoren von c^n und damit letztlich c selbst. Dies ist ein Widerspruch dazu, daß die betrachtete Darstellung von x gekürzt sein sollte.   ∎

A n m e r k u n g. Man beachte, daß der vorstehende Beweis eine direkte Verallgemeinerung des üblichen Beweises für die Irrationalität von $\sqrt{2}$ ist. Aus 12.14 ergibt sich sogar, daß für natürliche Zahlen $m, n > 1$ auch $\sqrt[n]{m}$ irrational ist, falls nicht m bereits die n-te Potenz einer natürlichen Zahl ist. In der Tat erfüllt die reelle Zahl $x := \sqrt[n]{m}$ die Gleichung $x^n - m = 0$. Im Fall $x \in \mathbf{Q}$ muß daher bereits $x \in \mathbf{Z}$ und wegen $x > 0$ dann $x \in \mathbf{N}$ sein.

Auch viele andere Irrationalitätsbeweise lassen sich mit 12.14 führen. Für $x := \sqrt{2} + \sqrt{3} + \sqrt{6}$ beispielsweise findet man leicht die Gleichung $x^4 - 22\,x^2 - 48\,x - 23 = 0$. Daher kann x nur irrational oder ganz sein, wobei der zweite Fall wegen $x \approx 5{,}596$ ausscheidet.

Wir beschließen diesen Abschnitt mit einem Beweis der Abzählbarkeit von $\mathbf{Q}$, der das üblicherweise verwandte 1. Cantorsche Diagonalverfahren vermeidet.

12.15 Satz. Die Menge $\mathbf{Q}$ der rationalen Zahlen ist abzählbar.

B e w e i s. Wir betrachten zunächst zwei Hilfsabbildungen: Die Abbildung $h : \mathbf{N} \times \mathbf{N} \to \mathbf{N}$ mit $h(m, n) := 2^m(2n + 1) - 1$ ist bijektiv. Aus $h(m, n) = h(m', n')$ folgt nämlich $2^m \cdot (2n + 1) = 2^{m'}(2n' + 1)$ und daher $m = m'$ und $n = n'$, d. h., h ist injektiv. Zum Nachweis der Surjektivität von h sei $a \in \mathbf{N}$ vorgegeben. Dann läßt sich $a + 1$ in der Form $2^m b$ mit einer ungeraden Zahl b darstellen, die man als $2n + 1$ schreibt. Nun ist $h(m, n) = a$. Die Abbildung $g : \mathbf{N} \times \mathbf{N} \to \mathbf{Q}$ mit $g(m, n) := m/(n + 1)$ ist offenbar eine surjektive Abbildung von $\mathbf{N} \times \mathbf{N}$ auf $\mathbf{Q}_+ := \{x \in \mathbf{Q} \,|\, x \geq 0\}$.

Als Komposition von h^{-1} und g erhält man eine surjektive Abbildung $g \circ h^{-1}$ von $\mathbf{N}$ auf $\mathbf{Q}_+$. Die gesuchte surjektive Abbildung $f : \mathbf{N} \to \mathbf{Q}$ wird schließlich durch $f(2n) := (g \circ h^{-1})\,(n)$ und $f(2n + 1) := -(g \circ h^{-1})\,(n)$ gegeben. ∎

Übungsaufgaben

12.16 Man zeige, daß es zu je zwei ganzen Zahlen a, b mit $b \neq 0$ stets ganze Zahlen q und r mit $a = q\,b + r$ und $|r| \leq |b|/2$ gibt.

12.17 Zu einer Balkenwaage sei ein Gewichtssatz mit den Gewichtstücken $1, 3, 3^2, \ldots,$ $3^n, \ldots$ (in Einheiten) gegeben. Man zeige, daß sich jeder ganzzahlige Gewichtsbetrag damit auswiegen läßt, falls Gewichtstücke auf beiden Waagschalen liegen dürfen. (Man beweise dazu, daß sich jede natürliche Zahl n in der Form $n = z_k 3^k + \ldots + z_0 3^0$ mit $z_0, \ldots, z_k \in \{-1, 0, 1\}$ schreiben läßt.)

12.18 Man zeige, daß es unendlich viele Primzahlen der Form $3n + 2$ in $\mathbf{N}$ gibt. (Hinweis: Unter der Annahme, daß es nur endliche viele solche Primzahlen $p_1, \ldots, p_r$ gibt, betrachte man die Zahl $3\,p_1 \ldots p_r - 1$.)

12.19 Für natürliche Zahlen m und n zeige man, daß $\sqrt{m} + \sqrt{n}$ irrational ist, wenn nicht m und n beide Quadratzahlen in $\mathbf{N}$ sind.

12.20 Man zeige, daß der Logarithmus $\log_{10} n$ einer natürlichen Zahl $n \geq 1$ zur Basis 10 stets irrational oder bereits eine natürliche Zahl ist.

12.21 Man zeige, daß das Produkt von k unmittelbar aufeinanderfolgenden natürlichen Zahlen stets durch k teilbar ist.

12.22 Es seien n und k teilerfremde natürliche Zahlen ≥ 1. Man zeige, daß der Binomialkoeffizient $\binom{n}{k}$ durch n teilbar ist.

13 Die rationalen Zahlen als angeordneter Körper

Die Irrationalitätsbeweise am Ende des vorigen Abschnitts zeigen, daß gewisse Gleichungen in $\mathbf{Q}$ keine Lösungen besitzen, sondern erst durch Hinzunahme der reellen Zahlen lösbar werden. Bei der Konstruktion und axiomatischen Charakterisierung der reellen Zahlen spielen Ordnungsrelationen in Körpern eine entscheidende Rolle. Wir setzen zunächst die Relation $\leq$ von $\mathbf{N}$ auf $\mathbf{Q}$ fort.

13.1 Definition Eine rationale Zahl a heißt p o s i t i v, wenn es natürliche Zahlen $m \neq 0$ und $n \neq 0$ mit $a = m/n$ gibt.

13.2 Für alle rationale Zahlen a, b gilt:

1. Sind a und b positiv, so sind auch $a + b$ und $a\,b$ positiv.

2. Ist $a \neq 0$, so ist genau eine der beiden Zahlen a und $-a$ positiv.

B e w e i s. 1. Es sei $a = \dfrac{m}{n}$ und $b = \dfrac{p}{q}$ mit natürlichen Zahlen m, n, p, q ≥ 1. Dann ist

$a + b = \dfrac{m\,q + n\,p}{n\,q}$ und $a\,b = \dfrac{m\,p}{n\,q}$. Dabei sind m q + n p, m p und n q wieder natürliche

Zahlen ≥ 1. Mit a und b sind daher auch $a + b$ und $a\,b$ positiv.

2. Es sei $a \neq 0$. Dann besitzt a eine Darstellung der Form $a = m/n$ oder $a = -m/n$ mit m, n ≥ 1. Im ersten Fall ist a positiv, im zweiten Fall $-a$. Wären gleichzeitig a und $-a$ positiv, also $a = m/n$ und $-a = p/q$ mit natürlichen Zahlen m, n, p, q $\neq 0$, so wäre $m/n = -p/q$, d. h. $m\,q = -n\,p\,(\neq 0)$, im Widerspruch zu 12.2. ∎

13.3 Definition Für rationale Zahlen a und b setzen wir $a \leq b$ genau dann, wenn $a = b$ ist oder wenn $b - a$ positiv ist.

Eine ganze Zahl ist offenbar genau dann positiv im Sinne von 13.1, wenn sie eine natürliche Zahl $\neq 0$ ist. Die soeben definierte $\leq$-Beziehung stimmt daher bei natürlichen Zahlen mit der aus 11.2 bekannten Ordnung von $\mathbf{N}$ überein. Für m, n $\in \mathbf{N}$ gilt nämlich $m \leq n$ (im Sinne von 13.3) genau dann, wenn $m = n$ oder $n - m$ positiv ist, d. h. insgesamt, wenn $n - m$ in $\mathbf{N}$ liegt. Da $n - m$ die (in $\mathbf{Z}$) eindeutig bestimmte Lösung x der Gleichung $m + x = n$ ist, bedeutet dies $m \leq n$ im Sinne von 11.2.

Wir verwenden statt $a \leq b$, $a \neq b$ wieder die Schreibweise $a < b$ oder $b > a$.

13.4. Satz Die Relation $\leq$ ist eine totale Ordnung auf $\mathbf{Q}$. Ferner gelten in $\mathbf{Q}$ die folgenden M o n o t o n i e r e g e l n:

1. Aus $a \leq b$ folgt $a + c \leq b + c$.

2. Aus $a \leq b$ und $0 \leq c$ folgt $a\,c \leq b\,c$.

B e w e i s. Definitionsgemäß ist stets $a \leq a$. Es sei nun $a \leq b$ und $b \leq c$. Beim Nachweis von $a \leq c$ können wir uns auf den Fall $a \neq b$ und $b \neq c$ beschränken. Dann sind $b - a$ sowie $c - b$ positiv, und damit ist nach 13.2, 1 auch $(c - b) + (b - a) = c - a$ positiv, d. h., es gilt $a \leq c$. Zum Nachweis der Antisymmetrie setzen wir $a \leq b$ und $b \leq a$ voraus. Wäre dann $a \neq b$, so wären $b - a$ und $a - b = -(b - a)$ positiv im Widerspruch zu 13.2, 2. Schließlich ist für a, b $\in \mathbf{Q}$, falls nicht schon $a = b$ ist, nach 13.2, 2 entweder b − a oder a − b positiv, d. h., es gilt a $\leq$ b oder b $\leq$ a. Insgesamt ist damit $\leq$ als totale Ordnung auf $\mathbb{Q}$ nachgewiesen.

Wir beweisen noch die Monotonieregeln und setzen dazu a $\leq$ b voraus. Im Fall a = b sind die Behauptungen trivial, so daß wir b − a als positiv annehmen können. Dann ist auch (b + c) − (a + c) = b − a positiv, also a + c $\leq$ b + c. Ist nun 0 $\leq$ c, so können wir uns beim Nachweis von a c $\leq$ b c wieder auf den Fall c $\neq$ 0 beschränken. Dann ist c positiv und damit nach 13.2, 1 auch (b − a)c = b c − a c, d. h., es ist a c $\leq$ b c.   ∎

Allgemein definiert man:

13.5 Definition Ein Körper K, auf dem eine totale Ordnung $\leq$ gegeben ist, heißt ein a n g e o r d n e t e r K ö r p e r, wenn die Monotonieregeln aus 13.4 erfüllt sind.

Der Körper $\mathbb{Q}$, zusammen mit der eingeführten Relation „$\leq$", ist also ein angeordneter Körper. Allgemein erhält man angeordnete Körper, indem man wie oben festlegt, welche Elemente positiv sein sollen. Dabei müssen gerade die Regeln aus 13.2 erfüllt sein.

13.6 Definition Eine Teilmenge P eines Körpers K heißt ein P o s i t i v i t ä t s b e - r e i c h, wenn für alle a, b $\in$ K gilt:

1. Aus a $\in$ P und b $\in$ P folgt stets auch a + b $\in$ P und ab $\in$ P.

2. Ist a $\neq$ 0, so liegt genau eines der beiden Elemente a und −a in P.

13.7 Satz P sei ein Positivitätsbereich des Körpers K. Für a, b $\in$ K setzt man a $\leq$ b genau dann, wenn a = b ist oder b − a $\in$ P. Dadurch wird K zu einem angeordneten Körper, in dem P aus den Elementen $>$ 0 besteht.

Der Beweis von 13.4 gilt wörtlich auch in dieser allgemeineren Situation.

In einem angeordneten Körper K lassen sich nun allgemein die üblichen Regeln für das Rechnen mit Ungleichungen beweisen. Zunächst gelten die Monotonieregeln wegen der Kürzungsregeln (der Addition und Multiplikation) auch in der folgenden Form:

Aus a $<$ b folgt stets a + c $<$ b + c.

Aus a $<$ b und 0 $<$ c folgt stets a c $<$ b c.

Darüber hinaus ergibt sich:

13.8 Für alle Elemente a, b, c, d eines angeordneten Körpers K gilt:

1. Aus a $\leq$ b und c $<$ d folgt a + c $<$ b + d.

2. Aus a $<$ b folgt −b $<$ −a. Insbesondere folgt aus a $<$ 0 stets −a $>$ 0.

3. Aus a $<$ b und c $<$ 0 folgt a c $>$ b c. Insbesondere folgt aus b $>$ 0 und c $<$ 0 stets b c $<$ 0 und aus a $<$ 0 und c $<$ 0 stets a c $>$ 0.

4. Aus a $\neq$ 0 folgt $a^2 > 0$. Insbesondere ist 1 $>$ 0.

5. Aus a $>$ 0 folgt 1/a $>$ 0.

6. Aus a $<$ b und a $>$ 0 folgt 1/a $>$ 1/b.

B e w e i s. 1. Wegen c $<$ d ist a + c $<$ a + d, und aus a $\leq$ b folgt a + d $\leq$ b + d. Insgesamt ist dann a + c $<$ b + d.

2. Aus a $<$ b folgt a + (−a − b) $<$ b + (−a − b), also −b $<$ −a.

3. Wegen $c < 0$ ist $-c > 0$. Aus $a < b$ folgt daher $a(-c) < b(-c)$, also $-a\,c < -b\,c$, und damit $b\,c < a\,c$ nach 2.

4. Im Fall $a > 0$ ist natürlich $a \cdot a > 0 \cdot a = 0$, und im Fall $a < 0$ folgt $a \cdot a > 0$ nach 3. Insbesondere ist $1 = 1^2 > 0$.

5. Es sei $a > 0$. Wäre $\frac{1}{a} < 0$, so wäre auch $1 = \frac{1}{a} \cdot a < 0$, im Widerspruch zu 4.

6. Wegen $a > 0$ und $a < b$ ist auch $b > 0$ und daher $a\,b > 0$ sowie $\frac{1}{a\,b} > 0$. Damit folgt $\frac{1}{a\,b} a < \frac{1}{a\,b} b$, also $\frac{1}{b} < \frac{1}{a}$. ∎

In angeordneten Körpern kann man auf die übliche Weise Absolutbeträge definieren:

13.9 Definition K sei ein angeordneter Körper. Für $a \in K$ definiert man den **A b s o l u t - b e t r a g** von a durch

$$|a| := \begin{cases} a, & \text{falls } a \geq 0 \\ -a, & \text{falls } a < 0. \end{cases}$$

Es ist $|a|$ stets das „größere" der beiden Elemente a und $-a$, also $|a| = \max\{a, -a\}$. Im Fall $a \geq 0$ ist nämlich $-a \leq 0 \leq a = |a|$, und im Fall $a < 0$ ist $a < 0 < -a = |a|$.

Natürlich ist immer $|a| = |-a|$. Wir notieren einige weitere Rechenregeln.

13.10 Für alle Elemente a, b eines angeordneten Körpers K gilt:

1. Es ist $|a| \geq 0$, und genau dann gilt $|a| = 0$, wenn $a = 0$ ist.

2. $|a\,b| = |a| \cdot |b|$ und $|a/b| = |a|/|b|$, falls $b \neq 0$.

3. $|a + b| \leq |a| + |b|$ (**D r e i e c k s u n g l e i c h u n g**) und $\big||a| - |b|\big| \leq |a - b|$.

B e w e i s. 1. Es ist $|0| = 0$, und im Falle $a \neq 0$ ist $a > 0$ oder $-a > 0$, d. h. $|a| = \max\{a, -a\} > 0$.

2. Es ist $|a\,b| = |-(a\,b)| = |(-a)b|$, also $|a\,b| = \big||a|\,b\big|$, da $|a| = a$ oder $|a| = -a$ ist. Durch nochmaliges Anwenden dieser Formel erhält man $|a\,b| = \big||a|\,|b|\big|$. Wegen $|a|, |b| \geq 0$, also auch $|a|\,|b| \geq 0$, ist dabei $\big||a|\,|b|\big| = |a|\,|b|$.

Für $b \neq 0$ ist $|b|\,\left|\dfrac{a}{b}\right| = \left|b\,\dfrac{a}{b}\right| = |a|$ und daher $\left|\dfrac{a}{b}\right| = \dfrac{|a|}{|b|}$.

3. Es ist $a \leq |a|$ und $-a \leq |a|$ sowie $b \leq |b|$ und $-b \leq |b|$. Daraus folgt $a + b \leq |a| + |b|$ sowie $-(a + b) = (-a) + (-b) \leq |a| + |b|$. Insgesamt ist daher

$$|a + b| = \max\{(a + b), -(a + b)\} \leq |a| + |b|.$$

Unter Verwendung dieser Dreiecksungleichung erhält man $|a| = |(a - b) + b| \leq |a - b| + |b|$ und somit $|a| - |b| \leq |a - b|$. Ebenso ist $|b| - |a| \leq |b - a|$, d. h. $-(|a| - |b|) \leq |b - a| = |a - b|$. Insgesamt ist deshalb $\big||a| - |b|\big| \leq |a - b|$. ∎

Aus den bisher abgeleiteten Eigenschaften angeordneter Körper lassen sich bereits wichtige Folgerungen gewinnen:

13.11 Der Körper $\mathbb{Q}$ der rationalen Zahlen läßt sich nur auf die oben angegebene Weise zu einem angeordneten Körper machen.

B e w e i s. Wir betrachten eine beliebige Ordnungsrelation, die $\mathbb{Q}$ zu einem angeordneten Körper macht. Dabei ist 1 positiv wegen 13.8, 4 und damit auch $n = 1 + \ldots + 1$

(vgl. 13.8, 1). Nun sind nach 13.8, 5 auch die Brüche $1/n$ und schließlich alle rationalen Zahlen der Form m/n mit m, $n \neq 0$ aus $\mathbf{N}$ positiv. Die übrigen Zahlen $\neq 0$, also die Zahlen der Form $-m/n$ sind dann negativ (bzgl. der betrachteten Anordnung). Da die Anordnung eines beliebigen angeordneten Körpers durch Festlegung der positiven Elemente schon eindeutig bestimmt ist (es gilt $a < b$ genau dann, wenn $b - a > 0$), ist damit die Behauptung bewiesen. ∎

A n m e r k u n g. Nicht jeder Körper läßt sich anordnen. Beispielsweise läßt sich der Körper $\mathbf{C}$ der komplexen Zahlen nicht zu einem angeordneten Körper machen. In $\mathbf{C}$ ist nämlich $-1 = i^2$ ein Quadrat. Bei jedem angeordneten Körper ist jedoch $-1 < 0$ wegen $1 > 0$, und Quadrate sind stets ≥ 0 (jeweils nach 13.8, 4).

Auch endliche Körper kann man nicht anordnen; denn in einem angeordneten Körper gibt es wegen $0 < 1 < 1 + 1 < \ldots < 1 + \ldots + 1 < \ldots$ stets unendlich viele Elemente. Wir zeigen sogar, daß jeder angeordnete Körper bereits den Körper $\mathbf{Q}$ (bis auf Isomorphie) enthält und definieren zunächst:

13.12 Definition K und K' seien angeordnete Körper mit den Anordnungen $\leq$ und $\leq'$. Dann heißt K ein a n g e o r d n e t e r U n t e r k ö r p e r von K', wenn gilt:

1. K ist ein Unterkörper von K'.

2. Für alle a, $b \in K$ gilt $a \leq b$ genau dann, wenn $a \leq' b$ ist.

Es genügt, in 2. zu fordern, daß aus $a \leq b$ stets $a \leq' b$ folgt. Ist dann umgekehrt $a \leq' b$, so folgt bereits $a \leq b$. Andernfalls wäre nämlich $b < a$, und somit würde $b <' a$ folgen im Widerspruch zu $a \leq' b$.

13.13 Satz Jeder angeordnete Körper K enthält einen zu $\mathbf{Q}$ isomorphen angeordneten Unterkörper, nämlich $K_0 := \left\{ \left. \dfrac{a\,1_K}{b\,1_K} \,\right|\, a, b \in \mathbf{Z}, b \neq 0 \right\}$.

B e w e i s. Wir betrachten den Ringhomomorphismus $\varphi : \mathbf{Z} \to K$ mit $\varphi(a) := a \cdot 1_K$ (vgl. 8.18). Für $n \neq 0$ aus $\mathbf{N}$ ist $n \cdot 1_K = 1_K + \ldots + 1_K > 0_K$ und $(-n)1_K = -(n \cdot 1_K) < 0_K$. Daher ist Kern $\varphi = \{0_\mathbf{Z}\}$ und somit φ injektiv. Wir können deshalb $\mathbf{Z}$ mit dem Unterring $R_0 := \{a\,1_K \mid a \in \mathbf{Z}\}$ von K vermöge φ identifizieren. Mit 7.11 sieht man leicht, daß K_0 ein Unterkörper von K ist, der aus den Brüchen von Elementen aus R_0 (= $\mathbf{Z}$) besteht und daher als der Quotientenkörper $\mathbf{Q}$ von $\mathbf{Z}$ aufgefaßt werden kann (vgl. 10.7). Versieht man K_0 mit der eingeschränkten Anordnung von K, so wird K_0 ein angeordneter Unterkörper von K. Bei der Identifikation von K_0 und $\mathbf{Q}$ muß diese Anordnung nach 13.11 die übliche Anordnung von $\mathbf{Q}$ werden. ∎

Konvention Im folgenden fassen wir $\mathbf{Q}$ stets als angeordneten Unterkörper des angeordneten Körpers K auf, indem wir die rationale Zahl a/b mit dem Element $a\,1_K/b\,1_K$ aus K identifizieren (a, $b \in \mathbf{Z}$, $b \neq 0$). Wir können deshalb im folgenden von den rationalen Zahlen und insbesondere den natürlichen Zahlen in K sprechen und mit ihnen wie gewohnt rechnen.

Wir betrachten noch eine wichtige Eigenschaft gewisser angeordneter Körper.

13.14 Definition Ein angeordneter Körper K heißt a r c h i m e d i s c h   a n g e o r d - n e t, wenn es zu jedem $a \in K$ eine natürliche Zahl n gibt mit $n > a$.

Jedes (noch so große) Element a in einem archimedisch angeordneten Körper wird also durch eine natürliche Zahl n übertroffen. Für Elemente $a < 0$ ist das natürlich trivial mit $n := 0$.

13.15 $\mathbf{Q}$ ist ein archimedisch angeordneter Körper.

B e w e i s. Für jede positive rationale Zahl m/n mit $m \geq 1$ und $n \geq 1$ aus $\mathbf{N}$ ist in der Tat $1/n \leq 1$ und daher $m/n \leq m < m + 1$.   ∎

Wir kommen nun zu weiteren Charakterisierungen archimedisch angeordneter Körper.

13.16 K sei ein archimedisch angeordneter Körper. Dann gilt für alle $a, b \in K$:

1. Ist $a > 0$, so gibt es ein $n \neq 0$ aus $\mathbf{N}$ mit $1/n < a$.

2. Ist $b > 0$, so gibt es ein $n \in \mathbf{N}$ mit $n\,b > a$.

B e w e i s. 1. Wegen der Archimedizität von K gibt es ein $n \in \mathbf{N}$ mit $n > 1/a$. Wegen $a > 0$, also auch $1/a > 0$, folgt hieraus $1/n < a$ (nach 13.8, 6).

2. Wieder gibt es ein $n \in \mathbf{N}$ mit $n > a/b$. Wegen $b > 0$ folgt hieraus $n\,b > a$.   ∎

Die Bedingungen 1 und 2 aus 13.16 sind jeweils sogar äquivalent zur Archimedizität von K.

13.17 Definition Ein Unterkörper K eines angeordneten Körpers K' heißt d i c h t in K', wenn es zu $a, b \in K'$ mit $a < b$ stets ein $x \in K$ mit $a < x < b$ gibt.

13.18 Satz K sei ein angeordneter Körper. Genau dann ist K archimedisch angeordnet, wenn $\mathbf{Q}$ dicht in K ist.

B e w e i s. Es sei zunächst $\mathbf{Q}$ dicht in K. Zu $a > 0$ aus K gibt es dann eine rationale Zahl m/n mit $0 < m/n < 1/a$ (m, n $\geq$ 1 aus $\mathbf{N}$), und hieraus folgt $n/m > a$, also erst recht $n > a$.

Umgekehrt setzen wir nun voraus, daß K archimedisch ist, und müssen für alle $a, b \in K$ mit $a < b$ eine rationale Zahl x mit $a < x < b$ finden.

Zunächst betrachten wir den Fall $a \geq 0$. Wegen $b - a > 0$ gibt es nach Voraussetzung über K ein $n \neq 0$ aus $\mathbf{N}$ mit $1/n < b - a$ und dann wegen $1/n > 0$ ein $m \in \mathbf{N}$ mit $m/n = m(1/n) \geq b$ (jeweils nach 13.16). Wir wählen nun die kleinste natürliche Zahl m_0 mit der Eigenschaft $m_0/n \geq b$. Wegen $b > a \geq 0$ ist $m_0 > 0$, und nach Wahl von m_0 gilt für $x := (m_0 - 1)/n \in \mathbf{Q}$ die Ungleichung $x < b$. Wegen $1/n < b - a$ und $b \leq m_0/n$ gilt ferner

$$\frac{1}{n} < \frac{m_0}{n} - a, \text{ also } a < \frac{m_0}{n} - \frac{1}{n} = x.$$

Es sei nun $a < 0$. Wir wählen ein $n_1 \in \mathbf{N}$ mit $n_1 > -a$. Dann ist $0 < a + n_1 < b + n_1$, und nach dem bereits behandelten Fall gibt es ein $x_1 \in \mathbf{Q}$ mit $a + n_1 < x_1 < b + n_1$. Für $x := x_1 - n_1 \in \mathbf{Q}$ gilt dann $a < x < b$.   ∎

Wir geben noch ein Beispiel für einen angeordneten Körper, der nicht archimedisch ist.

13.19 Beispiel Der Körper K der rationalen Funktionen über $\mathbf{Q}$ läßt sich zu einem ange- ordneten Körper machen, der nicht archimedisch ist. K läßt sich auffassen als der Quotientenkörper des Polynomrings $\mathbf{Q}[X]$ über $\mathbf{Q}$ in der Unbestimmten X (vgl. dazu auch Abschn. 24 und insbesondere 24.13). Daher besteht K aus allen Quotienten $h = f/g$ von Polynomen $f = a_n X^n + \ldots + a_0$ und $g = b_m X^m + \ldots + b_0$, $g \neq 0$, mit Koeffizienten in $\mathbf{Q}$. Wir nennen h positiv, wenn es eine solche Darstellung von h gibt, bei der die höchsten Koeffizienten a_n und b_m positiv in $\mathbf{Q}$ sind. Man bestätigt sofort, daß hierdurch ein Positivitätsbereich gegeben ist, durch den K zu einem angeordneten Körper wird (vgl. 13.7). Für alle natürlichen Zahlen n ist dabei die rationale Funktion $X - n = (1 \cdot X - n)/1$ positiv, also $X > n$ in K. Es gibt deshalb kein $n \in \mathbf{N}$ mit $n > X$.

Übungsaufgaben

13.20 Man zeige, daß jeder angeordnete Körper dicht in sich selbst ist.

13.21 Für Elemente a, b, c, d eines angeordneten Körpers zeige man: 1. Aus $a \leq b$ und $c < d$ folgt im Fall $b > 0$ und $c \geq 0$ bereits $a\,c < b\,d$.
2. Im Fall $a \geq 0$ und $b \geq 0$ gilt für $n \geq 1$ aus $\mathbf{N}$ genau dann $a < b$, wenn $a^n < b^n$ ist.

13.22 Man zeige, daß sich der Körper $\mathbf{Q}[\sqrt{2}] = \{a + b\sqrt{2} \mid a, b \in \mathbf{Q}\}$ (vgl. 7.17) außer auf die übliche Weise (als angeordneter Unterkörper von $\mathbf{R}$) noch auf genau eine weitere Weise, bei der $-\sqrt{2}$ positiv ist, zu einem angeordneten Körper machen läßt.

14 Vollständig angeordnete Körper

Bevor wir nun die Konstruktion der reellen Zahlen in Angriff nehmen, gehen wir auf die Konvergenz von Folgen ein. Die zugehörigen Überlegungen führen wir gleich allgemein in angeordneten Körpern durch.

14.1 Definition Es sei (a_n) eine Folge in einem angeordneten Körper K.
1. Ein Element $a \in A$ heißt L i m e s der Folge (a_n), wenn es zu jedem $\epsilon > 0$ aus K eine natürliche Zahl n_0 gibt, so daß für alle $n \in \mathbf{N}$ mit $n \geq n_0$ stets $|a_n - a| < \epsilon$ ist.
2. Besitzt (a_n) einen Limes, so heißt (a_n) eine k o n v e r g e n t e F o l g e.

A n m e r k u n g. Die Bedingung $|a_n - a| < \epsilon$ bedeutet $\max\{a_n - a, a - a_n\} < \epsilon$, also $a_n - a < \epsilon$ und $a - a_n < \epsilon$, d. h. $a - \epsilon < a_n < a + \epsilon$. Die Konvergenz von (a_n) gegen den Limes a bedeutet, daß die Folgenglieder a_n beliebig nahe (bis auf ein noch so kleines ϵ) an a heranrücken, falls man ihre Indizes nur hinreichend groß wählt.

Die nachfolgende Aussage rechtfertigt es, von d e m Limes einer konvergenten Folge (a_n) zu sprechen, den wir wie üblich mit $\lim a_n$ bezeichnen.

14.2. Eine Folge (a_n) habe in einem angeordneten Körper K sowohl den Limes a als auch den Limes b. Dann ist $a = b$.

B e w e i s. Wäre $a \neq b$, so wäre $\epsilon := |a - b|/2$ positiv in K. Nach Voraussetzung über a und b müßte es dann $n_0, n_1 \in \mathbf{N}$ geben mit $|a_n - a| < \epsilon$ für $n \geq n_0$ bzw. mit $|a_n - b| < \epsilon$ für $n \geq n_1$. Wählen wir ein $m \in \mathbf{N}$ mit $m \geq n_0$ und $m \geq n_1$, so ergibt sich der Widerspruch $|a - b| = |a - a_m + a_m - b| \leq |a - a_m| + |a_m - b| < \epsilon + \epsilon = |a - b|$. ∎

In K sind k o n s t a n t e F o l g e n, also Folgen der Form (a_n) mit $a_n := a$ für alle $n \in \mathbf{N}$, kurz $(a_n) = (a) := (a, a, a, \ldots)$, natürlich stets konvergent mit a als Limes. Dies gilt auch für Folgen, die s t a t i o n ä r werden, also von einer Stelle n_0 ab mit einer konstanten Folge (a) übereinstimmen. Allgemein kann man bei Konvergenzuntersuchungen immer endlich viele Glieder am Anfang einer Folge außer acht lassen.

Wir kommen nun zu den Rechenregeln für konvergente Folgen.

14.3 Definition Eine Folge (a_n) in einem angeordneten Körper K heißt b e s c h r ä n k t, wenn es ein $\delta > 0$ aus K gibt mit $|a_n| \leq \delta$ für alle $n \in \mathbf{N}$.

14.4 Eine konvergente Folge (a_n) in einem angeordneten Körper K ist stets beschränkt.

B e w e i s. Es sei $a := \lim a_n$. Zu $\epsilon := 1$ gibt es dann ein $n_0 \in \mathbf{N}$ mit $|a_n - a| < 1$ für alle $n \geq n_0$. Für diese n folgt: $|a_n| = |(a_n - a) + a| \leq |a_n - a| + |a| < 1 + |a|$. Wählt man δ als das größte der Elemente $|a_0|, \ldots, |a_{n_0 - 1}|, 1 + |a|$, so gilt $|a_n| \leq \delta$ für alle $n \in \mathbf{N}$. ■

14.5 Es seien (a_n) und (b_n) konvergente Folgen in einem angeordneten Körper K mit den Limiten a bzw. b. Dann sind die Folgen $(a_n + b_n)$ und $(a_n b_n)$ ebenfalls konvergent, und es gilt:

1. $\qquad \lim (a_n + b_n) = a + b = \lim a_n + \lim b_n.$

2. $\qquad \lim (a_n b_n) = a\, b = \lim a_n \cdot \lim b_n.$

B e w e i s. Es sei $\epsilon > 0$ aus K vorgegeben.
1. Zu $\epsilon' := \epsilon/2 > 0$ gibt es nach Voraussetzung n_1 und n_2 aus $\mathbf{N}$ mit $|a_n - a| < \epsilon'$ für alle $n \geq n_1$ bzw. $|b_n - b| < \epsilon'$ für alle $n \geq n_2$. Für alle $n \geq n_0 := \max \{n_1, n_2\}$ gilt dann $|(a_n + b_n) - (a + b)| = |(a_n - a) + (b_n - b)| \leq |a_n - a| + |b_n - b| < \epsilon' + \epsilon' = \epsilon$.
2. Als konvergente Folge ist (a_n) beschränkt, d. h., es gibt ein $\delta > 0$ aus K mit $|a_n| \leq \delta$ für alle $n \in \mathbf{N}$. Wir setzen $r := \max \{\delta, |b|\}$ und $\epsilon' := \epsilon/2r$. Wie oben gibt es ein $n_0 \in \mathbf{N}$, so daß für alle $n \geq n_0$ gleichzeitig $|a_n - a| < \epsilon'$ und $|b_n - b| < \epsilon'$ gilt. Damit folgt für diese n $|a_n b_n - a\, b| = |a_n b_n - a_n b + a_n b - a\, b| \leq |a_n(b_n - b)| + |(a_n - a)b|$
$= |a_n|\, |b_n - b| + |b|\, |a_n - a| \leq \delta\, \epsilon' + |b|\, \epsilon' \leq r\, \epsilon' + r\, \epsilon' = \epsilon$. ■

A n m e r k u n g. Wählt man für (a_n) die konstante Folge (a), so erhält man $\lim (a\, b_n) = a \lim b_n$. Insbesondere ist $\lim(-b_n) = -\lim b_n$ und somit auch $\lim(a_n - b_n) = \lim a_n - \lim b_n$. Damit haben wir übrigens bewiesen, daß die konvergenten Folgen in K (nach 7, 9) einen Unterring des Ringes aller Folgen in K bilden (vgl. 6.19). Ferner ist die Limesbildung ein Ringhomomorphismus dieses Ringes in den Körper K.

14.6 Definition In einem angeordneten Körper K heißt eine konvergente Folge mit 0 als Limes eine N u l l f o l g e.

Summen und Produkte von Nullfolgen sind nach den Rechenregeln für Limiten natürlich wieder Nullfolgen. Es gilt sogar:

14.7 In einem angeordneten Körper K ist das Produkt einer Nullfolge (a_n) und einer beschränkten Folge (b_n) wieder eine Nullfolge.

B e w e i s. Nach Voraussetzung gibt es ein $\delta > 0$ aus K mit $|b_n| < \delta$ für alle $n \in \mathbf{N}$. Wegen $\lim a_n = 0$ gibt es außerdem zu jedem $\epsilon > 0$ ein $n_0 \in \mathbf{N}$ mit $|a_n| = |a_n - 0| < \epsilon/\delta$ für alle $n \geq n_0$. Für diese n gilt dann $|a_n b_n - 0| = |a_n|\, |b_n| < (\epsilon/\delta)\, \delta = \epsilon$. Daher ist $(a_n b_n)$ eine Nullfolge. ■

Wir erinnern daran, daß angeordnete Körper K stets den Körper $\mathbf{Q}$ (als angeordneten Unterkörper) enthalten. Daher können wir auch Folgen rationaler Zahlen in K betrachten:

14.8 K sei ein archimedisch angeordneter Körper. Dann gilt:

1. Die Folge$\left(\dfrac{1}{n+1}\right) = \left(1, \dfrac{1}{2}, \dfrac{1}{3}, \dots\right)$ ist eine Nullfolge in K.

2. Jedes Element $a \in K$ ist Limes einer Folge rationaler Zahlen.

B e w e i s. 1. Nach 13.16, 1 gibt es zu jedem $\epsilon > 0$ ein $n_0 \neq 0$ aus **N** mit $\dfrac{1}{n_0} < \epsilon$. Für alle $n \geq n_0$ folgt dann $\left|\dfrac{1}{n+1} - 0\right| = \dfrac{1}{n+1} < \dfrac{1}{n_0} < \epsilon$.

2. Wegen der Archimedizität von K ist **Q** dicht in K. Zu jedem $n \in$ **N** gibt es daher ein $q_n \in$ **Q** mit $a - \dfrac{1}{n+1} < q_n < a + \dfrac{1}{n+1}$, d. h. mit $|q_n - a| < \dfrac{1}{n+1}$. Da $\left(\dfrac{1}{n+1}\right)$ eine Nullfolge ist, bedeutet dies $\lim q_n = a$. ∎

Wie 13.16 ist übrigens auch die Aussage, daß $\left(\dfrac{1}{n+1}\right)$ eine Nullfolge in K ist, äquivalent mit der Archimedizität des angeordneten Körpers K.

14.9 In einem angeordneten Körper sei (a_n) eine konvergente Folge und (b_n) eine beliebige Folge. Genau dann ist auch (b_n) konvergent mit $\lim a_n = \lim b_n$, wenn $a_n - b_n$ eine Nullfolge ist.

B e w e i s. Wir verwenden die Rechenregeln aus 14.5. Aus $\lim b_n = \lim a_n$ folgt $\lim (a_n - b_n) = 0$, und umgekehrt aus $\lim (a_n - b_n) = 0$ auch $\lim b_n = \lim (a_n - (a_n - b_n)) = \lim a_n$. ∎

Die Limesbildung ist auch mit der Anordnung verträglich:

14.10 Für konvergente Folgen (a_n) und (b_n) in einem angeordneten Körper gilt:

1. Ist $\lim a_n < \lim b_n$, so gibt es ein $n_0 \in$ **N** mit $a_n < b_n$ für alle $n \geq n_0$.

2. Gibt es umgekehrt ein $n_0 \in$ **N** mit $a_n \leq b_n$ für alle $n \geq n_0$, so ist $\lim a_n \leq \lim b_n$.

B e w e i s. Es sei $a := \lim a_n$ und $b := \lim b_n$.
1. Zu $\epsilon := (b - a)/2 > 0$ gibt es nach Voraussetzung ein n_0, so daß für alle $n \geq n_0$ gleichzeitig gilt: $|a - a_n| < \epsilon$ und $|b - b_n| < \epsilon$, d. h. insbesondere $a_n < a + \epsilon = b - \epsilon < b_n$.
2. Wäre $b < a$, so gäbe nach 1. ein $n_1 \in$ **N** mit $b_n < a_n$ für alle $n \geq n_1$, im Widerspruch zur Voraussetzung. ∎

Es wird sich zeigen, daß der Körper **R** der reellen Zahlen dadurch ausgezeichnet ist, daß in ihm das Cauchysche Konvergenzkriterium gilt. Wir definieren allgemein:

14.11 Definition K sei ein angeordneter Körper.
1. Eine Folge (a_n) in K heißt eine C a u c h y - F o l g e, wenn es zu jedem $\epsilon > 0$ aus K ein $n_0 \in$ **N** gibt, so daß für alle $m, n \geq n_0$ stets $|a_m - a_n| < \epsilon$ ist.
2. K heißt v o l l s t ä n d i g, wenn jede Cauchyfolge in K konvergent ist.

14.12 In einem angeordneten Körper K ist jede konvergente Folge eine Cauchyfolge.

B e w e i s. Es sei (a_n) konvergent in K mit dem Limes a. Zu jedem $\epsilon > 0$ aus K gibt es dann ein $n_0 \in$ **N** mit $|a_k - a| < \epsilon/2$ für alle $k \geq n_0$. Für alle $m, n \geq n_0$ ist dann $|a_m - a_n| \leq |a_m - a| + |a - a_n| < \dfrac{\epsilon}{2} + \dfrac{\epsilon}{2} = \epsilon$. ∎

A n m e r k u n g. Umgekehrt sind Cauchyfolgen nicht stets konvergent, d. h., nicht jeder angeordnete Körper ist vollständig. Beispielsweise ist der Körper $\mathbf{Q}$ nicht vollständig. Die Dezimalbruchentwicklung einer jeden reellen Zahl a liefert nämlich eine in $\mathbf{R}$ konvergente Folge (a_n) rationaler Zahlen mit a als Limes. Als konvergente Folge ist (a_n) eine Cauchyfolge in $\mathbf{R}$ und damit erst recht in $\mathbf{Q}$. Die Folge (a_n) hat jedoch keinen Limes in $\mathbf{Q}$, wenn a irrational ist.

Das Ziel der folgenden Überlegungen ist es, ausgehend von $\mathbf{Q}$ den Körper $\mathbf{R}$ der reellen Zahlen zu konstruieren. Wir gehen dabei von einem beliebigen angeordneten Körper K aus und betten ihn in einen vollständig angeordneten Körper K' ein. Die Idee dieser Konstruktion ist es, die Cauchyfolgen in K stellvertretend für ihre in K eventuell nicht vorhandenen Limiten zu betrachten. Gemäß 14.9 müssen dabei zwei Cauchyfolgen „identifiziert" werden, wenn ihre Differenz eine Nullfolge ist. Auf diese Weise erhalten wir eine Kongruenzrelation auf dem Ring der Cauchyfolgen in K. Die zugehörige Quotientenmenge, versehen mit den induzierten Verknüpfungen, wird dann der gesuchte Körper K'.

Die Durchführung dieses Programms beginnen wir mit einigen Hilfsaussagen über Cauchyfolgen.

14.13 K sei ein angeordneter Körper. Dann gilt:

1. Jede Cauchyfolge (a_n) in K ist beschränkt.

2. Für Cauchyfolgen (a_n) und (b_n) in K sind stets auch $(a_n + b_n)$, $(a_n b_n)$ und $(a_n - b_n)$ Cauchyfolgen.

B e w e i s. 1. Da (a_n) eine Cauchyfolge ist, gibt es zu $\epsilon := 1$ ein $n_0 \in \mathbf{N}$ mit $|a_m - a_n| < \epsilon = 1$ für alle $m, n \geq n_0$, insbesondere also mit $|a_m - a_{n_0}| < 1$ für alle $m \geq n_0$. Für diese m ist dann $|a_m| = |(a_m - a_{n_0}) + a_{n_0}| \leq |a_m - a_{n_0}| + |a_{n_0}| < 1 + |a_{n_0}|$. Wählt man nun δ als das größte der Elemente $|a_0|, \ldots, |a_{n_0-1}|, 1 + |a_{n_0}|$, so gilt $|a_n| \leq \delta$ für alle $n \in \mathbf{N}$.

2. Da (a_n) und (b_n) Cauchyfolgen sind, gibt es zu jedem $\epsilon' > 0$ natürliche Zahlen n_1, n_2 mit $|a_m - a_n| < \epsilon'$ für alle $m, n \geq n_1$ und mit $|b_m - b_n| < \epsilon'$ für alle $m, n \geq n_2$. Wegen der Beschränktheit von Cauchyfolgen gibt es außerdem $\delta_1 > 0$ und $\delta_2 > 0$ in K mit $|a_n| \leq \delta_1$ und $|b_n| \leq \delta_2$ für alle $n \in \mathbf{N}$. Bezeichnet n_0 die größere der beiden Zahlen n_1 und n_2, so folgt für alle $m, n \geq n_0$

$$|(a_m + b_m) - (a_n + b_n)| \leq |a_m - a_n| + |b_m - b_n| < \epsilon' + \epsilon' = 2\epsilon',$$

$$|a_m b_m - a_n b_n| = |a_m b_m - a_m b_n + a_m b_n - a_n b_n|$$

$$\leq |a_m| \, |b_m - b_n| + |a_m - a_n| \, |b_n| < \delta_1 \, \epsilon' + \delta_2 \epsilon' = (\delta_1 + \delta_2)\epsilon'.$$

Wählt man nun zu vorgegebenem $\epsilon > 0$ in K das Element ϵ' als $\epsilon' := \epsilon/2$ bzw. $\epsilon' := \epsilon/(\delta_1 + \delta_2)$, so zeigen die obigen Rechnungen, daß in der Tat auch $(a_n + b_n)$ und $(a_n b_n)$ Cauchyfolgen sind. Da die konstante Folge $(-1, -1, -1, \ldots)$ insbesondere eine Cauchyfolge ist, sind dann auch $(-b_n) = ((-1)b_n)$ und schließlich $(a_n - b_n) = (a_n + (-b_n))$ Cauchyfolgen. ∎

Man beachte, daß sich die in 14.4 bewiesene Beschränktheit konvergenter Folgen noch einmal aus 14.13, 1 erhalten läßt, da konvergente Folgen Cauchyfolgen sind. Wir zeigen nun, daß bei einer Cauchyfolge unter geeigneten Voraussetzungen auch die Folge der inversen Elemente eine Cauchyfolge ist.

14.14 K sei ein angeordneter Körper, und (a_n) sei eine Cauchyfolge in K, die keine Null-folge ist. Dann gilt:

1. Es gibt ein $n_0 \in \mathbf{N}$ und ein $\delta > 0$ aus K mit $|a_n| \geq \delta$ für alle $n \geq n_0$.

2. Ist zusätzlich $a_n \neq 0$ für alle $n \in \mathbf{N}$, so ist $(1/a_n)$ ebenfalls eine Cauchyfolge.

B e w e i s. 1. Da (a_n) nicht gegen 0 konvergiert, gibt es ein $\epsilon_0 > 0$ aus K, so daß für jedes noch so große $n_0 \in \mathbf{N}$ ein $n \geq n_0$ existiert mit $|a_n| = |a_n - 0| \geq \epsilon_0$. Da (a_n) eine Cauchyfolge ist, gibt es ein $n_0 \in \mathbf{N}$ mit $|a_m - a_n| < \epsilon_0/2$ für alle $m, n \geq n_0$. Insbesondere zu diesem n_0 gibt es also ein $n_1 \geq n_0$ mit $|a_{n_1}| \geq \epsilon_0$. Für alle $n \geq n_0$ folgt dann

$$|a_n| = |a_{n_1} - (a_{n_1} - a_n)| \geq |a_{n_1}| - |a_{n_1} - a_n| \geq \epsilon_0 - \frac{\epsilon_0}{2} = \frac{\epsilon_0}{2}.$$

Wir können also $\delta := \epsilon_0/2$ setzen.

2. Es sei nun $a_n \neq 0$ für alle n. Wir wählen n_0 und δ wie in 1. und definieren δ_0 als das kleinste der positiven Elemente $|a_0|, \ldots, |a_{n_0-1}|, \delta$. Dann ist $|a_n| \geq \delta_0 > 0$ für alle $n \in \mathbf{N}$. Da (a_n) eine Cauchyfolge ist, gibt es zu jedem $\epsilon > 0$ aus K ein $n_2 \in \mathbf{N}$ mit $|a_m - a_n| < \epsilon \delta_0^2$ für alle $m, n \geq n_2$.

Für diese m, n gilt dann

$$\left|\frac{1}{a_m} - \frac{1}{a_n}\right| = \left|\frac{a_n - a_m}{a_m a_n}\right| = \frac{1}{|a_m|} \cdot \frac{1}{|a_n|} |a_m - a_n| < \frac{1}{\delta_0} \cdot \frac{1}{\delta_0} \epsilon \delta_0^2 = \epsilon.$$

Daher ist auch $(1/a_n)$ eine Cauchyfolge. ∎

Wir kommen nun zu der angekündigten Konstruktion der „Vervollständigung" eines angeordneten Körpers.

14.15 Satz K sei ein angeordneter Körper. Dann gibt es einen angeordneten Körper K' mit folgenden Eigenschaften:

1. K ist ein angeordneter Unterkörper von K'.

2. K' ist vollständig.

3. Jedes Element $x \in K'$ ist Limes einer Folge von Elementen aus K, d. h., es gibt Elemente $a_n \in K$ mit $\lim a_n = x$.

B e w e i s. Wir unterteilen den Beweis in mehrere Abschnitte.

(1) D e f i n i t i o n v o n K'. Wir betrachten die Menge R der Cauchyfolgen in K. Mit den Verknüpfungen $(a_n) + (b_n) := (a_n + b_n)$ und $(a_n)(b_n) := (a_n b_n)$ ist R ein Unter-ring des Rings aller Folgen in K. Dies folgt unter Verwendung des Unterringkriteriums 7.9 aus 14.13, 2 (und der Tatsache, daß die konstante Folge $(1, 1, \ldots)$, also das Einselement, eine Cauchyfolge ist). Auf R definieren wir eine Relation „$\sim$", indem wir $(a_n) \sim (b_n)$ genau dann setzen, wenn $(a_n - b_n)$ eine Nullfolge ist. Wir zeigen, daß „$\sim$" eine Kongruenz-relation bzgl. der Addition und Multiplikation von R ist:

Zunächst ist „$\sim$" reflexiv, da $(a_n - a_n) = (0)$ stets eine Nullfolge ist. Ist $(a_n) \sim (b_n)$, d. h., ist $(a_n - b_n)$ eine Nullfolge, so ist auch $(b_n - a_n) = (-(a_n - b_n))$ eine Nullfolge und so-mit $(b_n) \sim (a_n)$. Daher ist „$\sim$" symmetrisch. Zum Nachweis der Transitivität sei $(a_n) \sim (b_n)$ und $(b_n) \sim (c_n)$. Dann sind $(a_n - b_n)$ und $(b_n - c_n)$ Nullfolgen, und damit ist auch

$(a_n - c_n) = (a_n - b_n) + (b_n - c_n)$ eine Nullfolge, d. h., es ist $(a_n) \sim (c_n)$. Insgesamt ist „$\sim$" daher eine Äquivalenzrelation, von der wir noch zu zeigen haben, daß sie mit Addition und Multiplikation verträglich ist. Dazu sei $(a_n) \sim (a_n')$ und $(b_n) \sim (b_n')$. Dann sind $(a_n - a_n')$ und $(b_n - b_n')$ Nullfolgen. Zunächst ist damit auch $(a_n + b_n) - (a_n' + b_n') = (a_n - a_n') + (b_n - b_n')$ eine Nullfolge, also $(a_n) + (b_n) \sim (a_n') + (b_n')$. Außerdem ist $(a_n b_n) - (a_n' b_n') = (a_n b_n - a_n b_n' + a_n b_n' - a_n' b_n') = (a_n)(b_n - b_n') + (a_n - a_n')(b_n')$ eine Nullfolge; denn (a_n) und (b_n') sind als Cauchyfolgen beschränkt, und somit sind $(a_n)(b_n - b_n')$ und $(a_n - a_n')(b_n')$ Nullfolgen nach 14.7. Also ist schließlich auch $(a_n)(b_n) \sim (a_n')(b_n')$.

Die Quotientenmenge $K' := R/\sim$, versehen mit der induzierten Addition und Multiplikation, ist nun nach 9.5, 2 ein Ring. Für $(a_n) \in R$ bezeichne im folgenden $\overline{(a_n)}$ die zugehörige Äquivalenzklasse in $R/\sim$. Dann werden die Verknüpfungen im Ring K' gegeben durch

$$\overline{(a_n)} + \overline{(b_n)} := \overline{(a_n + b_n)}, \qquad \overline{(a_n)} \cdot \overline{(b_n)} := \overline{(a_n b_n)}.$$

Das Einselement von K' ist die Äquivalenzklasse $\overline{(1)}$, die durch die Folge $(1, 1, \ldots)$ repräsentiert wird. Ferner ist die Äquivalenzklasse $\overline{(0)} = \overline{(0, 0, \ldots)}$ das Nullelement von K'. Sie enthält genau die Folgen $(a_n) \in R$, für die $(a_n) \sim (0)$, also $(a_n) = (a_n - 0)$ eine Nullfolge ist.

Wegen der Kommutativität von K sind natürlich auch R und damit K' kommutativ. Zum Nachweis der Körpereigenschaft von K' ist nur noch zu zeigen, daß jedes Element $x \neq \overline{(0)}$ in K' invertierbar ist. Zu x gibt es eine Folge $(a_n) \in R$ mit $x = \overline{(a_n)}$. Wegen $x \neq \overline{(0)}$ ist dabei (a_n) keine Nullfolge.

Nach 14.14, 1 gibt es ein n_0 mit $a_n \neq 0$ für alle $n \geq n_0$. Indem man die ersten n_0 Glieder der Folge (a_n) durch beliebige Elemente $\neq 0$, etwa durch 1, ersetzt, kann man erreichen, daß bei der x repräsentierenden Cauchyfolge $a_n \neq 0$ für alle $n \in \mathbf{N}$ gilt. Nach 14.14, 2 ist

dann $\left(\dfrac{1}{a_n}\right) \in R$. Wegen

$$x \left(\overline{\dfrac{1}{a_n}}\right) = \overline{(a_n)} \; \overline{\left(\dfrac{1}{a_n}\right)} = \overline{\left(a_n \dfrac{1}{a_n}\right)} = \overline{(1)}$$

ist $\left(\overline{\dfrac{1}{a_n}}\right)$ invers zu x in K'.

A n m e r k u n g. Im Grunde haben wir oben gezeigt, daß die Menge $\mathfrak{a}$ der Nullfolgen ein Ideal im Ring R ist. $K' = R/\sim$ ist der Restklassenring $R/\mathfrak{a}$ im Sinne von 22.4.

(2) E i n b e t t u n g   v o n   K   i n K'. Die Idee unserer Konstruktion ist es, daß jedes Element $\overline{(a_n)}$ aus K' der Limes der Cauchyfolge $(a_n) \in R$ werden soll. Dies legt es wegen $a = \lim(a, a, \ldots)$ nahe, die Elemente $a \in K$ mit den Äquivalenzklassen der konstanten Folgen zu identifizieren. Wir betrachten dazu die Abbildung $i : K \to K'$ mit $i(a) := \overline{(a)} = \overline{(a, a, \ldots)}$.

Für $a, b \in K$ ist $i(a + b) = \overline{(a + b)} = \overline{(a)} + \overline{(b)} = i(a) + i(b)$ und analog $i(a\,b) = i(a)\,i(b)$. Ferner ist $i(1) = \overline{(1)}$. Aus $i(a) = i(b)$ folgt $\overline{(a)} = \overline{(b)}$, d. h., es ist $(a) \sim (b)$ und somit $(a - b)$ eine Nullfolge. Da $(a - b)$ eine konstante Folge ist, ist dies nur für $a = b$ möglich.

Insgesamt ist daher i ein injektiver Ringhomomorphismus. (Die Injektivität von i ergibt sich auch automatisch aus 8.17.)

Von nun an fassen wir K als Unterkörper von K' auf, indem wir jedes $a \in K$ mit $i(a) = \overline{(a, a, \ldots)}$, also K mit dem zu K isomorphen Unterkörper $i(K)$ von K' identifizieren.

(3) A n o r d n u n g   v o n K'. Um die Anordnung von K' zu definieren, brauchen wir nach 13.7 nur festzulegen, welche Elemente positiv sein sollen. Bedenkt man wieder, daß jedes Element $x = \overline{(a_n)} \in K'$ der Limes der Cauchyfolge $(a_n) \in R$ werden soll, so wird durch die Verträglichkeit von Limesbildung und Anordnung (vgl. 14.10) nahegelegt, ein Element $x \neq 0$ aus K' als positiv zu erklären, wenn es sich durch eine Cauchyfolge $(a_n) \in R$ mit $a_n > 0$ für alle $n \in \mathbf{N}$ repräsentieren läßt. Wir definieren also den Positivitätsbereich von K' als die Menge

$$P' := \{x \in K' \,|\, x \neq 0, \text{ und es gibt } (a_n) \in R \text{ mit } x = \overline{(a_n)} \text{ und } a_n > 0 \text{ für alle } n \in \mathbf{N}\}.$$

Wir haben noch nachzuweisen, daß P' den Bedingungen aus 13.6 an einen Positivitätsbereich genügt. Es seien dazu $x \in P'$ und $y \in P'$. Dann gibt es also Folgen $(a_n) \in R$ und $(b_n) \in R$ mit $x = \overline{(a_n)}$, $y = \overline{(b_n)}$ und $a_n > 0$, $b_n > 0$ für alle $n \in \mathbf{N}$. Es folgt $x + y = \overline{(a_n + b_n)}$ und $x y = \overline{(a_n b_n)}$ mit $a_n + b_n > 0$ und $a_n b_n > 0$ für alle $n \in \mathbf{N}$. Da im Körper K' mit $x \neq 0$ und $y \neq 0$ auch $x y \neq 0$ ist, ist damit bereits $x y \in P'$. Um entsprechend $x + y \in P'$ zu erhalten, müssen wir noch $x + y \neq 0$ zeigen. Nach 14.14, 1 gibt es natürliche Zahlen n_1, n_2 und positive Elemente δ_1, δ_2 aus K mit $|a_n| \geq \delta_1$ für $n \geq n_1$ und $|b_n| \geq \delta_2$ für $n \geq n_2$. Beachtet man, daß a_n und b_n positiv sind, so erhält man für $n \geq \max\{n_1, n_2\}$ die Ungleichung $a_n + b_n = |a_n| + |b_n| \geq \delta_1 + \delta_2 > 0$. Daher kann $(a_n + b_n)$ natürlich keine Nullfolge sein, und somit ist $x + y = \overline{(a_n + b_n)} \neq 0$.

Für ein beliebiges $x \neq 0$ aus K' ist schließlich zu zeigen, daß entweder x oder $-x$ in P' liegen. Aus $x \in P'$ und $-x \in P'$ würde nach dem bereits Gezeigten $0 = x + (-x) \in P'$ folgen im Widerspruch zur obigen Definition von P'. Es gibt nun eine Folge $(a_n) \in R$ mit $x = \overline{(a_n)}$, die wegen $x \neq 0$ keine Nullfolge ist. Dann gibt es, wieder nach 14.14, 1, ein $n_0 \in \mathbf{N}$ und ein $\delta > 0$ aus K mit $|a_n| \geq \delta$ für alle $n \geq n_0$. Da (a_n) eine Cauchyfolge ist, gibt es ein $n_1 \in \mathbf{N}$ mit $|a_m - a_n| < \delta/2$ für $m, n \geq n_1$. Für $n \geq n_2 := \max\{n_0, n_1\}$ gilt dann also $|a_{n_2}| \geq \delta$ und $|a_n - a_{n_2}| < \delta/2$. Je nachdem ob a_{n_2} positiv oder negativ ist, hat man für $n \geq n_2$ dann die Ungleichungen

$$a_n = a_{n_2} - (a_{n_2} - a_n) = |a_{n_2}| - (a_{n_2} - a_n) > \delta - \frac{\delta}{2} = \frac{\delta}{2} > 0$$

bzw. $\quad a_n = a_{n_1} + (a_n - a_{n_2}) = -|a_{n_1}| + (a_n - a_{n_2}) < -\delta + \frac{\delta}{2} = -\frac{\delta}{2} < 0.$

Daher ist $a_n > 0$ für alle $n \geq n_2$ oder $a_n < 0$ für alle $n \geq n_2$. Ersetzt man die Elemente $a_0, \ldots, a_{n_2 - 1}$ im ersten Fall durch 1 und im zweiten Fall durch -1, so erhält man eine Folge (a'_n) mit $x = \overline{(a_n)} = \overline{(a'_n)}$ und $a'_n > 0$ für alle n bzw. $a'_n < 0$ für alle n. Im ersten Fall ist $x \in P'$ und im zweiten Fall $-x = \overline{(-a'_n)} \in P'$.

Wir versehen nun K' mit der durch P' gemäß 13.7 definierten Anordnung $\leq'$. Um K als angeordneten Unterkörper von K' nachzuweisen, müssen wir für $a, b \in K$ zeigen, daß aus $a < b$ (in K) auch $a <' b$ (in K') folgt. Mit $a < b$ ist $b - a > 0$ (in K), und daher liegt das mit $b - a$ identifizierte Element $i(b - a) = \overline{(b - a)}$ in P', d. h., es gilt $b - a >' 0$, $a <' b$.

Von nun ab bezeichnen wir auch die Anordnung von K' einfach mit $\leq$. Die Eigenschaft 1 von 14.15 für K' ist jetzt vollständig bewiesen.

Bevor wir zum Beweis von 2. und 3. kommen, formulieren wir einige Hilfsaussagen:

(4) Zu $(a_n), (b_n) \in R$ gebe es ein $n_0 \in \mathbf{N}$ mit $a_n < b_n$ für alle $n \geq n_0$. Für $x := \overline{(a_n)}$ und $y := \overline{(b_n)}$ gilt dann $x \leq y$ (in K').

Zum Beweis von (4) können wir gleich $a_n < b_n$ für alle $n \in \mathbf{N}$ annehmen, indem wir eventuell die ersten n_0 Glieder von (a_n) abändern, wobei die abgeänderte Folge weiterhin x repräsentiert. Im Fall $x = y$ ist nichts zu zeigen. Andernfalls ist $y - x = \overline{(b_n - a_n)}$ nach Definition von P' positiv wegen $b_n - a_n > 0$, d. h., es ist $x < y$ (in K').

(5) Zu jedem $\epsilon' > 0$ aus K' gibt es ein $\epsilon > 0$ aus K mit $\epsilon < \epsilon'$.

Wegen $\epsilon' > 0$ gibt es nämlich eine Folge $(a_n) \in R$ mit $\epsilon' = \overline{(a_n)}$ und $a_n > 0$ für alle $n \in \mathbf{N}$. Dabei ist (a_n) keine Nullfolge wegen $\epsilon' \neq 0$. Nach 14.14, 1 gibt es daher ein $\delta > 0$ aus K und ein $n_0 \in \mathbf{N}$ mit $|a_n| \geq \delta$, also $a_n \geq \delta > \delta/2$, für alle $n \geq n_0$. Nach (4) gilt deshalb $\epsilon' = \overline{(a_n)} \geq \overline{(\delta/2)} = \delta/2 > \delta/4 > 0$. Wir setzen also $\epsilon := \delta/4 \in K$.

Die nächste Hilfsaussage zeigt uns, daß, wie angekündigt, $\overline{(a_n)}$ in K' der Limes der Cauchyfolge $(a_n) \in R$ ist. Insbesondere ist damit die Eigenschaft 3 aus 14.15 für K' nachgewiesen.

(6) Für jede Folge $(a_n) \in R$ gilt $\lim a_n = \overline{(a_n)}$ in K'.

Zu vorgegebenem $\epsilon' > 0$ aus K' wählen wir zunächst nach (5) ein $\epsilon > 0$ aus K mit $\epsilon < \epsilon'$. Da (a_n) eine Cauchyfolge ist, gibt es ein $n_0 \in \mathbf{N}$ mit $|a_n - a_m| < \epsilon$, d. h. mit $a_m - \epsilon < a_n < a_m + \epsilon$, für alle $n, m \geq n_0$. Nach (4) folgt hieraus für (festgehaltenes) $m \geq n_0$ die Ungleichung $a_m - \epsilon = \overline{(a_m - \epsilon)} \leq x \leq \overline{(a_m + \epsilon)} = a_m + \epsilon$, wobei $x := \overline{(a_n)}$ gesetzt ist. Für alle $m \geq n_0$ gilt also $|x - a_m| \leq \epsilon < \epsilon'$. Daher ist $\lim a_m = x$ in K'.

(7) Zu jedem $x \in K'$ und jedem $\epsilon' > 0$ aus K' gibt es ein $a \in K$ mit $|a - x| < \epsilon'$.

Es sei (a_n) eine Cauchyfolge in K mit $x = \overline{(a_n)}$, also mit $x = \lim a_n$ nach (6). Dann gibt es ein $n_0 \in \mathbf{N}$ mit $|a_n - x| < \epsilon'$ für $n \geq n_0$, und wir können das gesuchte Element $a \in K$ als $a := a_{n_0}$ wählen.

(8) V o l l s t ä n d i g k e i t   v o n K'. Sei (x_n) eine beliebige Cauchyfolge in K', deren Konvergenz wir nachweisen wollen. Die Idee des folgenden Beweises ist es, in K' eine Nullfolge (ϵ'_n) mit positiven Gliedern zu konstruieren, dann eine Cauchyfolge $(a_n) \in R$ zu finden mit $|a_n - x_n| < \epsilon'_n$ und schließlich die Konvergenz von (x_n) aus der in (6) bewiesenen Konvergenz von (a_n) in K' herzuleiten.

Wir können gleich annehmen, daß (x_n) nicht stationär ist, d. h., daß es kein n_0 mit $x_n = x_{n_0}$ für alle $n \geq n_0$ gibt. Andernfalls ist (x_n) nämlich sowieso konvergent mit Limes x_{n_0}. Zu jedem $n \in \mathbf{N}$ gibt es also nun eine natürliche Zahl k_n mit $k_n > n$ und $x_{k_n} \neq x_n$. Wir setzen $\epsilon'_n := |x_{k_n} - x_n|$. Dann ist $\epsilon'_n > 0$. Da (x_n) eine Cauchyfolge ist, gibt es zu jedem $\delta' > 0$ aus K' ein $n_1 \in \mathbf{N}$ mit $|x_m - x_n| < \delta'$ für $m, n \geq n_1$, also insbesondere mit $|x_{k_n} - x_n| < \delta'$, d. h. mit $\epsilon'_n < \delta'$, für alle $n \geq n_1$. In der Tat ist (ϵ'_n) daher eine Nullfolge in K'. (Falls K archimedisch ist, etwa $K = \mathbf{Q}$, erübrigt sich diese Konstruktion, da dann die Folge $(1/(n+1))$ eine Nullfolge in K und nach (5) auch eine Nullfolge in K' ist, die man statt der Folge (ϵ_n') verwenden kann.)

Für jedes $n \in \mathbf{N}$ wählen wir nun gemäß (7) ein $a_n \in K$ mit $|a_n - x_n| < \epsilon_n'$. Mit ϵ_n' ist dann erst recht die Folge $(a_n - x_n)$ eine Nullfolge und damit insbesondere eine Cauchyfolge in K'. Als Summe der beiden Cauchyfolgen (x_n) und $(a_n - x_n)$ ist auch (a_n) eine Cauchyfolge in K' und damit erst recht in K (wegen $a_n \in K$). Nach (6) ist $(a_n) \in R$ konvergent in K'. Wegen der Konvergenz der Nullfolge $(a_n - x_n)$ ist dann $(x_n) = (a_n) - (a_n - x_n)$ ebenfalls konvergent in K'.

Damit sind für K' sämtliche Bedingungen des Satzes nachgewiesen.   ∎

Wir wollen nun zeigen, daß der Körper K' aus 14.15 durch die Eigenschaften 1, 2 und 3 bis auf Isomorphie eindeutig bestimmt ist. Dazu definieren wir zunächst ganz allgemein:

14.16 Definition K_1 und K_2 seien angeordnete Körper. Eine Abbildung $f : K_1 \to K_2$ heißt ein **I s o m o r p h i s m u s   a n g e o r d n e t e r   K ö r p e r**, wenn gilt:

1. f ist ein Ringisomorphismus von K_1 auf K_2.

2. f ist ordnungserhaltend, d. h., für $a, b \in K_1$ folgt aus $a \leq b$ stets $f(a) \leq f(b)$.

Wegen der Injektivität von f folgt aus $a < b$ dann sogar $f(a) < f(b)$.

Isomorphismen angeordneter Körper sind mit allen einschlägigen Eigenschaften und Begriffen verträglich, etwa mit dem Limesbegriff und dem Begriff der Cauchyfolge. Wir zeigen hier:

14.17 Es sei $f : K_1 \to K_2$ ein Isomorphismus angeordneter Körper. Ist dann (a_n) eine konvergente Folge in K_1 mit $\lim a_n = a$, so ist die Folge $(f(a_n))$ konvergent in K_2 mit $\lim f(a_n) = f(a) = f(\lim a_n)$.

B e w e i s. Sei $\epsilon' > 0$ aus K_2 vorgegeben. Wir setzen $\epsilon := f^{-1}(\epsilon')$. Dann ist auch $\epsilon > 0$ in K_1; denn aus $\epsilon \leq 0$ würde folgen $\epsilon' = f(\epsilon) \leq f(0) = 0$. Wegen $\lim a_n = a$ gibt es ein $n_0 \in \mathbf{N}$ mit $a - \epsilon < a_n < a + \epsilon$ für $n \geq n_0$. Für diese n folgt dann $f(a) - f(\epsilon) = f(a - \epsilon) < f(a_n) < f(a + \epsilon) = f(a) + f(\epsilon)$, also $f(a) - \epsilon' < f(a_n) < f(a) + \epsilon'$. Dies bedeutet $\lim f(a_n) = f(a)$. ∎

Bevor wir nun zu der angekündigten Eindeutigkeitsaussage für die „Vervollständigung" K' eines angeordneten Körpers K kommen, beweisen wir zwei Hilfsaussagen.

14.18 K und K' seien angeordnete Körper, die die Eigenschaft 1, 2 und 3 aus 14.15 haben. Dann gilt:

1. K ist dicht in K'.

2. Eine Folge (a_n) in K ist genau dann eine Nullfolge in K, wenn sie, aufgefaßt als Folge in K', eine Nullfolge ist. Eine entsprechende Aussage gilt auch für Cauchyfolgen (statt Nullfolgen).

B e w e i s. 1. Zu beliebig vorgegebenen $x, y \in K'$ mit $x < y$ müssen wir ein $a \in K$ mit $x < a < y$ finden. Nach Eigenschaft 3 aus 14.15 gibt es zu $z := (x + y)/2 \in K'$ eine Folge (a_n) in K mit $\lim (a_n) = z$. Zu $\epsilon' := (y - x)/2 > 0$ gibt es daher ein n_0, so daß für $n \geq n_0$ gilt $z - \epsilon' < a_n < z + \epsilon'$, also $x < a_n < y$. Wir können daher etwa $a := a_{n_0} \in K$ wählen.

2. Ist (a_n) eine Nullfolge in K und ist $\epsilon' > 0$ in K' vorgegeben, so gibt es nach 1. ein $\epsilon \in K$ mit $0 < \epsilon < \epsilon'$ und zu ϵ voraussetzungsgemäß ein $n_0 \in \mathbf{N}$ mit $|a_n| < \epsilon$ für $n \geq n_0$. Für diese n gilt dann erst recht $|a_n| < \epsilon'$, d. h., (a_n) ist auch eine Nullfolge in K'.

Ist umgekehrt (a_n) eine Nullfolge sogar in K', so ist sie erst recht in K eine Nullfolge.

Die Aussage über Cauchyfolgen wird ganz analog bewiesen.   ∎

14.19 Satz K sei ein angeordneter Körper. Sind dann K_1 und K_2 angeordnete Körper, die beide die Eigenschaften des Körpers K' aus 14.15 haben, so gibt es einen Isomorphismus angeordneter Körper $f : K_1 \to K_2$ mit $f(a) = a$ für alle $a \in K$.

B e w e i s. Zu jedem $x \in K_1$ gibt es wegen Eigenschaft 3 aus 14.15 eine Folge (a_n) in K mit $x = \lim a_n$. Für einen Isomorphismus f der gesuchten Art muß dann nach 14.17 gelten $f(x) = f(\lim a_n) = \lim f(a_n) = \lim a_n$. Dabei ist $f(a_n) = a_n$ wegen $a_n \in K$, und der letzte Limes ist in K_2 zu bilden. Diese Überlegung motiviert die nun folgende Konstruktion von f:

Zu $x \in K_1$ betrachten wir eine beliebige Folge (a_n) von Elementen $a_n \in K$, die in K_1 den Limes x hat. Als konvergente Folge ist (a_n) eine Cauchyfolge in K_1 und damit erst recht in K. Nach 14.18, 2, angewandt auf K_2 anstelle von K', ist dann (a_n) auch in K_2 eine Cauchyfolge. Wegen der Vollständigkeit von K_2 konvergiert (a_n) daher auch in K_2 gegen ein Element $\tilde{x} \in K_2$. Wir setzen nun $f(x) := \tilde{x}$.

Diese Definition einer Abbildung $f : K_1 \to K_2$ ist unabhängig von der Auswahl der Folge (a_n) zu $x \in K$. Ist nämlich (b_n) eine weitere Folge in K, die in K_1 gegen x konvergiert, so ist $(a_n - b_n)$ eine Nullfolge in K_1, erst recht in K und damit nach 14.18, 2 auch in K_2. Deshalb haben (a_n) und (b_n) in K_2 ebenfalls denselben Limes.

Wir beweisen nun die Bijektivität von f. Sind x, $y \in K_1$ mit $f(x) = f(y)$, so betrachten wir Folgen (a_n) und (b_n) in K, die in K_1 gegen x bzw. y konvergieren. Wegen $f(x) = f(y)$ konvergieren dann (a_n) und (b_n) in K_2 gegen dasselbe Element. Wie oben sieht man, daß (a_n) und (b_n) in K_1 ebenfalls denselben Limes haben. Daher ist $x = y$, und f ist injektiv. Zum Nachweis der Surjektivität von f betrachten wir ein beliebiges $\tilde{x} \in K_2$. Wie oben gibt es eine Folge (a_n) in K, die in K_2 gegen $\tilde{x}$ konvergiert. Wiederum muß diese Folge auch in K_1 einen Limes x haben. Konstruktionsgemäß ist dann $f(x) = \tilde{x}$.

Da jedes $a \in K$ der Limes der konstanten Folge $(a, a, \ldots)$ ist, ist $f(a)$ der Limes von (a) in K_2, also wieder gleich a. Insbesondere ist $f(1) = 1$.

Zum Nachweis der Verträglichkeit von f mit Addition, Multiplikation und Anordnung betrachten wir zu x, $y \in K_1$ Folgen (a_n), (b_n) in K, die in K_1 gegen x bzw. y konvergieren und dann in K_2 gegen $f(x)$ bzw. $f(y)$. Nach den Rechenregeln für Limiten konvergiert $(a_n + b_n)$ in K_1 gegen $x + y$ und in K_2 gegen $f(x) + f(x)$. Nach Definition von f ist daher $f(x + y) = f(x) + f(y)$. Analog zeigt man $f(x\,y) = f(x)\,f(y)$. Es sei nun $x < y$. Nach 14.10, 1 gibt es dann ein $n_0 \in \mathbf{N}$ mit $a_n < b_n$ für alle $n \geq n_0$. Für die Limiten in K gilt deshalb $f(x) \leq f(y)$ nach 14.10, 2. Aus $x \leq y$ folgt also sicherlich $f(x) \leq f(y)$.

Insgesamt haben wir gezeigt, daß f der gesuchte Isomorphismus ist. ∎

Die Aussagen von 14.15 und 14.19 erlauben die folgende Definition:

14.20 Definition K sei ein angeordneter Körper. Der bis auf Isomorphie eindeutig bestimmte angeordnete Körper K' mit den Eigenschaften 1, 2 und 3 aus 14.15 heißt die V e r v o l l s t ä n d i g u n g von K.

Die Vervollständigung K' von K ist also ein vollständiger angeordneter Körper, der K als angeordneten Unterkörper enthält und in gewissem Sinne minimal mit dieser Eigenschaft ist. Jedes Element von K' ist nämlich bereits Limes einer Folge von Elementen aus K. Ist K selbst schon vollständig, so ist offenbar $K' = K$, da K selbst dann die Bedingungen an eine Vervollständigung von K erfüllt.

Die Eigenschaft angeordneter Körper, archimedisch zu sein, bleibt bei der Vervollständigung erhalten:

14.21 K sei ein archimedisch angeordneter Körper. Dann ist die Vervollständigung K' von K ebenfalls archimedisch angeordnet.

B e w e i s. Wir verwenden das Kriterium 13.18 für archimedische Anordnungen. Es ist also zu zeigen, daß Q dicht in K' ist. Da K archimedisch ist, ist Q dicht in K, und nach 14.18, 1 ist K dicht in K'. Damit ist Q auch dicht in K'. Zu x, y $\in K'$ mit $x < y$ gibt es nämlich zunächst ein a $\in$ K mit $x < a < y$, dann ein b $\in$ K mit $a < b < y$ und schließlich ein q $\in Q$ mit $a < q < b$. Es folgt $x < q < y$. ∎

Übungsaufgaben

14.22 K sei ein archimedisch angeordneter Körper. Für a $\in$ K mit $|a| < 1$ zeige man, daß die Folge der Potenzen (a^n) eine Nullfolge in K ist.

14.23 K sei der Körper der rationalen Funktionen über Q, versehen mit der Anordnung aus 13.19. Man zeige, daß die Folge $((1/2)^n)$ in K keine Nullfolge, ja nicht einmal eine Cauchyfolge ist.

15 Die reellen Zahlen

Wendet man den im letzten Abschnitt ganz allgemein durchgeführten Prozeß der Vervollständigung eines angeordneten Körpers speziell auf den Körper Q der rationalen Zahlen an, so kommt man zu den reellen Zahlen.

15.1 Definition Unter dem angeordneten Körper R der r e e l l e n Z a h l e n verstehen wir die Vervollständigung des angeordneten Körpers Q.

R ist also der bis auf Isomorphie eindeutig bestimmte vollständige angeordnete Körper, dessen Elemente sich alle als Limiten von Folgen rationaler Zahlen schreiben lassen. Man beachte, daß dabei nicht eigens erwähnt werden muß, daß R den Körper Q als angeordneten Unterkörper enthält, da dies für angeordnete Körper stets gilt.

Nach 14.21 ist R als Vervollständigung des archimedisch angeordneten Körpers Q ebenfalls archimedisch. Es gilt sogar:

15.2 Satz R ist bis auf Isomorphie der einzige vollständige, archimedisch angeordnete Körper.

B e w e i s. Wir müssen nur noch zeigen, daß ein beliebiger vollständiger, archimedisch angeordneter Körper K' die Eigenschaften einer Vervollständigung von Q hat, also zu R isomorph ist. Wegen der Archimedizität von K' ist in der Tat jedes Element aus K' Limes einer Folge rationaler Zahlen (vgl. 14.8, 2). Außerdem ist K' nach Voraussetzung vollständig. ∎

Die folgende Aussage zeigt, daß R in gewisser Weise der „größte" archimedisch angeordnete Körper ist.

15.3 Satz 1. Jeder archimedisch angeordnete Körper K ist zu einem angeordneten Unterkörper von R isomorph.

2. Jeder archimedisch angeordnete Körper K, der R als angeordneten Unterkörper enthält, ist bereits gleich R.

B e w e i s. 1. K' bezeichne die Vervollständigung von K. Mit K ist dann nach 14.21 auch K' archimedisch. Daher ist K' vollständig und archimedisch, also nach 15.2 isomorph zu R (als angeordneter Körper). Als Unterkörper von K' ist K dann zu einem Unterkörper von R isomorph.

2. Wir haben zu zeigen, daß jedes Element $a \in K$ bereits in R liegt. Da K archimedisch ist, gibt es nach 14.8, 2 eine Folge (q_n) rationaler Zahlen, die a in K als Limes hat. Als konvergente Folge ist (q_n) eine Cauchyfolge in K und dann erst recht in R (wegen $R \subset K$). Da R vollständig ist, konvergiert (q_n) bereits in R gegen eine reelle Zahl b. Wenn wir zeigen können, daß (q_n) auch in K gegen b konvergiert, so folgt wegen der Eindeutigkeit des Limes (vgl. 14.2) sofort $a = b \in R$. In der Tat gibt es zu jedem $\epsilon > 0$ aus K wegen der Archimedizität von K ein $m_0 \neq 0$ aus N mit $1/m_0 < \epsilon$. Wegen $1/m_0 \in R$ und der Konvergenz von (q_n) in R gibt es ein $n_0 \in N$ mit $|q_n - b| < 1/m_0 < \epsilon$ für alle $n \geq n_0$. Dies bedeutet die Konvergenz von q_n gegen b (auch in K). ∎

Wir gehen nun auf die Charakterisierung der reellen Zahlen mit Hilfe von Intervallschachtelungen ein.

15.4 Definition K sei ein angeordneter Körper.
1. Für a, b $\in$ K mit $a \leq b$ heißt die Menge $[a, b] := \{x \in K \mid a \leq x \leq b\}$ das a b g e - s c h l o s s e n e   I n t e r v a l l mit den Endpunkten a und b.
2. Eine Folge $([a_n, b_n])$ von abgeschlossenen Intervallen in K mit der Eigenschaft $[a_{n+1}, b_{n+1}] \subset [a_n, b_n]$ für alle $n \in N$ heißt eine I n t e r v a l l s c h a c h t e l u n g in K.

Die Bedingung $[a_{n+1}, b_{n+1}] \subset [a_n, b_n]$ ist offenbar äquivalent mit $a_n \leq a_{n+1}$ und $b_{n+1} \leq b_n$. Man beachte, daß wir bei unserer Definition der Intervallschachtelung nicht verlangen, daß die „Intervallängen" $b_n - a_n$ eine Nullfolge bilden.

Zunächst beweisen wir noch eine Hilfsaussage:

15.5 K sei ein archimedisch angeordneter Körper und (a_n) eine monoton wachsende und beschränkte Folge in K, d. h., es sei stets $a_n \leq a_{n+1}$, und es gebe ein $\delta \in K$ mit $a_n \leq \delta$ für alle $n \in N$. Dann ist (a_n) eine Cauchyfolge in K.

B e w e i s. Es sei $\epsilon > 0$ aus K beliebig vorgegeben. Wir suchen ein $n_0 \in N$ mit $|a_m - a_n| < \epsilon$ für alle $n, m \geq n_0$. Angenommen, ein solches n_0 existiert nicht. Dann gibt es zu jedem $n_0 \in N$ natürliche Zahlen n, m $\geq n_0$ mit $|a_n - a_m| \geq \epsilon$. Wir können dabei gleich $n \geq m$ annehmen und somit $a_n \geq a_m$ wegen der Monotonie von (a_n). Dann ist $a_n - a_m = |a_n - a_m| \geq \epsilon$, also $a_n \geq a_m + \epsilon \geq a_{n_0} + \epsilon$. Zu jedem n_0 gibt es also ein $n_1 > n_0$ mit $a_{n_1} \geq a_{n_0} + \epsilon$. Deswegen findet man auch zu n_1 ein $n_2 > n_1$ mit $a_{n_2} \geq a_{n_1} + \epsilon$, also mit $a_{n_2} \geq a_{n_0} + 2\epsilon$. Indem man dieses Verfahren fortsetzt, erhält man sukzessive eine Folge $(n_0, n_1, n_2, \ldots)$ natürlicher Zahlen mit $a_{n_k} \geq a_{n_0} + k \epsilon$ für alle $k \in N$. Da K archimedisch ist, gibt es zu jedem $\delta \in K$ ein $k \in N$ mit $k \cdot \epsilon > \delta - a_{n_0}$, also mit $a_{n_k} > a_{n_0} + (\delta - a_{n_0}) = \delta$. Dies widerspricht der Voraussetzung, daß (a_n) durch ein δ nach oben beschränkt ist. ∎

Nun können wir zeigen, daß sich bei der axiomatischen Charakterisierung der reellen Zahlen die Vollständigkeit durch das Intervallschachtelungsprinzip ersetzen läßt.

15.6 Satz K sei ein archimedisch angeordneter Körper. Dann sind die folgenden Bedingungen äquivalent.
1. K ist vollständig, also nach 15.2 isomorph zu R.
2. Zu jeder Intervallschachtelung $([a_n, b_n])$ in K gibt es ein $a \in K$ mit $a \in [a_n, b_n]$ für alle $n \in N$.

B e w e i s. Wir nehmen zunächst an, daß K vollständig ist, und betrachten eine Intervallschachtelung $([a_n, b_n])$ in K. Dann gilt $a_0 \leq a_1 \leq \ldots \leq a_n \leq \ldots \leq b_n \leq \ldots \leq b_1 \leq b_0$, d. h., (a_n) ist eine monoton wachsende Folge, die durch jedes der b_n nach oben beschränkt ist. Da K archimedisch ist, ist (a_n) nach 15.5 eine Cauchyfolge in K. Wegen der Vollständigkeit von K besitzt (a_n) daher einen Limes a in K. Wir zeigen, daß $a \in [a_k, b_k]$, d. h. $a_k \leq a \leq b_k$, für alle $k \in \mathbf{N}$ gilt. Nach Konstruktion ist $a_k \leq a_n \leq b_k$ für alle $n \geq k$, und wegen 14.10, 2 folgt daraus $a_k \leq \lim a_n \leq b_k$, $a_k \leq a \leq b_k$.

Zum Beweis der Umkehrung setzen wir das Intervallschachtelungsprinzip voraus und zeigen, daß jede Cauchyfolge (c_n) in K konvergiert. Nach 14.13, 1 ist (c_n) beschränkt, d. h., es gibt ein $\delta > 0$ aus K mit $|c_n| < \delta$, also mit $-\delta < c_n < \delta$, für alle $n \in \mathbf{N}$. Wir setzen nun $a_0 := -\delta$ und $b_0 := \delta$. Dann gilt $c_n \in [a_0, b_0]$ für alle (unendlich vielen) $n \in \mathbf{N}$. Wir betrachten den „Mittelpunkt" $d_0 := (a_0 + b_0)/2$ von $[a_0, b_0]$. Wegen $a_0 < d_0 < b_0$ ist $[a_0, b_0]$ die Vereinigung seiner beiden „Hälften" $[a_0, d_0]$ und $[d_0, b_0]$. Dann gilt $c_n \in [a_0, d_0]$ für unendlich viele $n \in \mathbf{N}$ oder andernfalls $c_n \in [d_0, b_0]$ für unendlich viele $n \in \mathbf{N}$. Im ersten Fall setzen wir $[a_1, b_1] := [a_0, b_0]$ und im zweiten Fall $[a_1, b_1] := [d_0, b_0]$.

Dann gilt konstruktionsgemäß $c_n \in [a_1, b_1]$ für unendlich viele $n \in \mathbf{N}$ und $b_1 - a_1 = (b_0 - a_0)/2$. In dieser Weise mit dem „Intervallhalbierungsverfahren" fortfahrend, konstruiert man eine Intervallschachtelung $([a_k, b_k])$ in K mit $c_n \in [a_k, b_k]$ für unendlich viele $n \in \mathbf{N}$ und mit $b_k - a_k = (b_0 - a_0)/2^k$, jeweils für alle $k \in \mathbf{N}$. Voraussetzungsgemäß gibt es nach 2. ein $a \in K$, das in allen Intervallen $[a_k, b_k]$ enthalten ist.

Wir zeigen nun $\lim c_n = a$. Dazu sei $\epsilon > 0$ aus K vorgegeben. Nach 14.22 ist die Folge $(1/2^k)$ eine Nullfolge, da K archimedisch ist. Es gibt also ein $k_0 \in \mathbf{N}$ mit $b_{k_0} - a_{k_0} = (b_0 - a_0)/2^{k_0} < \epsilon/2$. Da (c_n) eine Cauchyfolge ist, gibt es ein $n_0 \in \mathbf{N}$ mit $|c_m - c_n| < \epsilon/2$ für alle $m, n \geq n_0$. Wegen $c_n \in [a_{k_0}, b_{k_0}]$ für unendliche viele n gibt es ein $n_1 \in \mathbf{N}$ mit $n_1 \geq n_0$ und $c_{n_1} \in [a_{k_0}, b_{k_0}]$. Da auch $a \in [a_{k_0}, b_{k_0}]$ gilt, folgt $|c_{n_1} - a| \leq b_{k_0} - a_{k_0} < \epsilon/2$. Für alle $n \geq n_0$ ergibt sich nun

$$|c_n - a| = |c_n - c_{n_1} + c_{n_1} - a| \leq |c_n - c_{n_1}| + |c_{n_1} - a| < \frac{\epsilon}{2} + \frac{\epsilon}{2} = \epsilon.$$

Dies ist die Behauptung.   ∎

Insbesondere gilt also das I n t e r v a l l s c h a c h t e l u n g s p r i n z i p aus 15.6 für die reellen Zahlen. Verlangt man zusätzlich von einer Intervallschachtelung $([a_n, b_n])$ in $\mathbf{R}$, daß $(b_n - a_n)$ eine Nullfolge ist, so gibt es natürlich genau ein $a \in \mathbf{R}$ mit $a \in [a_n, b_n]$ für alle n. Dabei gilt $a = \lim a_n = \lim b_n$.

Als Anwendung zeigen wir, daß jede positive reelle Zahl in $\mathbf{R}$ eine eindeutig bestimmte n-te Wurzel besitzt. Man vergleiche dazu auch die Irrationalitätsaussagen für n-te Wurzeln natürlicher Zahlen am Ende von Abschnitt 12.

15.7 Satz Zu jeder reellen Zahl $a \geq 0$ und jedem $n \geq 1$ aus $\mathbf{N}$ gibt es genau eine reelle Zahl $x \geq 0$ mit $x^n = a$, die man mit $\sqrt[n]{a}$ bezeichnet.

B e w e i s. Die Einzigkeit von $x = \sqrt[n]{a}$ folgt sofort aus der Monotonieregel für n-te Potenzen (vgl. 13.21, 2).

Zum Beweis der Existenz von x konstruieren wir eine Intervallschachtelung mit Hilfe des Intervallhalbierungsverfahrens. Zunächst gibt es offenbar reelle Zahlen a_0 und b_0 mit $0 \leq a_0 < b_0$ und $a_0^n \leq a \leq b_0^n$ (z. B. nehme man $a_0 := 0$ und $b_0 := \max\{1, a\}$). Je nachdem ob für den Mittelpunkt $d_0 := (a_0 + b_0)/2$ des Intervalls $[a_0, b_0]$ nun $d_0^n \geq a$ oder $d_0^n < a$ gilt, setzen wir $[a_1, b_1]$ gleich $[a_0, d_0]$ oder gleich $[d_0, b_0]$. Dann gilt in jedem Fall wieder $a_1^n \leq a \leq b_1^n$. Ferner ist $b_1 - a_1 = (b_0 - a_0)/2$. In dieser Weise fortfahrend, erhalten wir eine Intervallschachtelung $([a_k, b_k])$ in $\mathbf{R}$ mit $a_k^n \leq a \leq b_k^n$ und $b_k - a_k = (b_0 - a_0)/2^k$ für alle $k \in \mathbf{N}$. Für das durch diese Intervallschachtelung bestimmte Element $x \in \mathbf{R}$ gilt dann $x = \lim a_k = \lim b_k$ und somit wegen der Rechen-regeln für Limiten auch $x^n = \lim a_k^n = \lim b_k^n$. Konstruktionsgemäß ist $\lim a_k^n \le a \le \lim b_k^n$, und insgesamt folgt $x^n = a$. ∎

Mit Hilfe des Intervallschachtelungsprinzips läßt sich auch die Überzählbarkeit von $\mathbf{R}$ beweisen.

15.8 Die Menge $\mathbf{R}$ deren reellen Zahlen ist nicht abzählbar.

B e w e i s. Angenommen, die reellen Zahlen ließen sich doch in einer Folge (x_n) an-ordnen. Dann wäre also $\mathbf{R} = \{x_n \mid n \in \mathbf{N}\}$. Wir wählen ein Intervall $[a_0, b_0]$ mit $x_0 \notin [a_0, b_0]$, etwa $a_0 := x_0 + 1$, $b_0 := x_0 + 2$, sodann ein Intervall $[a_1, b_1]$ mit $[a_1, b_1] \subset [a_0, b_0]$ und $x_1 \notin [a_1, b_1]$, etwa eines der drei Intervalle $[a_0, a_0 + 1/3 (b_0 - a_0)]$, $[a_0 + 1/3 (b_0 - a_0), a_0 + 2/3 (b_0 - a_0)]$, $[a_0 + 2/3 (b_0 - a_0), b_0]$. In dieser Weise fort-fahrend, konstruiert man eine Intervallschachtelung $([a_n, b_n])$ in $\mathbf{R}$ mit $x_n \notin [a_n, b_n]$ für alle $n \in \mathbf{N}$. Die nach dem Intervallschachtelungsprinzip existierende reelle Zahl x mit $x \in [a_n, b_n]$ für alle n kann also unter den Folgengliedern x_n nicht vorkommen. Widerspruch. ∎

Wir kommen nun zur D e z i m a l e n t w i c k l u n g beliebiger reeller Zahlen. Eine solche Dezimalentwicklung ist eine spezielle unendliche Reihe der Form $\Sigma \dfrac{z_n}{10^n}$. Wir gehen kurz auf den Reihenbegriff ein.

Es sei (a_n) eine Folge reeller Zahlen. Dann heißt bekanntlich die Folge (s_k) der „Partial-summen" $s_k := \sum\limits_{n=0}^{k} a_n = a_0 + \ldots + a_k$ die R e i h e mit den Gliedern a_n. Ist dabei die Folge (s_k) konvergent mit dem Limes s, so sprechen wir von einer k o n v e r g e n t e n

R e i h e und setzen $\sum\limits_{n=0}^{\infty} a_n := s$.

Für $x \in \mathbf{R}$ mit $|x| < 1$ ist beispielsweise die zur Folge (x^n) gehörende g e o m e t r i s c h e R e i h e konvergent mit dem Limes $1/(1 - x)$. In der Tat gilt dabei für die Partialsummen

$$s_k = \sum_{n=0}^{k} x^n = \frac{1 - x^{k+1}}{1 - x}$$

nach 6.8, 2 (angewandt mit $a := 1$ und $b := x$). Wegen der Archi-medizität von $\mathbf{R}$ ist $\lim x^{k+1} = 0$ (nach 14.22) und daher

$$\sum_{n=0}^{\infty} x^n = \lim s_k = \frac{1 - \lim x^{k+1}}{1 - x} = \frac{1}{1 - x}.$$

Wir betrachten (wie in 11.20 bei den natürlichen Zahlen) Entwicklungen zu einer belie-bigen Grundzahl $g \ge 2$ aus $\mathbf{N}$. Ist (z_n) eine Folge natürlicher Zahlen mit $0 \le z_n \le g - 1$ für $n \ge 1$, so ist die Reihe mit den Gliedern $a_n := z_n/g^n$ konvergent in $\mathbf{R}$: Die Folge s_k der zuge-hörigen Partialsummen ist wegen $s_{k+1} = s_k + \dfrac{z_{k+1}}{g^{k+1}} \ge s_k$ monoton wachsend und nach oben beschränkt. Für alle k gilt nämlich

$$s_k = z_0 + \frac{z_1}{g} + \ldots + \frac{z_k}{g^k} \leq z_0 + \frac{g-1}{g} + \ldots + \frac{g-1}{g^k}$$

$$\leq z_0 + \frac{g-1}{g} \sum_{n=0}^{\infty} \frac{1}{g^n} = z_0 + \frac{g-1}{g} \frac{1}{1 - \frac{1}{g}} = z_0 + 1.$$

Nach 15.5 ist (s_k) eine Cauchyfolge und damit konvergent in $\mathbf{R}$. Wir zeigen nun:

15.9 Satz Es sei $g \geq 2$ eine fest vorgegebene natürliche Zahl. Dann besitzt jede reelle Zahl $x \geq 0$ eine Darstellung der Form $x = \sum_{n=0}^{\infty} \frac{z_n}{g^n}$ mit einer natürlichen Zahl z_0 und „Ziffern" $z_n \in \mathbf{N}$ mit $0 \leq z_n < g$ für $n \geq 1$.

Diese Darstellung von x ist im folgenden Sinn eindeutig: Sind $x = \sum_{n=0}^{\infty} \frac{z_n}{g^n}$ und $x = \sum_{n=0}^{\infty} \frac{z_n'}{g^n}$ zwei verschiedene solche Darstellungen, so sei n_0 die kleinste natürliche Zahl mit $z_{n_0} \neq z_{n_0}'$. Ist dabei etwa $z_{n_0} > z_{n_0}'$, so muß bereits $z_{n_0} = z_{n_0}' + 1$ gelten sowie $z_n = 0$ und $z_n' = g - 1$ für alle $n > n_0$.

B e w e i s. Da $\mathbf{R}$ archimedisch angeordnet ist, wird x von einer natürlichen Zahl übertroffen. Es gibt also nur endliche viele natürliche Zahlen $\leq x$. Die größte davon sei z_0. Setzen wir $s_0 := z_0$, so ist also $s_0 \leq x < s_0 + 1$. Es sei z_1 die größte natürliche Zahl mit $s_0 + (z_1/g) \leq x$. Dann ist $z_1 < g$, und für $s_1 := s_0 + (z_1/g)$ gilt $s_1 \leq x < s_1 + (1/g)$. Entsprechend sei z_2 die größte natürliche Zahl mit $s_1 + (z_2/g^2) \leq x$. Dann ist wieder $z_2 < g$ und für

$$s_2 := s_1 + \frac{z_2}{g^2} = z_0 + \frac{z_1}{g} + \frac{z_2}{g^2} \quad \text{gilt} \quad s_2 \leq x < s_2 + \frac{1}{g^2}.$$

In dieser Weise fortfahrend, erhält man eine Folge (z_n) natürlicher Zahlen mit $z_n < g$ für $n \geq 1$, so daß für

$$s_n := z_0 + \frac{z_1}{g} + \ldots + \frac{z_n}{g^n} \quad \text{gilt} \quad s_n \leq x < s_n + \frac{1}{g^n}.$$

Daraus folgt $|s_n - x| < 1/g^n$ und somit, da $(1/g^n)$ eine Nullfolge in $\mathbf{R}$ ist, $\lim s_n = x$, also $\sum_{n=0}^{\infty} \frac{z_n}{g^n} = x$.

Wir kommen nun zum Beweis der Eindeutigkeitsaussage und verwenden die in der Behauptung des Satzes eingeführten Bezeichnungen. Dann gilt

$$0 = \sum_{n=0}^{\infty} \frac{z_n'}{g^n} - \sum_{n=0}^{\infty} \frac{z_n}{g^n} = \sum_{n=0}^{\infty} \frac{z_n' - z_n}{g^n} = \frac{z_{n_0}' - z_{n_0}}{g^{n_0}} + \sum_{n=n_0+1}^{\infty} \frac{z_n' - z_n}{g^n},$$

also $\quad \displaystyle\sum_{n=n_0+1}^{\infty} \frac{z_n' - z_n}{g^n} = \frac{z_{n_0} - z_{n_0}'}{g^{n_0}} \geq \frac{1}{g^{n_0}}$

wegen $z_{n_0} - z'_{n_0} \geq 1$. Andererseits ist

$$\sum_{n=n_0+1}^{\infty} \frac{z'_n - z_n}{g^n} \leq \sum_{n=n_0+1}^{\infty} \frac{g-1}{g^n} = \frac{g-1}{g^{n_0+1}} \sum_{n=0}^{\infty} \frac{1}{g^n} = \frac{1}{g^{n_0}}$$

wegen $z'_n - z_n \leq g - 1$. Es folgt

$$\sum_{n=n_0+1}^{\infty} \frac{z'_n - z_n}{g^n} = \frac{1}{g^{n_0}},$$

und daraus schließt man leicht, daß auch $z_{n_0} - z'_{n_0} = 1$ und $z'_n - z_n = g - 1$ für $n > n_0$ gewesen sein muß. Wegen $0 \leq z_n, z'_n \leq g - 1$ folgt dann $z'_n = g - 1$ und $z_n = 0$ für diese n. ∎

Im vorangehenden Satz können wir für die natürliche Zahl z_0 eine g-ale Entwicklung gemäß 11.20 einsetzen und erhalten dann für $x \geq 0$ eine Darstellung der Form $x =$

$\sum_{n=-k}^{\infty} \frac{z_n}{g^n}$ mit „Ziffern" $z_n \in \{0, \ldots, g - 1\}$. Eine solche Darstellung ist im Sinne von 15.9 eindeutig bestimmt und wird als g - a l e   E n t w i c k l u n g von x bezeichnet. Die Eindeutigkeitsaussage besagt für $g = 10$, daß zwei verschiedene Entwicklungen nur in Fällen wie $0,5 = 0,4999 \ldots$ existieren.

Übungsaufgaben

15.10 Für einen angeordneten Körper K zeige man, daß K genau dann archimedisch und vollständig (also isomorph zu **R**) ist, wenn in K jede nach oben beschränkte, monoton wachsende Folge konvergiert.

15.11 Für einen archimedisch angeordneten Körper K zeige man, daß K genau dann dem Intervallschachtelungsprinzip genügt (also isomorph zu **R** ist), wenn gilt: Zu je zwei nichtleeren Teilmengen A und B von K mit $x \leq y$ für alle $x \in A$ und $y \in B$ gibt es stets ein $a \in K$ mit $x \leq a \leq y$ für alle $x \in A$ und $y \in B$.

IV Gruppen

In diesem Kapitel schließen wir an die einführende Behandlung des Gruppenbegriffs in Kapitel II an.

Dabei geht es einerseits um weitere allgemeine Strukturaussagen über Gruppen, Untergruppen und Homomorphismen, andererseits aber auch um spezielle Beispiele endlicher Gruppen.

16 Zyklische Gruppen und Ordnungen

Wir betrachten ein Element a einer Gruppe G mit neutralem Element e. Ist G endlich, so können für die unendlich vielen $z \in \mathbf{Z}$ die Potenzen a^z nicht alle voneinander verschieden sein. Es gibt also ganze Zahlen $z \neq z'$ mit $a^z = a^{z'}$. Dabei können wir gleich $z' > z$ annehmen und erhalten dann mit Hilfe der Potenzrechenregeln für die natürliche Zahl $n :=$ $z' - z > 0$ die Gleichung $a^n = a^{z'-z} = a^{z'}(a^z)^{-1} = e$. Zu jedem Element a einer endlichen Gruppe gibt es also eine natürliche Zahl $n > 0$ mit $a^n = e$. Man definiert nun ganz allgemein auch bei nichtendlichen Gruppen:

16.1 Definition G sei eine Gruppe mit dem neutralen Element e, und a sei ein Element von G. Gibt es dann eine natürliche Zahl $n > 0$ mit $a^n = e$, so heißt die kleinste solche Zahl die O r d n u n g von a und wird mit ord a bezeichnet.

Andernfalls, also wenn es kein $n > 0$ mit $a^n = e$ gibt, sagt man, die Ordnung von a sei unendlich, und schreibt ord $a = \infty$.

In endlichen Gruppen hat also jedes Element eine endliche Ordnung. Offenbar hat in jeder Gruppe genau das neutrale Element e die Ordnung 1. In der Gruppe aus Beispiel 5.24 hat jedes vom neutralen Element verschiedene Element die Ordnung 2, wie man sofort aus der Gruppentafel abliest. Auch in nichtendlichen Gruppen kann es Elemente $\neq e$ von endlicher Ordnung geben. In der multiplikativen Gruppe $(\mathbf{Q} - \{0\}, \cdot)$ der rationalen Zahlen beispielsweise hat -1 wegen $(-1)^1 \neq 1$ und $(-1)^2 = 1$ die Ordnung 2. Jedes von 1 und -1 verschiedene Element dieser Gruppe hat die Ordnung ∞.

Wir notieren die folgenden Rechenregeln für Ordnungen von Gruppenelementen:

16.2 G sei eine Gruppe mit dem neutralen Element e, und a sei ein Element endlicher Ordnung aus G. Dann gilt:

1. Für $z \in \mathbf{Z}$ gilt genau dann $a^z = e$, wenn ord a ein Teiler von z ist.

2. Ist $f : G \to G'$ ein Homomorphismus von G in eine weitere Gruppe G', so hat auch $f(a)$ endliche Ordnung in G', und ord $f(a)$ ist ein Teiler von ord a.

3. Ist f in 2. zusätzlich injektiv, so gilt ord $f(a) =$ ord a.

B e w e i s. Wir setzen $n :=$ ord a.

1. Ist n ein Teiler von z, d. h. $z = n\,t$ für ein $t \in \mathbf{Z}$, so ist $a^z = a^{nt} = (a^n)^t = e^t = e$.
Es sei nun umgekehrt $a^z = e$. Durch Division mit Rest erhalten wir eine Darstellung $z = q\,n + r$ mit $q, r \in \mathbf{Z}$ und $0 \leq r < n$. Dann ist $e = a^z = a^{qn+r} = (a^n)^q a^r = e^q a^r = a^r$. Da $n =$ ord a die kleinste positive natürliche Zahl mit $a^n = e$ ist, muß wegen $a^r = e$ dabei $r = 0$, also $z = q\,n$ ein Vielfaches von n sein.

2. Aus $a^n = e$ folgt $(f(a))^n = f(a^n) = f(e) = e'$, wobei e' das neutrale Element von G' bezeichnet (vgl. 8.6). Also ist ord $f(a)$ endlich und nach 1. sogar ein Teiler von n.

3. Bei injektivem f folgt aus $f(a^{n'}) = f(a)^{n'} = e' = f(e)$ natürlich auch umgekehrt $a^{n'} = e$. Dies ergibt die Behauptung. ∎

Bevor wir nun die Struktur der Potenzen eines festen Gruppenelementes näher untersuchen, betrachten wir zunächst als Beispiel die Menge der Potenzen der komplexen

Zahl i. Es gilt $i^0 = 1$, $i^1 = i$, $i^2 = -1$, $i^3 = -i$, $i^4 = 1$, und von dieser Stelle ab wiederholen sich die Potenzwerte der Reihe nach von vorne. Entsprechend gilt für negative Exponenten $i^{-1} = -i$, $i^{-2} = -1$, $i^{-3} = i$, $i^{-4} = 1$ usw. Man sieht, daß die Potenzen von i gerade die multiplikative Gruppe $\{1 = i^0, i = i^1, -1 = i^2, -i = i^3\}$ bilden. Außerdem ist ord $i = 4$ in $(\mathbf{C} - \{0\}, \cdot)$. Allgemein zeigen wir:

16.3 Satz G sei eine Gruppe mit dem neutralen Element e, und a sei ein Element von G. Dann gilt:

1. Die Menge $\langle a \rangle := \{a^z | z \in \mathbf{Z}\}$ der Potenzen von a ist eine kommutative Untergruppe von G. Sie heißt die von a erzeugte **z y k l i s c h e   U n t e r g r u p p e**.

2. Ist ord $a = \infty$, so sind die Potenzen a^z, $z \in \mathbf{Z}$, paarweise voneinander verschieden.

3. Ist $n := $ ord a endlich, so besteht $\langle a \rangle$ genau aus den n paarweise verschiedenen Elementen $a^0 = e$, $a^1, \ldots, a^{n-1}$.

B e w e i s. 1. Wir verwenden das Kriterium 7.5 für Untergruppen. Für je zwei Elemente a^z und $a^{z'}$ aus $\langle a \rangle$ ist $a^z(a^{z'})^{-1} = a^z a^{-z'} = a^{z-z'}$ wieder ein Element aus $\langle a \rangle$. Ferner ist $e = a^0 \in \langle a \rangle$. Schließlich gilt $a^z a^{z'} = a^{z+z'} = a^{z'+z} = a^{z'} a^z$, d. h. $\langle a \rangle$ ist sogar kommutativ.

2. Gäbe es ganze Zahlen $z \neq z'$ mit $a^z = a^{z'}$, so gäbe es auch eine natürliche Zahl $n \neq 0$ mit $a^n = e$, nämlich $n := z' - z$, falls $z' > z$. Dann wäre ord a endlich im Widerspruch zur Voraussetzung.

3. Wir betrachten ein beliebiges Element $a^z \in \langle a \rangle$. Division mit Rest durch $n = $ ord a liefert $z = qn + r$ mit $q, r \in \mathbf{Z}$ und $0 \leq r < n$. Dann ist $a^z = a^{qn+r} = (a^n)^q a^r = e^q a^r = a^r$, d. h., es ist $\langle a \rangle = \{a^0, \ldots, a^{n-1}\}$. Wäre dabei $a^r = a^{r'}$ für $0 \leq r, r' < n$ und etwa $r < r'$, so wäre $a^{r'-r} = e$ mit $0 < r' - r < n$ im Widerspruch dazu, daß $n = $ ord a die kleinste natürliche Zahl $\neq 0$ mit $a^n = e$ ist.   ∎

Jede Untergruppe von G enthält mit einem Element a auch alle Potenzen a^z. Deshalb ist $\langle a \rangle$ die kleinste Untergruppe von G, die a enthält.

Bei additiv geschriebenen (kommutativen) Gruppen besteht die von $a \in G$ erzeugte zyklische Untergruppe von G natürlich aus den Vielfachen z a von a, die hier die Rolle der Potenzen übernehmen. Wir verwenden dann auch die Bezeichnung $\mathbf{Z} a$ statt $\langle a \rangle$.

16.4 Definition Eine Gruppe G heißt **z y k l i s c h**, wenn es ein $a \in G$ gibt, so daß $G = \langle a \rangle$ ist, d. h., so daß G aus den Potenzen von a besteht.

Zyklische Gruppen sind also nach 16.3, 1 immer kommutativ. Umgekehrt gibt es jedoch kommutative Gruppen, die nicht zyklisch sind. Ein Beispiel dafür ist die Gruppe aus 5.24, die 4 Elemente besitzt, von denen jedoch keines die Ordnung 4 hat.

16.5 Definition Die Elementezahl einer endlichen Gruppe G heißt die **O r d n u n g** von G und wird mit ord G bezeichnet. Ist die Gruppe G nicht endlich, so setzen wir einfach ord $G := \infty$.

Die folgende Aussage beschreibt den Zusammenhang zwischen den Ordnungen von Elementen und von Untergruppen.

16.6 G sei eine Gruppe und a ein Element von G. Dann ist die Ordnung des Elementes a gleich der Ordnung der von a erzeugten zyklischen Untergruppe, also ord $a = $ ord $\langle a \rangle$.

B e w e i s. Die Behauptung folgt unmittelbar aus 16.3.   ∎

Eine endliche Gruppe G der Ordnung n ist genau dann zyklisch, wenn sie ein Element a mit ord a = n enthält. Dann ist nämlich ord $\langle a \rangle$ = n = ord G, d. h. $\langle a \rangle$ = G.

Wir können uns nun leicht einen Überblick über alle zyklischen Gruppen verschaffen.

16.7 Satz 1. Es gibt bis auf Isomorphie genau eine unendliche zyklische Gruppe, nämlich die additive Gruppe $(\mathbf{Z}, +)$.

2. Für jede natürliche Zahl n ≥ 1 gibt es bis auf Isomorphie genau eine zyklische Gruppe der Ordnung n, nämlich die additive Gruppe $(\mathbf{Z}_n, +)$ der Restklassen mod n (vgl. 9.6).

B e w e i s. Die unendliche Gruppe $(\mathbf{Z}, +)$ besteht aus den ganzzahligen Vielfachen z · 1 von 1 und ist deshalb zyklisch (mit 1 als erzeugendem Element). Für n ≥ 1 besteht die Gruppe $(\mathbf{Z}_n, +)$ aus den Restklassen $\{\overline{0}, \ldots, \overline{n-1}\}$. Wegen $r \cdot \overline{1} = \overline{1} + \ldots + \overline{1}$ (r-mal) = $\overline{1 + \ldots + 1} = \overline{r}$ für $0 \leq r < n$ ist jedes Element von $\mathbf{Z}_n$ ein Vielfaches von $\overline{1}$, d. h., $(\mathbf{Z}_n, +)$ ist eine zyklische Gruppe der Ordnung n (mit $\overline{1}$ als erzeugendem Element).

Zum Beweis der Eindeutigkeit betrachten wir nun zwei multiplikativ geschriebene zyklische Gruppen G und G' von gleicher Ordnung und konstruieren einen Isomorphismus f von G auf G'. Dazu wählen wir Elemente $a \in G$ mit G = $\langle a \rangle$ und $b \in G'$ mit $G' = \langle b \rangle$.

Zunächst betrachten wir den Fall ord G = ∞. Dann ist auch ord $G' = \infty$, und nach 16.3, 2 sind die Potenzen von a und von b jeweils paarweise verschieden. Daher wird durch $f(a^z) := b^z$ für alle $z \in \mathbf{Z}$ eine bijektive Abbildung $f : G \to G'$ definiert. Wegen $f(a^z a^{z'}) = f(a^{z+z'}) = b^{z+z'} = b^z b^{z'} = f(a^z) f(a^{z'})$ ist f außerdem ein Homomorphismus, also insgesamt ein Isomorphismus.

Es sei nun n := ord G = ord G' endlich. Dann ist auch n = ord a = ord b nach 16.6. Wir versuchen, f wie oben zu definieren. Zu $x \in G$ gibt es wegen G = $\langle a \rangle$ ein $z \in \mathbf{Z}$ mit $x = a^z$. Wir setzen dann $f(x) := b^z$. Diese Definition ist unabhängig von der Wahl von z. Ist nämlich auch $x = a^{z'}$, so ist $a^{z'-z} = e$ und damit n = ord a ein Teiler von $z' - z$ nach 16.2, 1. Wegen n = ord b ist dann auch $b^{z'-z}$ das neutrale Element von G', und es folgt $b^{z'} = b^z$. Die so definierte Abbildung $f : G \to G'$ ist surjektiv, da jedes Element aus G' sich in der Form $b^z = f(a^z)$ schreiben läßt. Da G und G' endliche Mengen mit gleicher Elementezahl sind, ist f dann auch injektiv, also bijektiv. Wie oben sieht man schließlich, daß f ein Homomorphismus ist.   ∎

Bei der Untersuchung einer Gruppe spielt die Struktur ihrer Untergruppen eine entscheidende Rolle. Für zyklische Gruppen zeigen wir:

16.8 Satz Jede Untergruppe H einer zyklischen Gruppe G ist ebenfalls zyklisch.

B e w e i s. Nach Voraussetzung gibt es ein $a \in G$ mit G = $\langle a \rangle$. Im Fall H = $\{e\}$ ist H natürlich die von e erzeugte zyklische Gruppe. Wir können uns daher auf den Fall H ≠ $\{e\}$ beschränken. Dann enthält H außer a^0 = e eine weitere Potenz a^z mit z ≠ 0 aus $\mathbf{Z}$. Da mit $a^z \in H$ auch $a^{-z} = (a)^{-1} \in H$ ist, gibt es sogar ein n ≥ 1 mit $a^n \in H$. Wir wählen $n \in \mathbf{N}$ minimal mit dieser Eigenschaft und zeigen, daß H von a^n erzeugt wird. Wegen $a^n \in H$ ist $\langle a^n \rangle \subset H$.

Umgekehrt betrachten wir ein beliebiges Element $a^z \in H$. Durch Division mit Rest erhält man eine Darstellung $z = q\,n + r$ mit $q, r \in \mathbf{Z}$ und $0 \leq r < n$. Daraus folgt $a^r = a^{z-qn} = a^z (a^n)^{-q} \in H$ wegen $a^z, a^n \in H$. Aus $a^r \in H$ und $0 \leq r < n$ folgt nach Wahl von n nun $r = 0$, d. h. $z = q\,n$ und somit $a^z = (a^n)^q \in \langle a^n \rangle$. Dies zeigt $H \subset \langle a^n \rangle$. ∎

Aus dem vorstehenden Beweis halten wir noch fest: Ist $H \neq \{e\}$ eine Untergruppe der zyklischen Gruppe $G = \langle a \rangle$, so gilt $H = \langle a^n \rangle$, wo n die kleinste natürliche Zahl ≥ 1 mit $a^n \in H$ ist. Als Spezialfall von 16.8 notieren wir:

16.9 Jede Untergruppe H von $(\mathbf{Z}, +)$ hat die Form $H = \mathbf{Z}\,n$ mit einem geeigneten $n \in \mathbf{N}$.

B e w e i s. Wir wenden 16.8 auf die zyklische Gruppe $(\mathbf{Z}, +)$ mit dem erzeugenden Element 1 an. Im Fall $H = \{0\}$ ist $H = \mathbf{Z}\,0$. Andernfalls wird H von der kleinsten natürlichen Zahl $n \geq 1$ mit $n = n \cdot 1 \in H$ erzeugt und ist daher gleich $\mathbf{Z}\,n$. ∎

Für endliche zyklische Gruppen kann man im Zusammenhang mit 16.8 noch weitere Aussagen machen:

16.10 $H \neq \{e\}$ sei eine Untergruppe der endlichen zyklischen Gruppe $G = \langle a \rangle$. Ist dann n die kleinste natürliche Zahl ≥ 1 mit $a^n \in H$, so gilt $H = \langle a^n \rangle$. Dabei ist n ein Teiler von ord G, und es ist ord $H = \dfrac{\text{ord } G}{n}$.

B e w e i s. Wir haben nur noch den zweiten Teil der Aussage zu zeigen. Für $z := \text{ord } a$ ist $a^z = a^{\text{ord } a} = e \in H$. Nach den Überlegungen im Beweis von 16.8 ist deshalb n ein Teiler von ord a = ord G, also ord $G = n\,t$ mit einem $t \in \mathbf{N}$. Wir zeigen $t = \text{ord } a^n$ und somit $t = \text{ord } \langle a^n \rangle = \text{ord } H$. Es ist nun $(a^n)^t = a^{nt} = a^{\text{ord } a} = e$. Für $0 < s < t$ ist ferner $0 < n\,s < n\,t = \text{ord } a$ und daher $a^{ns} \neq e$, also $(a^n)^s \neq e$. ∎

In der vorstehenden Situation ist insbesondere $n \cdot \text{ord } H = \text{ord } G$. Als Ordnung einer Untergruppe H von G kommt daher nur ein Teiler von ord G in Frage. Es gilt hier sogar:

16.11 G sei eine endliche zyklische Gruppe. Dann gibt es zu jedem Teiler $t \in \mathbf{N}$ von ord G genau eine Untergruppe H von G mit ord $H = t$.

B e w e i s. Wir betrachten die natürliche Zahl n mit $n\,t = \text{ord } G$. Dann ist ord $a^n = t$, wie im Beweis von 16.10 gezeigt wurde, und $H := \langle a^n \rangle$ ist eine Untergruppe der Ordnung t von G.

Wir betrachten nun beliebige Untergruppen H und H' von G mit ord $H = t$ und ord $H' = t$. Nach 16.10 ist $H = \langle a^n \rangle$ und $H' = \langle a^{n'} \rangle$, wobei ord $H = \dfrac{\text{ord } G}{n}$ und ord $H' = \dfrac{\text{ord } G}{n'}$ ist.

Wegen ord $H = \text{ord } H'$ folgt $n = n'$ und somit $H = H'$. ∎

Die obige Bemerkung, daß bei einer endlichen zyklischen Gruppe G die Ordnung einer jeden Untergruppe ein Teiler von ord G ist, gilt für beliebige endliche Gruppen. Der Beweis dieser allgemeinen Aussage wird durch die nachfolgenden Überlegungen vorbereitet.

16.12 G sei eine Gruppe und H eine Untergruppe von G. Für $a, b \in G$ setzen wir $a \sim b$ genau dann, wenn $b^{-1} a \in H$ ist. Dann gilt:

1. Die Relation $\sim$ ist eine Äquivalenzrelation auf G.

2. Für jedes $b \in G$ ist $\{b\,h \mid h \in H\}$ die Äquivalenzklasse $\bar{b}$ von b.

B e w e i s. 1. Wegen $a^{-1} a = e \in H$ gilt stets $a \sim a$. Aus $a \sim b$ und $b \sim c$, d. h. $b^{-1} a \in H$ und $c^{-1} b \in H$, folgt $c^{-1} a = (c^{-1} b)(b^{-1} a) \in H$, also $a \sim c$. Schließlich folgt aus $a \sim b$, d. h. $b^{-1} a \in H$ auch $a^{-1} b = (b^{-1} a)^{-1} \in H$, also $b \sim a$. Daher ist $\sim$ reflexiv, transitiv und symmetrisch.

2. Definitionsgemäß ist $\bar{b} = \{x \in G \mid x \sim b\} = \{x \in G \mid b^{-1} x \in H\}$. Für $x \in G$ gilt also genau dann $x \in \bar{b}$, wenn es ein $h \in H$ mit $b^{-1} x = h$, d. h. mit $x = b\,h$ gibt. ∎

16.13 Definition G sei eine Gruppe und H eine Untergruppe von G. Für $b \in G$ heißt die Menge $b\,H := \{b\,h \mid h \in H\}$ d i e L i n k s n e b e n k l a s s e von b (bzgl. H in G) und analog $H\,b := \{h\,b \mid h \in H\}$ die R e c h t s n e b e n k l a s s e von b.

Die Linksnebenklassen bzgl. H in G sind also gerade die Äquivalenzklassen bzgl. der Äquivalenzrelation $\sim$ aus 16.12. Auch die Rechtsnebenklassen lassen sich als Äquivalenzklassen erhalten, indem man a und b genau dann in Relation setzt, wenn $a\,b^{-1} \in H$ ist. Wir gehen darauf hier nicht weiter ein, da wir zunächst mit den Linksnebenklassen auskommen.

16.14 Definition G sei eine Gruppe und H eine Untergruppe von G. Gibt es nur endlich viele paarweise verschiedene Linksnebenklassen bzgl. H in G, so heißt deren Anzahl der I n d e x von H in G und wird mit $[G : H]$ bezeichnet. Andernfalls setzen wir $[G : H] := \infty$.

Der Index von H in G ist also die Elementezahl der Quotientenmenge $G/\sim$, wo $\sim$ die Äquivalenzrelation aus 16.12 ist.

Im Beispiel $G := (\mathbf{Z}, +)$, $H := \mathbf{Z}\,n$ mit $n \geq 1$ aus $\mathbf{N}$, ist die zugehörige Äquivalenzrelation $\sim$ gerade die Relation „kongruent modulo n" aus 4.10. Für $a, b \in \mathbf{Z}$ gilt nämlich $a \equiv b \pmod{n}$ genau dann, wenn a und b bei Division durch n denselben Rest lassen, d. h., wenn $-b + a$ durch n teilbar und somit ein Element aus $\mathbf{Z}\,n$ ist. Die Linksnebenklassen haben wir in diesem Fall als Restklassen bezeichnet. Ihre Anzahl, also der Index von $\mathbf{Z}\,n$ in $\mathbf{Z}$, ist n.

16.15 G sei eine Gruppe und H eine (endliche) Untergruppe von G. Dann haben alle Linksnebenklassen bzgl. H in G dieselbe Elementezahl. Sie ist gleich ord H.

B e w e i s. Für $b \in G$ betrachten wir die Abbildung $f : H \to b\,H$ mit $f(h) := b\,h$. Nach Konstruktion ist f surjektiv, und wegen der Kürzungsregel in der Gruppe G folgt aus $b\,h = b\,h'$ sofort $h = h'$, d. h., f ist auch injektiv. Es gibt also eine bijektive Abbildung von H auf $b\,H$. Daher haben H und $b\,H$ gleich viele Elemente. ∎

Die Aussage von 16.15 gilt natürlich analog auch für Rechtsnebenklassen.

Wir können nun beweisen:

16.16 (S a t z v o n L a g r a n g e)   G sei eine endliche Gruppe und H eine Untergruppe von G. Dann gilt ord $G = [G : H] \cdot$ ord H, insbesondere ist die Ordnung von H ein Teiler der Ordnung von G.

B e w e i s. Mit ord G sind erst recht ord H und [G : H] endlich. Nach 16.15 enthält jede Linksnebenklasse bzgl. H in G genau ord H Elemente.

Außerdem sind die Linksnebenklassen gerade die Äquivalenzklassen bzgl. der Äquivalenzrelation $\sim$ aus 16.12. Sie sind deshalb paarweise disjunkt, und ihre Vereinigung ist ganz G. Da es dabei [G : H] verschiedene Äquivalenzklassen gibt, enthält G somit insgesamt [G : H] · ord H Elemente. ∎

Wir wollen die Beweisidee beim Satz von Lagrange noch an einem Beispiel erläutern. Dazu sei G eine zyklische Gruppe der Ordnung 6, wie sie nach 16.7 existiert, und es sei a ein erzeugendes Element von G. Dann besteht G aus den Elementen $e = a^0$, $a = a^1$, $b := a^2$, $c := a^3$, $d := a^4$, $f := a^5$. Beispielsweise ist H := {e, c} eine Untergruppe der Ordnung 2 von G. Die Linksnebenklassen bzgl. H in G sind dann

$$eH = cH = \{e, c\}$$
$$aH = dH = \{a, d\}$$
$$bH = fH = \{b, f\}.$$

Der Index von H in G ist also 3, und man sieht an diesem Beispiel noch einmal direkt, daß G in der Tat in 3 paarweise disjunkte Klassen zu je 2 Elementen zerfällt.

A n m e r k u n g. Die Formel ord G = [G : H] · ord H aus 16.15 gilt auch für unendliche Gruppen G, falls man entweder $n \cdot \infty := \infty$ für $n \in \mathbb{N}$ und $\infty \cdot \infty := \infty$ definiert oder aber die obige Formel als Gleichung zwischen Kardinalzahlen interpretiert.

Schließlich weisen wir noch darauf hin, daß man den Satz von Lagrange genauso gut mit Rechtsnebenklassen und der zugehörigen Äquivalenzrelation hätte beweisen können, wobei [G : H] dann als Anzahl der paarweise verschiedenen Rechtsnebenklassen aufzufassen ist. Da sich sowohl mit Linksnebenklassen wie mit Rechtsnebenklassen die Formel ord G = [G : H] · ord H ergibt, muß im Fall endlicher Gruppen der Index von H in G, wie wir ihn in 16.14 definiert haben, auch gleich der Anzahl der paarweise verschiedenen Rechtsnebenklassen bzgl. H in G sein. Dies gilt auch im Fall unendlicher Gruppen G:

16.17 G sei eine Gruppe und H eine Untergruppe von G. Dann ist die Anzahl [G : H] der Linksnebenklassen (bzgl. H in G) gleich der Anzahl der Rechtsnebenklassen.

B e w e i s. Man betrachtet die Abbildung $f : G \to G$ mit $f(x) := x^{-1}$. Für $b \in G$ gilt $f(bH) = f(\{bh \mid h \in H\}) = \{(bh)^{-1} \mid h \in H\} = \{h^{-1}b^{-1} \mid h \in H\} = Hb^{-1}$. Bei der letzten Umformung wurde benutzt, daß mit h auch h^{-1} ganz H durchläuft. Man beachte, daß $f(bH)$ nur von der Linksnebenklasse bH und nicht von dem speziellen Repräsentanten b abhängt. Analog zeigt man $f(Hb) = b^{-1}H$. Insgesamt induziert f also zwei Abbildungen zwischen den Mengen der Links- und der Rechtsnebenklassen, die offenbar zueinander invers sind. Daher haben diese beiden Mengen gleich viele Elemente. ∎

Wendet man den Satz von Lagrange auf die zyklischen Untergruppen einer endlichen Gruppe an, so erhält man:

16.18 (K l e i n e r F e r m a t s c h e r S a t z) Für jedes Element a einer endlichen Gruppe G ist ord a ein Teiler von ord G. Insbesondere gilt stets $a^{\text{ord } G} = e$.

B e w e i s. Nach 16.6 ist ord a = ord ⟨a⟩, und nach dem Satz von Lagrange ist ord ⟨a⟩ ein Teiler von ord G. Die zweite Behauptung folgt dann aus 16.2, 1. ∎

Die folgende Aussage ist ein weiteres Anwendungsbeispiel für den Satz von Lagrange:

16.19 Satz Jede endliche Gruppe G, deren Ordnung eine Primzahl ist, ist zyklisch (und damit insbesondere kommutativ).

B e w e i s. Nach Voraussetzung ist p := ord G eine Primzahl. Dann ist ord G $\geq$ 2, und es gibt ein Element a $\in$ G, das vom neutralen Element e verschieden ist. Die Untergruppe $\langle a \rangle$ von G enthält e und a, d. h., es ist ord $\langle a \rangle \neq 1$. Da ord $\langle a \rangle$ nach dem Satz von Lagrange ein Teiler der Primzahl p ist, kann nur ord $\langle a \rangle$ = p = ord G gelten. Daraus folgt $\langle a \rangle$ = G, d. h., G ist zyklisch mit a als erzeugendem Element.   ∎

Der obige Beweis zeigt auch, daß eine Gruppe G von Primzahlordnung außer den „trivialen" Untergruppen $\{e\}$ und G keine weiteren Untergruppen enthält.

Übungsaufgaben

16.20 Für Elemente a, b einer Gruppe G zeige man: 1. ord (a b) = ord (b a)
2. ord a^{-1} = ord a.

16.21 Es sei a ein Element endlicher Ordnung in einer Gruppe G. Für m $\geq$ 1 aus **N** zeige man ord $a^m = \dfrac{\text{ord } a}{\text{ggT}(m, \text{ord } a)}$. Dabei bezeichne ggT wie üblich den größten gemeinsamen Teiler.

16.22 Man zeige, daß die Gruppen (**Q**, +) und (**Q** − $\{0\}$, ·) nicht zyklisch sind.

16.23 Man zeige, daß eine Gruppe G genau dann zyklisch ist, wenn es einen surjektiven Homomorphismus von (**Z**, +) auf G gibt.

16.24 Es sei f : G $\to$ G$'$ ein surjektiver Homomorphismus von Gruppen. Man zeige: Ist G zyklisch, so auch G$'$.

16.25 G sei eine Gruppe mit ord G $>$ 1, in der jede Untergruppe $\neq \{e\}$ zu ganz G isomorph ist. Man zeige, daß G eine zyklische Gruppe von unendlicher Ordnung oder von Primzahlordnung p, also isomorph zu (**Z**, +) oder ($\mathbf{Z}_p$, +) ist.

16.26 G sei eine Gruppe, und H, H$'$ seien Untergruppen von G. Man zeige: Gibt es Elemente a, b $\in$ G mit a H = b H$'$, so ist bereits H = H$'$.

16.27 G sei eine endliche Gruppe, H eine Untergruppe von G und H$'$ eine Untergruppe von H. Man zeige: [G : H$'$] = [G : H] · [H : H$'$].

16.28 Es seien a und b Elemente endlicher Ordnung in einer kommutativen Gruppe G. Man zeige: Sind ord a und ord b teilerfremd, so gilt ord (a b) = ord a · ord b.

16.29 G sei eine Gruppe und M eine Teilmenge von G. Für a, b $\in$ G setzen wir a $\sim$ b genau dann, wenn b^{-1} a $\in$ M ist. Man zeige, daß diese Relation $\sim$ auf G genau dann eine Äquivalenzrelation ist, wenn M eine Untergruppe von G ist.

16.30 G sei Gruppe. Für a, b $\in$ G setze man a $\sim$ b genau dann, wenn a = b oder a = b^{-1} ist.

1. Man zeige, daß $\sim$ eine Äquivalenzrelation auf G ist, und bestimme die Äquivalenzklassen.

2. Für den Fall, daß G eine endliche Gruppe gerader Ordnung ist, zeige man, daß die Anzahl der Elemente der Ordnung 2 in G ungerade (also $\geq$ 1) ist.

3. Für den Fall, daß G endlich und kommutativ ist, zeige man, daß das Produkt aller Elemente von G gleich dem Produkt der Elemente der Ordnung 2 von G ist, falls ord G gerade ist, und gleich dem neutralen Element e, falls ord G ungerade ist.

17 Normalteiler und Quotientengruppen

In diesem Abschnitt wollen wir uns mit Quotientenstrukturen speziell bei Gruppen beschäftigen. Dabei schließen wir an die allgemeinen Überlegungen aus Abschn. 9 an. Quotientenstrukturen wurden dort mit Hilfe von Kongruenzrelationen definiert. Wir werden uns im folgenden einen Überblick über alle Kongruenzrelationen auf einer Gruppe G verschaffen, indem wir sie mit Hilfe spezieller Untergruppen von G beschreiben.

Zunächst notieren wir eine wichtige Eigenschaft der Kerne von Gruppenhomomorphismen.

17.1 Es sei $f : G \to G'$ ein Homomorphismus von Gruppen. Für die Untergruppe $N :=$ Kern f von G gilt dann $aN = Na$ für alle $a \in G$.

B e w e i s. Wir zeigen zunächst $aN \subset Na$. Sei dazu $x \in aN$, also $x = ay$ mit $y \in N =$ Kern f. Dann ist $f(y)$ das neutrale Element e' von G', und es folgt: $f(xa^{-1}) = f(aya^{-1}) = f(a)f(y)f(a)^{-1} = f(a)e'f(a)^{-1} = e'$. Daher ist $xa^{-1} \in$ Kern $f = N$ und somit $x = (xa^{-1})a \in Na$. Analog zeigt man $Na \subset aN$. ∎

Für den Kern eines Gruppenhomomorphismus stimmen also die Linksnebenklassen mit den entsprechenden Rechtsnebenklassen überein. Allgemein definieren wir:

17.2 Definition Eine Untergruppe N einer Gruppe G heißt eine n o r m a l e U n t e r g r u p p e oder auch ein N o r m a l t e i l e r von G, wenn für alle $a \in G$ gilt $aN = Na$.

Nach 17.1 ist der Kern eines Gruppenhomomorphismus $f : G \to G'$ ein Normalteiler von G.

Ist G eine kommutative Gruppe, so ist natürlich jede Untergruppe N von G ein Normalteiler, da dann sogar für alle $x \in N$ elementweise $ax = xa$ und somit erst recht $aN = Na$ gilt.

Im allgemeinen sind nicht alle Untergruppen einer Gruppe Normalteiler.

17.3 Beispiel X sei eine Menge mit mindestens 3 paarweise verschiedenen Elementen a, b und c. In der Permutationsgruppe $\mathfrak{S}(X)$ betrachten wir die Abbildungen f und g, die a mit b bzw. a mit c vertauschen und jeweils die anderen Elemente von X festlassen. Dann ist $f \circ g \neq g \circ f$ wegen $(f \circ g)(a) = f(c) = c$ und $(g \circ f)(a) = g(b) = b$. Insbesondere ist also $\mathfrak{S}(X)$ nicht kommutativ.

Ferner ist $f \neq id_X$ und $f^2 = id_X$, also $H := \{id_X, f\}$ eine Untergruppe der Ordnung 2 von $\mathfrak{S}(X)$. Wegen $gH = \{g, g \circ f\}$, $Hg = \{g, f \circ g\}$ und $g \circ f \neq f \circ g$ ist dann auch $gH \neq Hg$, d. h., H ist kein Normalteiler von $\mathfrak{S}(X)$.

Wir können nun den angekündigten Zusammenhang zwischen Kongruenzrelationen und Normalteilern bei Gruppen darstellen.

Dazu sei zunächst $\sim$ eine Kongruenzrelation auf einer Gruppe G. Versieht man die Quotientenmenge $G/\!\sim$ mit der induzierten Verknüpfung, so erhält man gemäß 9.5 wieder eine Gruppe, und die kanonische Projektion $p : G \to G/\!\sim$, die jedem $a \in G$ die Äquivalenzklasse $\bar{a}$ zuordnet, wird ein Gruppenhomomorphismus. Nach 17.1 ist dann

N := Kern p ein Normalteiler von G. Durch ihn ist die Relation bereits eindeutig festgelegt. Für a, b $\in$ G gilt nämlich a$\sim$ b genau dann, wenn p(a) = p(b) ist, also genau dann, wenn p(b^{-1}a) = p(b)$^{-1}$p(a) = $\bar{e}$ und somit b^{-1}a $\in$ Kern p = N ist.

Wir zeigen nun, daß Normalteiler auch umgekehrt in der eben beschriebenen Weise stets Kongruenzrelationen definieren.

17.4 G sei eine Gruppe und N ein Normalteiler von G. Für a, b $\in$ G setzen wir a $\sim$ b genau dann, wenn b^{-1}a $\in$ N ist. Dann ist $\sim$ eine Kongruenzrelation auf G, und der Kern der kanonischen Projektion p : G $\to$ G/$\sim$ ist gerade N.

B e w e i s. Bei der zu betrachtenden Relation handelt es sich um die Äquivalenzrelation, die bei beliebigen Untergruppen von G in 16.12 für den Beweis des Satzes von Lagrange eingeführt wurde. Wir haben daher nur noch zu zeigen, daß $\sim$ sogar eine Kongruenzrelation ist. Für beliebige Elemente a, a$'$, b, b$'$ $\in$ G mit a $\sim$ a$'$ und b $\sim$ b$'$ ist also a b $\sim$ a$'$ b$'$ nachzuweisen. Nach Voraussetzung ist x := a$'^{-1}$a $\in$ N und ebenso y := b$'^{-1}$b $\in$ N. Dann ist a b = a$'$ x b$'$ y mit x, y $\in$ N. Da N ein Normalteiler ist, ist N b$'$ = b$'$N, d. h., zu x b$'$ $\in$ N b$'$ gibt es ein z $\in$ N mit x b$'$ = b$'$z. Insgesamt folgt a b = a$'$x b$'$ y = a$'$b$'$z y. Daher ist (a$'$b$'$)$^{-1}$ (a b) = z y $\in$ N und somit a b $\sim$ a$'$b$'$.

Nach Konstruktion ist Kern p = {x $\in$ G|x $\sim$ e} = {x $\in$ G|e^{-1} x = x $\in$ N} = N.   ∎

Wir haben gesehen, daß die Kongruenzrelationen auf Gruppen sich im Sinne von 17.4 durch Normalteiler geben lassen. Daher gehen wir im folgenden bei der Betrachtung der Quotientengruppen einer Gruppe G gleich von den Normalteilern von G aus.

17.5 Definition G sei eine Gruppe, N ein Normalteiler von G und $\sim$ die zugehörige Kongruenzrelation (vgl. 17.4). Dann heißt die mit der induzierten Verknüpfung versehene Quotientenmenge G/$\sim$ die Q u o t i e n t e n g r u p p e von G nach N und wird mit G/N bezeichnet.

Es sei darauf hingewiesen, daß in der Literatur für G/N auch die Bezeichnung F a k t o r - g r u p p e üblich ist.

Nach 9.5 ist G/N = G/$\sim$ in der Tat eine Gruppe. Die Elemente von G/N sind die Äquivalenzklassen bzgl. der Kongruenzrelation $\sim$, also nach 16.12 die Linksnebenklassen a N bzgl. N in G, die wegen der Normalteilereigenschaft von N mit den entsprechenden Rechtsnebenklassen N a übereinstimmen. Verwenden wir wieder die Bezeichnung $\bar{a}$ für a N, so ist $\bar{a}$ = $\bar{b}$ genau dann, wenn a $\sim$ b, also b^{-1}a $\in$ N ist, und die Verknüpfung von G/N wird durch $\bar{a}$ $\cdot$ $\bar{b}$:= $\overline{a b}$ gegeben. Die Ordnung von G/N ist die Anzahl der verschiedenen Linksnebenklassen bzgl. N in G, also der Index von N in G. Wir fassen die bisher erhaltenen Aussagen über Quotientengruppen noch einmal zusammen.

17.6 G sei eine Gruppe und N ein Normalteiler von G. Dann gilt:

1. G/N ist eine Gruppe mit ord G/N = [G : N].

2. Die kanonische Projektion p : G $\to$ G/N ist ein surjektiver Homomorphismus mit Kern p = N.

Jede Gruppe G besitzt die beiden Normalteiler G und {e}. Für jedes a $\in$ G ist nämlich a G = G = G a und a {e} = {a} = {e} a. Als Quotientengruppe erhalten wir im ersten Fall die Gruppe $G/G = \{\bar{e}\}$, die nur aus dem neutralen Element besteht, und im zweiten Fall die Gruppe $G/\{e\}$. Dabei ist die kanonische Projektion $p : G \to G/\{e\}$ mit $p(a) = \bar{a} = \{a\}$ bijektiv, d. h., es ist $G \cong G/\{e\}$.

Als Beispiel untersuchen wir noch die Quotientengruppen der Gruppe $(\mathbf{Z}, +)$. Die einzigen Untergruppen von $(\mathbf{Z}, +)$ sind nach 16.9 die Gruppen der Form $\mathbf{Z}\,n$ mit $n \in \mathbf{N}$. Sie sind natürlich alle Normalteiler, da $(\mathbf{Z}, +)$ kommutativ ist. Bei der zu $\mathbf{Z}\,n$, $n \neq 0$, gehörenden Äquivalenzrelation gilt $a \sim b$ genau dann, wenn $a - b = -b + a \in \mathbf{Z}\,n$ ist, d. h., wenn a und b bei Division durch n denselben Rest lassen. Daher ist $\sim$ in diesem Fall die Relation $\equiv (\bmod\ n)$ aus 9.6, und die Quotientengruppe $(\mathbf{Z}/\mathbf{Z}\,n, +)$ stimmt mit der dort betrachteten Gruppe $(\mathbf{Z}_n, +)$ überein.

A n m e r k u n g. Wir haben bereits gesehen (vgl. 17.1), daß Kerne von Gruppenhomomorphismen stets Normalteiler sind. Umgekehrt zeigt 17.6, 2, daß alle Normalteiler sich auf diese Weise erhalten lassen. Die Normalteiler einer Gruppe G sind also genau die Kerne der auf G definierten Gruppenhomomorphismen.

Wir wollen uns nun Homomorphismen auf Quotientengruppen zuwenden und schließen dabei an die allgemeinen Aussagen über induzierte Homomorphismen in 9.4 an.

17.7 Satz Es sei $f : G \to G'$ ein Homomorphismus von Gruppen, N ein Normalteiler von G und $p : G \to G/N$ die kanonische Projektion. Genau dann gibt es einen Homomorphismus $\bar{f} : G/N \to G'$ mit $\bar{f} \circ p = f$, wenn $N \subset \mathrm{Kern}\ f$ ist.

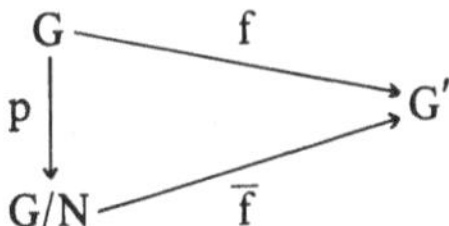

In diesem Fall ist $\bar{f}$ eindeutig bestimmt und heißt der durch f i n d u z i e r t e H o m o m o r p h i s m u s.

B e w e i s. Wir nehmen zunächst an, daß es einen Homomorphismus $\bar{f} : G/N \to G'$ mit $\bar{f} \circ p = f$ gibt. Wegen $\mathrm{Kern}\ p = N$ gilt dann $f(x) = \bar{f}(p(x)) = \bar{f}(\bar{e}) = e'$ für alle $x \in N$, also $N \subset \mathrm{Kern}\ f$.

Umgekehrt setzen wir nun $N \subset \mathrm{Kern}\ f$ voraus. Mit $\sim$ bezeichnen wir die N gemäß 17.4 zugeordnete Kongruenzrelation auf G. Aus $a \sim b$, d. h. $b^{-1}\,a \in N$, folgt dann $f(b)^{-1} f(a) = f(b^{-1}\,a) = e'$ wegen $b^{-1}\,a \in N \subset \mathrm{Kern}\ f$, also $f(a) = f(b)$. Nach 4.8 induziert f daher eine eindeutig bestimmte Abbildung $\bar{f} : G/N \to G'$ mit $\bar{f} \circ p = f$, und nach 9.4 ist $\bar{f}$ ein Homomorphismus. ∎

Für den Spezialfall von Kongruenzrelationen auf Gruppen erhält Satz 4.9 die folgende Gestalt:

17.8 (H o m o m o r p h i e s a t z) Es sei $f : G \to G'$ ein surjektiver Homomorphismus von Gruppen. Dann ist der induzierte Homomorphismus $\bar{f} : G/\mathrm{Kern}\ f \to G'$ ein Isomorphismus, insbesondere gilt also $G/\mathrm{Kern}\ f \cong G'$.

B e w e i s. Nach 17.1 ist $\mathrm{Kern}\ f$ ein Normalteiler von G, und wegen $N := \mathrm{Kern}\ f \subset \mathrm{Kern}\ f$ existiert $\bar{f}$ in der Tat gemäß 17.7. Bezeichnet $\sim$ die zum Normalteiler $\mathrm{Kern}\ f$ gehörende

Kongruenzrelation, so gilt $a \sim b$ genau dann, wenn $b^{-1} a \in$ Kern f, also wenn $f(b)^{-1} f(a) =$ $f(b^{-1} a) = e'$ und somit genau dann, wenn $f(a) = f(b)$ ist. Nach 4.9 ist $\bar{f}$ nun eine bijektive Abbildung von $G/\sim{} = G/$Kern f auf G', also insgesamt ein Isomorphismus.   ∎

A n m e r k u n g e n 1. Natürlich kann man im vorstehenden Beweis direkt nachprüfen, daß $\bar{f}$ bijektiv ist. Die Surjektivität von $\bar{f}$ ergibt sich unmittelbar aus der Surjektivität von f. Zum Nachweis der Injektivität genügt es, Kern $\bar{f} = \{\bar{e}\}$ zu zeigen. Für $a \in G$ folgt aus $\bar{f}(\bar{a}) = e'$ nun $e' = \bar{f}(\bar{a}) = \bar{f}(p(a)) = f(a)$, d. h. $a \in$ Kern f und damit $\bar{a} = \bar{e}$ in $G/$Kern f.

2. Wir weisen noch darauf hin, daß man den Homomorphiesatz auch bei einem nicht surjektiven Gruppenhomomorphismus $f : G \to G'$ verwenden kann, indem man f auffaßt als surjektiven Homomorphismus von G auf die Gruppe $f(G)$ und so $G/$Kern $f \cong f(G)$ erhält.

3. Als Anwendungsbeispiel für den Homomorphiesatz beweisen wir noch einmal die Isomorphie zyklischer Gruppen gleicher Ordnung (vgl. 16.7). Dazu sei G eine zyklische Gruppe und a ein erzeugendes Element von G. Durch $f(z) := a^z$ wird ein Homomorphismus f von $(\mathbf{Z}, +)$ in G gegeben (vgl. auch 8.11). Da $G = \langle a \rangle$ gerade aus den Potenzen von a besteht, ist f surjektiv. Nach dem Homomorphiesatz gilt daher $G \cong \mathbf{Z}/$Kern f. Als Untergruppe von $(\mathbf{Z}, +)$ ist Kern f von der Form $\mathbf{Z}\,n$ mit $n \in \mathbf{N}$ (vgl. 16.9). Es folgt $G \cong \mathbf{Z}/\mathbf{Z}\,n = \mathbf{Z}_n$ und dabei ord $G =$ ord $\mathbf{Z}_n = n$ im Fall $n \neq 0$, sowie $G \cong \mathbf{Z}/\{0\} \cong \mathbf{Z}$ im Fall $n = 0$. Daher sind alle zyklischen Gruppen der endlichen Ordnung n zu $(\mathbf{Z}_n, +)$ und alle unendlichen zyklischen Gruppen zu $(\mathbf{Z}, +)$ isomorph.

4. Der Homomorphiesatz besagt unter anderem, daß die Quotientengruppen einer Gruppe G (bis auf Isomorphie) genau die möglichen homomorphen Bilder von G ausmachen.

Es sollen nun die Untergruppen einer Quotientengruppe G/N mit Hilfe der Untergruppen von G beschrieben werden. Dabei betrachten wir statt der kanonischen Projektion $p : G \to G/N$ gleich einen beliebigen surjektiven Gruppenhomomorphismus $f : G \to G'$.

17.9 Es sei $f : G \to G'$ ein surjektiver Homomorphismus von Gruppen. Dann gilt:

1. Ordnet man jeder Untergruppe H von G die Untergruppe $f(H)$ von G' und jeder Untergruppe H' von G' die Untergruppe $f^{-1}(H')$ von G zu, so erhält man zueinander inverse bijektive Abbildungen zwischen der Menge der Untergruppen von G, die Kern f umfassen, und der Menge aller Untergruppen von G'.

2. Ist H Normalteiler von G, so ist $f(H)$ Normalteiler von G'. Ist H' Normalteiler von G', so ist $f^{-1}(H')$ Normalteiler von G.

B e w e i s. 1. Nach 8.8 sind $f(H)$ und $f^{-1}(H')$ in der Tat wieder Untergruppen. Wegen $\{e'\} \subset H'$ ist Kern $f = f^{-1}(\{e'\}) \subset f^{-1}(H')$. Aus der Surjektivität von f ergibt sich $f(f^{-1}(H')) = H'$.

Für eine Untergruppe H von G mit Kern $f \subset H$ ist noch $f^{-1}(f(H)) = H$ nachzuweisen. Die Inklusion $H \subset f^{-1}(f(H))$ ist klar. Sei umgekehrt $a \in f^{-1}(f(H))$, also $f(a) \in f(H)$. Dann gibt es ein $h \in H$ mit $f(a) = f(h)$. Es folgt $f(h^{-1} a) = f(h)^{-1} f(a) = e'$, also $h^{-1} a \in$ Kern f. Wegen Kern $f \subset H$ ist also $h^{-1} a \in H$, $a \in h\, H = H$.

2. Zunächst sei H ein Normalteiler von G. Dann ist $a\,H = H\,a$ und damit auch $f(a)\,f(H) = f(H)\,f(a)$ für alle $a \in G$. Da f surjektiv ist, bedeutet dies $a'\,f(H) = f(H)\,a'$ für alle $a' \in G'$. Daher ist $f(H)$ ein Normalteiler von G'.

Umgekehrt sei nun H' ein Normalteiler von G'. Für jedes $a \in G$ haben wir $a\,f^{-1}(H') = f^{-1}(H')\,a$ zu zeigen. Dazu sei $x \in a\,f^{-1}(H')$. Dann ist $f(x) \in f(a)\,f(f^{-1}(H')) \subset f(a)\,H'$.

Nach Voraussetzung ist $f(a)H' = H'f(a)$, also $f(x) \in H'f(a)$ und damit $f(x\,a^{-1}) = f(x)\,f(a)^{-1} \in H'$. Daraus ergibt sich $x\,a^{-1} \in f^{-1}(H')$ und schließlich $x \in f^{-1}(H')a$. Also ist $a\,f^{-1}(H') \subset f^{-1}(H')a$. Die umgekehrte Inklusion wird analog bewiesen.   ∎

A n m e r k u n g. Der letzte Teil des obigen Beweises zeigt sogar, daß Urbilder von Normalteilern unter einem Gruppenhomomorphismus f auch dann stets Normalteiler sind, wenn f nicht surjektiv ist.

Die vorstehende Aussage wollen wir im Spezialfall der kanonischen Projektion $p : G \to G/N$ noch einmal erläutern: Für eine Untergruppe H von G mit $H \supset N$ ist N erst recht ein Normalteiler in H, und es ist $H/N = \{a\,N \mid a \in H\} = p(H)$. Nach 17.9 lassen sich alle Untergruppen von G/N eindeutig in dieser Form darstellen. Dabei ist H/N genau dann ein Normalteiler von G/N, wenn H ein Normalteiler von G ist.

Als weitere wichtige Aussage im Zusammenhang mit Quotientengruppen erhalten wir nun:

17.10 (I s o m o r p h i e s a t z) Es sei $f : G \to G'$ ein surjektiver Homomorphismus von Gruppen, und H sei ein Normalteiler von G mit $H \supset$ Kern f. Dann induziert f in natürlicher Weise einen Isomorphismus von G/H auf $G'/f(H)$.

B e w e i s. Nach 17.9 ist zunächst $f(H)$ ein Normalteiler in G', so daß auch $G'/f(H)$ gebildet werden kann. Es bezeichne nun $p' : G' \to G'/f(H)$ die kanonische Projektion. Dann ist $f' := p' \circ f$ ein Homomorphismus von G auf $G'/f(H)$, der ebenfalls surjektiv ist. Es gilt Kern $f' = f^{-1}($Kern $p') = f^{-1}(f(H)) = H$ wegen $H \supset$ Kern f (vgl. 17.9, 1). Nach dem Homomorphiesatz liefert f' einen Isomorphismus $\overline{f}'$ von $G/$Kern $f' = G/H$ auf $G'/f(H)$.   ∎

Ist f wieder speziell die kanonische Projektion $p : G \to G/N$ und $H \supset N$ ein Normalteiler von G, also $H/N = p(N)$ ein Normalteiler von G/N, so sind nach dem Isomorphiesatz G/H und $(G/N)/p(H)$ isomorph, d. h., es ist $G/H \cong (G/N)/(H/N)$.

Wir geben ergänzend einige weitere einfache Kriterien für Normalteiler an.

17.11 G sei eine Gruppe und N eine Untergruppe von G mit dem Index $[G : N] = 2$. Dann ist N ein Normalteiler von G.

B e w e i s. Wegen $[G : N] = 2$ gibt es außer $N = e\,N = N\,e$ noch genau eine weitere Linksnebenklasse und nach 16.17 auch genau eine weitere Rechtsnebenklasse bzgl. N in G. Dabei muß es sich jeweils um die Menge $G - N$ handeln. Folglich gilt $a\,N = G - N = N\,a$ für alle $a \in G - N$ und natürlich $a\,N = N = N\,a$ für alle $a \in N$.   ∎

Die Normalteiler einer Gruppe G lassen sich auch mit Hilfe der inneren Automorphismen s_a von G charakterisieren (vgl. 8.12).

17.12 G sei eine Gruppe. Genau dann ist eine Untergruppe N von G ein Normalteiler von G, wenn sie unter allen inneren Automorphismen von G invariant ist, d. h., wenn $s_a(N) \subset N$ für alle $a \in G$ ist. In diesem Fall gilt sogar stets $s_a(N) = N$.

B e w e i s. Zunächst sei N ein Normalteiler. Für alle $a \in G$ ist dann $a\,N = N\,a$. Zu jedem $x \in N$ gibt es also ein $y \in N$ mit $a\,x = y\,a$, und es folgt $s_a(x) = a\,x\,a^{-1} = y\,a\,a^{-1} = y \in N$. Daher ist $s_a(N) \subset N$.

Umgekehrt gelte nun $s_a(N) \subset N$ für alle $a \in G$ und damit auch $s_{a^{-1}}(N) \subset N$. Wegen $s_a \circ s_{a^{-1}} = \mathrm{id}_G$ (vgl. 8.12, 2) folgt dann $N = s_a(s_{a^{-1}}(N)) \subset s_a(N) \subset N$, also sogar

$s_a(N) = N$. Zu jedem $x \in N$ gibt es daher ein $y \in N$ mit $x = s_a(y) = a\,y\,a^{-1}$, also mit $x\,a = a\,y \in a\,N$. Dies zeigt $N\,a \subset a\,N$. Die Inklusion $a\,N \subset N\,a$ wird analog unter Verwendung von $s_{a^{-1}}(N) = N$ bewiesen.   ∎

Als Kern des Gruppenhomomorphismus $s : G \to \operatorname{Aut} G$ aus 8.12, 2 ist das Zentrum $Z(G)$ einer Gruppe G ein Normalteiler von G.

Dies läßt sich natürlich auch direkt einsehen:

17.13 G sei eine Gruppe. Dann ist jede Untergruppe N des Zentrums $Z(G)$ ein Normalteiler von G.

B e w e i s. Aus $N \subset Z(G)$ folgt nach Definition des Zentrums für $a \in G$ und $x \in N$ stets $a\,x = x\,a$, also erst recht $a\,N = N\,a$.   ∎

Über die Quotientengruppe $G/Z(G)$ notieren wir noch die folgende Aussage, die wir später bei der Untersuchung von Beispielen verwenden:

17.14 G sei eine Gruppe mit dem Zentrum $Z(G)$. Dann gilt:

1. $G/Z(G)$ ist nicht zyklisch, falls nicht G kommutativ ist (und damit $G = Z(G)$).

2. Der Index $[G : Z(G)]$ kann keine Primzahl sein.

B e w e i s. 1. Wir nehmen an, daß $G/Z(G)$ zyklisch ist, und zeigen, daß G bereits kommutativ ist. Nach Voraussetzung gibt es ein $a \in G$ mit $G/Z(G) = \langle \overline{a} \rangle = \{\overline{a}^z \mid z \in \mathbf{Z}\}$. Sind nun $a_1, a_2 \in G$ beliebig, so gibt es also $z_1, z_2 \in \mathbf{Z}$ mit $\overline{a}_1 = \overline{a}^{z_1} = \overline{a^{z_1}}$ und $\overline{a}_2 = \overline{a}^{z_2} = \overline{a^{z_2}}$. Es gilt daher $b_1 := a^{-z_1} a_1 \in Z(G)$ und $b_2 := a^{-z_2} a_2 \in Z(G)$. Da die Zentrumselemente b_1, b_2 mit allen Elementen aus G kommutieren sowie die Potenzen von a untereinander, folgt

$$a_1 a_2 = a^{z_1} b_1\, a^{z_2} b_2 = a^{z_1} a^{z_2} b_1 b_2 = a^{z_2} a^{z_1} b_2 b_1 = a^{z_2} b_2 a^{z_1} b_1 = a_2 a_1 .$$

2. Angenommen, $[G : Z(G)] = \operatorname{ord} G/Z(G)$ wäre eine Primzahl. Dann wäre $G/Z(G)$ nach 16.19 eine zyklische Gruppe der Ordnung ≥ 2 im Widerspruch zu 1.   ∎

Übungsaufgaben

17.15 G sei eine Gruppe und N ein Normalteiler von G mit $\operatorname{ord} N = 2$. Man zeige, daß N im Zentrum von G liegt.

17.16 G sei eine Gruppe. Man zeige: 1. Sind N und N' Normalteiler von G, so ist auch $N \cap N'$ ein Normalteiler von G.

2. Ist N ein Normalteiler und H eine beliebige Untergruppe von G, so ist $N \cap H$ ein Normalteiler von H.

17.17 $\mathfrak{S}(X)$ sei die Permutationsgruppe einer Menge X mit mindestens 3 verschiedenen Elementen, und es sei $x_0 \in X$. Man zeige, daß die Untergruppe $H := \{f \in \mathfrak{S}(X) \mid f(x_0) = x_0\}$ von $\mathfrak{S}(X)$ kein Normalteiler ist (vgl. 7.12).

17.18 G sei eine Gruppe und $\operatorname{Aut} G$ die Automorphismengruppe von G. Man zeige, daß die inneren Automorphismen von G einen Normalteiler von $\operatorname{Aut} G$ bilden (vgl. dazu 8.12).

17.19 G sei eine Gruppe und N eine zyklische Untergruppe von G. Man zeige: Ist N ein Normalteiler von G, so ist auch jede Untergruppe H von N ein Normalteiler von G (man beachte, daß alleine aus der Tatsache, daß H ein Normalteiler von N und N ein Normalteiler von G ist, noch nicht folgt, daß H auch ein Normalteiler von G ist).

17.20 G sei eine Gruppe. Für Teilmengen A, B von G definiert man das K o m p l e x - p r o d u k t durch $A \cdot B := \{a\,b \mid a \in A, b \in B\}$. Man zeige, daß eine Untergruppe N von G genau dann ein Normalteiler ist, wenn das Komplexprodukt von zwei Linksnebenklassen stets wieder eine Linksnebenklasse bzgl. N ist. In diesem Fall ist das Komplexprodukt die Verknüpfung der Restklassengruppe G/N.

17.21 G sei eine Gruppe. Ein Element der Form $a\,b\,a^{-1}b^{-1}$ mit $a, b \in G$ heißt ein K o m m u t a t o r in G. Man zeige, daß eine Untergruppe N von G genau dann alle Kommutatoren in G enthält, wenn sie ein Normalteiler ist, für den G/N kommutativ wird.

17.22 G sei eine Gruppe, und N, N′ seien Normalteiler von G. Man zeige, daß $G/(N \cap N')$ genau dann kommutativ ist, wenn G/N und G/N′ kommutativ sind.

17.23 G sei eine endliche Gruppe, N ein Normalteiler von G und H eine beliebige Untergruppe von G. Ferner seien ord H und der Index [G : N] teilerfremd. Man folgere $H \subset N$.

18 Direkte Produkte von Gruppen

Bei der Untersuchung von Gruppen ist es häufig vorteilhaft, eine gegebene Gruppe darzustellen als direktes Produkt „einfacherer" Gruppen. Bevor wir dies präzisieren, gehen wir kurz auf einen allgemeineren Produktbegriff ein.

18.1 Definition A und B seien Teilmengen einer Gruppe G. Dann heißt die Menge $A\,B := \{a\,b \mid a \in A, b \in B\}$ aller Produkte eines Elementes aus A mit einem Element aus B das P r o d u k t (auch K o m p l e x p r o d u k t) der Mengen A und B.

Für Teilmengen A, B, C der Gruppe G gilt natürlich $(A\,B)C = A(B\,C)$, d. h., das Assoziativgesetz überträgt sich. Ist G kommutativ, so ist auch die Komplexmultiplikation kommutativ. Ist H eine Untergruppe von G, so gilt stets $H\,H = H$. Wegen $e \in H$ ist nämlich $H\,H \supset H\,\{e\} = H$, und $H\,H \subset H$ folgt aus der Abgeschlossenheit der Untergruppe H.

A n m e r k u n g. Für eine Untergruppe H von G und ein Element $a \in G$ läßt sich die Linksnebenklasse a H auffassen als das Produkt der beiden Mengen $\{a\}$ und H. Wenn H ein Normalteiler ist, so ist übrigens die induzierte Verknüpfung auf G/H gerade das Komplexprodukt von Linksnebenklassen (vgl. dazu 17.20).

Im folgenden beschäftigten wir uns nur mit Produkten von Untergruppen.

18.2 G sei eine Gruppe mit dem neutralen Element e, und H_1, H_2 seien Untergruppen von G. Genau dann ist die surjektive Abbildung $\varphi : H_1 \times H_2 \to H_1 H_2$ mit $\varphi(x_1, x_2) := x_1 x_2$ auch injektiv, wenn $H_1 \cap H_2 = \{e\}$ ist.

Sind in diesem Fall H_1 und H_2 endlich, so ist also ord $H_1 \cdot$ ord H_2 die Elementezahl von $H_1 H_2$.

B e w e i s. Natürlich ist φ nach Definition des Produktes $H_1 H_2$ surjektiv.

Ist $H_1 \cap H_2 \neq \{e\}$, so gibt es ein $x \neq e$ aus $H_1 \cap H_2$. Dann ist $(x, x^{-1}) \in H_1 \times H_2$, und es gilt $\varphi(x, x^{-1}) = x\,x^{-1} = e = \varphi(e, e)$. Daher ist φ nicht injektiv.

Es sei nun $H_1 \cap H_2 = \{e\}$. Für (x_1, x_2), $(y_1, y_2) \in H_1 \times H_2$ folgt aus $\varphi(x_1, x_2) = \varphi(y_1, y_2)$, d. h. aus $x_1 x_2 = y_1 y_2$, dann $y_1^{-1} x_1 = y_2 x_2^{-1} \in H_1 \cap H_2 = \{e\}$, also $y_1^{-1} x_1 = e = y_2 x_2^{-1}$, und somit $x_1 = y_1$, $x_2 = y_2$.

Im Fall $H_1 \cap H_2 = \{e\}$ ist also φ eine bijektive Abbildung von $H_1 \times H_2$ auf $H_1 H_2$. Da $\operatorname{ord} H_1 \cdot \operatorname{ord} H_2$ die Elementezahl von $H_1 \times H_2$ ist, ergibt sich die Zusatzbehauptung. ∎

Im allgemeinen ist das Produkt zweier Untergruppen nicht wieder eine Untergruppe: Wir betrachten dazu die Situation des Beispiels 17.3 und definieren $H_1 := \{\operatorname{id}_X, f\}$, $H_2 := \{\operatorname{id}_X, g\}$ mit den dort definierten Permutationen f und g der Ordnung 2. Offenbar sind dann H_1 und H_2 Untergruppen von $\mathfrak{S}(X)$.

Die Menge $H_1 H_2 = \{\operatorname{id}_X, f, g, f \circ g\}$ ist jedoch keine Untergruppe von $\mathfrak{S}(X)$, da $g \circ f$ wegen $g \circ f \neq f \circ g$ nicht in $H_1 H_2$ enthalten ist.

Wir zeigen nun:

18.3 G sei eine Gruppe, und H_1, H_2 seien Untergruppen von G. Genau dann ist $H_1 H_2$ wieder eine Untergruppe von G, wenn $H_1 H_2 = H_2 H_1$ ist.

B e w e i s. Es sei zunächst $H_1 H_2 = H_2 H_1$. Natürlich ist $e = e \cdot e \in H_1 H_2$. Für $x_1, y_1 \in H_1$ und $x_2, y_2 \in H_2$ folgt ferner $(x_1 x_2)(y_1 y_2)^{-1} = x_1 (x_2 y_2^{-1}) y_1^{-1} \in H_1 (H_2 H_1) = H_1 (H_1 H_2) = (H_1 H_1) H_2 = H_1 H_2$. Nach dem Kriterium 7.5 ist $H_1 H_2$ daher eine Untergruppe.

Sei nun umgekehrt $H_1 H_2$ eine Untergruppe von G. Für ein Element $x \in G$ gilt in diesem Fall genau dann $x \in H_1 H_2$, wenn $x^{-1} \in H_1 H_2$ ist. Letzteres bedeutet, daß Elemente $x_1 \in H_1$, $x_2 \in H_2$ mit $x^{-1} = x_1 x_2$, also mit $x = x_2^{-1} x_1^{-1}$, existieren, und dies ist äquivalent zu $x \in H_2 H_1$, da natürlich $H_1 = \{x_1^{-1} \mid x_1 \in H_1\}$ und $H_2 = \{x_2^{-1} \mid x_2 \in H_2\}$ gilt. ∎

Die Bedingung $H_1 H_2 = H_2 H_1$ von 18.3 ist sicherlich dann erfüllt, wenn eine der beiden Untergruppen, etwa H_2, ein Normalteiler von G ist. Dann gilt nämlich sogar $x_1 H_2 = H_2 x_1$ für jedes $x_1 \in H_1$ und daher

$$H_1 H_2 = \bigcup_{x_1 \in H_1} x_1 H_2 = \bigcup_{x_1 \in H_1} H_2 x_1 = H_2 H_1.$$

Wir kommen nun zu direkten Produkten: Für zwei Gruppen G_1 und G_2 ist auch das direkte Produkt $G_1 \times G_2$ mit der Verknüpfung $(x_1, x_2) \cdot (y_1, y_2) := (x_1 y_1, x_2 y_2)$ eine Gruppe mit dem Paar (e_1, e_2) der neutralen Elemente als neutralem Element (vgl. 5.25). Gemäß 8.19 sind die kanonischen Injektionen $i_1 : G_1 \to G_1 \times G_2$ mit $i_1(x_1) := (x_1, e_2)$ und $i_2 : G_2 \to G_1 \times G_2$ mit $i_2(x_2) := (e_1, x_2)$ injektive Gruppenhomomorphismen, durch die wir G_1 und G_2 mit den Untergruppen $H_1 := i_1(G_1) = G_1 \times \{e_2\}$ bzw. $H_2 := i_2(G_2) = \{e_1\} \times G_2$ identifizieren können. Dann läßt sich jedes Element $x = (x_1, x_2) \in G_1 \times G_2$ eindeutig als Produkt eines Elementes aus H_1 mit einem Element aus H_2, nämlich als $x = (x_1, x_2) = (x_1, e_2)(e_1, x_2)$, schreiben. Dabei gilt stets $(x_1, e_2) \cdot (e_1, x_2) = (e_1, x_2)(x_1, e_2)$. Wir sagen, daß das „äußere" direkte Produkt $G_1 \times G_2$ sich auch als „inneres" direktes Produkt der Untergruppen H_1 und H_2 auffassen läßt. Allgemein definiert man nämlich:

18.4 Definition H_1 und H_2 seien Untergruppen einer Gruppe G. Dann heißt G (i n n e r e s) d i r e k t e s P r o d u k t von H_1 und H_2, wenn gilt:

1. Zu jedem $x \in G$ gibt es genau ein $x_1 \in H_1$ und genau ein $x_2 \in H_2$ mit $x = x_1 x_2$.

2. Für alle $x_1 \in H_1$ und $x_2 \in H_2$ ist $x_1 x_2 = x_2 x_1$.

Wir haben bereits gesehen, daß sich „äußere" direkte Produkte immer auch als innere direkte Produkte schreiben lassen. Umgekehrt können wir auch jedes innere direkte Produkt als äußeres direktes Produkt der betrachteten Untergruppen auffassen. Dazu beweisen wir die folgende Aussage:

18.5 Satz H_1 und H_2 seien Untergruppen einer Gruppe G. Genau dann ist G inneres direktes Produkt von H_1 und H_2, wenn die Abbildung $\varphi : H_1 \times H_2 \to G$ mit $\varphi(x_1, x_2) :=$ $x_1 x_2$ ein Isomorphismus ist.

B e w e i s. Die Abbildung φ ist offenbar genau dann bijektiv, wenn die Bedingung 1 aus 18.4 über die eindeutige Darstellbarkeit der Elemente von G erfüllt ist. Genau dann ist φ ein Homomorphismus, wenn für (x_1, x_2), $(y_1, y_2) \in H_1 \times H_2$ stets gilt $\varphi(x_1, x_2) \cdot$ $\varphi(y_1, y_2) = \varphi(x_1 y_1, x_2 y_2)$, d. h. $x_1 x_2 y_1 y_2 = x_1 y_1 x_2 y_2$. Wegen der Kürzungsregel in G ist dies äquivalent zu $x_2 y_1 = y_1 x_2$ (für alle $y_1 \in H_1$ und $x_2 \in H_2$), also zu der Bedingung 2 aus 18.4. ∎

Innere direkte Produkte lassen sich auch durch andere Bedingungen charakterisieren, die man in Beispielen häufig leichter bestätigt.

18.6 Satz H_1 und H_2 seien Untergruppen einer Gruppe G. Genau dann ist G das (innere) direkte Produkt von H_1 und H_2, wenn gilt:

1. Es ist $H_1 H_2 = G$ und $H_1 \cap H_2 = \{e\}$.

2. H_1 und H_2 sind Normalteiler von G.

B e w e i s. Die Bedingung 1 dieses Satzes ist nach 18.2 äquivalent zur Bijektivität der Abbildung $\varphi : H_1 \times H_2 \to G$ mit $\varphi(x_1, x_2) := x_1 x_2$, also zur Bedingung 1 aus 18.4.

Wir zeigen nun, daß H_1 ein Normalteiler von G ist, wenn G direktes Produkt von H_1 und H_2 ist. Analog beweist man dann die Normalteilereigenschaft von H_2. Für ein beliebiges $x \in G$ ist also $x H_1 = H_1 x$ zu zeigen. Nach Voraussetzung gibt es $x_1 \in H_1$ und $x_2 \in H_2$ mit $x = x_1 x_2$. Dann ist $x_1 H_1 = H_1 = H_1 x_1$ wegen $x_1 \in H_1$ und $x_2 H_1 = H_1 x_2$, da x_2 nach Voraussetzung sogar mit jedem einzelnen Element von H_1 vertauschbar ist. Nun folgt $x H_1 = x_1 x_2 H_1 = x_1 H_1 x_2 = H_1 x_1 x_2 = H_1 x$.

Es ist noch umgekehrt zu zeigen, daß unter den Bedingungen 1 und 2 von 18.6 für Elemente $x_1 \in H_1$ und $x_2 \in H_2$ stets $x_1 x_2 = x_2 x_1$ gilt. Wir nutzen dazu 17.12 für die Normalteiler H_1 und H_2 von G aus. Es ist $x_1 x_2 x_1^{-1} = s_{x_1}(x_2) \in s_{x_1}(H_2) = H_2$ und analog $x_2 x_1^{-1} x_2^{-1} \in H_1$. Daraus folgt $(x_1 x_2 x_1^{-1}) x_2^{-1} \in H_2 x_2^{-1} = H_2$ (wegen $x_2^{-1} \in H_2$) und andererseits $x_1(x_2 x_1^{-1} x_2^{-1}) \in x_1 H_1 = H_1$ (wegen $x_1 \in H_1$). Also ist $x_1 x_2 x_1^{-1} x_2^{-1} \in$ $H_1 \cap H_2$. Mit der Voraussetzung $H_1 \cap H_2 = \{e\}$ ergibt sich $x_1 x_2 x_1^{-1} x_2^{-1} = e$, d. h. $x_1 x_2 = x_2 x_1$. ∎

Wir gehen noch auf einige Eigenschaften direkter Produkte ein.

18.7 Die Gruppe G sei direktes Produkt der Untergruppe H_1 und H_2. Dann gilt $G/H_1 \cong$ H_2 und $G/H_2 \cong H_1$.

B e w e i s. Nach 18.6 sind H_1 und H_2 Normalteiler von G. Daher lassen sich die Quotientengruppen G/H_1 und G/H_2 bilden.

Wir betrachten nun die Abbildung $f : H_2 \to G/H_1$ mit $f(x_2) := \overline{x_2}$. Offenbar ist f ein Homomorphismus, nämlich die Einschränkung der kanonischen Projektion $p : G \to G/H_1$ auf H_2. Ferner ist Kern $f = H_1 \cap H_2$ wegen Kern $p = H_1$. Da G direktes Produkt von H_1 und H_2 ist, ist $H_1 \cap H_2 = \{e\}$ nach 18.6, also Kern $f = \{e\}$, und f somit injektiv. Zum Nachweis, daß f der gesuchte Isomorphismus zwischen H_2 und G/H_1 ist, muß noch die Surjektivität von f gezeigt werden. Sei dazu $\overline{x} \in G/H_1$ vorgegeben. Zu $x \in G$ gibt es nach Voraussetzung Elemente $x_1 \in H_1$ und $x_2 \in H_2$ mit $x = x_1 x_2$. Dann ist $f(x_2) = \overline{x_2} = \overline{x_1}\,\overline{x_2} = \overline{x_1 x_2} = \overline{x}$ wegen $x_1 \in H_1$, also $\overline{x_1} = \overline{e}$.

Die Isomorphie zwischen H_1 und G/H_2 wird analog bewiesen.   ∎

18.8 Die Gruppe G sei direktes Produkt der Untergruppe H_1 und H_2. Für Elemente $x_1 \in H_1$ und $x_2 \in H_2$ mit endlichen Ordnungen ist dann auch ord$(x_1 x_2)$ endlich, und zwar gleich dem kleinsten gemeinsamen Vielfachen von ord x_1 und ord x_2.

B e w e i s. Wir identifizieren G vermöge des Isomorphismus φ aus 18.5 mit $H_1 \times H_2$ und haben dann ord(x_1, x_2) = kgV (ord x_1, ord x_2) zu zeigen. Für $n \geq 1$ gilt $(x_1, x_2)^n = (e, e)$ wegen $(x_1, x_2)^n = (x_1^n, x_2^n)$ genau dann, wenn $x_1^n = e$ und $x_2^n = e$ ist. Dies ist nach 16.2, 1 genau dann der Fall, wenn n ein gemeinsames Vielfaches von ord x_1 und ord x_2 ist.   ∎

Eine Gruppe, die direktes Produkt von Untergruppen H_1 und H_2 ist, kann nach 16.8 nur zyklisch sein, wenn alle ihre Untergruppen, also auch H_1 und H_2, zyklisch sind. In dieser Situation gilt:

18.9 Die endliche Gruppe G sei direktes Produkt der zyklischen Untergruppen H_1 und H_2. Genau dann ist G zyklisch, wenn $n_1 := $ ord H_1 und $n_2 := $ ord H_2 teilerfremd sind.

B e w e i s. Nach 18.5 ist ord G = ord$(H_1 \times H_2) = n_1 n_2$. G ist also genau dann zyklisch, wenn es ein Element der Ordnung $n_1 n_2$ in G gibt.

Für erzeugende Elemente a_1 von H_1 und a_2 von H_2 ist ord $a_1 = n_1$, ord $a_2 = n_2$ und daher ord$(a_1 a_2)$ = kgV (n_1, n_2) nach 18.8. Sind n_1 und n_2 teilerfremd, so ist kgV $(n_1, n_2) = n_1 n_2$, und $a_1 a_2$ ist ein Element der Ordnung $n_1 n_2$ in G.

Sind umgekehrt n_1 und n_2 nicht teilerfremd, so ist kgV $(n_1, n_2) < n_1 n_2$. Für alle $x = x_1 x_2 \in G$ mit $x_1 \in H_1$, $x_2 \in H_2$ gilt dann ord $x = $ ord$(x_1 x_2)$ = kgV (ord x_1, ord x_2) $\leq$ kgV $(n_1, n_2) < n_1 n_2$. Dabei haben wir benutzt, daß n_1 und n_2 nach dem kleinen Fermatschen Satz Vielfache von ord x_1 bzw. ord x_2 sind. Es gibt also in diesem Fall kein Element der Ordnung $n_1 n_2$ in G.   ∎

A n m e r k u n g e n. 1. Die Definition 18.4 innerer direkter Produkte läßt sich auch auf mehr als zwei Untergruppen verallgemeinern. Man nennt eine Gruppe G inneres direktes Produkt der Untergruppen $H_1, \ldots, H_n$, wenn jedes $x \in G$ sich eindeutig in der Form $x = x_1 \ldots x_n$ mit $x_i \in H_i$ schreiben läßt und wenn für $i \neq j$ stets alle Elemente aus H_i mit allen Elementen aus H_j vertauschbar sind. Wie in 18.5 zeigt man, daß G dann zu dem (äußeren) direkten Produkt $H_1 \times \ldots \times H_n$ isomorph ist.

2. In diesem Zusammenhang sei erwähnt, daß jede endliche kommutative Gruppe direktes Produkt von zyklischen Gruppen von Primzahlpotenzordnung ist. Für zyklische Gruppen ist dies leicht einzusehen (vgl. 18.14). Auf einen allgemeinen Beweis dieses wichtigen Struktursatzes wollen wir hier verzichten.

Übungsaufgaben

18.10 Man bestätige, daß die Gruppe $G := \{id, s_1, s_2, d\}$ aus 5.24 direktes Produkt der Untergruppen $H_1 := \{id, s_1\}$ und $H_2 := \{id, s_2\}$ ist.

18.11 Man zeige, daß die multiplikative Gruppe $\mathbf{Q}^* := (\mathbf{Q} - \{0\}, \cdot)$ des Körpers $\mathbf{Q}$ der rationalen Zahlen direktes Produkt der Untergruppen $\{x \in \mathbf{Q} \mid x > 0\}$ und $\{1, -1\}$ ist.

18.12 Man zeige, daß die Gruppe $(\{x \in \mathbf{Q} \mid x > 0\}, \cdot)$ direktes Produkt der zyklischen Untergruppe $\langle 6 \rangle = \{6^i \mid i \in \mathbf{Z}\}$ und einer weiteren Untergruppe H ist. Dabei kann man für H sowohl die Untergruppe $\{a/b \mid a, b \in \mathbf{N}$ und a, b ungerade$\}$ als auch $\{a/b \mid a, b \in \mathbf{N}$ und a, b nicht durch 3 teilbar$\}$ nehmen.

18.13 Die Gruppe G sei direktes Produkt der Untergruppen H_1 und H_2. Man zeige, daß G genau dann kommutativ ist, wenn H_1 und H_2 kommutativ sind.

18.14 G sei eine endliche zyklische Gruppe der Ordnung n. Man zeige: Ist $n = n_1 n_2$ mit teilerfremden natürlichen Zahlen n_1 und n_2, so gibt es zyklische Untergruppen H_1 und H_2 von G der Ordnung n_1 bzw. n_2 derart, daß G direktes Produkt von H_1 und H_2 ist.

18.15 H sei eine Untergruppe und N ein Normalteiler einer Gruppe G. Man zeige:
1. $H \cap N$ ist ein Normalteiler von H, HN ist eine Untergruppe von G mit $H \subset HN$, und N ist ein Normalteiler von HN.
2. Die Abbildung $f : H \to HN/N$ mit $f(x) := \bar{x}$ induziert eine Isomorphie $H/H \cap N \cong HN/N$.

18.16 A und B seien Teilmengen einer endlichen Gruppe G. Für die Elementezahlen n von A und m von B gelte $n + m > \text{ord } G$. Man zeige $AB = G$.

19 Permutationsgruppen

Eine wichtige Klasse von Gruppen bilden die Permutationsgruppen. Für eine (nicht-leere) Menge X haben wir die Permutationsgruppe $\mathfrak{S}(X)$ bereits in 5.22 eingeführt. Ihre Elemente, die P e r m u t a t i o n e n von X, sind die bijektiven Abbildungen von X auf sich. Die Verknüpfung von $\mathfrak{S}(X)$ ist das Hintereinanderschalten „$\circ$" dieser Abbildungen, das neutrale Element ist dann id_X, und zu $\sigma \in \mathfrak{S}(X)$ ist die Umkehrabbildung σ^{-1} das inverse Element. Für $\sigma_1, \sigma_2 \in \mathfrak{S}(X)$ schreiben wir statt $\sigma_1 \circ \sigma_2$ häufig kurz $\sigma_1 \sigma_2$.

Jede beliebige Gruppe läßt sich als Untergruppe einer Permutationsgruppe auffassen. Es gilt nämlich:

19.1 (S a t z   v o n   C a y l e y) G sei eine Gruppe. Für $a \in G$ sei $\ell_a : G \to G$ definiert durch $\ell_a(x) := a\,x$. Dann ist ℓ_a eine Permutation von G, und die Abbildung $\ell : G \to \mathfrak{S}(G)$ mit $\ell(a) := \ell_a$ für alle $a \in G$ ist ein injektiver Gruppenhomomorphismus.

B e w e i s. Wegen der eindeutigen Lösbarkeit der Gleichung $a\,x = b$ in der Gruppe G (vgl. 5.15) ist ℓ_a in der Tat bijektiv.

Für $x \in G$ ist stets $\ell_{ab}(x) = (a\,b)x = a(b\,x) = \ell_a(\ell_b(x))$ und daher $\ell_{ab} = \ell_a \circ \ell_b$, $\ell(a\,b) = \ell(a) \circ \ell(b)$ für alle $a, b \in G$. Deshalb ist ℓ ein Homomorphismus.

Aus $\ell(a) = \ell(b)$, d. h. $\ell_a = \ell_b$, folgt insbesondere $\ell_a(e) = \ell_b(e)$, wo e das neutrale Element von G bezeichnet, und somit $a\,e = b\,e$, $a = b$. Dies ist die Injektivität von ℓ. ∎

Wir gehen zunächst kurz auf Permutationsgruppen beliebiger Mengen X ein. Ist $X = \{a\}$ eine einelementige Menge, so besteht $\mathfrak{S}(X)$ nur aus dem neutralen Element id_X. Im Fall $X = \{a, b\}$ mit $a \neq b$ enthält $\mathfrak{S}(X)$ außer id_X noch die Permutation σ mit $\sigma(a) := b$ und

$\sigma(b) := a$. Dann ist $\mathfrak{S}(X) = \{\mathrm{id}_X, \sigma\}$ eine zyklische Gruppe der Ordnung 2. Wir haben bereits in 17.3 gesehen, daß $\mathfrak{S}(X)$ nicht mehr kommutativ ist, falls X mehr als zwei Elemente enthält. Es gilt sogar:

19.2 Enthält die Menge X wenigstens drei verschiedene Elemente, so ist das Zentrum von $\mathfrak{S}(X)$ trivial, d. h., es ist $Z(\mathfrak{S}(X)) = \{\mathrm{id}_X\}$

B e w e i s. Für $\sigma \in \mathfrak{S}(X)$ mit $\sigma \neq \mathrm{id}_X$ müssen wir $\sigma \notin Z(\mathfrak{S}(X))$ zeigen. Wegen $\sigma \neq \mathrm{id}_X$ gibt es ein $a \in X$ mit $b := \sigma(a) \neq a$. Nach Voraussetzung über X existiert ein $c \in X$ mit $c \neq a$ und $c \neq b$. Mit τ werde die Permutation bezeichnet, die b mit c vertauscht und alle übrigen Elemente aus X auf sich abbildet. Dann ist insbesondere $\tau(a) = a$ und $\tau(b) = c$. Es folgt $\sigma\tau(a) = \sigma(a) = b$ und $\tau\sigma(a) = \tau(b) = c$, also $\sigma\tau \neq \tau\sigma$, und damit $\sigma \notin Z(\mathfrak{S}(X))$. ∎

Die nachfolgende Aussage zeigt, daß die Struktur der Gruppe $\mathfrak{S}(X)$ nur von der Elementezahl (im unendlichen Fall von der Kardinalzahl) von X abhängt; sie ändert sich nicht, wenn man die Elemente von X „umbenennt".

19.3 X und X' seien nichtleere Mengen. Ist dann $f : X \rightarrow X'$ eine bijektive Abbildung, so ist $\tilde{f} : \mathfrak{S}(X) \rightarrow \mathfrak{S}(X')$ mit $\tilde{f}(\sigma) := f \circ \sigma \circ f^{-1}$ ein Isomorphismus.

B e w e i s. Als Komposition bijektiver Abbildungen ist $f \circ f^{-1}$ wieder bijektiv, also ein Element aus $\mathfrak{S}(X')$. Wegen $\tilde{f}(\sigma_1\sigma_2) = f\sigma_1\sigma_2 f^{-1} = f\sigma_1 f^{-1}f\sigma_2 f^{-1} = \tilde{f}(\sigma_1)\tilde{f}(\sigma_2)$ ist f ein Homomorphismus. Man bestätigt sofort, daß die Abbildung $\tilde{g} : \mathfrak{S}(X') \rightarrow \mathfrak{S}(X)$ mit $\tilde{g}(\sigma') := f^{-1}\sigma'f$ Umkehrabbildung zu $\tilde{f}$ ist. Daher ist $\tilde{f}$ auch bijektiv.   ∎

Wir wenden uns nun den Permutationsgruppen endlicher Mengen zu. Ist X eine endliche Menge mit Elementezahl $n \geq 1$, so gibt es eine bijektive Abbildung $f : \mathbf{N}_n^+ \rightarrow X$, wobei $\mathbf{N}_n^+ := \{1, \ldots, n\}$ ist. Gemäß 19.3 identifizieren wir dann $\mathfrak{S}(X)$ mit der Permutationsgruppe der Menge $\{1, \ldots, n\}$. Im folgenden schreiben wir kurz $\mathfrak{S}_n$ statt $\mathfrak{S}(\mathbf{N}_n^+) = \mathfrak{S}(\{1, \ldots, n\})$ und beschränken uns auf die Untersuchung der Permutationsgruppen $\mathfrak{S}_n$.

Nach dem Satz von Cayley können wir also jede endliche Gruppe der Ordnung n als Untergruppe von $\mathfrak{S}_n$ auffassen.

Um eine Permutation $\sigma \in \mathfrak{S}_n$ konkret anzugeben, verwenden wir auch die Schreibweise

$$\sigma = \begin{pmatrix} 1 & \cdots & n \\ \sigma(1) & \ldots & \sigma(n) \end{pmatrix},$$

bei der für $i = 1, \ldots, n$ jeweils unter i das Bild $\sigma(i)$ steht. Beispielsweise ist $\begin{pmatrix} 1 & 2 & 3 \\ 3 & 1 & 2 \end{pmatrix}$ die Permutation $\sigma \in \mathfrak{S}_3$ mit $\sigma(1) = 3$, $\sigma(2) = 1$ und $\sigma(3) = 2$.

Die Gruppe $\mathfrak{S}_n$ läßt sich in die Gruppe $\mathfrak{S}_{n+1}$ einbetten, indem man jede Permutation $\sigma \in \mathfrak{S}_n$ durch $\sigma(n + 1) := n + 1$ zu einer Permutation aus $\mathfrak{S}_{n+1}$ macht. In dieser Weise ist $\mathfrak{S}_n$ eine Untergruppe von $\mathfrak{S}_{n+1}$. Wir können nun die Elementezahl von $\mathfrak{S}_n$ berechnen.

19.4 Es ist ord $\mathfrak{S}_n = n! = 1 \cdot 2 \cdots n$.

B e w e i s. Wir verwenden Induktion über n. Für n = 1 ist die Behauptung trivial. Beim Induktionsschluß fassen wir $\mathfrak{S}_n$ wie oben als Untergruppe von $\mathfrak{S}_{n+1}$ auf. Für $1 \leq i \leq n$ bezeichne φ_i die Permutation aus $\mathfrak{S}_{n+1}$, die i und n + 1 vertauscht und die übrigen Elemente aus $\mathbf{N}_{n+1}^+$ fest läßt. Ferner sei φ_{n+1} die Identität von $\mathbf{N}_{n+1}^+$. Dann gilt stets $\varphi_i(n + 1) = i$, $\varphi_i(i) = n + 1$ und $\varphi_i^2 = \mathrm{id}$.

Jedes $\varphi \in \mathfrak{S}_{n+1}$ besitzt eine eindeutige Darstellung der Form $\varphi = \varphi_i\sigma$ mit $1 \leq i \leq n + 1$

und $\sigma \in \mathfrak{S}_n$: Aus einer solchen Darstellung folgt nämlich $\varphi(n+1) = \varphi_i \sigma(n+1) = \varphi_i(n+1) = i$ und $\varphi_i \circ \varphi = \varphi_i^2 \sigma = \sigma$, d. h., i und σ sind durch φ eindeutig bestimmt. Setzt man nun $i := \varphi(n+1)$ und $\sigma := \varphi_i \varphi$, so ist in der Tat $\sigma \in \mathfrak{S}_n$ wegen $\sigma(n+1) = \varphi_i(\varphi(n+1)) = \varphi_i(i) = n+1$, und es gilt $\varphi_i \sigma = \varphi_i^2 \varphi = \varphi$.

Die Abbildung $\mathbf{N}_{n+1}^+ \times \mathfrak{S}_n \to \mathfrak{S}_{n+1}$, die jedem Paar (i, σ) das Element $\varphi_i \sigma \in \mathfrak{S}_{n+1}$ zuordnet, ist also bijektiv. Nach Induktionsvoraussetzung ist ord $\mathfrak{S}_n = n!$. Da $n+1$ die Elementezahl von $\mathbf{N}_{n+1}^+$ ist, folgt ord $\mathfrak{S}_{n+1} = (n+1) \cdot n! = (n+1)!$ ∎

A n m e r k u n g. Die Anzahl der Permutationen in $\mathfrak{S}_n$ läßt sich natürlich auch etwas naiver durch folgende kombinatorische Überlegung ermitteln: Für eine Permutation φ von $\{1, \ldots, n\}$ gibt es n Möglichkeiten für den Wert $\varphi(n)$, dann bei getroffener Wahl von $\varphi(n)$ noch $n-1$ Möglichkeiten für $\varphi(n-1) \in \{1, \ldots, n\} - \{\varphi(n)\}$ usw. Schließlich bleibt für $\varphi(1)$ nur noch das einzige Element von $\{1, \ldots, n\} - \{\varphi(n), \varphi(n-1), \ldots, \varphi(2)\}$. Insgesamt hat man daher $n \cdot (n-1) \cdots 1 = n!$ Möglichkeiten, eine solche Permutation zu definieren.

Wir wollen nun spezielle Darstellungsweisen für Permutationen kennenlernen und beginnen mit einer Klasse besonders übersichtlicher Permutationen.

19.5 Definition Eine Permutation $\sigma \in \mathfrak{S}_n$ heißt ein Z y k l u s, wenn es paarweise verschiedene Elemente $i_1, \ldots, i_r \in \{1, \ldots, n\} = \mathbf{N}_n^+$ gibt mit $\sigma(i_1) = i_2, \sigma(i_2) = i_3, \ldots, \sigma(i_{r-1}) = i_r, \sigma(i_r) = i_1$ und $\sigma(i) = i$ für $i \in \mathbf{N}_n^+ - \{i_1, \ldots, i_r\}$.
Im Fall $r = 2$ nennen wir einen solchen Zyklus auch eine T r a n s p o s i t i o n.

Ein Zyklus σ ist durch die Angabe der Elemente $i_1, \ldots, i_r$ und ihre Reihenfolge eindeutig bestimmt. Man kann ihn also durch das Symbol $[i_1, \ldots, i_r]$ bezeichnen. Die Wirkungsweise von $\varphi = [i_1, \ldots, i_r]$ wird durch das Diagramm in Abb. 19.1 veranschaulicht.

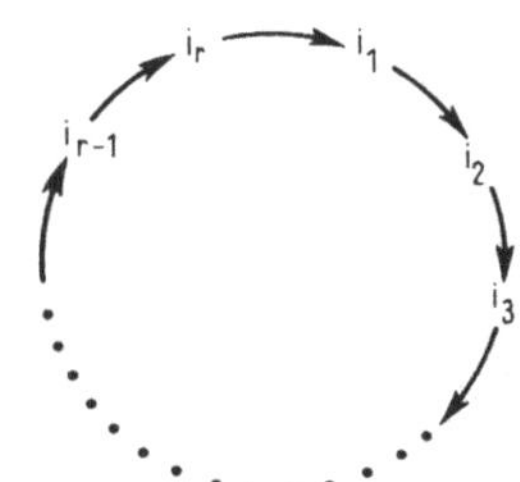

Abb. 19.1

Bei der Beschreibung von σ kommt es offenbar nicht darauf an, welches der i_j zuerst genannt wird. Es ist $[i_1, \ldots, i_r] = [i_j, \ldots, i_r, i_1, \ldots, i_{j-1}]$ für alle $j = 2, \ldots r$.
Transpositionen sind also Zyklen der Form $[i_1, i_2]$. Sie vertauschen gerade i_1 und i_2 und lassen alle anderen Elemente fest. Ferner ist natürlich unter einem Zyklus der Form $[i_1]$ die Identität von $\mathbf{N}_n^+$ zu verstehen.

19.6 Für einen Zyklus $\sigma = [i_1, \ldots, i_r]$ in der Gruppe $\mathfrak{S}_n$ gilt:

1. ord $\sigma = r$.
2. $\sigma^{-1} = [i_r, i_{r-1}, \ldots, i_1]$.

B e w e i s. 1. Für $k = 1, \ldots, r - 1$ ist $\sigma^k(i_1) = i_{k+1} \neq i_1$, also $\sigma^k \neq \mathrm{id}$. Außerdem ist $\sigma^r(i_1) = i_1$ und wegen $[i_1, \ldots, i_r] = [i_j, \ldots, i_r, i_1, \ldots, i_{j-1}]$ ebenso $\sigma^r(i_j) = i_j$, d. h. $\sigma^r = \mathrm{id}$. Daher ist r die kleinste Zahl k mit $\sigma^k = \mathrm{id}$, also $r = \mathrm{ord}\, \sigma$.

2. Invertieren von σ bedeutet, in Abb. 19.1 die Pfeile umzudrehen. Daraus ergibt sich die Behauptung unmittelbar.   ∎

Für die weiteren Überlegungen ist der folgende Hilfsbegriff nützlich.

19.7 Definition Unter dem Wirkungsbereich einer Permutation $\sigma \in \mathfrak{S}_n$ verstehen wir die Menge $W_\sigma := \{i \in \mathbf{N}_n^+ \mid \sigma(i) \neq i\}$.

W_σ besteht also genau aus den $i \in \{1, \ldots, n\}$, die von σ „bewegt" werden. Beispielsweise ist der Wirkungsbereich eines Zyklus $[i_1, \ldots, i_r]$ mit $r \geq 2$ die Menge $\{i_1, \ldots, i_r\}$. Die Identität ist die einzige Permutation mit leerem Wirkungsbereich.

19.8 Für $\sigma \in \mathfrak{S}_n$ und $i \in \mathbf{N}_n^+$ gilt $i \in W_\sigma$ genau dann, wenn $\sigma(i) \in W_\sigma$ ist.

B e w e i s. Wegen der Injektivität von σ gilt $\sigma(i) \neq i$ in der Tat genau dann, wenn $\sigma(\sigma(i)) \neq \sigma(i)$ ist.   ∎

Für Permutationen mit elementfremden Wirkungsbereichen gelten besonders einfache Rechenregeln:

19.9 Es seien $\sigma, \varphi \in \mathfrak{S}_n$ mit $W_\sigma \cap W_\varphi = \emptyset$. Dann gilt:

1. $\sigma\varphi = \varphi\sigma$
2. $W_{\sigma\varphi} = W_\sigma \cup W_\varphi$
3. $\sigma\varphi \mid W_\sigma = \sigma \mid W_\sigma$ und $\sigma\varphi \mid W_\varphi = \varphi \mid W_\varphi$.

B e w e i s. Zunächst sei $i \in W_\sigma$ und damit auch $\sigma(i) \in W_\sigma$ nach 19.8. Wegen $W_\sigma \cap W_\varphi = \emptyset$ ist dann $i \notin W_\varphi$ und $\sigma(i) \notin W_\varphi$. Daher gilt $\sigma\varphi(i) = \sigma(i)$ und $\varphi\sigma(i) = \sigma(i)$. Dies bedeutet $\sigma\varphi \mid W_\sigma = \sigma \mid W_\sigma = \varphi\sigma \mid W_\sigma$. Analog beweist man $\varphi\sigma \mid W_\varphi = \varphi \mid W_\varphi = \sigma\varphi \mid W_\varphi$. Für $i \notin W_\sigma \cup W_\varphi$ folgt schließlich $\sigma(i) = i$, $\varphi(i) = i$, also $\sigma(\varphi(i)) = i = \varphi(\sigma(i))$. Insgesamt sind damit alle Behauptungen bewiesen.   ∎

Alle Permutationen lassen sich in naheliegender Weise in Zyklen zerlegen. Dies soll zunächst an dem Beispiel

$$\sigma = \begin{pmatrix} 1 & 2 & 3 & 4 & 5 & 6 & 7 & 8 & 9 & 10 \\ 9 & 1 & 8 & 7 & 5 & 10 & 6 & 3 & 2 & 4 \end{pmatrix} \in \mathfrak{S}_{10}$$

erläutert werden. Wir starten mit 1 und bilden der Reihe nach $\sigma(1) = 9$, $\sigma(9) = 2$, $\sigma(2) = 1$. Auf der Menge $\{1, 9, 2\}$ wirkt σ also wie der Zyklus $[1, 9, 2]$. Nun fahren wir mit einem Element, das durch diesen Zyklus noch nicht erfaßt ist, fort, etwa mit 3, und bilden $\sigma(3) = 8$, $\sigma(8) = 3$. Auf $\{8, 3\}$ wirkt σ wie $[3, 8]$. In dieser Weise erhalten wir weiter die Zyklen $[4, 7, 6, 10]$ und $[5] = \mathrm{id}$. Die angegebenen Zyklen haben elementfremde Wirkungsbereiche, deren Vereinigung W_σ ist. Daher besitzt σ die folgende Darstellung als Produkt dieser Zyklen: $\sigma = [1, 9, 2] \circ [3, 8] \circ [4, 7, 6, 10]$. Die Wirkungsweise von σ wird durch Abb. 19.2 veranschaulicht.

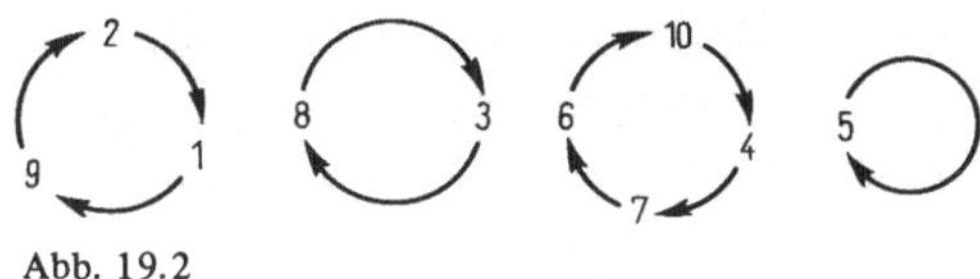

Abb. 19.2

19.10 Satz Jede Permutation $\sigma \neq$ id aus $\mathfrak{S}_n$ läßt sich als Produkt von Zyklen mit nichtleeren, paarweise elementfremden Wirkungsbereichen schreiben.

Diese Darstellung ist eindeutig bis auf die Reihenfolge der Faktoren und heißt die k a n o n i s c h e Z y k l e n d a r s t e l l u n g von σ.

B e w e i s. Wir verwenden Induktion über die Elementezahl von W_σ. Wegen $\sigma \neq$ id gibt es ein i mit $\sigma(i) \neq$ i. Dazu gibt es Zahlen $j \geq 1$ aus $\mathbf{N}$ mit $\sigma^j(i) =$ i, beispielsweise $j = $ ord σ (wegen $\sigma^{\text{ord}\,\sigma} =$ id). Wir wählen r als die kleinste dieser Zahlen j. Aus $\sigma(i) \neq$ i folgt dabei $r \geq 2$. Dann sind $i_1 := i$, $i_2 := \sigma(i_1)$, ..., $i_r := \sigma(i_{r-1})$ paarweise verschieden. Es ist nämlich $i_j = \sigma^{j-1}(i)$, und aus $i_j = i_k$, also $\sigma^{j-1}(i) = \sigma^{k-1}(i)$, für Zahlen i, j mit $1 \leq j < k \leq r$ erhielte man $\sigma^{k-j}(i) = i$ mit $1 \leq k - j < r$, im Widerspruch zur Minimalität von r.

Wir setzen nun $\varphi_1 := [i_1, ..., i_r]$ und $\tilde{\sigma} := \varphi_1^{-1}\sigma$. Dann ist φ_1 ein Zyklus mit $W_{\varphi_1} \neq \emptyset$, und es gilt $\sigma = \varphi_1 \tilde{\sigma}$. Nach Konstruktion bewirkt σ dieselbe Vertauschung von $i_1, ..., i_r$ wie φ_1. Daher ist $\tilde{\sigma}(i) = \varphi_1^{-1}\sigma(i) = i$ für $i \in \{i_1, ..., i_r\} = W_{\varphi_1}$. Es folgt $W_{\varphi_1} \cap W_{\tilde{\sigma}} = \emptyset$. Nach 19.9 ist dann $W_\sigma = W_{\varphi_1} \cup W_{\tilde{\sigma}}$. Insgesamt ergibt sich, daß $W_{\tilde{\sigma}}$ weniger Elemente als W_σ besitzt. Im Fall $\tilde{\sigma} =$ id ist $\sigma = \varphi_1$ die gesuchte Darstellung. Andernfalls besitzt $\tilde{\sigma}$ nach Induktionsvoraussetzung eine Zyklendarstellung $\tilde{\sigma} = \varphi_2 ... \varphi_s$ der gesuchten Art. Dann ist $\sigma = \varphi_1 ... \varphi_s$ eine entsprechende Darstellung von σ. Wegen $W_{\varphi_j} \subset W_{\tilde{\sigma}}$ für $j = 2, ..., s$ und $W_{\tilde{\sigma}} \cap W_{\varphi_1} = \emptyset$ ist nämlich auch $W_{\varphi_j} \cap W_{\varphi_1} = \emptyset$ für diese j.

Es sei nun $\sigma = \varphi_1' ... \varphi_t'$ eine weitere solche Zyklendarstellung von σ. Dann liegt das eingangs betrachtete Element i mit $\sigma(i) \neq$ i im Wirkungsbereich eines der Zyklen φ_j'. Da die φ_j' nach 19.9 untereinander vertauschbar sind wegen ihrer elementfremden Wirkungsbereiche, können wir $i \in W_{\varphi_1'}$ annehmen. Ebenfalls nach 19.9 ist $\sigma \,|\, W_{\varphi_1} = \varphi_1 \,|\, W_{\varphi_1}$ und $\sigma \,|\, W_{\varphi_1'} = \varphi_1' \,|\, W_{\varphi_1'}$. Die Zyklen φ_1 und φ_1' lassen sich daher beide in der Form $[i, \sigma(i), ..., \sigma^{r-1}(i)]$ schreiben, sind also gleich. Durch Kürzen von $\varphi_1 = \varphi_1'$ in der Gruppe $\mathfrak{S}_n$ erhält man $\tilde{\sigma} = \varphi_2 ... \varphi_s = \varphi_2' ... \varphi_t'$. Nach Induktionsvoraussetzungen ist die Darstellung von $\tilde{\sigma}$ und damit auch die von σ eindeutig. ∎

Beim Rechnen mit Elementen aus $\mathfrak{S}_n$ läßt sich deren kanonische Zyklendarstellung mit Vorteil verwenden.

19.11 Es sei $\sigma = \varphi_1 ... \varphi_s$ die kanonische Zyklendarstellung von $\sigma \neq$ id aus $\mathfrak{S}_n$. Dann gilt:

1. ord σ ist das kleinste gemeinsame Vielfache von ord φ_1, ..., ord φ_s.

2. $\sigma^{-1} = \varphi_1^{-1} ... \varphi_s^{-1}$ ist die kanonische Zyklendarstellung von σ^{-1}.

B e w e i s. 1. Da die φ_j nach 19.9 untereinander vertauschbar sind, gilt $\sigma^k = \varphi_1^k ... \varphi_s^k$ für alle $k \in \mathbf{N}$. Dabei ist natürlich stets $W_{\varphi_j^k} \subset W_{\varphi_j}$, d. h., die Wirkungsbereiche auch der

Potenzen φ_j^k bleiben paarweise elementfremd. Nach 19.9 ist deshalb $\sigma^k \mid W_{\varphi_j}k = \varphi_j^k \mid W_{\varphi_j}k$.
Genau dann gilt also $\sigma^k =$ id, wenn $\varphi_j^k =$ id ist für alle $j = 1, \ldots,$ s. Dies ist nach 16.2, 1 genau dann der Fall, wenn k ein gemeinsames Vielfaches der Ordnungen ord φ_j ist. Hieraus folgt die Behauptung.

2. Es ist $\sigma = \varphi_1 \ldots \varphi_s = \varphi_s \ldots \varphi_1$ und daher $\varphi_1^{-1} = \varphi_1^{-1} \ldots \varphi_s^{-1}$ nach 5.7, 2. Dabei ist φ_j^{-1} nach 19.6, 2 wieder ein Zyklus mit demselben Wirkungsbereich wie φ_j. Die Wirkungsbereiche von $\varphi_1^{-1}, \ldots, \varphi_s^{-1}$ sind also auch elementfremd. ∎

Für die Zyklen φ_j lassen sich ord φ_j und φ_j^{-1} sofort mit Hilfe von 19.6 angeben. Im Beispiel $\sigma = [1, 9, 2] [3, 8] [4, 7, 6, 10]$ ist also ord $\sigma = \mathrm{kgV} \{3, 2, 4\} = 12$ und $\sigma^{-1} = [2, 9, 1] [8, 3] [10, 6, 7, 4]$.

Ein nützliches Hilfsmittel ist auch die folgende Aussage:

19.12 Für einen Zyklus $\sigma = [i_1, \ldots, i_r]$ und eine beliebige Permutation φ aus $\mathfrak{S}_n$ gilt
$\varphi \sigma \varphi^{-1} = [\varphi(i_1), \ldots, \varphi(i_r)]$.

B e w e i s. Es ist $\varphi \sigma \varphi^{-1}(\varphi(i_j)) = \varphi \sigma(i_j) = \varphi(i_{j+1})$ für $j = 1, \ldots, r - 1$ und $\varphi \sigma \varphi^{-1} \cdot$
$(\varphi(i_r)) = \varphi \sigma(i_r) = \varphi(i_1)$. Für $i \notin \{\varphi(i_1), \ldots, \varphi(i_r)\}$ ist ferner $\varphi^{-1}(i) \notin \{i_1, \ldots, i_r\} = W_\sigma$
und daher $\varphi \sigma \varphi^{-1}(i) = \varphi \varphi^{-1}(i) = i$. Also wirkt $\varphi \sigma \varphi^{-1}$ auf allen Elementen aus $\{1, \ldots, n\}$
wie der Zyklus $[\varphi(i_1), \ldots, \varphi(i_r)]$. ∎

A n m e r k u n g. Der innere Automorphismus $s_\varphi : \mathfrak{S}_n \to \mathfrak{S}_n$ ist durch $s_\varphi(\sigma) := \varphi \sigma \varphi^{-1}$
definiert. Auch wenn σ kein Zyklus ist, kann man 19.12 verwenden, um $s_\varphi(\sigma)$ zu berechnen. Ist nämlich $\sigma = \sigma_1 \ldots \sigma_t$ die kanonische Zyklendarstellung, so gilt $s_\varphi(\sigma) = s_\varphi(\sigma_1) \ldots$
$s_\varphi(\sigma_t)$, wobei $s_\varphi(\sigma_j) = \varphi \sigma_j \varphi^{-1}$ sich nach 19.12 berechnet. Dabei ist offenbar $W_{\varphi \sigma_j \varphi^{-1}} = \varphi(W_{\sigma_j})$. Wegen der Bijektivität von φ sind auch die Wirkungsbereiche der $\varphi \sigma_j \varphi^{-1}$ paarweise elementfremd. Wir haben oben also die kanonische Zyklendarstellung von $\varphi \sigma \varphi^{-1}$ erhalten.

Im Beispiel $\sigma = [1, 9, 2] [3, 8] [4, 7, 6, 10]$ und $\varphi = \begin{pmatrix} 1 & 2 & 3 & 4 & 5 & 6 & 7 & 8 & 9 & 10 \\ 10 & 4 & 6 & 1 & 9 & 3 & 8 & 5 & 7 & 2 \end{pmatrix}$
erhält man nach diesem Prinzip $s_\varphi(\sigma) = \varphi \sigma \varphi^{-1} = [10, 7, 4] [6, 5] [1, 8, 3, 2]$.

Die kanonische Zyklendarstellung läßt sich auch beim Beweis der folgenden Aussage verwenden:

19.13 Satz Jede Permutation $\sigma \in \mathfrak{S}_n$, $n \geq 2$, läßt sich als Produkt von Transpositionen schreiben.

B e w e i s. Für $\sigma =$ id ist etwa $\sigma = [1, 2] [1, 2]$. Im Fall $\sigma \neq$ id ist σ nach 19.10 ein Produkt von Zyklen. Es genügt daher, einen Zyklus $[i_1, \ldots, i_r]$ als Produkt von Transpositionen zu schreiben. Hierfür bestätigt man sofort $[i_1, \ldots, i_r] = [i_1, \ldots, i_{r-1}] [i_{r-1} i_r] = \ldots = [i_1, i_2] [i_2, i_3] \ldots [i_{r-1}, i_r]$. ∎

Man beachte, daß für die Darstellung als Produkt von Transpositionen nicht (wie bei der kanonischen Zyklendarstellung) auch eine Eindeutigkeitsaussage gilt. Beispielsweise ist $[1, 2] = [2, 3] [1, 2] [1, 3]$. Im folgenden wird sich allerdings herausstellen, daß die Anzahl der verwandten Transpositionen bei den verschiedenen Darstellungen derselben Permutation stets gerade oder stets ungerade ist. Dazu führen wir zwei Hilfsbegriffe ein.

19.14 Definition Für eine Permutation $\sigma \in \mathfrak{S}_n$ definiert man:

1. Ein Paar $(i, j) \in \mathbf{N}_n^+ \times \mathbf{N}_n^+$ mit $i < j$ aber $\sigma(i) > \sigma(j)$ heißt ein **F e h l s t a n d** von σ.

2. Bezeichnet $F(\sigma)$ die Anzahl der Fehlstände von σ, so heißt $\operatorname{sgn} \sigma := (-1)^{F(\sigma)}$ das **S i g n u m** von σ.

Es ist also $\operatorname{sgn} \sigma = 1$, wenn $F(\sigma)$ gerade ist, und $\operatorname{sgn} \sigma = -1$, wenn $F(\sigma)$ ungerade ist. Offenbar ist $\operatorname{sgn} \operatorname{id} = 1$ wegen $F(\operatorname{id}) = 0$. Bei $\sigma := \begin{pmatrix} 1 & 2 & 3 & 4 \\ 3 & 1 & 4 & 2 \end{pmatrix} \in \mathfrak{S}_4$ beispielsweise sind $(1,2)$, $(1, 4)$ und $(3, 4)$ die einzigen Fehlstände. Daher ist $\operatorname{sgn} \sigma = (-1)^3 = -1$. Für eine spätere Anwendung berechnen wir noch das Signum der Transposition $[1, 2] \in \mathfrak{S}_n$. Hier ist natürlich $(1, 2)$ der einzige Fehlstand von $[1, 2] = \begin{pmatrix} 1 & 2 & 3 \ldots n \\ 2 & 1 & 3 \ldots n \end{pmatrix}$. Daher ist $\operatorname{sgn} [1, 2] = (-1)^1 = -1$.

Wir geben eine weitere Beschreibung des Signums einer Permutation an. Für eine reelle Zahl $x \neq 0$ setzen wir dabei $\operatorname{sg}(x) := 1$, falls $x > 0$, und $\operatorname{sg}(x) := -1$, falls $x < 0$ ist.

19.15 Für $\sigma \in \mathfrak{S}_n$ gilt $\operatorname{sgn} \sigma = \displaystyle\prod_{i < j} \operatorname{sg}(\sigma(j) - \sigma(i))$.

B e w e i s. Für $(i, j) \in \mathbf{N}_n^+ \times \mathbf{N}_n^+$ mit $i < j$ gilt $\operatorname{sg}(\sigma(j) - \sigma(i)) = -1$ genau dann, wenn (i, j) ein Fehlstand von σ ist. Andernfalls ist $\operatorname{sg}(\sigma(j) - \sigma(i)) = 1$. ∎

19.16 Satz Für $\sigma, \varphi \in \mathfrak{S}_n$ gilt stets $\operatorname{sgn}(\sigma \varphi) = \operatorname{sgn} \sigma \cdot \operatorname{sgn} \varphi$, d. h., sgn ist ein Homomorphismus von $\mathfrak{S}_n$ in die Gruppe $(\{1, -1\}, \cdot)$.

B e w e i s. Es ist

$$\operatorname{sgn}(\sigma \varphi) = \prod_{i < j} \operatorname{sg}(\sigma \varphi(j) - \sigma \varphi(i))$$

$$= \prod_{\substack{i < j \\ \varphi(i) < \varphi(j)}} \operatorname{sg}(\sigma \varphi(j) - \sigma \varphi(i)) \cdot \prod_{\substack{i < j \\ \varphi(j) < \varphi(i)}} \operatorname{sg}(\sigma \varphi(j) - \sigma \varphi(i)).$$

Im letzten dieser Produkte ändern wir die Indizierung, indem wir überall i für j und gleichzeitig j für i schreiben. Danach nutzen wir aus, daß es genau $F(\varphi)$ Paare (j, i) mit $j < i$ aber $\varphi(i) < \varphi(j)$ gibt. Das angesprochene Produkt erhält so die Form

$$\prod_{\substack{j < i \\ \varphi(i) < \varphi(j)}} \operatorname{sg}(\sigma \varphi(i) - \sigma \varphi(j)) = \prod_{\substack{j < i \\ \varphi(i) < \varphi(j)}} - \operatorname{sg}(\sigma \varphi(j) - \sigma \varphi(i))$$

$$= (-1)^{F(\varphi)} \prod_{\substack{j < i \\ \varphi(i) < \varphi(j)}} \operatorname{sg}(\sigma \varphi(j) - \sigma \varphi(i)).$$

Insgesamt ergibt sich

$$\operatorname{sgn}(\sigma \varphi) = \prod_{\substack{\varphi(i) < \varphi(j) \\ i < j}} \operatorname{sg}(\sigma \varphi(j) - \sigma \varphi(i)) \cdot \prod_{\substack{\varphi(i) < \varphi(j) \\ i > j}} \operatorname{sg}(\sigma \varphi(j) - \sigma \varphi(i)) \cdot (-1)^{F(\varphi)}$$

$$= \prod_{\varphi(i) < \varphi(j)} \operatorname{sg}(\sigma(\varphi(j))) - \sigma(\varphi(i)) \cdot \operatorname{sgn} \varphi = \prod_{i' < j'} \operatorname{sg}(\sigma(j') - \sigma(i')) \cdot \operatorname{sgn} \varphi$$

$$= \operatorname{sgn} \sigma \cdot \operatorname{sgn} \varphi.$$

Dabei haben wir ausgenutzt, daß sich wegen der Bijektivität von φ jedes Paar $(i', j') \in \mathbf{N}_n^+ \times \mathbf{N}_n^+$ eindeutig in der Form $(\varphi(i), \varphi(j))$ schreiben läßt. ∎

Wir erhalten nun sehr leicht:

19.17 Für jede Transposition $\tau \in \mathfrak{S}_n$ gilt sgn $\tau = -1$.

B e w e i s. Es sei $\tau = [i_1, i_2]$. Wir wählen eine Permutation $\varphi \in \mathfrak{S}_n$ mit $\varphi(1) = i_1$ und $\varphi(2) = i_2$. Nach 19.12 ist dann $\varphi[1, 2]\,\varphi^{-1} = [\varphi(1), \varphi(2)] = [i_1, i_2] = \tau$ und somit

$$\text{sgn } \tau = \text{sgn } \varphi \cdot \text{sgn}[1, 2] \cdot (\text{sgn } \varphi)^{-1} = \text{sgn } \varphi \cdot (-1) \cdot (\text{sgn } \varphi)^{-1} = -1.$$

Dabei haben wir ausgenutzt, daß sgn ein Homomorphismus ist und sgn$[1, 2] = -1$ bereits bekannt war. ∎

19.18 Es sei $\sigma = \tau_1 \ldots \tau_r$ eine Darstellung von $\sigma \in \mathfrak{S}_n$ als Produkt von Transpositionen. Dann ist sgn $\sigma = (-1)^r$.

B e w e i s. Nach 19.16 und 19.17 ist sgn $\sigma = \text{sgn } \tau_1 \ldots \text{sgn } \tau_r = (-1)^r$. ∎

Bei einer solchen Darstellung von σ als Produkt von Transpositionen, wie sie gemäß 19.13 existiert, ist also die Anzahl r der verwandten Transpositionen stets gerade oder stets ungerade, je nachdem ob sgn $\sigma = 1$ oder sgn $\sigma = -1$ ist. Dies rechtfertigt den folgenden Sprachgebrauch:

19.19 Definition Eine Permutation $\sigma \in \mathfrak{S}_n$ heißt g e r a d e, wenn sgn $\sigma = 1$ ist, und u n g e r a d e, wenn sgn $\sigma = -1$ ist.

Genau dann ist also σ gerade, wenn bei einer Darstellung von σ als Produkt von Transpositionen deren Anzahl gerade ist.

Die Menge der geraden Permutationen in $\mathfrak{S}_n$ ist als Kern des Gruppenhomomorphismus sgn : $\mathfrak{S}_n \to \{1, -1\}$ eine Untergruppe von $\mathfrak{S}_n$, sogar ein Normalteiler. Daß es sich um eine Untergruppe handelt, ist natürlich auch nach 7.6 klar, da id eine gerade Permutation ist und das Produkt gerader Permutationen wieder gerade ist. Man definiert:

19.20 Definition Die Untergruppe der geraden Permutationen von $\mathfrak{S}_n$ heißt die a l t e r n i e r e n d e Gruppe (in $\mathfrak{S}_n$) und wird mit $\mathfrak{A}_n$ bezeichnet.

19.21 Für $n \geq 2$ hat die alternierende Gruppe $\mathfrak{A}_n$ in $\mathfrak{S}_n$ den Index 2.

B e w e i s. Der Homomorphismus sgn : $\mathfrak{S}_n \to \{1, -1\}$ ist surjektiv wegen sgn id $= 1$ und sgn$[1, 2] = -1$. Ferner ist $\mathfrak{A}_n = $ Kern sgn. Der Homomorphiesatz liefert also $\mathfrak{S}_n/\mathfrak{A}_n = \mathfrak{S}_n/\text{Kern sgn} \cong \{1, -1\}$. Daher ist $[\mathfrak{S}_n : \mathfrak{A}_n] = \text{ord } \mathfrak{S}_n/\mathfrak{A}_n = 2$. ∎

A n m e r k u n g. Natürlich hätte man hier auch ohne den Homomorphiesatz folgendermaßen schließen können: Für jedes $\sigma \in \mathfrak{S}_n - \mathfrak{A}_n$ ist σ ungerade, also $[2, 1] \cdot \sigma$ gerade, und daher $\sigma = [1, 2] \cdot [2, 1] \cdot \sigma \in [1, 2]\,\mathfrak{A}_n$. Dies zeigt $\mathfrak{S}_n = \mathfrak{A}_n \cup [1, 2]\,\mathfrak{A}_n$. Es gibt also nur zwei Linksnebenklassen bzgl. $\mathfrak{A}_n$ in $\mathfrak{S}_n$.

Wir besprechen noch weitere Beispiele von Untergruppen der Permutationsgruppen $\mathfrak{S}_n$.

19.22 Beispiel In $\mathfrak{S}_4$ betrachten wir die Permutationen

$$\sigma_1 := [1, 2]\,[3, 4], \qquad \sigma_2 := [1, 4]\,[2, 3], \qquad \sigma_3 := [1, 3]\,[2, 4].$$

	id	σ_1	σ_2	σ_3
id	id	σ_1	σ_2	σ_3
σ_1	σ_1	id	σ_3	σ_2
σ_2	σ_2	σ_3	id	σ_1
σ_3	σ_3	σ_2	σ_1	id

Abb. 19.3

Dies sind gerade alle möglichen Produkte von Transpositionen in $\mathfrak{S}_4$ mit elementfremden Wirkungsbereichen. Man bestätigt sofort, daß $\mathfrak{V}_4 := \{\text{id}, \sigma_1, \sigma_2, \sigma_3\}$ eine Untergruppe von $\mathfrak{S}_4$ ist, deren Gruppentafel in Abb. 19.3 gegeben wird. Sie heißt die K l e i n s c h e V i e r e r g r u p p e.

Offenbar ist $\mathfrak{V}_4$ eine kommutative Gruppe, deren Elemente $\neq$ id alle die Ordnung 2 haben. Sie ist zu der Gruppe aus Beispiel 5.24 isomorph, da durch die Umbenennung $\sigma_1 \to s_1, \sigma_2 \to s_2, \sigma_3 \to d$ die Gruppentafel von $\mathfrak{V}_4$ in die aus Abb. 5.3 übergeht. Faßt man in dieser Weise σ_1 und σ_2 als Spiegelungen und σ_3 als Drehung um $180°$ auf, so kann man $\mathfrak{V}_4$ geometrisch auch als Symmetriegruppe eines nichtquadratischen Rechtecks mit den Eckpunkten 1, 2, 3, 4 deuten (vgl. Abb. 19.4).

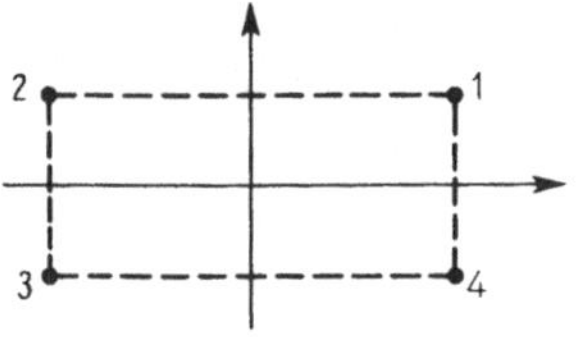

Abb. 19.4

Übrigens ist $\mathfrak{V}_4$ ein Normalteiler in $\mathfrak{S}_4$. Für beliebiges $\varphi \in \mathfrak{S}_4$ läßt sich $\varphi \sigma_i \varphi^{-1}$ bei $i = 1, 2, 3$ nach 19.12 nämlich wieder als Produkt zweier elementfremder Transpositionen schreiben und liegt somit auch in $\mathfrak{V}_4$. Daher ist $\mathfrak{V}_4$ invariant unter den inneren Automorphismen von $\mathfrak{S}_4$, also nach 17.12 ein Normalteiler von $\mathfrak{S}_4$.

Offenbar sind $\sigma_1, \sigma_2, \sigma_3$ gerade Permutationen. Dies zeigt, daß $\mathfrak{V}_4$ eine Untergruppe und sogar ein Normalteiler von $\mathfrak{A}_4$ ist.

19.23 Beispiel Wir betrachten die Permutationen

$$\alpha := [1, \ldots, n] \quad \text{und} \quad \beta := \begin{pmatrix} 1 & 2 & \ldots & n-1 & n \\ n & n-1 & \ldots & 2 & 1 \end{pmatrix}$$

aus $\mathfrak{S}_n$, $n \geq 3$. Offenbar ist $\beta^2 = \text{id}$, $\beta \neq \text{id}$, also ord $\beta = 2$. Ferner ist ord $\alpha = n$ nach 19.6, und unter Verwendung von 19.12 sieht man $\beta \alpha \beta^{-1} = [n, \ldots, 1]$, also $\beta \alpha \beta^{-1} = \alpha^{-1}$. Dies bedeutet $\beta \alpha = \alpha^{-1} \beta$.

Die von α erzeugte zyklische Untergruppe $\langle \alpha \rangle$ besteht aus den n paarweise verschiedenen Elementen id, $\alpha, \ldots, \alpha^{n-1}$. Es ist $\beta \notin \langle \alpha \rangle$, da andernfalls wegen der Kommutativität der zyklischen Gruppe $\langle \alpha \rangle$ auch $\beta \alpha = \alpha \beta$ gelten müßte. Es ist aber $\beta \alpha = \alpha^{-1} \beta \neq \alpha \beta$; denn wegen ord $\alpha = n \geq 3$ ist $\alpha^2 \neq \text{id}$, also $\alpha^{-1} \neq \alpha$. Aus $\beta \notin \langle \alpha \rangle$ ergibt sich, daß die Rechtsnebenklasse $\langle \alpha \rangle \beta = \{\beta, \alpha\beta, \ldots, \alpha^{n-1}\beta\}$ zu $\langle \alpha \rangle$ elementfremd ist.

Wir definieren nun:

$$\mathbf{D}_n := \langle \alpha \rangle \cup \langle \alpha \rangle \beta = \{\text{id}, \alpha \ldots, \alpha^{n-1}, \beta, \alpha\beta, \ldots, \alpha^{n-1}\beta\}.$$

Mit Hilfe von 7.6 sehen wir, daß $\mathbf{D}_n$ eine Untergruppe von $\mathfrak{S}_n$ ist. Die folgende Rechnung zeigt in der Tat, daß die Verknüpfung nicht aus $\mathbf{D}_n$ herausführt:

$$\alpha^i \alpha^j = \alpha^{i+j} \in \langle \alpha \rangle, \qquad \alpha^i(\alpha^j \beta) = \alpha^{i+j}\beta \in \langle \alpha \rangle \beta,$$

$$(\alpha^i \beta)\alpha^j = \alpha^{i-j}\beta \in \langle \alpha \rangle \beta, \qquad (\alpha^i \beta)(\alpha^j \beta) = \alpha^{i-j}\beta^2 = \alpha^{i-j} \in \langle \alpha \rangle.$$

Dabei haben wir verwandt, daß wegen $\beta \alpha = \alpha^{-1} \beta$ auch $\beta \alpha^j = \alpha^{-j}\beta$ ist. Außerdem haben wir $(\alpha^i \beta)^2 = \alpha^{i-i} = \text{id}$ mitbewiesen. Die Elemente aus $\langle \alpha \rangle \beta$ haben also alle die Ordnung 2.

Die Gruppen D_n heißen D i e d e r g r u p p e n. Nach Konstruktion ist ord $D_n = 2\,n$. Im Fall $n = 3$ ist ord $D_3 = 6 = \text{ord } \mathfrak{S}_3$, also $D_3 = \mathfrak{S}_3$. Im Fall $n > 3$ ist D_n wegen $2\,n < n!$ eine echte Untergruppe von $\mathfrak{S}_n$.

Geometrisch läßt die Diedergruppe D_n sich auch als S y m m e t r i e g r u p p e d e s r e g u l ä r e n n - E c k s auffassen. Dabei ist α als Drehung um den Winkel $360°/n$ (um den Mittelpunkt des Umkreises) und β als Spiegelung an einer der Symmetrieachsen zu interpretieren. Die zyklische Gruppe $\langle \alpha \rangle$ besteht dann aus Drehungen und die Nebenklasse $\langle \alpha \rangle \beta$ aus Spiegelungen an Symmetrieachsen. Für die Fälle $n = 5$ und $n = 6$ wird dies durch Abb. 19.5 verdeutlicht.

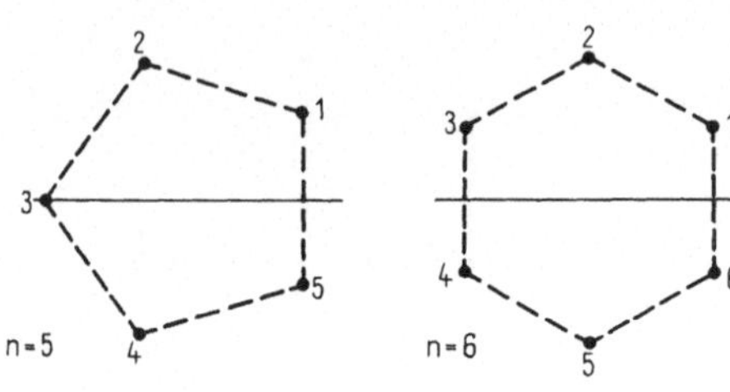

Abb. 19.5

Allgemein gehen wir auf Symmetriegruppen ebener Figuren in Abschn. 21 ein.

Die Diedergruppe D_n ist durch die angegebenen Eigenschaften von α und β bis auf Isomorphie eindeutig gekennzeichnet:

19.24 G sei eine Gruppe der Ordnung $2\,n$, $n \geq 3$. Es gebe Elemente a und b in G mit ord $a = n$, ord $b = 2$ und $b\,a = a^{-1}\,b$. Dann ist G isomorph zur Diedergruppe D_n.

B e w e i s. Wie im Fall der Permutationen α und β in D_n folgert man aus den angegebenen Eigenschaften $b \notin \langle a \rangle$. Daher sind $\langle a \rangle$ und $\langle a \rangle b$ wieder elementfremde Teilmengen von G mit jeweils n Elementen. Wegen ord $G = 2\,n$ ist dann $G = \{e, a, \ldots, a^{n-1}, b, a\,b \ldots, a^{n-1}b\}$. Die Multiplikation dieser Elemente geschieht wie bei D_n, da sie wieder durch die Eigenschaften von a und b bestimmt ist. Ersetzt man also in der Gruppentafel von G die oben angegebenen Elemente durch die entsprechenden Ausdrücke in α und β, so erhält man die Gruppentafel von D_n. Dies liefert die gesuchte Isomorphie. ∎

Als Vorbereitung für die Betrachtung über die Auflösbarkeit von Gleichungen in Abschn. 36 behandeln wir noch einige weitere Aussagen über Permutationsgruppen und die „Auflösbarkeit" solcher Gruppen.

Für eine nichtleere Teilmenge M von $N_n^+ = \{1, \ldots, n\}$ fassen wir $\mathfrak{S}(M)$ als Untergruppe von $\mathfrak{S}_n$ auf, nämlich als Untergruppe derjenigen Permutationen aus $\mathfrak{S}_n$, deren Wirkungsbereich in M enthalten ist. Damit gilt:

19.25 M und N seien Teilmengen von N_n^+ mit $M \cap N \neq \emptyset$. G sei eine Untergruppe von $\mathfrak{S}_n$ mit $\mathfrak{S}(M) \subset G$ und $\mathfrak{S}(N) \subset G$. Dann gilt auch $\mathfrak{S}(M \cup N) \subset G$.

B e w e i s. Wir betrachten zunächst den Fall $N = \{j_1, j_2\}$ mit $j_1 \in M$ und $j_2 \notin M$, also mit $M \cup N = M \cup \{j_2\}$. Wegen $\mathfrak{S}(N) \subset G$ ist $[j_1, j_2] \in G$. Für jedes $i \in M$, $i \neq j_1$, ist $[i, j_1] \in G$ wegen $\mathfrak{S}(M) \subset G$ und damit auch $[i, j_2] = [i, j_1]\,[j_1, j_2]\,[i, j_1] \in G$. Insgesamt enthält G also alle Transpositionen $[i, j_2]$ mit $i \in M$ und wegen $\mathfrak{S}(M) \subset G$ auch alle anderen Transpositionen aus $\mathfrak{S}(M \cup \{j_2\})$. Da sich jedes Element aus $\mathfrak{S}(M \cup \{j_2\})$ als Produkt dieser Transpositionen schreiben läßt (19.13), enthält G dann diese ganze Permutationsgruppe.

Wenn nicht bereits $N \subset M$ ist, erhält man die allgemeine Aussage durch mehrfache Anwendung des vorstehenden Spezialfalls.   ■

19.26 Satz Es sei p eine Primzahl und G eine Untergruppe von $\mathfrak{S}_p$ mit folgenden Eigenschaften:

1. G enthält eine Transposition.

2. G ist t r a n s i t i v, d. h., für alle $i, j \in \mathbf{N}_p^+$ existiert ein $\sigma \in G$ mit $\sigma(i) = j$.

Dann ist bereits $G = \mathfrak{S}_p$.

B e w e i s. Wir betrachten Teilmengen M von $\mathbf{N}_p^+$ mit $\mathfrak{S}(M) \subset G$ und wählen darunter ein M_1 mit größtmöglicher Elementezahl m. Nach Bedingung 1 ist $m \geq 2$.

Für jedes $\sigma \in G$ liegt $\sigma \, \mathfrak{S}(M_1) \sigma^{-1}$ wegen $\mathfrak{S}(M_1) \subset G$ ebenfalls in G. Nach 19.3 ist dabei $\sigma \, \mathfrak{S}(M_1) \sigma^{-1} = \mathfrak{S}(\sigma(M_1))$.

$M_1, \ldots, M_r$ seien die paarweise verschiedenen Teilmengen von $\mathbf{N}_p^+$ der Form $\sigma(M_1)$ mit $\sigma \in G$. Dann ist m auch die Elementezahl von $M_2, \ldots, M_r$, da die σ bijektiv sind. Für $i \neq j$ ist $M_i \cap M_j = \emptyset$, weil sonst nach 19.25 mit $\mathfrak{S}(M_i) \subset G$ und $\mathfrak{S}(M_j) \subset G$ auch $\mathfrak{S}(M_i \cup M_j) \subset G$ wäre im Widerspruch zur Maximalität von M_1. Da G transitiv ist, hat man ferner $M_1 \cup \ldots \cup M_r = \mathbf{N}_p^+$. Insgesamt folgt nun für die Elementezahl von $\mathbf{N}_p^+$ die Beziehung $p = r \cdot m$. Da p eine Primzahl und $m \geq 2$ ist, muß $m = p$ und damit $M_1 = \mathbf{N}_p^+$ sein. Daher ist $\mathfrak{S}_p = \mathfrak{S}(M_1) \subset G$, also $\mathfrak{S}_p = G$.   ■

Den vorstehenden Satz verwenden wir in Abschn. 36, um für spezielle Polynome 5. Grades nachzuweisen, daß ihre „Galoisgruppe" die Gruppe $\mathfrak{S}_5$ ist.

Wir gehen nun auf Auflösbarkeitsaussagen für Permutationsgruppen ein und definieren zunächst allgemein:

19.27 Definition Eine Gruppe G heißt a u f l ö s b a r, wenn es Untergruppen $H_0, \ldots, H_r$ von G gibt mit folgenden Eigenschaften:

1. $G = H_0 \supset H_1 \supset \ldots \supset H_r = \{e\}$.

2. Für $i = 1, \ldots, r$ ist H_i ein Normalteiler von H_{i-1}, und die Quotientengruppe H_{i-1}/H_i ist kommutativ.

Jede kommutative Gruppe G ist natürlich auflösbar. Die obigen Bedingungen sind dann bereits für $H_0 := G$ und $H_1 := \{e\}$ erfüllt. Allgemein zeigen wir noch:

19.28 Satz Es sei $f : G \to G'$ ein surjektiver Homomorphismus von Gruppen. Ist dann G auflösbar, so auch G'.

B e w e i s. Nach Voraussetzung gibt es Untergruppen $H_1, \ldots, H_r$ von G mit den Eigenschaften 1 und 2 aus 19.27.

Für $i = 0, \ldots, r$ sind dann $H_i' := f(H_i)$ Untergruppen von G' mit $H_0' \supset H_1' \supset \ldots \supset H_r' = \{e'\}$. Wegen der Surjektivität von f gilt dabei $G' = f(G) = f(H_0) = H_0'$. Nach 17.9, angewandt auf den surjektiven Homomorphismus $f_{i-1} : H_{i-1} \to H_{i-1}'$ mit $f_{i-1}(x) := f(x)$ für alle $x \in H_{i-1}$, ist $H_i' = f_{i-1}(H_i)$ ein Normalteiler von H_{i-1}'. Bezeichnet $p_{i-1}' : H_{i-1}' \to H_{i-1}'/H_i'$ die kanonische Projektion, so ist $g_{i-1} := p_{i-1}' \circ f_{i-1}$ ein surjektiver Homomorphismus von H_{i-1} auf H_{i-1}'/H_i'. Wegen $f_{i-1}(H_i) = f(H_i) = H_i'$ gilt $H_i \subset \mathrm{Kern}\ g_{i-1}$. Nach 17.7 induziert g_{i-1} einen ebenfalls surjektiven Homomorphismus $\bar{g}_{i-1} : H_{i-1}/H_i \to H_{i-1}'/H_i'$. Da H_{i-1}/H_i nach Voraussetzung kommutativ ist, gilt dies dann auch für H_{i-1}'/H_i' (vgl. 8.4, 1). Somit ist G' auflösbar.   ∎

Insbesondere haben wir mit 19.28 gezeigt, daß Quotientengruppen auflösbarer Gruppen wieder auflösbar sind.

Die Permutationsgruppen $\mathfrak{S}_1$ und $\mathfrak{S}_2$ sind als kommutative Gruppen auflösbar. Darüber hinaus gilt:

19.29 Die Permutationsgruppen $\mathfrak{S}_3$ und $\mathfrak{S}_4$ sind auflösbar.

B e w e i s. Bei $\mathfrak{S}_3$ betrachten wir die Reihe $\mathfrak{S}_3 \supset \mathfrak{A}_3 \supset \{\mathrm{id}\}$. Da $\mathfrak{A}_3$ in $\mathfrak{S}_3$ ein Normalteiler der Ordnung 3 und vom Index 2 ist, sind $\mathfrak{S}_3/\mathfrak{A}_3$ und $\mathfrak{A}_3/\{\mathrm{id}\} \cong \mathfrak{A}_3$ Gruppen der Primzahlordnung 2 bzw. 3, also kommutativ nach 16.19.

Bei $\mathfrak{S}_4$ hat man die Reihe $\mathfrak{S}_4 \supset \mathfrak{A}_4 \supset \mathfrak{B}_4 \supset \{\mathrm{id}\}$, die sogar aus Normalteilern in ganz $\mathfrak{S}_4$ besteht. Die zugehörigen Quotienten $\mathfrak{S}_4/\mathfrak{A}_4$ und $\mathfrak{A}_4/\mathfrak{B}_4$ sind wieder kommutativ als Gruppen der Ordnung 2 bzw. 3. Ferner ist $\mathfrak{B}_4/\{\mathrm{id}\} \cong \mathfrak{B}_4$ kommutativ.   ∎

19.30 Satz Für $n \geq 5$ ist die Permutationsgruppe $\mathfrak{S}_n$ nicht auflösbar.

B e w e i s. Angenommen, es gäbe doch Untergruppen $H_0, \ldots, H_r$ von $\mathfrak{S}_n$ mit den Eigenschaften 1 und 2 aus 19.27.

Wir zeigen durch Induktion über i, daß dann H_i für $i = 0, \ldots, r$ sämtliche Zyklen der Form $[a, b, c]$ mit paarweise verschiedenen a, b, c aus N_n^+ enthält.

Für $i = 1$ ist dies wegen $H_0 = \mathfrak{S}_n$ klar. Beim Schluß von $i-1$ auf i betrachten wir einen beliebigen solchen Zyklus $[a, b, c]$. Wegen $n \geq 5$ gibt es Elemente $d, f \in N_n^+$, so daß a, b, c, d, f paarweise verschieden sind. Nach Induktionsvoraussetzung gehören $\sigma :=$ $[a, b, d]$ und $\varphi := [c, f, a]$ zu H_{i-1}. Mit Hilfe von 19.12 und 19.6, 2 (beispielsweise) ergibt sich $(\sigma\varphi\sigma^{-1})\varphi^{-1} = [c, f, b][a, f, c] = [a, b, c]$. Durch Übergang zur kommutativen Quotientengruppe H_{i-1}/H_i ergibt sich hieraus $\overline{[a, b, c]} = \bar{\sigma}\,\bar{\varphi}\,\bar{\sigma}^{-1}\,\bar{\varphi}^{-1} = \overline{\mathrm{id}}$, d. h. $[a, b, c] \in H_i$.

Insgesamt erhalten wir schließlich den Widerspruch, daß $H_r = \{\mathrm{id}\}$ noch alle Zyklen $[a, b, c]$ enthält.   ∎

A n m e r k u n g. Aus der Nichtauflösbarkeit von $\mathfrak{S}_n$ folgt sofort, daß auch $\mathfrak{A}_n$ nicht auflösbar ist für $n \geq 5$. Da $\mathfrak{A}_n$ in $\mathfrak{S}_n$ ein Normalteiler vom Index 2, also $\mathfrak{S}_n/\mathfrak{A}_n$ kommutativ ist, ließe sich nämlich eine Reihe von Untergruppen gemäß 19.27 für $\mathfrak{A}_n$ durch den Schritt $\mathfrak{S}_n \supset \mathfrak{A}_n$ zu einer entsprechenden Reihe für $\mathfrak{S}_n$ verlängern. Man kann sogar zeigen, daß für $n \geq 5$ die alternierende Gruppe $\mathfrak{A}_n$ e i n f a c h ist, d. h. keine echten Normalteiler enthält. Insbesondere ist $\mathfrak{A}_5$ eine nichtauflösbare Gruppe der Ordnung 60. Jede Gruppe G mit ord G < 60 ist übrigens auflösbar. Für diese und weitere Aussagen über auflösbare Gruppen verweisen wir auf die angegebene Literatur.

Übungsaufgaben

19.31 Es sei M eine m-elementige Teilmenge von $\{1, \ldots, n\}$. Man zeige, daß G := $\{\sigma \in \mathfrak{S}_n \mid \sigma(M) = M\}$ eine Untergruppe der Ordnung m! (n − m)! von $\mathfrak{S}_n$ ist.

19.32 Für die Permutation $\sigma \in \mathfrak{S}_{15}$ mit

$$\sigma := \begin{pmatrix} 1 & 2 & 3 & 4 & 5 & 6 & 7 & 8 & 9 & 10 & 11 & 12 & 13 & 14 & 15 \\ 1 & 4 & 10 & 12 & 5 & 7 & 11 & 2 & 15 & 14 & 9 & 8 & 6 & 3 & 13 \end{pmatrix}$$

bestimme man die kanonische Zyklendarstellung, eine Darstellung als Produkt von Transpositionen, Signum und Ordnung jeweils von σ, σ^{-1} und σ^3.

19.33 Es sei $\sigma := [i_1, \ldots, i_r]$ ein Zyklus aus $\mathfrak{S}_n$. Man zeige sgn $\sigma = (-1)^{r-1}$.

19.34 Man gebe alle Zahlen an, die als Ordnungen von Elementen aus $\mathfrak{S}_5$ auftreten.

19.35 Man zeige, daß die alternierende Gruppe $\mathfrak{A}_n$ für $n \geq 3$ von den Zyklen der Form $[a, b, c]$ mit paarweise verschiedenen $a, b, c \in \mathbf{N}_n^+$ erzeugt wird, d. h., daß jede Untergruppe von $\mathfrak{A}_n$, die diese Zyklen enthält, schon ganz $\mathfrak{A}_n$ ist.

19.36 Man zeige, daß für $n \geq 5$ in $\mathfrak{A}_n$ keine Untergruppe vom Index 2 existiert, obwohl ord $\mathfrak{A}_n = n!/2$ gerade ist. (Man verwende 19.35 und Überlegungen wie im Beweis von 19.30.)

19.37 Man zeige, daß $\mathfrak{S}_n$ von den beiden Zyklen $[1, 2]$ und $[1, \ldots, n]$ erzeugt wird (im Sinne von 19.35).

19.38 $\mathfrak{S}_3$ werde als Untergruppe von $\mathfrak{S}_4$ aufgefaßt, und $p : \mathfrak{S}_4 \to \mathfrak{S}_4/\mathfrak{V}_4$ sei die kanonische Projektion. Man zeige, daß $p \mid \mathfrak{S}_3$ ein Isomorphismus von $\mathfrak{S}_3$ auf $\mathfrak{S}_4/\mathfrak{V}_4$ ist.

19.39 Man zeige, daß die Diedergruppe $\mathbf{D}_n$ auflösbar ist.

19.40 Man berechne das Zentrum der Diedergruppe $\mathbf{D}_n$.

19.41 Man zeige, daß für Untergruppen G von $\mathbf{D}_n$ nur folgende Fälle auftreten: 1. G ist zyklisch, und es ist ord G = 2 oder ord G ein Teiler von n.
2. $G \cong \mathfrak{V}_4$ (nur möglich, falls n gerade ist).
3. $G \cong \mathbf{D}_m$, wobei m ein Teiler von n ist.

20 Beispiele zur Klassifikation endlicher Gruppen

In diesem Abschnitt wollen wir für spezielle Zahlen $n \geq 1$ einen Überblick über alle Gruppen der Ordnung n geben. Natürlich existiert stets eine Gruppe der Ordnung n, beispielsweise die zyklische Gruppe $(\mathbf{Z}_n, +)$, die wir im folgenden kurz mit $\mathbf{Z}_n$ bezeichnen. Insgesamt gibt es bis auf Isomorphie aber nur endlich viele Gruppen G mit ord G = n. Bei einer beliebigen n-elementigen Menge $\{a_1, \ldots, a_n\}$ gibt es nämlich genau $n^{(n^2)}$ mögliche Verknüpfungstafeln. Bezeichnet man die Elemente einer Gruppe G der Ordnung n mit $a_1, \ldots, a_n$, so muß ihre Gruppentafel unter diesen endlich vielen Verknüpfungstafeln zu finden sein. Gruppen, die bei einer solchen Bezeichnung ihrer Elemente identische Gruppentafeln haben, sind jedoch isomorph. Klassifikation der Gruppen der Ordnung n bedeutet nun, endlich viele untereinander nicht isomorphe Gruppen der Ordnung n anzugeben, so daß jede weitere Gruppe der Ordnung n zu einer von diesen isomorph ist.

Im Fall einer Primzahl p ist jede Gruppe der Ordnung p zyklisch nach 16.19 und damit isomorph zu Z_p. Auch die Gruppen der Ordnung p^2 lassen sich leicht klassifizieren. Dazu zunächst einige allgemeine Vorüberlegungen.

20.1 Definition G sei eine Gruppe. Zwei Elemente a, b $\in$ G heißen zueinander k o n - j u g i e r t, wenn es ein x $\in$ G gibt mit b = x a x^{-1}.

Die Elemente a und b sind also genau dann konjugiert, wenn sie durch einen inneren Automorphismus s_x von G aufeinander abgebildet werden. Es gilt:

20.2 Auf einer Gruppe G ist die Konjugiertheit eine Äquivalenzrelation.

B e w e i s. Wegen a a a^{-1} = a ist jedes Element a von G zu sich selbst konjugiert. Es sei nun b = x a x^{-1} mit x $\in$ G. Dann ist a = $x^{-1}b(x^{-1})^{-1}$, d. h., mit a und b sind auch b und a zueinander konjugiert. Ist zusätzlich c = y b y^{-1}, so folgt c = y x a x^{-1} y^{-1} = (y x) a $(y\,x)^{-1}$, d. h., die Konjugiertheit ist auch transitiv. ∎

Die Äquivalenzklassen bei der Konjugiertheit nennen wir auch K o n j u g i e r t h e i t s - k l a s s e n. Die Konjugiertheitsklasse [a] besteht genau dann nur aus dem einen Element a, wenn für alle x $\in$ G gilt x a x^{-1} = a, d. h., wenn a ein Element des Zentrums $Z(G)$ ist. Allgemein gilt:

20.3 G sei eine Gruppe und a ein Element von G.

1. Die Menge $G_a := \{x \in G \,|\, x\,a\,x^{-1} = a\}$ ist eine Untergruppe von G.

2. Die Elementezahl der Konjugiertheitsklasse [a] von a ist gleich dem Index $[G : G_a]$.

B e w e i s. 1. Wegen e a e^{-1} = a liegt das neutrale Element e in G_a. Aus x, y $\in G_a$, d. h. x a x^{-1} = a und y a y^{-1} = a, folgt ferner a = $x^{-1}a(x^{-1})^{-1}$ sowie a = x a x^{-1} = x y a $y^{-1}x^{-1}$ = (x y) a $(x\,y)^{-1}$, also $x^{-1} \in G_a$ sowie x y $\in G_a$.
2. Die Abbildung f : G $\to$ [a] mit f(x) := x a x^{-1} ist nach Definition von [a] surjektiv. Genau dann gilt f(x) = f(y), d. h. x a x^{-1} = y a y^{-1}, wenn $y^{-1}x a x^{-1}y$ = a, also $(y^{-1}x) a (y^{-1}x)^{-1}$ = a ist. Dies ist genau dann der Fall, wenn $y^{-1}x$ in G_a liegt, d. h., wenn x $\sim$ y bei der durch die Untergruppe G_a gemäß 16.12 definierten Äquivalenzrelation gilt. Nach 4.9 induziert f daher eine bijektive Abbildung $\bar{f}$ von G/$\sim$ auf [a]. Die Elementezahl (im unendlichen Fall die Kardinalzahl) von G/$\sim$, also der Index von G_a in G, ist daher gleich der Elementezahl der Konjugiertheitsklasse [a]. ∎

20.4 Satz (K l a s s e n g l e i c h u n g) G sei eine endliche Gruppe, und $[a_1], \ldots, [a_r]$ seien die paarweise verschiedenen Konjugiertheitsklassen von G, die mehr als ein Element enthalten. Dann gilt:

$$\text{ord}\,G = \text{ord}\,Z(G) + [G : G_{a_1}] + \ldots + [G : G_{a_r}].$$

B e w e i s. Da die Konjugiertheit eine Äquivalenzrelation ist, ist G die Vereinigung der paarweise verschiedenen Konjugiertheitsklassen, die als Äquivalenzklassen sogar paarweise elementfremd sind. Unter diesen werden die einelementigen Klassen gerade von den Zentrumselementen repräsentiert. Daher ist ord G = ord Z(G) + Anz $[a_1]$ + ... + Anz $[a_r]$. Mit 20.3, 2 ergibt sich hieraus die Behauptung. ∎

Wir ziehen einige Folgerungen aus den verstehenden Hilfsbetrachtungen.

20.5 Satz Es sei p eine Primzahl. Dann gilt:

1. Das Zentrum $Z(G)$ einer Gruppe G der Ordnung p^m, $m \geq 1$, ist nicht trivial, d. h., es ist $Z(G) \neq \{e\}$.

2. Jede Gruppe G der Ordnung p^2 ist kommutativ.

B e w e i s. 1. Wir verwenden die Formel für ord G aus 20.4. Nach dem Satz von Lagrange ist darin jeder Summand $[G : G_{a_i}]$ als Index der Untergruppe G_{a_i} von G ein Teiler von ord $G = p^m$, also von der Form p^{s_i}. Dabei ist $s_i > 0$ wegen $p^{s_i} = [G : G_{a_i}] = \text{Anz} [a_i] > 1$. Daher ist ord $Z(G) = $ ord $G - ([G : G_{a_1}] + \ldots + [G : G_{a_r}]) = p^m - (p^{s_1} + \ldots + p^{s_r})$ ein Vielfaches von p, also sicher $\neq 1$.

2. Nach dem Satz von Lagrange ist ord $Z(G)$ ein Teiler von ord $G = p^2$, also gleich 1, p oder p^2. Wegen 1. ist ord $Z(G) \neq 1$. Da nach 17.14 der Index von $Z(G)$ in G keine Primzahl sein kann, ist hier auch der Fall ord $Z(G) = p$ (d. h. $[G : Z(G)] = p$) nicht möglich. Daher muß ord $Z(G) = p^2 = $ ord G sein und damit $Z(G) = G$. Dies bedeutet, daß G kommutativ ist.   ∎

Nun lassen sich die Gruppen der Ordnung p^2 sofort klassifizieren.

20.6 Satz Es sei p eine Primzahl. Dann ist jede Gruppe G der Ordnung p^2 isomorph zu $\mathbf{Z}_{p^2}$ oder zu $\mathbf{Z}_p \times \mathbf{Z}_p$.

B e w e i s. Enthält G ein Element der Ordnung p^2, so ist G zyklisch und somit isomorph zu $\mathbf{Z}_{p^2}$.

Andernfalls haben nach dem kleinen Fermatschen Satz alle Elemente $\neq e$ von G die Ordnung p. Wir wählen ein Element $a \neq e$ aus G. Dann ist $H_1 := \langle a \rangle$ eine Untergruppe der Ordnung p von G, und es gibt somit ein $b \in G$, $b \notin H_1$. Setzen wir $H_2 := \langle b \rangle$, so ist H_2 ebenfalls eine Untergruppe der Ordnung p. Wegen $b \in H_2$, $b \notin H_1$ ist $H_1 \cap H_2$ eine echte Untergruppe von H_2. Als „echter" Teiler von ord $H_2 = p$ ist dann ord $(H_1 \cap H_2) = 1$, also $H_1 \cap H_2 = \{e\}$. Nach 18.2 ist somit $p^2 = $ ord $H_1 \cdot$ ord H_2 die Elementezahl von $H_1 H_2$. Daher gilt $G = H_1 H_2$. Da G nach 20.5 kommutativ ist, sind H_1 und H_2 Normalteiler von G. Insgesamt liefert 18.6 nun $G \cong H_1 \times H_2$. Da H_1 und H_2 als zyklische Gruppen der Ordnung p selbst zu $\mathbf{Z}_p$ isomorph sind, folgt schließlich $G \cong \mathbf{Z}_p \times \mathbf{Z}_p$.   ∎

Natürlich sind die Gruppen $\mathbf{Z}_{p^2}$ und $\mathbf{Z}_p \times \mathbf{Z}_p$ untereinander nicht isomorph, da die erste Gruppe zyklisch ist, die zweite jedoch nicht (vgl. 18.9).

Als nächstes wenden wir uns den Gruppen der Ordnung 2 p zu, die auch noch leicht zu klassifizieren sind.

20.7 Satz Es sei p eine Primzahl $\neq 2$. Dann ist jede Gruppe G der Ordnung 2p isomorph zu $\mathbf{Z}_{2p}$ oder zur Diedergruppe $\mathbf{D}_p$.

B e w e i s. Enthält G ein Element der Ordnung 2p, so ist G zyklisch, also isomorph zu $\mathbf{Z}_{2p}$.

Andernfalls kommen nach dem kleinen Fermatschen Satz nur 2 und p als Ordnungen der Elemente $\neq e$ in Frage.

Wir nehmen zunächst an, daß alle Elemente $\neq$ e von G die Ordnung 2 hätten. Für alle $x \in G$ ist dann $x = x^{-1}$. Wir wählen a, $b \in G - \{e\}$ mit $a \neq b$. Dafür gilt $a\,b \neq a$, $a\,b \neq b$ und $a\,b \neq e$ (wegen $a \neq b = b^{-1}$). Ferner ist $b\,a = (b\,a)^{-1} = a^{-1}b^{-1} = a\,b$ (G ist insbesondere also kommutativ). Daher ist $\{e, a, b, a\,b\}$ in G abgeschlossen, d. h. insgesamt eine Untergruppe der Ordnung 4 von G. Wegen $p \neq 2$ ist 4 jedoch kein Teiler von ord G = 2p im Widerspruch zum Satz von Lagrange.

Wir können nun ein Element $a \in G$ mit ord a = p finden und dazu ein $b \in G$ mit $b \notin \langle a \rangle = \{e, a, \ldots, a^{p-1}\}$. Als echte Untergruppe von $\langle a \rangle$ kann $\langle a \rangle \cap \langle b \rangle$ wegen ord $\langle a \rangle$ = p nach dem Satz von Lagrange nur die Ordnung 1 haben. Es ist also $\langle a \rangle \cap \langle b \rangle = \{e\}$. Wäre auch ord b = p, so hätte das Produkt $\langle a \rangle \langle b \rangle$ nach 18.2 die Elementezahl p^2 im Widerspruch zu $p^2 > 2\,p$ = ord G. Also hat b und überhaupt jedes Element aus $G - \langle a \rangle$ die Ordnung 2. Wegen $b \notin \langle a \rangle$ ist $b\,a \notin \langle a \rangle$ und daher auch ord $(b\,a)$ = 2. Damit folgt $b\,a = (b\,a)^{-1} = a^{-1}b^{-1} = a^{-1}b$. Nach 19.24 gilt nun $G \cong D_p$. ∎

Da die Diedergruppe D_p nicht kommutativ ist, sind Z_{2p} und D_p untereinander nicht isomorph.

Die beiden vorstehenden Sätze gestatten die Klassifizierung aller Gruppen G der Ordnung ≤ 11 bis auf den Fall ord G = 8, den wir abschließend gesondert betrachten wollen. Neben bereits bekannten Gruppen der Ordnung 8 tritt dabei die Quaternionengruppe Q auf, die wir erst im Verlauf unserer Untersuchungen einführen wollen.

20.8 Satz Jede Gruppe G der Ordnung 8 ist isomorph zu Z_8, $Z_4 \times Z_2$, $Z_2 \times Z_2 \times Z_2$, der Diedergruppe D_4 oder der Quaternionengruppe Q.

B e w e i s. Enthält G ein Element der Ordnung 8, so ist G zyklisch und somit isomorph zu Z_8.

Haben alle Elemente $\neq$ e von G die Ordnung 2, so sieht man wie im ersten Teil des Beweises von 20.7, daß G kommutativ ist (vgl. auch 5.29) und daß es eine Untergruppe H der Ordnung 4 von G gibt. Nach 20.6 muß $H \cong Z_2 \times Z_2$ sein, da es in H kein Element der Ordnung 4 gibt. Wir wählen ein Element $c \in G - H$. Wegen ord c = 2 ist dann $\langle c \rangle \cong Z_2$, und wegen $c \notin H$ gilt $H \cap \langle c \rangle = \{e\}$, also $H \cdot \langle c \rangle = G$ nach 18.2. Da H und $\langle c \rangle$ in der kommutativen Gruppe G Normalteiler sind, folgt $G \cong H \times \langle c \rangle \cong (Z_2 \times Z_2) \times Z_2$.

Nach dem kleinen Fermatschen Satz kommen als Ordnungen der Elemente von G nur die Teiler von 8 in Frage. Wir haben also noch den Fall zu untersuchen, daß G ein Element a der Ordnung 4, aber kein Element der Ordnung 8 besitzt. Dann ist $\langle a \rangle$ eine Untergruppe der Ordnung 4, also mit Index 2, und daher nach 17.11 ein Normalteiler von G. Für alle $b \in G$ ist deshalb $s_b (\langle a \rangle) \subset \langle a \rangle$ nach 17.12. Insbesondere liegt $b\,a\,b^{-1} = s_b (a)$ in $\langle a \rangle = \{e, a, a^2, a^3\}$. Außerdem hat $b\,a\,b^{-1}$ wie a die Ordnung 4. Wegen ord a^2 = 2 sind nur die beiden Fälle $b\,a\,b^{-1} = a$ und $b\,a\,b^{-1} = a^3 (= a^{-1})$ möglich.

Wir nehmen zunächst an, daß es ein $b \in G - \langle a \rangle$ mit ord b = 2 gibt. Im Fall $b\,a\,b^{-1} = a^{-1}$, d. h. $b\,a = a^{-1}b$, ist dann $G \cong D_4$ nach 19.24. Im Fall $b\,a\,b^{-1} = a$ ist $b\,a = a\,b$, und daher kommutieren die Elemente von $\langle a \rangle$ mit denen von $\langle b \rangle$. Außerdem ist G die Vereinigung der beiden wegen $b \notin \langle a \rangle$ elementfremden Nebenklassen $\langle a \rangle = \langle a \rangle$ e und $\langle a \rangle$ b bzgl. $\langle a \rangle$ in G. Die Elemente von G lassen sich somit eindeutig als Produkt eines Elementes aus $\langle a \rangle$ und eines Elementes aus $\langle b \rangle$ schreiben. Nach 18.4 ist G dann das direkte Produkt von $\langle a \rangle \cong Z_4$ und $\langle b \rangle \cong Z_2$.

Wir nehmen nun an, daß jedes Element aus $G - \langle a \rangle$ die Ordnung 4 hat. Für ein fest gewähltes $b \in G - \langle a \rangle$ ist dann ord b^2 = 2 und daher $b^2 \in \langle a \rangle$. Wegen ord a = ord a^3 = 4 ist $b^2 = a^2$. Der Fall $b\,a\,b^{-1} = a$ kann jetzt nicht auftreten; denn aus $b\,a\,b^{-1} = a$ folgt

$b\,a = a\,b$, $(a\,b)^2 = a^2 b^2 = a^4 = e$, und somit hätte $a\,b \in G - \langle a \rangle$ die Ordnung 2. Es muß also der Fall $b\,a\,b^{-1} = a^{-1}$ vorliegen. Dann ist $G = \langle a \rangle \cup \langle a \rangle\, b$, und es gilt $b\,a = a^{-1} b$, $a^2 = b^2$ und ord $a = $ ord $b = 4$. Für die Verknüpfung von G folgt beispielsweise $(a^i b)\,(a^j b) = a^{i-j} b^2 = a^{i-j+2}$. Analog ist die ganze Gruppentafel durch die obigen Informationen über a und b eindeutig festgelegt und daher G bis auf Isomorphie eindeutig bestimmt.

Beim Nachweis, daß es wirklich eine Gruppe des zuletzt behandelten Typs gibt, lassen wir uns vom Satz von Cayley leiten und versuchen, diese Gruppe als Untergruppe von $\mathfrak{S}_8$ zu gewinnen. Numerieren wir die im vorigen Abschnitt betrachteten Elemente $e, a, a^2, a^3, b, a\,b, a^2 b, a^3 b$ in dieser Reihenfolge mit $1, \ldots, 8$, so werden die Linksmultiplikationen mit a bzw. b durch die Permutationen $\alpha := [1, 2, 3, 4]\,[5, 6, 7, 8]$ bzw. $\beta := [1, 5, 3, 7]\,[2, 8, 4, 6]$ beschrieben. Nach 19.11 ist ord $\alpha = $ ord $\beta = 4$, und nach 19.12 ist $\beta \alpha \beta^{-1} = [5, 8, 7, 6]\,[3, 2, 1, 4]$, also $\beta \alpha \beta^{-1} = [8, 7, 6, 5]\,[4, 3, 2, 1] = \alpha^{-1}$. Ferner ist $\alpha^2 = [1, 3]\,[2, 4]\,[5, 7]\,[6, 8] = \beta^2$. Wegen $\beta \alpha = \alpha^{-1} \beta \neq \alpha \beta$ ist $\beta \notin \langle \alpha \rangle$, und die Teilmenge $Q := \langle \alpha \rangle \cup \langle \alpha \rangle\, \beta$ von $\mathfrak{S}_8$ enthält genau 8 Elemente. Aus den angegebenen Relationen für α und β folgt wie oben, daß Q eine Untergruppe von $\mathfrak{S}_8$ mit den verlangten Eigenschaften ist. ∎

Eine Gruppe des Typs Q, wie wir sie soeben konstruiert haben, erhält man auch mit Hilfe der Multiplikation der „Quaternionen". Man spricht daher von der Q u a t e r n i o n e n g r u p p e Q. Wir gehen kurz darauf ein, wobei wir das Rechnen mit komplexen Zahlen verwenden, die wir wie üblich in der Form $z = a + i\,b$ mit $a, b \in \mathbf{R}$ schreiben. Dann ist $\bar{z} := a - i\,b$ die zu z konjugiert-komplexe Zahl.

20.9 Beispiel Auf $\mathbf{C} \times \mathbf{C}$ wird durch $(z, w)\,(z', w') := (z\,z' - w\,\overline{w'},\ z\,w' + w\,\overline{z'})$ eine „Multiplikation" gegeben (vgl. auch 33.18). Man bestätigt leicht, daß sie assoziativ ist. Die 8 Elemente

$$\begin{array}{llll}
1 := (1, 0), & i := (i, 0), & j := (0, 1), & k := (0, i), \\
-1 := (-1, 0), & -i := (-i, 0), & -j := (0, -1), & -k := (0, -i)
\end{array}$$

bilden eine Untergruppe von $(\mathbf{C} \times \mathbf{C}, \cdot)$ der gesuchten Art. Für $a := i$, $b := j$ gilt nämlich ord $a = $ ord $b = 4$, $b\,a\,b^{-1} = a^{-1}$ und $b^2 = a^2$.

Die in 20.8 angegebenen Gruppen der Ordnung 8 sind übrigens untereinander nicht isomorph. Von ihnen sind nur D_4 und Q nicht kommutativ. Diese beiden Gruppen sind nicht isomorph, da beispielsweise die Anzahl der Elemente der Ordnung 2 in D_4 größer ist als in Q. Bei den drei kommutativen Gruppen ist nur Z_8 zyklisch, die beiden übrigen sind auch nicht isomorph, da nur $Z_4 \times Z_2$, nicht jedoch $Z_2 \times Z_2 \times Z_2$ ein Element der Ordnung 4 besitzt.

Wir haben jetzt alle Gruppen der Ordnung ≤ 11 vollständig klassifiziert. Für Gruppen größerer Ordnung wird eine solche Klassifizierung immer schwieriger. Dabei verwendet man für kommutative Gruppen den am Ende von Abschnitt 18 erwähnten Struktursatz und bei nichtkommutativen Gruppen die S y l o w s ä t z e , die Aussagen über Untergruppen von Primzahlpotenzordnungen machen. Auch mit diesen Hilfsmitteln, auf die wir nicht näher eingehen, erreicht man nur noch in Spezialfällen eine vollständige Übersicht.

Übungsaufgaben

20.10 Man zeige: Ist die Konjugiertheit auf einer Gruppe G eine Kongruenzrelation, so handelt es sich bereits um die Relation „=", d. h., G ist kommutativ.

20.11 G sei eine Gruppe und $a \in G$. Man zeige, daß die Gruppe G_a aus 20.3 das Zentrum $Z(G)$ und die zyklische Gruppe $\langle a \rangle$ enthält.

20.12 G sei eine nichtkommutative Gruppe der Ordnung p^3, p Primzahl. Man zeige, daß es in G genau $p^2 + p - 1$ Konjugiertheitsklassen gibt. (Man verwende 20.11.)

20.13 G sei eine Gruppe der Ordnung 2 n, $n \geq 3$, und besitze eine zyklische Untergruppe H der Ordnung n derart, daß jedes Element aus $G - H$ die Ordnung 2 hat. Man zeige, daß G zur Diedergruppe $\mathbf{D}_n$ isomorph ist.

20.14 Man zeige, daß jede Untergruppe der Quaternionengruppe $\mathbf{Q}$ ein Normalteiler von $\mathbf{Q}$ ist.

21 Endliche Gruppen von Kongruenzabbildungen

In diesem Abschnitt soll untersucht werden, welche endliche Gruppen als Symmetriegruppen ebener Figuren auftreten. Dabei gehen wir nicht von einem geometrischen Axiomensystem aus, sondern identifizieren die Ebene mit dem Vektorraum $\mathbf{R}^2$ und verwenden dann einfache Hilfsmittel der linearen Algebra.

Zunächst betrachten wir ganz allgemein den Vektorraum

$$\mathbf{R}^n := \{ x = (x_1, \ldots, x_n) \mid x_1, \ldots, x_n \in \mathbf{R} \},$$

in dem wie üblich gerechnet wird:

$$(x_1, \ldots, x_n) + (y_1, \ldots, y_n) := (x_1 + y_1, \ldots, x_n + y_n),$$

$$r(x_1, \ldots, x_n) := (r\,x_1, \ldots, r\,x_n) \qquad \text{für } r \in \mathbf{R}.$$

Ferner versehen wir $\mathbf{R}^n$ mit dem üblichen Skalarprodukt

$$x \cdot y = (x_1, \ldots, x_n) \cdot (y_1, \ldots, y_n) := x_1 y_1 + \ldots + x_n y_n,$$

definieren den Betrag von x durch

$$|x| := \sqrt{x \cdot x} = \sqrt{x_1^2 + \ldots + x_n^2}$$

und den Abstand von x und y durch

$$d(x, y) := |x - y| = \sqrt{(x_1 - y_1)^2 + \ldots + (x_n - y_n)^2}.$$

Statt $x \cdot x$ schreiben wir auch kurz x^2. Es ist somit $x^2 = |x|^2$.

21.1 Definition Eine Abbildung $f : \mathbf{R}^n \to \mathbf{R}^n$ nennen wir eine K o n g r u e n z a b -
b i l d u n g, wenn für alle x, $y \in \mathbf{R}^n$ gilt: $d(f(x), f(y)) = d(x, y)$.

A n m e r k u n g. Kongruenzabbildungen sind also abstandserhaltend. Wir vermeiden die auch gebräuchlichen Bezeichnungen „Isometrie" und „Bewegung", da diese vielfach nur im linearen bzw. im orientierungserhaltenden Fall verwandt werden.

Kongruenzabbildungen, die den Nullpunkt fest lassen, sind im Rahmen der linearen Algebra leicht zu überblicken. Wir zeigen:

21.2 Satz Es sei $f : \mathbf{R}^n \to \mathbf{R}^n$ eine Kongruenzabbildung mit $f(0) = 0$. Dann gilt:
1. f ist mit dem Skalarprodukt verträglich, d. h., es gilt $f(x) \cdot f(y) = x \cdot y$ für alle
$x, y \in \mathbf{R}^n$.
2. f ist linear, d. h., es gilt $f(x + y) = f(x) + f(y)$ und $f(r\,x) = r\,f(x)$ für alle x, $y \in \mathbf{R}^n$
und alle $r \in \mathbf{R}$.

B e w e i s. 1. Nach Voraussetzung ist $d(f(x), f(y)) = d(x, y)$. Hieraus erhält man durch Quadrieren $(f(x) - f(y))^2 = (x - y)^2$ und dann unter Verwendung der bekannten Rechenregeln für das Skalarprodukt

$$(f(x))^2 - 2f(x) \cdot f(y) + (f(y))^2 = x^2 - 2x \cdot y + y^2.$$

Der Spezialfall $y = 0$ liefert wegen $f(0) = 0$ die Beziehung $(f(x))^2 = x^2$. Ebenso ist $(f(y))^2 = y^2$, und damit folgt $-2f(x) \cdot f(y) = -2x \cdot y$, also $f(x) \cdot f(y) = x \cdot y$.

2. Unter Verwendung von 1. erhält man:

$$\begin{aligned}
(f(x + y) - f(x) - f(y))^2 &= (f(x + y))^2 + (f(x))^2 + (f(y))^2 - 2f(x + y) \cdot f(x) \\
&\quad - 2f(x + y) \cdot f(y) + 2f(x) \cdot f(y) \\
&= (x + y)^2 + x^2 + y^2 - 2(x + y) \cdot x - 2(x + y) \cdot y \\
&\quad + 2x \cdot y \\
&= (x + y - x - y)^2 = 0.
\end{aligned}$$

Also ist $|f(x + y) - f(x) - f(y)|^2 = 0$ und somit $f(x + y) - f(x) - f(y) = 0$, d. h. $f(x+y) = f(x) + f(y)$.

Analog ergibt sich:

$$\begin{aligned}
(f(r\,x) - r\,f(x))^2 &= (f(r\,x))^2 + r^2(f(x))^2 - 2r f(r\,x) \cdot f(x) \\
&= (r\,x)^2 + r^2 x^2 - 2r(r\,x) \cdot x = r^2 x^2 + r^2 x^2 - 2\,r^2 x^2 = 0.
\end{aligned}$$

Es folgt $f(r\,x) = r\,f(x)$. ∎

21.3 Jede Kongruenzabbildung $f : \mathbf{R}^n \to \mathbf{R}^n$ ist bijektiv.

B e w e i s. Wir betrachten zunächst den Fall $f(0) = 0$. Nach 21.2 ist dann f linear. Wegen $|f(x)|^2 = |x|^2$ folgt aus $f(x) = 0$ bereits $x = 0$, d. h., f ist injektiv nach 8.10. Als injektive lineare Abbildung eines endlichdimensionalen Vektorraums in sich ist f sogar bijektiv.

Es sei nun f eine beliebige Kongruenzabbildung. Dann ist $\tilde{f} : \mathbf{R}^n \to \mathbf{R}^n$ mit $\tilde{f}(x) :=$ $f(x) - f(0)$ wegen $d(\tilde{f}(x), \tilde{f}(y)) = |f(x) - f(0) - (f(y) - f(0))| = |f(x) - f(y))| =$ $d(f(x), f(y)) = d(x, y)$ ebenfalls eine Kongruenzabbildung. Nach Konstruktion ist $\tilde{f}(0) = 0$, also $\tilde{f}$ bijektiv nach dem ersten Teil des Beweises. Daher ist auch f bijektiv mit $f^{-1}(x) = \tilde{f}^{-1}(x - f(0))$. ∎

Nun können wir zeigen:

21.4 Satz Die Kongruenzabbildungen des $\mathbf{R}^n$ in sich bilden eine Gruppe (mit der Hintereinanderschaltung als Verknüpfung).

B e w e i s. Nach 21.3 sind die Kongruenzabbildungen des $\mathbf{R}^n$ in der Gruppe $\mathfrak{S}(\mathbf{R}^n)$ der bijektiven Abbildungen von $\mathbf{R}^n$ auf sich enthalten. Wir zeigen mit Hilfe von 7.4, daß sie eine Untergruppe von $\mathfrak{S}(\mathbf{R}^n)$ bilden: Mit f und g sind auch $f \circ g$ und f^{-1} Kongruenzabbildungen wegen $d(f(g(x)), f(g(y))) = d(g(x), g(y)) = d(x, y)$ und $d(f^{-1}(x), f^{-1}(y)) =$ $d(f(f^{-1}(x)), f(f^{-1}(y))) = d(x, y)$. Natürlich ist $\mathrm{id}_{\mathbf{R}^n}$ eine Kongruenzabbildung. ∎

Die Menge der Kongruenzabbildungen des $\mathbf{R}^n$, die den Nullpunkt fest lassen, bildet eine Untergruppe der Gruppe aller Kongruenzabbildungen. Mit $f(0) = 0$ und $g(0) = 0$ ist nämlich auch $(f \circ g)(0) = 0$ und $f^{-1}(0) = 0$. Außerdem ist $\mathrm{id}(0) = 0$. Diese Untergruppe heißt die o r t h o g o n a l e G r u p p e $\mathbf{O}_n$.

Bei der Untersuchung endlicher Gruppen von Kongruenzabbildungen können wir uns auf Untergruppen von $\mathbf{O}_n$ beschränken:

21.5 Satz G sei eine endliche Untergruppe der Gruppe aller Kongruenzabbildungen des $\mathbf{R}^n$. Dann gilt:

1. G besitzt einen Fixpunkt, d. h., es gibt ein $x_0 \in \mathbf{R}^n$ mit $f(x_0) = x_0$ für alle $f \in G$.
2. G ist isomorph zu einer Untergruppe von $\mathbf{O}_n$.

B e w e i s. 1. Es sei m := ord G und G = $\{f_1, \ldots, f_m\}$. Wir wählen ein (beliebiges)

$y_0 \in \mathbf{R}^n$ und zeigen, daß der „Mittelwert" $x_0 := \dfrac{1}{m} \displaystyle\sum_{i=1}^{m} f_i(y_0)$ ein Fixpunkt von G ist.

Für $g \in G$ betrachten wir die Kongruenzabbildung $\tilde{g}$ mit $\tilde{g}(x) := g(x) - g(0)$. Wegen $\tilde{g}(0)$ = 0 ist sie nach 21.2 linear. Nun folgt in der Tat

$$g(x_0) = \tilde{g}(x_0) + g(0) = \tilde{g}\left(\frac{1}{m} \sum_{i=1}^{m} f_i(y_0)\right) + g(0)$$

$$= \frac{1}{m} \sum_{i=1}^{m} \tilde{g}(f_i(y_0)) + \frac{1}{m} \sum_{i=1}^{m} g(0) = \frac{1}{m} \sum_{i=1}^{m} (\tilde{g}(f_i(y_0)) + g(0))$$

$$= \frac{1}{m} \sum_{i=1}^{m} (g \circ f_i)(y_0) = \frac{1}{m} \sum_{i=1}^{m} f_i(y_0) = x_0.$$

Dabei haben wir verwandt, daß $\displaystyle\sum_{i=1}^{m} g(0) = m\,g(0)$ ist, und in der letzten Zeile, daß mit f_i auch $g \circ f_i$ die Gruppe G genau einmal durchläuft.

2. Zu dem Fixpunkt x_0 von G betrachten wir die „Translation" t des $\mathbf{R}^n$ mit $t(x) :=$ $x - x_0$ für alle $x \in \mathbf{R}^n$. Natürlich ist t auch eine Kongruenzabbildung, und es gilt $t(x_0) = 0$, also $t^{-1}(0) = x_0$. Der zu t gehörige innere Automorphismus der Gruppe aller Kongruenzabbildungen bildet G isomorph auf die Untergruppe $t\,G\,t^{-1} =$ $\{t \circ f \circ t^{-1} \,|\, f \in G\}$ ab. Wegen $(t \circ f \circ t^{-1})(0) = t(f(x_0)) = t(x_0) = 0$ handelt es sich dabei um eine Untergruppe von $\mathbf{O}_n$. ∎

A n m e r k u n g. Anschaulich bedeutet die zuletzt verwandte Überlegung, daß man den Ursprung des Koordinatensystems in den Fixpunkt x_0 von G schiebt.

In der linearen Algebra zeigt man, daß eine lineare Abbildung $f : \mathbf{R}^n \to \mathbf{R}^n$ genau dann eine Isometrie, also ein Element von $\mathbf{O}_n$, ist, wenn die Matrix M_f, die f bzgl. der Standardbasis $e_1 := (1, 0, \ldots, 0), \ldots, e_n := (0, \ldots, 0, 1)$ des $\mathbf{R}^n$ beschreibt, eine orthogonale Matrix ist. Dies bedeutet, daß das Matrizenprodukt von M_f und der um die Hauptdiagonale geklappten Matrix $M_f{}^t$ die Einheitsmatrix E_n ist. Die Determinante der Matrix M_f bezeichnen wir mit det M_f. Wir notieren in diesem Zusammenhang die folgende Aussage:

21.6 Die Abbildung „det", die jedem $f \in \mathbf{O}_n$ die Determinante det M_f zuordnet, ist ein surjektiver Homomorphismus der Gruppe $\mathbf{O}_n$ auf die Untergruppe $\{1, -1\}$ von $(\mathbf{R}, \cdot)$.
Der Kern $\mathbf{O}_n^+ := \{f \in \mathbf{O}_n \,|\, \det f = 1\}$ dieses Homomorphismus ist eine Untergruppe vom Index 2 in $\mathbf{O}_n$.

B e w e i s. Für $f \in \mathbf{O}_n$ ist $M_f M_f{}^t = E_n$. Nach den Rechenregeln für Determinanten ergibt sich daraus $1 = \det E_n = \det(M_f M_f{}^t) = \det M_f \det M_f{}^t = (\det M_f)^2$. Daher ist det $M_f = \pm 1$.
Ferner gilt stets $M_{f \circ g} = M_f M_g$ und somit $\det M_{f \circ g} = \det M_f \det M_g$. Dies ist die Homomorphieeigenschaft der betrachteten Abbildung. Sie ist surjektiv wegen $\det \mathrm{id}_{\mathbf{R}^n} =$ det $E_n = 1$ und da etwa die Spiegelung an der $x_1, \ldots, x_{n-1}$ Ebene durch die orthogonale Matrix beschrieben wird, die sich von der Einheitsmatrix E_n nur durch die Zahl -1 in der n-ten Zeile und Spalte unterscheidet, deren Determinante also -1 ist.

Der Homomorphiesatz liefert dann $O_n/O_n^+ \cong (\{1, -1\}, \cdot)$ und somit $[O_n : O_n^+] = \text{ord } O_n/O_n^+ = 2$. ∎

Die Untergruppe O_n^+ von O_n nennt man auch die s p e z i e l l e   o r t h o g o n a l e   G r u p p e , ihre Elemente sind „orientierungserhaltend".

Wir beschränken uns nun auf die ebene Geometrie, also die Untersuchung von O_2 und O_2^+. Für $\alpha \in \mathbf{R}$ betrachten wir die Matrizen

$$D_\alpha := \begin{pmatrix} \cos \alpha & -\sin \alpha \\ \sin \alpha & \cos \alpha \end{pmatrix}, \qquad S_\alpha := \begin{pmatrix} \cos \alpha & \sin \alpha \\ \sin \alpha & -\cos \alpha \end{pmatrix}.$$

Unter Verwendung von $\cos^2\alpha + \sin^2\alpha = 1$ sieht man, daß es sich um orthogonale Matrizen handelt. Dabei ist $\det D_\alpha = 1$ und $\det S_\alpha = -1$. Bekanntlich beschreibt die Matrix D_α die Drehung d_α um den Nullpunkt mit dem Drehwinkel α und S_α die Spiegelung s_α an der Geraden durch den Nullpunkt, die mit der x_1-Achse den Winkel $\alpha/2$ einschließt. Wegen der Additionstheoreme für Sinus und Cosinus ist nämlich

$$D_\alpha \cdot \begin{pmatrix} r \cos \varphi \\ r \sin \varphi \end{pmatrix} = \begin{pmatrix} r \cos (\alpha + \varphi) \\ r \sin (\alpha + \varphi) \end{pmatrix}, \qquad S_\alpha \cdot \begin{pmatrix} r \cos \varphi \\ r \sin \varphi \end{pmatrix} = \begin{pmatrix} r \cos (\alpha - \varphi) \\ r \sin (\alpha - \varphi) \end{pmatrix}$$

für alle $r \geq 0$, $\varphi \in \mathbf{R}$ (vgl. Abb. 21.1).

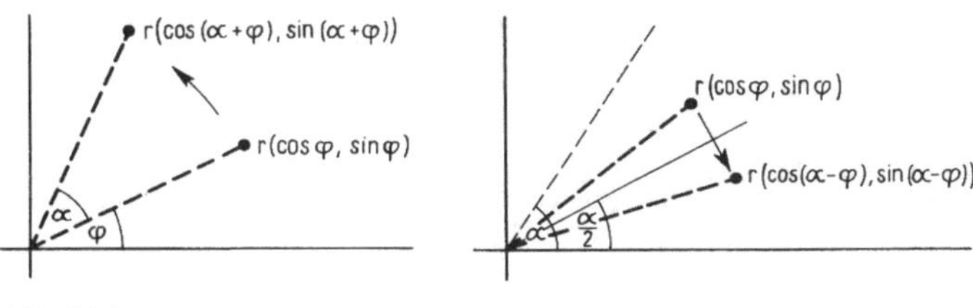

Abb. 21.1

Damit haben wir bereits eine vollständige Übersicht über O_2 gewonnen:

21.7 Die spezielle orthogonale Gruppe O_2^+ besteht aus allen Drehungen d_α und $O_2 - O_2^+$ aus allen Spiegelungen s_α.

B e w e i s . Es sei $f \in O_2$ mit $M_f = \begin{pmatrix} a & c \\ b & d \end{pmatrix}$. Wegen der Orthogonalität von M_f ist dann

$$\begin{pmatrix} a & c \\ b & d \end{pmatrix} \begin{pmatrix} a & b \\ c & d \end{pmatrix} = \begin{pmatrix} 1 & 0 \\ 0 & 1 \end{pmatrix}, \qquad \text{also insbesondere } a^2 + c^2 = 1 \text{ und } b^2 + d^2 = 1.$$

Im Fall $f \in O_2^+$, also $a\,d - b\,c = \det M_f = 1$, folgt: $(a - d)^2 + (b + c)^2 = a^2 + b^2 + c^2 + d^2$

$-2(a\,d - b\,c) = 2 - 2 = 0$, also $a = d$, $c = -b$ und somit $M_f = \begin{pmatrix} a & -b \\ b & a \end{pmatrix}$. Wegen $a^2 + b^2 =$

$a^2 + c^2 = 1$ gibt es nun ein $\alpha \in \mathbf{R}$ mit $a = \cos \alpha$ und $b = \sin \alpha$, also mit $M_f = D_\alpha$. Daher ist $f = d_\alpha$.

Im Fall $f \in O_2 - O_2^+$, also $a\,d - b\,c = \det M_f = -1$, folgt ebenso $(a + d)^2 + (b - c)^2 = 0$, d. h. $d = -a$, $c = b$. Wählt man α wie oben, so erhält man $M_f = S_\alpha$ und daher $f = s_\alpha$. ∎

Für Drehungen d_α und d_β gilt (wegen der Additionstheoreme) $d_\alpha \circ d_\beta = d_{\alpha+\beta}$; insbesondere ist $(d_\alpha)^m = d_{m\alpha}$. Ferner ist $d_\alpha = \text{id}$ genau dann, wenn α ein ganzzahliges Vielfaches von 2π ist. Damit können wir zeigen:

21.8 Satz G sei eine endliche Untergruppe von O_2^+ mit ord G = m. Dann ist G die von der Drehung um den Winkel $(2\pi)/m$ erzeugte zyklische Gruppe.

B e w e i s. Jedes Element aus G hat die Form d_α mit $\alpha \in \mathbf{R}$. Nach dem kleinen Fermatschen Satz ist dann $(d_\alpha)^m = \mathrm{id}$, also $d_{m\alpha} = \mathrm{id}$ und somit $m\alpha = 2k\pi$ mit $k \in \mathbf{Z}$. Dann ist $\alpha = k(2\pi/m)$ und daher $d_\alpha = (d_{2\pi/m})^k$. Folglich liegt G in der von der Drehung um $2\pi/m$ erzeugten zyklischen Gruppe. Diese zyklische Gruppe hat wie G die Ordnung m wegen $(d_{2\pi/m})^m = d_{2\pi} = \mathrm{id}$ und ist daher gleich G. ∎

Alle Spiegelungen s_α aus O_2 haben die Ordnung 2. Beispielsweise bestätigt man sofort $S_\alpha \circ S_\alpha = E_2$. Wir können nun auch die noch verbleibenden endlichen Untergruppen von O_2 klassifizieren:

21.9 Satz G sei eine endliche Untergruppe von O_2 mit $G \nsubseteq O_2^+$. Dann ist G isomorph zu einer Diedergruppe $\mathbf{D}_n$, $n \geq 3$, zur Kleinschen Vierergruppe $\mathfrak{V}_4$ oder zur zyklischen Gruppe $\mathbf{Z}_2$.

B e w e i s. Wir betrachten die Gruppe $H := G \cap O_2^+$ und zeigen zunächst, daß sie in G den Index 2 hat. Wegen $G \nsubseteq O_2^+$ gibt es eine Spiegelung s in G. Aus $s \notin O_2^+$ und $[O_2 : O_2^+] = 2$ folgt $O_2 - O_2^+ = sO_2^+$. Wir zeigen $G = H \cup sH$. Dazu genügt es, $G - H \subset sH$ nachzuweisen. Für $f \in G - H$ ist $f \notin O_2^+$, also $f \in O_2 - O_2^+ = sO_2^+$. Daher gibt es ein $d \in O_2^+$ mit $f = sd$. Wegen $f, s \in G$ ist dabei auch $d \in G$, also $d \in G \cap O_2^+ = H$. Dies bedeutet $f \in sH$. Nun ist ord G = 2 ord H. Nach 21.8 ist H zyklisch und wird von der Drehung δ um den Winkel $(2\pi)/n$ mit $n := \mathrm{ord}\, H$ erzeugt. Für eine beliebige Spiegelung $s \in G - H$ ist $s\delta \in sO_2^+ = O_2 - O_2^+$ wieder eine Spiegelung und hat deshalb die Ordnung 2. Daraus folgt $s\delta = (s\delta)^{-1} = \delta^{-1}s^{-1} = \delta^{-1}s$. Nach 19.24 ist G daher isomorph zu $\mathbf{D}_n$, falls $n \geq 3$ ist. Im Fall n = 2 ist G eine Gruppe der Ordnung 4, in der jedes Element $\neq \mathrm{id}$ die Ordnung 2 hat. Gemäß 20.6 gibt es bis auf Isomorphie nur eine solche Gruppe, nämlich $\mathbf{Z}_2 \times \mathbf{Z}_2 \cong \mathfrak{V}_4$. Im Fall n = 1 ist natürlich $G \cong \mathbf{Z}_2$. ∎

A n m e r k u n g. Die charakteristische Relation $s\delta = \delta^{-1}s$ hätte man auch direkt mit Hilfe der zugehörigen Matrizen nachrechnen können. Sie gilt übrigens für beliebige Spiegelungen s und Drehungen δ. Daher bezeichnet man O_2 gelegentlich auch als Diedergruppe $\mathbf{D}_\infty$.

In Anbetracht von 21.5, 2 sind nun natürlich sämtliche endlichen Gruppen von Kongruenzabbildungen des $\mathbf{R}^2$ klassifiziert.

Alle endlichen Untergruppen von O_2 treten wirklich als Symmetriegruppen ebener Figuren auf. Die zu $\mathbf{D}_n$, $n \geq 3$, isomorphen Untergruppen von O_2 sind die Symmetriegruppen regulärer n-Ecke, deren „Achsen" durch die darin enthaltenen Spiegelungen bestimmt sind (vgl. 19.23). Bei $\mathfrak{V}_4$ nimmt man in analoger Weise nichtquadratische Rechtecke (vgl. 19.22). Die zyklische Untergruppe der Ordnung m von O_2^+ ist die Symmetriegruppe etwa der aus dem regulären m-Eck gewonnenen Figur, wie sie in Abb. 21.2 für den Fall m = 8 dargestellt wird.

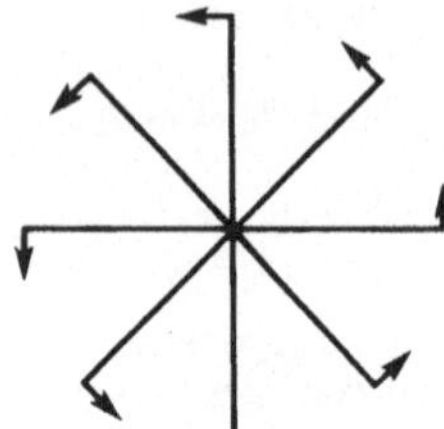

Abb. 21.2

Schließlich sind die von einer Spiegelung erzeugten Untergruppen der Ordnung 2 von O_2 die Symmetriegruppen von Figuren mit nur einer Symmetrieachse wie beispielsweise der Buchstabe „A".

Übungsaufgaben

21.10 K_n bezeichne die Gruppe aller Kongruenzabbildungen des R^n. Man zeige: 1. Die Abbildung $\psi : K_n \to O_n$, die jedem $f \in K_n$ die Abbildung $\tilde{f} \in O_n$ mit $\tilde{f}(x) := f(x) - f(0)$ zuordnet, ist ein surjektiver Homomorphismus.
2. Kern ψ besteht genau aus den T r a n s l a t i o n e n des R^n, d. h. den Abbildungen $f : R^n \to R^n$ mit $f(x) = x + x_0$ für ein festes $x_0 \in R^n$.

21.11 Man zeige, daß O_2^+ kommutativ ist, und daß jede Untergruppe von O_2^+ ein Normalteiler von O_2 ist.

V Ringe

Ringe und Ringhomomorphismen sind schon in Kapitel II einführend betrachtet worden. Es sollen nun weitergehende Untersuchungen vor allem im Hinblick auf Quotientenstrukturen und Teilbarkeitstheorie angeschlossen werden.

22 Ideale und Restklassenringe

Es sei R ein Ring und $\sim$ eine Kongruenzrelation auf R sowohl bzgl. der Addition als auch der Multiplikation von R. Nach 9.5, 2 ist dann $R/\sim$ mit den induzierten Verknüpfungen wieder ein Ring und die kanonische Projektion $p : R \to R/\sim$ ein Ringhomomorphismus. Bezeichnen wir für $a \in R$ die zugehörige Äquivalenzklasse in $R/\sim$ wieder mit $\overline{a} = p(a)$, so gilt in $R/\sim$ also

$$\overline{a} + \overline{b} = \overline{a + b}, \qquad \overline{a} \cdot \overline{b} = \overline{a\,b}.$$

Wir wollen jede solche Kongruenzrelation $\sim$ auf R mit einem bestimmten „Unterobjekt" von R in Verbindung bringen. Da es sich bei $\sim$ insbesondere um eine Kongruenzrelation auf der additiven Gruppe $(R, +)$ handelt, wird $\sim$ gemäß der Vorbemerkung zu 17.4 durch eine Untergruppe a von $(R, +)$ gegeben, die wegen der Kommutativität von $(R, +)$ natürlich ein Normalteiler ist. Dabei gilt $a \sim b$ genau dann, wenn $(-b) + a \in a$, also $a - b \in a$ ist. Wir geben nun Eigenschaften von a an, die garantieren, daß die zugehörige Relation $\sim$ sogar eine Kongruenzrelation bzgl. $\cdot$ ist.

22.1 Definition R sei ein Ring. Eine Teilmenge a von R heißt ein I d e a l von R, wenn gilt:

1. a ist eine Untergruppe von $(R, +)$.
2. Für alle $a \in a$ und alle $r \in R$ ist auch $r\,a \in a$ und $a\,r \in a$.

Triviale Beispiele für Ideale sind der ganze Ring R und das N u l l i d e a l $\{0_R\}$. Mit Hilfe des Untergruppenkriteriums 7.4 können wir sofort folgendes Kriterium für Ideale angeben:

22.2 Eine Teilmenge a eines Ringes R ist genau dann ein Ideal von R, wenn gilt:

1. Das Nullelement 0_R von R liegt in a.
2. Für alle $a, b \in a$ ist auch $a + b \in a$.
3. Für alle $a \in a$ und alle $r \in R$ ist auch $r\,a \in a$ und $a\,r \in a$.

B e w e i s. Es sei a eine Teilmenge von R, die den angegebenen Bedingungen genügt. Nach 3. ist dann für jedes $a \in a$ auch $-a = (-1)a \in a$ und daher a eine Untergruppe von $(R, +)$, also insgesamt ein Ideal.

Umgekehrt genügen Ideale den angegebenen Bedingungen.   ∎

Bei kommutativen Ringen braucht man in 22.2, 3 natürlich nur $r\,a \in a$ zu fordern.

Wir gehen nun auf den Zusammenhang mit Kongruenzrelationen ein.

22.3 R sei ein Ring und a eine Untergruppe von $(R, +)$. Genau dann ist die zugehörige Relation $\sim$ auf R (mit $a \sim b$, falls $a - b \in a$) eine Kongruenzrelation auch bzgl. der Multiplikation, wenn a ein Ideal von R ist.

B e w e i s. Zunächst sei $\sim$ eine Kongruenzrelation bzgl. der Multiplikation. Dann haben wir für $a \in a$ und $r \in R$ noch $r\,a \in a$ und $a\,r \in a$ zu zeigen. Wegen $a \in a$ ist $a \sim 0$ und natülich ist $r \sim r$. Nach Voraussetzung über $\sim$ folgt $r \cdot a \sim r \cdot 0 = 0$ und $a \cdot r \sim 0 \cdot r = 0$, also $r\,a \in a$ und $a\,r \in a$.

Umgekehrt sei a nun ein Ideal, und es gelte $r \sim r'$, $s \sim s'$. Wir haben $r\,s \sim r's'$ zu zeigen. Nach Voraussetzung ist $r - r' \in a$ und $s - s' \in a$. Wegen der Idealeigenschaft von a folgt daraus $(r - r')s + r'(s - s') \in a$, also $r\,s - r's' \in a$, d. h. $r\,s \sim r's'$.   ∎

Kongruenzrelationen und damit Quotientenstrukturen werden bei Ringen also durch Ideale gegeben.

22.4 Definition R sei ein Ring, a ein Ideal von R und $\sim$ die zugehörige Kongruenzrelation. Dann heißt die mit der induzierten Addition und Multiplikation versehene Quotientenmenge $R/\!\sim$ der R e s t k l a s s e n r i n g von R nach a und wird mit R/a bezeichnet.

In der Tat ist R/a nach 9.5, 2 ein Ring und die kanonische Projektion $p : R \to R/a$ ein Ringhomomorphismus mit Kern $p = a$. Insbesondere ist $(R/a, +)$ die Quotientengruppe von $(R, +)$ nach a. Es ist $R/R = \{\overline{0}\}$ der Nullring und $R \cong R/\{0\}$ (vermöge p).

A n m e r k u n g. Wir vermeiden die in der Literatur für R/a auch übliche Bezeichnung „Quotientenring", die zu Verwechslungen mit Ringen aus Brüchen wie den Quotientenkörpern von Integritätsringen führen könnten.

Die zum Ideal a gehörende Kongruenzrelation $\sim$ wird häufig auch mit „$\equiv$ mod a" bezeichnet. Für $r, s \in R$ bedeutet $r \equiv s$ mod a (lies: r kongruent s modulo a) also $r - s \in a$, d. h. $\overline{r} = \overline{s}$ in R/a. Da $\equiv$ mod a eine Kongruenzrelation ist, haben wir die folgenden Rechenregeln:

22.5 R sei ein Ring und $\mathfrak{a}$ ein Ideal von R. Für $r, s, r', s' \in R$ folgt aus $r \equiv r' \mod \mathfrak{a}$ und $s \equiv s' \mod \mathfrak{a}$ auch $r + s \equiv r' + s' \mod \mathfrak{a}$ und $r s \equiv r' s' \mod \mathfrak{a}$.

Wir erläutern die eingeführten Begriffe am Beispiel des Ringes **Z** der ganzen Zahlen.

22.6 Die Ideale von **Z** sind genau die Teilmengen der Form $\mathbf{Z}n := \{z\,n \mid z \in \mathbf{Z}\}$, $n \in \mathbf{N}$.

B e w e i s. Nach 16.9 haben alle Untergruppen von $(\mathbf{Z}, +)$ bereits die angegebene Form. Mit $r \in \mathbf{Z}$ und $a = z\,n \in \mathbf{Z}n$ ist natürlich auch $r\,a = (r\,z)n \in \mathbf{Z}_n$. Daher handelt es sich bei **Z**n um ein Ideal. ∎

A n m e r k u n g. Für $n \in \mathbf{N}$ ist die Relation $\equiv \mod \mathbf{Z}n$ gerade die Relation $\equiv (\mod n)$ aus 9.6. Der Ring $\mathbf{Z}/\mathbf{Z}n$ stimmt daher mit dem dort eingeführten Ring $\mathbf{Z}n$ der Restklassen $(\mod n)$ überein. Dies rechtfertigt die Bezeichnung Restklassenring auch für beliebige Ringe der Form $R/\mathfrak{a}$.

22.7 Für eine natürliche Zahl $n \geq 1$ sind folgende Aussagen äquivalent:

1. $\mathbf{Z}/\mathbf{Z}n$ ist ein Körper.

2. $\mathbf{Z}/\mathbf{Z}n$ ist ein Integritätsring.

3. n ist eine Primzahl.

B e w e i s. Da der Ring $\mathbf{Z}/\mathbf{Z}n = \mathbf{Z}_n = \{\overline{0}, \overline{1}, \ldots, \overline{n-1}\}$ endlich ist und da endliche Integritätsringe nach 6.16 bereits Körper sind, folgt 1. aus 2. Umgekehrt sind Körper stets Integritätsringe.

Wir zeigen noch die Äquivalenz von 2. und 3. Zunächst sei $\mathbf{Z}/\mathbf{Z}n$ ein Integritätsring. Wäre n keine Primzahl, so gäbe es $m, q \in \mathbf{N}$ mit $n = mq$ und $1 < m, q < n$. (Der Fall $n = 1$ scheidet wegen $\mathbf{Z}/\mathbf{Z}n \neq \{\overline{0}\}$ aus.) Dann wäre $\overline{m}\,\overline{q} = \overline{m\,q} = \overline{n} = \overline{0}$, aber $\overline{m} \neq \overline{0}$, $\overline{q} \neq 0$ im Widerspruch zur Nullteilerfreiheit von $\mathbf{Z}/\mathbf{Z}n$.

Umgekehrt sei n eine Primzahl. Zum Nachweis der Nullteilerfreiheit von $\mathbf{Z}/\mathbf{Z}n$ betrachten wir $a, b \in \mathbf{Z}$ mit $\overline{a}\,\overline{b} = \overline{0}$, also mit $\overline{a\,b} = \overline{0}$. Dann ist $a\,b \in \mathbf{Z}n$, d. h., n teilt a b. Als Primzahl teilt n nach 12.13 somit einen der Faktoren a oder b, d. h., es ist $\overline{a} = \overline{0}$ oder $\overline{b} = \overline{0}$. ∎

Allgemein soll nun untersucht werden, welche Eigenschaften ein Ideal $\mathfrak{a}$ in einem Ring R haben muß, damit $R/\mathfrak{a}$ ein Integritätsring oder ein Körper ist. Dabei beschränken wir uns auf kommutative Ringe R. Dann sind natürlich auch alle Restklassenringe $R/\mathfrak{a}$ kommutativ (vgl. 8.4, 1).

22.8 Definition R sei ein kommutativer Ring und $\mathfrak{a}$ ein Ideal von R mit $\mathfrak{a} \neq R$.

1. $\mathfrak{a}$ heißt ein P r i m i d e a l, wenn für alle $a, b \in R$ aus $a\,b \in \mathfrak{a}$ stets $a \in \mathfrak{a}$ oder $b \in \mathfrak{a}$ folgt.

2. $\mathfrak{a}$ heißt ein m a x i m a l e s I d e a l, wenn es kein Ideal $\mathfrak{b}$ von R gibt mit $\mathfrak{a} \subset \mathfrak{b} \subset R$ und $\mathfrak{a} \neq \mathfrak{b} \neq R$.

22.9 Satz R sei ein kommutativer Ring und $\mathfrak{a}$ ein Ideal von R. Dann gilt:

1. Genau dann ist $R/\mathfrak{a}$ ein Integritätsring, wenn $\mathfrak{a}$ ein Primideal ist.

2. Genau dann ist $R/\mathfrak{a}$ ein Körper, wenn $\mathfrak{a}$ ein maximales Ideal ist.

B e w e i s. Im Fall $\mathfrak{a} = R$ ist $R/\mathfrak{a}$ der Nullring, also sicher weder Körper noch Integritätsring. Wir können daher gleich $\mathfrak{a} \neq R$ annehmen.

1. Genau dann ist $R/\mathfrak{a}$ nullteilerfrei, wenn für alle a, $b \in R$ aus $\bar{a} \cdot \bar{b} = \bar{0}$, d. h. $\overline{ab} = \bar{0}$, stets $\bar{a} = \bar{0}$ oder $\bar{b} = \bar{0}$ folgt. Dies bedeutet, daß aus $a\,b \in \mathfrak{a}$ stets $a \in \mathfrak{a}$ oder $b \in \mathfrak{a}$ folgt, d. h., daß $\mathfrak{a}$ ein Primideal ist.

2. Wir nehmen zunächst an, daß $\mathfrak{a}$ maximal ist. Für jedes Element $b \in R$ mit $\bar{b} \neq \bar{0}$, also $b \notin \mathfrak{a}$, ist zu zeigen, daß $\bar{b}$ eine Einheit in $R/\mathfrak{a}$ ist. Wir betrachten dazu $\mathfrak{b} := \mathfrak{a} + R\,b :=$ $\{a + r\,b \mid a \in \mathfrak{a}, r \in R\}$. Wegen $(a + r\,b) + (a' + r'b) = (a + a') + (r + r')b$ und $r(a' + r'b) =$ $(r a') + (r r')b$ ist $\mathfrak{b}$ nach 22.2 ebenfalls ein Ideal. Ferner ist $\mathfrak{a} \subset \mathfrak{b}$, wegen $a = a + 0 \cdot b \in \mathfrak{b}$ für alle $a \in \mathfrak{a}$, und es gilt $\mathfrak{a} \neq \mathfrak{b}$ wegen $b = 0 + 1 \cdot b \in \mathfrak{b}$, $b \notin \mathfrak{a}$. Da $\mathfrak{a}$ nach Voraussetzung maximal ist, muß $\mathfrak{b} = R$ sein. Insbesondere ist dann $1 \in \mathfrak{b}$, d. h. $1 = a_1 + r_1 b$ für ein $a_1 \in \mathfrak{a}$, $r_1 \in R$. Es folgt $\bar{1} = \overline{a_1 + r_1 b} = \bar{a}_1 + \bar{r}_1\,\bar{b} = \bar{0} + \bar{r}_1 \bar{b} = \bar{r}_1\,\bar{b}$ in $R/\mathfrak{a}$. Somit ist $\bar{b}$ eine Einheit.

Umgekehrt sei nun $R/\mathfrak{a}$ ein Körper. Zum Nachweis der Maximalität von $\mathfrak{a}$ ist für jedes Ideal $\mathfrak{b}$ mit $\mathfrak{a} \subset \mathfrak{b} \subset R$ und $\mathfrak{a} \neq \mathfrak{b}$ die Beziehung $\mathfrak{b} = R$ zu zeigen. Nach Voraussetzung gibt es ein $b \in \mathfrak{b}$ mit $b \notin \mathfrak{a}$. Dann ist $\bar{b} \neq \bar{0}$ im Körper $R/\mathfrak{a}$, und daher gibt es ein $c \in R$ mit $\bar{b}\,\bar{c} = \bar{1}$, also mit $1 - b\,c \in \mathfrak{a} \subset \mathfrak{b}$. Da $\mathfrak{b}$ ein Ideal ist, folgt $1 = (1 - b\,c) + b\,c \in \mathfrak{b}$. Für jedes $r \in R$ ist dann auch $r = r \cdot 1 \in \mathfrak{b}$, d. h., es gilt $R = \mathfrak{b}$. ∎

Für den Spezialfall $\mathfrak{a} = \{0\}$ ist $R/\{0\} \cong R$. Daher ist R nach 22.9 genau dann ein Körper, wenn das Nullideal in R maximal ist, d. h., wenn R außer $\{0\}$ und $R\,(\neq \{0\})$ keine weiteren Ideale besitzt. Entsprechend ist R genau dann ein Integritätsring, wenn das Nullideal in R ein Primideal ist. Das folgt natürlich auch unmittelbar aus den Definitionen.

Da Körper stets Integritätsringe sind, liefert 22.9 weiterhin die folgende Aussage:

22.10 R sei ein kommutativer Ring. Dann ist jedes maximale Ideal von R ein Primideal.

Man beachte, daß umgekehrt nicht jedes Primideal maximal ist. Ein Beispiel dafür ist das Nullidal $\{0\}$ von **Z**. Übrigens sind die anderen Primideale von **Z** alle maximal; es handelt sich nämlich um die Ideale **Z** p, wo p eine Primzahl ist (vgl. 22.7).

Wir kommen nun auf Zusammenhänge zwischen Idealen und Ringhomomorphismen zu sprechen.

22.11 Es sei $f : R \to R'$ ein Homomorphismus von Ringen. Dann gilt:

1. Für jedes Ideal $\mathfrak{a}'$ von R' ist das Urbild $f^{-1}(\mathfrak{a}')$ ein Ideal von R.

2. Ist f zusätzlich surjektiv, so ist für jedes Ideal $\mathfrak{a}$ von R das Bild $f(\mathfrak{a})$ ein Ideal von R'.

B e w e i s. Da $\mathfrak{a}$ und $\mathfrak{a}'$ Untergruppen von $(R, +)$ bzw. von $(R', +)$ sind und f ein Homomorphismus bzgl. + ist, sind $f^{-1}(\mathfrak{a}')$ und $f(\mathfrak{a})$ Untergruppen von $(R, +)$ bzw. von $(R', +)$. Für $a \in f^{-1}(\mathfrak{a}')$ und $r \in R$ ist $f(a) \in \mathfrak{a}'$ und damit $f(r\,a) = f(r)f(a) \in \mathfrak{a}'$, da $\mathfrak{a}'$ ein Ideal ist. Also gilt $r\,a \in f^{-1}(\mathfrak{a}')$, und ebenso erhält man $a\,r \in f^{-1}(\mathfrak{a}')$. Daher ist $f^{-1}(\mathfrak{a}')$ ein Ideal von R. Ferner gibt es zu $a' \in f(\mathfrak{a})$ und zu $r' \in R'$ ein $a \in \mathfrak{a}$ mit $f(a) = a'$ und, falls f surjektiv ist, ein $r \in R$ mit $f(r) = r'$. Es folgt $r'a' = f(r)f(a) = f(r\,a) \in f(\mathfrak{a})$ wegen $r\,a \in \mathfrak{a}$ und ebenso $a'r' \in f(\mathfrak{a})$. Daher ist dann auch $f(\mathfrak{a})$ ein Ideal von R'. ∎

Insbesondere ist der Kern eines jeden Ringhomomorphismus als Urbild des Nullideals ein Ideal. Umgekehrt ist natürlich jedes Ideal von R der Kern der kanonischen Projektion

von R auf R/$\mathfrak{a}$. Daher sind die Ideale von R genau die Kerne der Ringhomomorphismen
von R in weitere Ringe.

Im Falle eines surjektiven Ringhomomorphismus f : R $\to$ R$'$ gilt für Ideale eine Aussage,
die wir in 17.9 analog bereits für Gruppen formuliert haben. Die Ideale $\mathfrak{a}$ von R, die Kern f
umfassen, entsprechen vermöge der Zuordnung aus 22.11 dann umkehrbar eindeutig allen
Idealen $\mathfrak{a}'$ von R$'$. Zum Beweis braucht man die Überlegung aus 17.9 lediglich auf diejenigen Untergruppen von (R, +) bzw. (R$'$, +) anzuwenden, die sogar Ideale sind.

Ist speziell R$'$:= R/$\mathfrak{b}$ ein Restklassenring von R und p : R $\to$ R/$\mathfrak{b}$ die kanonische Projektion, so erhält man eine bijektive Zuordnung zwischen den Idealen $\mathfrak{a}$ von R mit $\mathfrak{a} \supset \mathfrak{b}$
und allen Idealen von R/$\mathfrak{b}$, indem man $\mathfrak{a}$ auf p($\mathfrak{a}$) abbildet. In dieser Situation bezeichnen
wir das Ideal p($\mathfrak{a}$) auch mit $\mathfrak{a}/\mathfrak{b}$.

Als nächstes soll der aus der Gruppentheorie bekannte Homomorphiesatz übertragen
werden.

22.12 Es sei f : R $\to$ R$'$ ein Ringhomomorphismus und $\mathfrak{a}$ ein Ideal von R mit $\mathfrak{a} \subset$ Kern f.
Dann ist der induzierte Homomorphismus $\bar{f}$ von (R/$\mathfrak{a}$, +) in (R$'$, +) sogar ein Ringhomomorphismus.

B e w e i s. Nach 17.7 (angewandt auf die additiven Gruppen) existiert wegen $\mathfrak{a} \subset$
Kern f in der Tat der induzierte Homomorphismus $\bar{f}$. Bezeichnet p : R $\to$ R/$\mathfrak{a}$ die kano-
nische Projektion, so ist $\bar{f} \circ$ p = f, also $\bar{f}(\bar{r}) = \bar{f}(p(r)) = f(r)$ für alle r $\in$ R.
Nun folgt $\bar{f}(\bar{r}\,\bar{s}) = \bar{f}(\overline{r\,s}) = f(r\,s) = f(r)f(s) = \bar{f}(\bar{r})\bar{f}(\bar{s})$ und $\bar{f}(\bar{1}_R) = f(1_R) = 1_R$, da f nach
Voraussetzung ein Ringhomomorphismus ist. Insgesamt ist daher auch $\bar{f}$ ein Ringhomo-
morphismus. ∎

22.13 (H o m o m o r p h i e s a t z) Es sei f : R $\to$ R$'$ ein surjektiver Ringhomomorphismus. Dann ist der induzierte Homomorphismus $\bar{f}$: R/Kern f $\to$ R$'$ ein Ringisomorphismus. Es gilt also R/Kern f $\cong$ R$'$.

B e w e i s. Nach 17.8 ist $\bar{f}$ ein Isomorphismus der zugehörigen additiven Gruppen und
nach 22.12 auch ein Ringhomomorphismus. Zusammengenommen ergibt dies die Behauptung. ∎

Der Homomorphiesatz besagt, daß die Restklassenringe eines Ringes R bis auf Isomorphie
bereits alle homomorphen Bilder von R sind.

Zur Erläuterung des Homomorphiesatzes betrachten wir ein einfaches Beispiel: Es sei R
der Ring der reellwertigen Funktionen auf **R**, und $x_0 \in$ **R** sei fest gewählt. Die Abbildung φ : R $\to$ **R**, die jeder Funktion f $\in$ R den Wert $f(x_0)$ zuordnet, ist offenbar ein surjektiver Ringhomomorphismus mit Kern $\varphi = \{f \in R \mid f(x_0) = 0\}$. Nach dem Homomorphiesatz induziert φ einen Ringisomorphismus $\bar{\varphi}$ von R/Kern φ auf **R**. Bei der Restklassenbildung werden genau die f $\in$ R zu einer Äquivalenzklasse aus R/Kern φ zusammenge-
faßt, die an der Stelle x_0 denselben Wert $f(x_0)$ haben. Der induzierte Isomorphismus $\bar{\varphi}$
ordnet einer solchen Äquivalenzklasse gerade diesen gemeinsamen Wert aus **R** zu.
Schließlich übertragen wir noch den Isomorphiesatz von Gruppen auf Ringe.

22.14 (I s o m o r p h i e s a t z) Es sei f : R $\to$ R$'$ ein surjektiver Ringhomomorphismus und $\mathfrak{a}$ ein Ideal von R mit $\mathfrak{a} \supset$ Kern f. Dann induziert f einen Ringisomorphismus von R/$\mathfrak{a}$ auf R$'$/f($\mathfrak{a}$).

B e w e i s. Nach 17.10 induziert f ein Isomorphismus der zugehörigen additiven Gruppen. Bezeichnet p' die kanonische Projektion von R' auf $R'/f(\mathfrak{a})$, so handelt es sich um den von $p' \circ f$ auf $R/\mathfrak{a}$ induzierten Homomorphismus, der hier nach 22.12 sogar ein Ringhomomorphismus ist. ∎

Ist speziell $R' = R/\mathfrak{b}$ und $f : R \to R/\mathfrak{b}$ die kanonische Projektion, so gilt also für jedes Ideal $\mathfrak{a}$ von R mit $\mathfrak{a} \supset \mathfrak{b}$ die Isomorphie $R/\mathfrak{a} \cong (R/\mathfrak{b})/f(\mathfrak{a}) = (R/\mathfrak{b})/(\mathfrak{a}/\mathfrak{b})$.

Als direkte Anwendung des Isomorphiesatzes zeigen wir noch:

22.15 R und R' seien kommutative Ringe, und $f : R \to R'$ sei ein surjektiver Ringhomomorphismus.

Ein Ideal $\mathfrak{a}$ von R mit $\mathfrak{a} \supset$ Kern f ist genau dann ein Primideal (bzw. ein maximales Ideal) von R, wenn $f(\mathfrak{a})$ ein Primideal (bzw. maximales Ideal) von R' ist.

B e w e i s. Wegen $R/\mathfrak{a} \cong R'/f(\mathfrak{a})$ ergibt sich die Behauptung unmittelbar aus 22.9. ∎

Übungsaufgaben

22.16 R sei ein Ring, und $\mathfrak{a}, \mathfrak{b}$ seien Ideale von R. Man zeige, daß $\mathfrak{a} \cap \mathfrak{b}$ und $\mathfrak{a} + \mathfrak{b} := \{a + b \mid a \in \mathfrak{a}, b \in \mathfrak{b}\}$ ebenfalls Ideale von R sind.

22.17 Es sei $f : R \to R'$ ein Ringhomomorphismus zwischen kommutativen Ringen R und R'. Man zeige: 1. Ist $\mathfrak{a}'$ ein Primideal von R', so ist $f^{-1}(\mathfrak{a}')$ ein Primideal von R. 2. Ist $\mathfrak{a}'$ ein maximales Ideal von R' und ist f surjektiv, so ist $f^{-1}(\mathfrak{a}')$ ein maximales Ideal von R.

22.18 R sei ein kommutativer Ring mit nur endlich vielen Elementen. Man zeige, daß jedes Primideal von R bereits maximal ist.

22.19 R_1 und R_2 seien kommutative Ringe. Man zeige, daß das Ideal $R_1 \times \{0\}$ von $R_1 \times R_2$ genau dann ein Primideal ist, wenn R_2 ein Integritätsring ist, und genau dann maximal, wenn R_2 ein Körper ist.

22.20 Man gebe alle Ideale und alle Primideale des Ringes $\mathbf{Z}/\mathbf{Z}24$ an.

22.21 Man zeige, daß jeder Restklassenring von $\mathbf{Z}/\mathbf{Z}n$ zu einem der Ringe $\mathbf{Z}/\mathbf{Z}m$ isomorph ist, wo m ein Teiler von n ist.

23 Polynomringe

Unter einem Polynom über einem kommutativen Ring R versteht man, naiv gesehen, einen formalen Ausdruck der Form $f = a_0 + a_1 X + \ldots + a_n X^n$ mit „Koeffizienten" a_i aus R und einer „Unbestimmten" X. Ist $g = b_0 + b_1 X + \ldots + b_m X^m$ ein weiteres solches Polynom, so sieht man f und g genau dann als gleich an, wenn stets $a_i = b_i$ ist, wobei man $a_i := 0$ für $i > n$ und $b_j := 0$ für $j > m$ setzt. Beim Rechnen mit Polynomen sollen die üblichen Rechenregeln für Ringe wie Kommutativ- und Distributivgesetze weitergelten. Daher addiert und multipliziert man Polynome in der folgenden Weise:

$$f + g = (a_0 + b_0) + (a_1 + b_1) X + (a_2 + b_2) X^2 + \ldots$$
$$f \cdot g = (a_0 b_0) + (a_0 b_1 + a_1 b_0) X + (a_0 b_2 + a_1 b_1 + a_2 b_0) X^2 + \ldots$$

Der i-te Koeffizient von $f + g$ bzw. $f \cdot g$ ist dabei $a_i + b_i$ bzw.

$$a_0 b_i + a_1 b_{i-1} + \ldots + a_i b_0 = \sum_{j=0}^{i} a_j b_{i-j}.$$

A n m e r k u n g. Die vorstehende Einführung der Polynome als Ausdrücke der Form $a_0 + a_1 X + \ldots + a_n X^n$ ist unbefriedigend, da beispielsweise nicht präzise gesagt wird, was in einem solchen Ausdruck unter „+" und „X" zu verstehen ist. Die folgende formale Konstruktion soll diesem Mangel abhelfen; für den praktischen Umgang mit Polynomen genügen natürlich die obigen Vorstellungen.

Die Grundidee ist es, das zu konstruierende Polynom $a_0 + a_1 X + \ldots + a_n X^n$ durch die Folge $(a_0, a_1, \ldots, a_n, 0, 0, \ldots)$ zu repräsentieren und die Menge aller solcher Folgen mit einer Addition und einer Multiplikation zu versehen, die durch unsere obigen Überlegungen nahegelegt werden.

23.1 R sei ein kommutativer Ring und S die Menge aller Folgen der Form $(a_0, a_1, \ldots, a_n, 0, 0, \ldots)$ in R, also der Folgen (a_i) mit $a_i \neq 0$ nur für endlich viele $i \in \mathbf{N}$. Wir setzen

$$(a_i) + (b_i) := (a_i + b_i),$$

$$(a_i) \cdot (b_i) := (c_i) \quad \text{mit } c_i := \sum_{j=0}^{i} a_j b_{i-j} = \sum_{j+k=i} a_j b_k.$$

Damit wird S zu einem kommutativen Ring.

B e w e i s. Offenbar ist $(S, +)$ eine kommutative Gruppe mit $(0, 0, 0, \ldots)$ als Nullelement und $(-a_i)$ als Negativem zu $(a_i) \in S$. Auch die Multiplikation führt nicht aus S heraus. Ist nämlich $a_j \neq 0$ und $b_k \neq 0$ nur für endlich viele j bzw. k, so ist auch $a_j b_k \neq 0$ nur für endlich viele Paare (j, k), also $\sum_{j+k=i} a_j b_k \neq 0$ nur für endlich viele i.

Für $f = (a_i)$, $g = (b_i)$, $k = (c_i)$ aus S gilt

$$(f\,g)\,h = \left(\sum_{n+\ell=i} \left(\sum_{j+k=n} a_j b_k \right) c_\ell \right) = \left(\sum_{j+k+\ell=i} a_j b_k c_\ell \right)$$

$$= \left(\sum_{j+m=i} a_j \left(\sum_{k+\ell=m} b_k c_\ell \right) \right) = f(g\,h).$$

Dies ist die Assoziativität der Multiplikation von S. In ähnlicher Weise beweist man deren Kommutativität und das Distributivgesetz jeweils unter Verwendung der entsprechenden Rechenregeln für R. Schließlich ist $(1, 0, 0, \ldots)$ das Einselelement von S wegen

$$(1, 0, 0, \ldots)(a_0, a_1, a_2, \ldots) = (1 \cdot a_0, 1 \cdot a_1 + 0 \cdot a_0, 1 \cdot a_2 + 0 \cdot a_1 + 0 \cdot a_2, \ldots) =$$

$$= (a_0, a_1, a_2, \ldots). \qquad \blacksquare$$

Wir zeigen nun, daß R sich als Unterring von S auffassen läßt und die Elemente von S bei geeigneter Definition von X die Form $a_0 + a_1 X + \ldots + a_n X^n$ haben. Dabei lassen wir uns von der Vorstellung leiten, ein Element $a_0 \in R$ mit dem „konstanten Polynom" $a_0 + 0 \cdot X + 0 \cdot X^2 + \ldots$ zu identifizieren und die Unbestimmte X in der Form $X = 0 + 1 \cdot X + 0 \cdot X^2 + \ldots$ zu schreiben.

23.2 Die Ringe R und S seien wie in 23.1 gewählt.

1. Die Abbildung $\iota : R \to S$ mit $\iota(a) := (a, 0, 0, \ldots)$ ist ein injektiver Ringhomomorphismus.

2. Wir fassen R als Unterring von S auf, indem wir $a \in R$ mit $\iota(a)$ identifizieren, und setzen $X := (0, 1, 0, \ldots)$. Dann läßt sich jedes Element $f \in S$ in der Form $f = a_0 + a_1 X + \ldots$

$+ a_n X^n$ schreiben mit $a_i \in R$ und $n \in \mathbf{N}$. Diese Darstellung ist eindeutig bis auf das Hinzufügen oder Fortlassen von Termen der Form $0 \cdot X^{n+1}, 0 \cdot X^{n+2}, \ldots$

B e w e i s. 1. Offenbar ist $\iota(a) + \iota(b) = \iota(a + b)$ und $\iota(a) \cdot \iota(b) = (a, 0, 0, \ldots)(b, 0, 0, \ldots) = (a\,b, a \cdot 0 + 0 \cdot b, \ldots) = (a\,b, 0, 0, \ldots) = \iota(a\,b)$. Ferner gilt $\iota(1_R) = (1_R, 0, 0, \ldots) = 1_S$.
2. Wir zeigen zunächst durch Induktion über m, daß X^m die Folge $(0, 0, \ldots, 1, 0, \ldots)$ ist, deren i-tes Glied gleich $\delta_{m,i}$ ist. Dabei setzen wir wie üblich $\delta_{m,i} := 1$, falls $m = i$, und $\delta_{m,i} := 0$, falls $m \neq i$. In der Tat ist $X^0 = 1_S = (1, 0, 0, \ldots)$ und $X^1 = X = (0, 1, 0, \ldots) = (\delta_{1,i})$. Aus $X^m = (\delta_{m,i})$ folgt nun $X^{m+1} = X^m X = (c_i)$ mit $c_i = \delta_{m,0}\,\delta_{1,i} + \ldots + \delta_{m,i-1}\,\delta_{1,1} + \delta_{m,i}\,\delta_{1,0} = \delta_{m,i-1} = \delta_{m+1,i}$ für $i \geq 1$ und $c_0 = \delta_{m,0}\,\delta_{1,0} = 0 = \delta_{m+1,0}$.
Identifizieren wir $a \in R$ mit $\iota(a) = (a, 0, 0, \ldots) \in S$, so gilt für $(c_i) \in S$ stets

$$a(c_i) \;= (a, 0, 0, \ldots)(c_0, c_1, c_2, \ldots) = (a\,c_0, a\,c_1 + 0 \cdot c_0, \ldots)$$
$$= (a\,c_0, a\,c_1, a\,c_2, \ldots) = (a\,c_i).$$

Für jedes $f = (a_i) = (a_0, a_1, \ldots, a_n, 0, \ldots)$ aus S folgt damit

$$f = (a_0, 0, 0, \ldots) + (0, a_1, 0, \ldots) + \ldots + (0, 0, \ldots, a_n, 0, \ldots)$$
$$= a_0(1, 0, 0, \ldots) + a_1(0, 1, 0, \ldots) + \ldots + a_n(0, 0, \ldots, 1, 0, \ldots)$$
$$= a_0 + a_1 X + \ldots + a_n X^n.$$

Ist $f = b_0 + b_1 X + \ldots + b_m X^m$ eine weitere solche Darstellung von f, so ergibt die vorstehende Rechnung, rückwärts gelesen: $f = (b_i)$ mit $b_i := 0$ für $i > m$. Aus $(a_i) = f = (b_i)$ folgt dann $a_i = b_i$ für alle $i \in \mathbf{N}$. ∎

23.3 Definition R sei ein kommutativer Ring. Der zu R oben konstruierte Ring S heißt der P o l y n o m r i n g in der U n b e s t i m m t e n X über R und wird mit $R[X]$ bezeichnet. Ein Element $f = a_0 + a_1 X + \ldots + a_n X^n$ von S heißt ein P o l y n o m über R. Die eindeutig bestimmten $a_i \in R$ heißen die K o e f f i z i e n t e n von f.

Für Polynome

$$f = a_0 + a_1 X + \ldots + a_n X^n = \sum_i a_i X^i \quad \text{und} \quad g = b_0 + b_1 X + \ldots + b_m X^m = \sum_i b_i X^i$$

gilt also $f + g = \sum_i (a_i + b_i) X^i$ und $f g = \sum_i \left(\sum_{j+k=i} a_j b_k \right) X^i.$

Dabei hat man $a_i = 0$ für $i > n$ und $b_j = 0$ für $j > m$ gesetzt. Die auftretenden Summen erstrecken sich nur über endlich viele Summanden $\neq 0$.

23.4 Definition Es sei $f = \sum a_i X^i$ ein Polynom $\neq 0$ über dem kommutativen Ring R. Die größte Zahl $n \in \mathbf{N}$ mit $a_n \neq 0$ heißt dann der G r a d von f und wird mit grad f bezeichnet. Der zugehörige Koeffizient a_n heißt der L e i t k o e f f i z i e n t von f.
Ein Polynom mit 1 als Leitkoeffizient heißt n o r m i e r t.

Für $f \in R[X]$ bedeutet grad $f = 0$ also, daß $f = a_0 \in R$ ein konstantes Polynom $\neq 0$ ist. Wir notieren einige Rechenregeln für den Grad von Polynomen.

23.5 R sei ein kommutativer Ring, und $f, g \in R[X]$ seien Polynome $\neq 0$. Dann gilt:

1.   grad$(f + g) \leq$ max $\{$grad f, grad $g\}$ (falls nicht $f + g = 0$)
      grad$(f + g) =$ max $\{$grad f, grad $g\}$,   falls grad $f \neq$ grad g.

2. $\quad$ grad(fg) $\quad \leq$ grad f + grad g $\qquad$ (falls nicht $fg = 0$)

$\quad\quad$ grad(fg) $\quad =$ grad f + grad g, $\qquad$ falls einer der Leitkoeffizienten von f und g kein Nullteiler in R ist.

B e w e i s. Es sei $f = a_0 + a_1 X + \ldots + a_n X^n$ und $g = b_0 + b_1 X + \ldots + b_m X^m$ mit $a_n \neq 0$, $b_m \neq 0$, also $n =$ grad f, $m =$ grad g.

1. Im Fall $m \neq n$, etwa $m > n$, ist $f + g = (a_0 + b_0) + \ldots + (a_n + b_n) X^n + \ldots + b_m X^m$ und daher grad $(f + g) = m = \max\{m, n\}$. Im Fall $m = n$ ist $f + g = (a_0 + b_0) + \ldots + (a_n + b_n) X^n$, also jedenfalls grad $(f + g) \leq n$ (oder sogar $f + g = 0$).

2. Es ist $fg = a_0 b_0 + (a_1 b_0 + a_0 b_1) X + \ldots + a_n b_m X^{n+m}$. Ist a_n oder b_m kein Nullteiler in R, so gilt dabei $a_n b_m \neq 0$ und somit grad $(fg) = n + m$. Im Fall $a_n b_m = 0$ ist jedenfalls grad $(fg) \leq n + m$ (oder sogar $fg = 0$). $\qquad\blacksquare$

Über einem Integritätsring R gilt also die G r a d f o r m e l grad $(fg) =$ grad f + grad g. Als Folgerung erhalten wir:

23.6 R sei ein Integritätsring. Dann gilt:

1. Der Polynomring $R[X]$ ist ebenfalls ein Integritätsring.

2. Die Einheiten von R sind die einzigen Einheiten von $R[X]$.

B e w e i s. 1. Für $f \neq 0$ und $g \neq 0$ aus $R[X]$ folgt nach 23.5, 2 auch $fg \neq 0$.

2. Natürlich ist jede Einheit des Unterringes R von $R[X]$ erst recht eine Einheit von $R[X]$ (mit demselben Inversen). Umgekehrt sei f eine Einheit in $R[X]$. Dann gibt es ein $g \in R[X]$ mit $fg = 1$. Nach der Gradformel folgt grad f + grad $g =$ grad $fg =$ grad $1 = 0$. Daher ist grad $f =$ grad $g = 0$, also bereits $f, g \in R$, und f ist eine Einheit in R (mit g als Inversem). $\qquad\blacksquare$

Ein wichtiges Hilfsmittel für die Teilbarkeitstheorie bei Polynomen ist die D i v i s i o n m i t R e s t:

23.7 Satz R sei ein kommutativer Ring und $g \neq 0$ ein Polynom aus $R[X]$, dessen Leitkoeffizient eine Einheit in R ist. Dann gibt es zu jedem $f \in R[X]$ eindeutig bestimmte Polynome g und r aus $R[X]$ mit $f = qg + r$ und grad $r <$ grad g, falls nicht $r = 0$ ist.

B e w e i s. Wir beweisen zunächst die Existenz von q und r.

Im Fall $f = 0$ oder grad $f <$ grad g setzt man einfach $q := 0$ und $r := f$. Wir verwenden nun für $f \neq 0$ vollständige Induktion über $n :=$ grad f und können beim Induktionsschritt gleich $n \geq m :=$ grad g annehmen. Dann ist $f = a_n X^n + \ldots + a_0$ und $g = b_m X^m + \ldots + b_0$, wobei b_m nach Voraussetzung eine Einheit in R ist. Das Polynom $a_n b_m^{-1} X^{n-m} g$ hat ebenso wie f den Grad n und den Leitkoeffizienten a_n. Daher ist $f - a_n b_m^{-1} X^{n-m} g$ ein Polynom vom Grad $< n$ (oder sogar das Nullpolynom). Nach Induktionsvoraussetzung gibt es also $q, r \in R[X]$ mit $f - a_n b_m^{-1} X^{n-m} g = qg + r$ und grad $r <$ grad g (oder $r = 0$). Dann ist $f = (q + a_n b_m^{-1} X^{n-m}) g + r$ die gesuchte Darstellung von f.

Zum Nachweis der Eindeutigkeit betrachten wir zwei Darstellungen $f = qg + r = q' g + r'$ der angegebenen Art. Dann ist $(q - q')g = r' - r$. Wir nehmen $q - q' \neq 0$ an. Da der Leitkoeffizient von g als Einheit kein Nullteiler in R ist, liefert die Gradformel: grad $(r' - r) =$ grad $(q - q')$ + grad $g \geq$ grad g. Nach Voraussetzung über r und r' ist andererseits grad $(r' - r) \leq \max\{\text{grad } r', \text{grad } r\} < \text{grad } g$ (oder sogar $r' - r = 0$), Widerspruch! Also ist $q - q' = 0$ und damit $q = q'$, $r = r'$.   ∎

A n m e r k u n g e n. 1. Die Voraussetzung über den Leitkoeffizienten von g in 23.7 ist natürlich stets erfüllt, wenn R ein Körper ist.

2. Der obige Beweis liefert ein algorithmisches Verfahren zur Durchführung der Division mit Rest. Wir erläutern dies am Beispiel

$$f := 3X^4 + \frac{3}{2} X^3 + \frac{7}{2} X^2 + 2X + 2 \quad \text{und} \quad g := 2X^2 + X + 1 \text{ aus } \mathbf{Q}[X].$$

Dabei ist $a_n b_m^{-1} X^{n-m} = \frac{3}{2} X^2$. Auf $f_1 := f - a_n b_m^{-1} X^{n-m} g = 2X^2 + 2X + 2$ und g wendet man nun das Verfahren erneut an und erhält schließlich $q = \frac{3}{2} X^2 + 1$ und $r = X + 1$. Das Verfahren bricht stets ab, da der Grad der zu dividierenden Polynome bei jedem Schritt kleiner wird. Die zugehörigen Rechnungen werden üblicherweise in der folgenden Form notiert:

$$(3X^4 + \frac{3}{2} X^3 + \frac{7}{2} X^2 + 2X + 2) : (2X^2 + X + 1) = \frac{3}{2} X^2 + 1$$

$$\underline{-(3X^4 + \frac{3}{2} X^3 + \frac{3}{2} X^2)}$$

$$2X^2 + 2X + 2$$
$$\underline{-(2X^2 + \ X + 1)}$$
$$X + 1$$

3. Das beschriebene Verfahren gestattet es, zu prüfen, ob ein Polynom $g \neq 0$ ein Polynom f teilt. Wegen der Eindeutigkeitsaussage in 23.7 gibt es nämlich genau dann ein Polynom q mit $f = q\, g$, wenn die Division mit Rest „aufgeht", d. h. $r = 0$ ist.

Übungsaufgaben

23.8 Für $f := \overline{2} X^4 - X^3 + \overline{1}$, $g := \overline{3} X^2 + X + \overline{1}$ aus $(\mathbf{Z}/\mathbf{Z}\,5)\,[X]$ führe man die Division mit Rest durch.

23.9 R sei ein kommutativer Ring, und $g \in R\,[X]$ sei ein Polynom mit grad $g \geq 1$, dessen Leitkoeffizient eine Einheit in R ist. Man zeige, daß es zu jedem $f \in R[X]$ eindeutig bestimmte Polynome $r_i \in R\,[X]$ gibt mit $f = \sum_i r_i g^i$ und grad $r_i <$ grad g, falls nicht $r_i = 0$ ($r_i \neq 0$ nur für endlich viele i).

24 Nullstellen von Polynomen

Polynome sind bei uns nicht als „ganzrationale Funktionen", sondern als formale Ausdrücke eingeführt worden. Trotzdem kann man bei Polynomen für die Unbestimmte Argumente „einsetzen" und insbesondere von Nullstellen reden. Zunächst beweisen wir:

24.1 Satz R und S seien kommutative Ringe. Zu jedem Ringhomomorphismus $\varphi : R \to S$ und jedem Element $x \in S$ gibt es dann genau einen Ringhomomorphismus $\psi : R[X] \to S$ mit $\psi(a) = \varphi(a)$ für alle $a \in R$ und $\psi(X) = x$.

B e w e i s. Es sei ψ ein Ringhomomorphismus der beschriebenen Art. Für jedes
$f = \Sigma\, a_i X^i \in R[X]$ muß dann $\psi(f) = \Sigma\, \psi(a_i)\,\psi(X)^i = \Sigma\, \varphi(a_i) x^i$ sein, d. h., ψ ist in der
Tat durch φ und x eindeutig bestimmt.

Zum Nachweis der Existenz haben wir also ψ durch $\psi(\Sigma\, a_i X^i) := \Sigma\, \varphi(a_i) x^i$ zu definieren
und müssen zeigen, daß ψ ein Ringhomomorphismus ist, der φ auf $R[X]$ fortsetzt. Es ist

$$
\psi\left(\left(\sum_j a_j X^j\right)\left(\sum_k b_k X^k\right)\right) = \psi\left(\sum_i \left(\sum_{j+k=i} a_j b_k\right) X^i\right)
$$

$$
= \sum_i \varphi\left(\sum_{j+k=i} a_j b_k\right) x^i = \sum_i \left(\sum_{j+k=i} \varphi(a_j)\varphi(b_k)\right) x^i
$$

$$
= \left(\sum_j \varphi(a_j) x^j\right)\left(\sum_k \varphi(b_k) x^k\right) = \psi\left(\sum_j a_j X^j\right) \psi\left(\sum_k b_k X^k\right).
$$

Analog zeigt man, daß ψ mit der Addition verträglich ist. Nach Konstruktion gilt ferner
$\psi(a) = \varphi(a)$ für $a \in R$ (insbesondere $\psi(1) = \varphi(1) = 1$) und $\psi(X) = x$. ∎

Der vorstehende Satz wird nun in der Situation angewendet, daß R ein Unterring von S
und $\varphi : R \to S$ die Einbettung mit $\varphi(a) := a$ ist. Für diesen Spezialfall erhalten wir:

24.2 R sei ein Unterring des kommutativen Ringes S. Zu jedem $x \in S$ gibt es dann genau
einen Ringhomomorphismus $\psi : R[X] \to S$ mit $\psi(a) = a$ für alle $a \in R$ und $\psi(X) = x$.

Für $f = \Sigma\, a_i X^i$ ist dabei $\psi(f) = \Sigma\, a_i x^i$. Bei der Berechnung von $\psi(f)$ wird also in dem
Polynom f der Wert $x \in S$ für die Unbestimmte X „eingesetzt". Man schreibt kurz f(x)
statt $\psi(f)$ und nennt ψ den zu x gehörenden E i n s e t z u n g s h o m o m o r p h i s -
m u s. Die Homomorphieeigenschaft von ψ bedeutet $(f + g)\,(x) = f(x) + g(x)$ und
$(f\,g)\,(x) = f(x)\,g(x)$ für alle $f, g \in R[X]$. Man beachte, daß f(x) nicht als Funktionswert
an der Stelle x aufzufassen ist, da f ein Polynom und keine Funktion ist. Auf den Zusammenhang mit Polynomfunktionen gehen wir weiter unten ein.

24.3 Definition R sei ein Unterring des kommutativen Ringes S. Ein Element
$a \in S$ heißt eine Nullstelle des Polynoms $f \in R[X]$, wenn $f(a) = 0$ ist.

In diesem Abschnitt befassen wir uns nur mit Nullstellen in R selbst. Wird das Polynom f von $X - a \in R[X]$ geteilt, d. h., gibt es ein $q \in R[X]$ mit $f = q(X - a)$, so ist
$f(a) = q(a)\,(a - a) = 0$ und daher $a \in R$ eine Nullstelle von f. Die Umkehrung gilt ebenfalls:

24.4 Satz R sei ein kommutativer Ring und $f \in R[X]$ ein Polynom. Genau dann ist
$a \in R$ eine Nullstelle von f, wenn $X - a$ ein Teiler von f in $R[X]$ ist.

Man nennt dann $X - a$ einen L i n e a r f a k t o r von f.

B e w e i s. Es sei $f(a) = 0$. Da der Leitkoeffizient von $X - a$ gleich 1 ist, können wir
Division mit Rest anwenden und erhalten $q, r \in R[X]$ mit $f = q(X - a) + r$, wobei
$\mathrm{grad}\; r < \mathrm{grad}\,(X - a) = 1$ oder sogar $r = 0$ ist, also jedenfalls $r \in R$. Wegen $0 = f(a) =$
$q(a)\,(a - a) + r = r$ ist in der Tat $r = 0$ und daher $f = q(X - a)$. ∎

Von mehrfachen Nullstellen spricht man, wenn f von dem zugehörigen Linearfaktor
$X - a$ mehrfach geteilt wird:

24.5 Definition Es sei a $\in$ R eine Nullstelle des Polynoms f $\neq$ 0 aus R [X]. Die größte Zahl m $\in$ **N** derart, daß $(X - a)^m$ ein Teiler von f ist, heißt die V i e l f a c h h e i t der Nullstelle a von f.

Im Fall m $\geq$ 2 nennt man a eine m e h r f a c h e   N u l l s t e l l e und im Fall m = 1 eine e i n f a c h e   N u l l s t e l l e von f.

Aus Gradgründen ist die Vielfachheit einer Nullstelle von f wohldefiniert und nicht größer als der Grad von f.

Mehrfache Nullstellen erkennt man mit Hilfe der „Ableitung", die man bei Polynomen formal wie in der Analysis bildet:

24.6 Definition Für ein Polynom f = $a_n X^n + \ldots + a_1 X + a_0 \in$ R [X] heißt das Polynom $n\,a_n X^{n-1} + \ldots + 2 a_2 X + a_1$ die A b l e i t u n g von f und wird mit f' bezeichnet.

Die Koeffizienten n $a_n, \ldots, 2 a_2$ von f' werden dabei als Vielfache in (R, +) gemäß 5.11 gebildet. Die bekannten Rechenregeln für die Ableitung sind auch hier richtig:

24.7 Für Polynome f, g $\in$ R [X] gilt:

1. $(f + g)' = f' + g'$ und $(a\,f)' = a\,f'$, falls a $\in$ R.

2. $(f\,g)' = f'g + f\,g'$ (P r o d u k t r e g e l).

B e w e i s. Wir beschränken uns auf den Beweis der Produktregel. Im Spezialfall $f = a\,X^i, g = b\,X^j$ ergibt sich $(f\,g)' = (i + j)a\,b\,X^{i+j-1} = i\,a\,X^{i-1}b\,X^j + a\,X^i\,j\,b\,X^{j-1} = f'g + f\,g'$. Damit erhält man unter Verwendung von 1. für beliebige Polynome

$$f = \Sigma\,a_i X^i, \qquad g = \Sigma\,b_j X^j$$

mit $f_i := a_i X^i$ und $g_j := b_j X^j$ in der Tat

$$(f\,g)' = \sum_i \sum_j (f_i g_j)' = \sum_i \sum_j (f_i'g_j + f_i g_j') = \sum_i f_i' \sum_j g_j + \sum_i f_i \sum_j g_j' = f'g + f\,g'. \qquad \blacksquare$$

24.8 Satz Eine Nullstelle a $\in$ R des Polynoms f $\neq$ 0 aus R [X] ist genau dann eine mehrfache Nullstelle, wenn auch f'(a) = 0 ist.

B e w e i s. Sei zunächst a eine mehrfache Nullstelle von f. Dann ist sicherlich $(X - a)^2$ ein Teiler von f, also $f = q(X - a)^2$ mit q $\in$ R [X]. Nach der Produktregel folgt f' = $q'(X - a)^2 + q((X - a)^2)' = (q'(X - a) + 2q)\,(X - a)$. Daher ist f'(a) = 0.
Umgekehrt sei a eine Nullstelle von f und f'(a) = 0. Nach 24.4 ist f = q(X − a) mit q $\in$ R [X] und damit f' = q'(X − a) + q, also 0 = f'(a) = q'(a) (a − a) + q(a) = q(a). Wegen q(a) = 0 ist nun X − a ein Teiler von q und daher $(X - a)^2$ ein Teiler von f = q(X − a). $\blacksquare$

Als Folgerung aus 24.4 erhalten wir Abschätzungen für die Anzahl der Nullstellen eines Polynoms:

24.9 Satz R sei ein Integritätsring und f $\neq$ 0 ein Polynom vom Grad n aus R [X]. Dann hat f höchstens n verschiedene Nullstellen in R.

B e w e i s. Wir verwenden Induktion über n. Im Fall n = 0 ist f = $a_0 \neq$ 0 eine Konstante und hat keine Nullstelle. Beim Schluß von n − 1 auf n können wir uns auf den Fall beschränken, daß f wenigstens eine Nullstelle a in R hat. Dann gibt es ein q $\in$ R [X] mit f = q(X − a). Wegen der Gradformel ist dabei grad q = grad f − 1 = n − 1. Nach Induktionsvoraussetzung hat q höchstens $n - 1$ verschiedene Nullstellen. Für die Nullstellen b von f gilt $0 = f(b) = q(b) (b - a)$.

Da R Integritätsring ist, muß dann b eine Nullstelle von q oder gleich a sein. Daher hat f insgesamt höchstens n Nullstellen. ∎

A n m e r k u n g e n. 1. Der vorstehende Satz über die Nullstellenzahl gilt auch noch, wenn man die verschiedenen Nullstellen von f nicht nur einmal, sondern in ihrer Vielfachheit zählt.

2. In 24.9 kann man auf die Voraussetzung, daß R Integritätsring ist, nicht verzichten: Beispielsweise hat das Polynom $X^2 - 3X + 2 = (X - \bar{1}) (X - \bar{2})$ über dem Restklassenring $\mathbf{Z}/\mathbf{Z}6$ den Grad 2, aber die 3 verschiedenen Nullstellen $\bar{1}$, $\bar{2}$, und $\bar{4}$.

24.10 (I d e n t i t ä t s s a t z   f ü r   P o l y n o m e) R sei ein Integritätsring, und $f, g \in R[X]$ seien Polynome mit grad $f \le n$, falls nicht $f = 0$, und grad $g \le n$, falls nicht $g = 0$. Gibt es dann paarweise verschiedene Elemente $x_1, \ldots, x_{n+1}$ aus R mit $f(x_i) = g(x_i)$ für $i = 1, \ldots, n + 1$, so folgt bereits $f = g$.

B e w e i s. Wäre $f \ne g$, so wäre $f - g$ ein Polynom $\ne 0$ vom Grad $\le n$ mit den $n + 1$ paarweise verschiedenen Nullstellen $x_1, \ldots, x_{n+1}$ im Widerspruch zu 24.9. ∎

In diesem Zusammenhang besprechen wir noch die sogenannte L a g r a n g e - I n t e r - p o l a t i o n:

24.11 K sei ein Körper, und $x_1, \ldots, x_{n+1}$ seien paarweise verschiedene Elemente aus K. Dann gibt es zu vorgegebenen $y_1, \ldots, y_{n+1} \in K$ genau ein Polynom $f \in K[X]$ mit grad $f \le n$ und $f(x_i) = y_i$ für $i = 1, \ldots, n + 1$.

B e w e i s. Für $i = 1, \ldots, n + 1$ setzen wir $g_i := (X - x_1) \ldots (X - x_{i-1}) (X - x_{i+1}) \ldots (X - x_{n+1})$, wobei also nur der Linearfaktor $(X - x_i)$ ausgelassen wurde. Es gilt

$g_i(x_j) = 0$ für $i \ne j$ und $g_i(x_i) \ne 0$. Daher ist $f_i := \dfrac{1}{g_i(x_i)} \cdot g_i$ ein Polynom über K vom

Grad n mit $f_i(x_j) = 0$ für $i \ne j$ und $f_i(x_i) = 1$. Nun hat $f := \sum_{i=1}^{n+1} y_i f_i$ die geforderten Eigenschaften.

Die Eindeutigkeit von f ergibt sich unmittelbar aus 24.10. ∎

Wir behandeln jetzt den Zusammenhang von Polynomen mit ganzrationalen Funktionen, die wir hier Polynomfunktionen nennen.

24.12 Definition R sei ein kommutativer Ring und $f \in R[X]$ ein Polynom. Dann heißt die Abbildung $\tilde{f}: R \to R$ mit $\tilde{f}(a) := f(a)$ für alle $a \in R$ eine P o l y n o m f u n k - t i o n auf R.

Die Polynomfunktionen auf R bilden einen Unterring P des (kommutativen) Ringes Abb(R, R) (vgl. 6.19). Addition und Multiplikation in P sind dabei durch $(\tilde{f} + \tilde{g})(a) = \tilde{f}(a) + \tilde{g}(a)$ und $(\tilde{f} \cdot \tilde{g})(a) = \tilde{f}(a) \cdot \tilde{g}(a)$ gegeben. Die Abbildung $\psi: R[X] \to P$ mit $\psi(f) := \tilde{f}$ ist ein Ringhomomorphismus; es ist nämlich $\widetilde{(f + g)}(a) = (f + g)(a) = f(a) + g(a) = \tilde{f}(a) + \tilde{g}(a) = (\tilde{f} + \tilde{g})(a)$, also $\widetilde{f + g} = \tilde{f} + \tilde{g}$, und ebenso $\widetilde{fg} = \tilde{f}\tilde{g}$. Den Ring R kann man als Unterring von P auffassen, indem man jedes $a_0 \in R$ mit der konstanten Funktion a_0 identifiziert. Setzen wir noch $x := \mathrm{id}_R$, so ist $x = \tilde{X}$ und daher $\psi: R[X] \to P$ der durch $\psi(X) := x$ gegebene Einsetzungshomomorphismus im Sinne von 24.2. Man erhält also aus Polynomen Polynomfunktionen, indem man für die Unbestimmte X die V a r i a - b l e $x = \mathrm{id}_R$ einsetzt.

Die Abbildung ψ ist nach Konstruktion surjektiv, aber nicht stets injektiv. Ist beispielsweise R ein Ring mit nur endlich vielen Elementen $a_1, \ldots, a_n$, etwa R := $\mathbf{Z}/\mathbf{Z}n$, so ist
f := $(X - a_1) \ldots (X - a_n) \in R[X]$ nicht das Nullpolynom, jedoch $\tilde{f}$ die Nullfunktion
wegen $\tilde{f}(a) = f(a) = 0$ für alle $a \in R$. Im allgemeinen kann man daher die Polynome nicht
mit den zugehörigen Polynomfunktionen identifizieren. Bei zusätzlichen Voraussetzungen ist dies jedoch möglich:

24.13 R sei ein Integritätsring mit unendlich vielen Elementen. Dann ist die Abbildung ψ,
die jedem Polynom die zugehörige Polynomfunktion zuordnet, ein Isomorphismus von
R [X] auf den Ring P der Polynomfunktionen über R.

B e w e i s. Wir haben nur noch die Injektivität von ψ zu zeigen und betrachten dazu
f, $g \in R[X]$ mit $\psi(f) = \psi(g)$, also mit $\tilde{f} = \tilde{g}$. Dann ist $f(a) = g(a)$ für die unendlich vielen
Elemente $a \in R$, und der Identitätssatz für Polynome liefert f = g.   ∎

A n m e r k u n g. Auf der vorstehenden Aussage beruht das Prinzip des K o e f f i z i e n -
t e n v e r g l e i c h s für ganzrationale Funktionen:
Sind $\varphi_1(x) = a_n x^n + \ldots + a_0$ und $\varphi_2(x) = b_m x^m + \ldots + b_0$ ganzrationale Funktionen
über $\mathbf{R}$ mit $\varphi_1(a) = \varphi_2(a)$ für alle $a \in \mathbf{R}$ (oder wenigstens für mehr als max $\{m, n\}$ paarweise verschiedene Elemente $a \in \mathbf{R}$), so sind die zugehörigen Polynome f := $a_n X^n + \ldots + a_0$
und g := $b_m X^m + \ldots b_0$ bereits gleich, d. h., für die Koeffizienten gilt $a_0 = b_0, a_1 = b_1, \ldots$.

Übungsaufgaben

24.14 Man zeige, daß das Polynom $X^4 + X^3 + X + 2 \in \mathbf{Z}[X]$ in $\mathbf{Z}$ (und dann nach 12.14
auch in $\mathbf{Q}$) keine Nullstellen hat.

24.15 Für ein Polynom $f \neq 0$ aus $\mathbf{R}[X]$ zeige man, daß eine Nullstelle der Vielfachheit
m von f eine Nullstelle der Vielfachheit m − 1 von f′ ist.

24.16 R sei ein kommutativer Ring, der einen Nullteiler $a \neq 0$ besitzt. Man zeige, daß
es in R [X] ein Polynom $f \neq 0$ mit mehr als grad f Nullstellen gibt.

24.17 Man gebe einen kommutativen Ring R an und ein Polynom $f \neq 0$ aus R [X], das
unendlich viele Nullstellen in R· besitzt.

24.18 Man zeige, daß die Funktion $\varphi : \mathbf{R} \to \mathbf{R}$ mit $\varphi(x) := |x|$ keine Polynomfunktion
ist.

24.19 R sei ein kommutativer Ring, und es sei $a \in R$. Man zeige, daß $\{f \in R[X] \mid f(a) = 0\}$
das Ideal $R[X](X - a) = \{q(X - a) \mid q \in R[X]\}$ ist, und beweise die Isomorphie von
Ringen: $R[X]/R[X](X - a) \cong R$.

24.20 R sei ein kommutativer Ring und $\mathfrak{a}$ ein Ideal von R. Man zeige, daß $\mathfrak{a}[X] :=$
$\{\Sigma a_i X^i \in R[X] \mid a_i \in \mathfrak{a}\}$ ein Ideal von R [X] ist, und beweise: $R[X]/\mathfrak{a}[X] \cong (R/\mathfrak{a})[X]$.

25 Symmetrische Polynome

Die Konstruktion des Polynomrings in einer Unbestimmten über einem kommutativen
Ring R läßt sich iterieren und führt zu Polynomen in mehreren Unbestimmten. Ausgehend von dem Polynomring $R[X_1]$ in der Unbestimmten X_1 über R, erhält man zunächst den Polynomring $(R[X_1])[X_2]$ in der Unbestimmten X_2 über $R[X_1]$, den man
kurz mit $R[X_1, X_2]$ bezeichnet. Hat man, in dieser Weise fortfahrend, bereits

$R[X_1, \ldots, X_{n-1}]$ definiert, so bekommt man $R[X_1, \ldots, X_n]$ als den Polynomring in der Unbestimmten X_n über $R[X_1, \ldots, X_{n-1}]$. Wir nennen $R[X_1, \ldots, X_n]$ den **Polynomring in den n Unbestimmten** $X_1, \ldots, X_n$ über R. So ergibt sich die folgende Kette von Unterringen:

$$R \subset R[X_1] \subset R[X_1, X_2] \subset \ldots \subset R[X_1, \ldots, X_{n-1}] \subset R[X_1, \ldots, X_n].$$

Die Polynome $f \in R[X_1, X_2]$ besitzen eindeutige Darstellungen der Form

$$f = \sum_{i_2=0}^{\infty} g_{i_2} X_2^{i_2} \quad \text{mit } g_{i_2} \in R[X_1], \; g_{i_2} \neq 0 \text{ nur für endlich viele } i_2.$$

Dabei gibt es für die g_{i_2} wiederum eindeutige Darstellungen

$$g_{i_2} = \sum_{i_1=0}^{\infty} a_{i_1 i_2} X_1^{i_1},$$

wobei für jedes i_2 nur endlich viele $a_{i_1 i_2} \neq 0$ sind. Man erhält

$$f = \sum_{i_2=0}^{\infty} \left(\sum_{i_1=0}^{\infty} a_{i_1 i_2} X_1^{i_1} \right) X_2^{i_2} = \sum_{i_1,i_2=0}^{\infty} a_{i_1 i_2} X_1^{i_1} X_2^{i_2},$$

wobei $a_{i_1 i_2} \neq 0$ nur für endlich viele Paare $(i_1, i_2) \in \mathbf{N} \times \mathbf{N}$ gilt. Indem man die obige Rechnung rückwärts verfolgt, sieht man, daß in einer solchen Darstellung die Koeffizienten $a_{i_1 i_2}$ von f eindeutig bestimmt sind. Wir wenden diese Überlegung mehrfach an und erhalten:

25.1 Jedes Polynom f in den Unbestimmten $X_1, \ldots, X_n$ über R (d. h. jedes $f \in R[X_1, \ldots, X_n]$) besitzt eine Darstellung

$$f = \sum_{i_1,\ldots,i_n=0}^{\infty} a_{i_1 \ldots i_n} X_1^{i_1} \ldots X_n^{i_n}$$

mit eindeutig bestimmten **Koeffizienten** $a_{i_1 \ldots i_n} \in R$, von denen nur endlich viele $\neq 0$ sind.

Durch vollständige Induktion über die Anzahl der Unbestimmten kann man viele Ergebnisse für Polynomringe in einer Unbestimmten auf Polynomringe in mehreren Unbestimmten übertragen. Beispielsweise erhält man aus 23.6 (mehrfach angewandt) sofort:

25.2 Ist R ein Integritätsring, so auch der Polynomring $R[X_1, \ldots, X_n]$ in n Unbestimmten über R.

Wir führen noch einige weitere Begriffe ein:
Ein Polynom der Form $X_1^{i_1} \ldots X_n^{i_n}$ heißt ein **Monom** vom Grad $i_1 + \ldots + i_n$. Eine Linearkombination von Monomen desselben Grades k, also eine Summe der Form

$$\sum_{i_1 + \ldots + i_n = k} c_{i_1 \ldots i_n} X_1^{i_1} \ldots X_n^{i_n} \quad \text{mit } c_{i_1 \ldots i_n} \in R$$

heißt ein **homogenes Polynom** vom Grad k. Das Nullpolynom ist also homogen von jedem Grad. Ein beliebiges $f \in R[X_1, \ldots, X_n]$ mit Koeffizienten $a_{i_1 \ldots i_n}$ hat eine eindeutige Darstellung $f = \sum f_k$ mit homogenen Polynomen f_k vom Grad k, nämlich mit

$$f_k := \sum_{i_1+\ldots+i_n=k} a_{i_1\ldots i_n} X_1^{i_1} \ldots X_n^{i_n}.$$

Dabei heißen die f_k die **h o m o g e n e n   T e r m e** von f. Es ist $f_k \neq 0$ nur für endlich viele k. Im Fall $f \neq 0$ heißt die größte natürliche Zahl k mit $f_k \neq 0$ der **G r a d** von f. Es handelt sich um das größte k derart, daß in f ein Monom vom Grad k mit Koeffizient $\neq 0$ vorkommt. Diese Definition des Grades stimmt im Fall $n = 1$ mit der Definition aus 23.4 überein. Wir verwenden auch hier die Bezeichnung grad f.

Das Produkt homogener Polynome f_j und g_k vom Grad j bzw. k ist offenbar homogen vom Grad $j + k$. Ferner ist die Summe homogener Polynome gleichen Grades wieder homogen von diesem Grad (falls sie nicht 0 ist). Durch Rechnen mit homogenen Termen beweist man auch für beliebige Polynome in mehreren Unbestimmten Gradaussagen wie in 23.5.

Der Begriff des Einsetzungshomomorphismus läßt sich ebenfalls auf Polynomringe in mehreren Unbestimmten verallgemeinern.

25.3 R sei ein Unterring des kommutativen Ringes S. Zu vorgegebenen Elementen $x_1, \ldots, x_n \in S$ gibt es dann genau einen Ringhomomorphismus $\psi : R[X_1, \ldots, X_n] \to S$ mit $\psi(a) = a$ für alle $a \in R$ und $\psi(X_1) = x_i$ für $i = 1, \ldots, n$.

B e w e i s. Nach 24.1 gibt es genau einen Ringhomomorphismus $\psi_1 : R[X_1] \to S$ mit $\psi_1 | R = id_R$ und $\psi_1(X_1) = x_1$. Wiederum nach 24.1 läßt sich ψ_1 eindeutig zu einem Ringhomomorphismus $\psi_2 : (R[X_1])[X_2] \to S$ mit $\psi_2(X_2) = x_2$ fortsetzen usw. Nach n Schritten erhält man so das gesuchte ψ.   ∎

Für $f = \sum a_{i_1\ldots i_n} X_1^{i_1} \ldots X_n^{i_n}$ muß natürlich $\psi(f) = \sum a_{i_1\ldots i_n} x_1^{i_1} \ldots x_n^{i_n}$ sein. Statt $\psi(f)$ schreiben wir deshalb $f(x_1, \ldots, x_n)$.

Wir können nun symmetrische Polynome definieren. Zu jeder Permutation σ der Menge $\{1, \ldots, n\}$ gibt es einen Einsetzungshomomorphismus ψ_σ von $R[X_1, \ldots, X_n]$ in sich selbst mit $\psi_\sigma(X_i) = X_{\sigma(i)}$. Dabei wird $f \in R[X_1, \ldots, X_n]$ abgebildet auf $f(X_{\sigma(1)}, \ldots, X_{\sigma(n)})$.

25.4 Definition Ein Polynom f aus $R[X_1, \ldots, X_n]$ heißt **s y m m e t r i s c h** in $X_1, \ldots, X_n$, wenn für alle Permutationen σ von $\{1, \ldots, n\}$ gilt: $f = f(X_{\sigma(1)}, \ldots, X_{\sigma(n)})$.

Genau dann ist das Polynom f also symmetrisch, wenn es bei beliebigen Vertauschungen der Unbestimmten $X_1, \ldots, X_n$ in sich übergeht.

25.5 Definition Die Polynome

$$s_1 := X_1 + X_2 + \ldots + X_n$$

$$s_2 := X_1X_2 + X_1X_3 + \ldots + X_1X_n + X_2X_3 + \ldots + X_2X_n + \ldots + X_{n-1}X_n$$

$$\vdots$$

$$s_k := \sum_{1 \leq i_1 < \ldots < i_k \leq n} X_{i_1} X_{i_2} \ldots X_{i_k}$$

$$\vdots$$

$$s_n := X_1X_2 \ldots X_n$$

aus $R[X_1, \ldots, X_n]$ heißen die **e l e m e n t a r s y m m e t r i s c h e n** Polynome über R in $X_1, \ldots, X_n$.

Es ist also s_k die Summe aller möglichen Produkte von je k verschiedenen der Unbestimmten $X_1, \ldots, X_n$. Daher ist s_k ein homogenes Polynom vom Grad k.

Ist T eine (neue) Unbestimmte über $S := R[X_1, \ldots, X_n]$, so sind $s_1, \ldots, s_n$ bis auf das Vorzeichen die Koeffizienten von $F := (T - X_1) \ldots (T - X_n) \in S[T]$. Genauer gilt $F = T^n - s_1 T^{n-1} + s_2 T^{n-2} - \ldots + (-1)^n s_n$.

Offenbar sind $s_1, \ldots, s_n$ symmetrisch in $X_1, \ldots, X_n$. Dies folgt auch so: Es ist $(T - X_{\sigma(1)}) \ldots (T - X_{\sigma(n)}) = (T - X_1) \ldots (T - X_n)$, also $F(X_{\sigma(1)}, \ldots, X_{\sigma(n)}, T) = F$, und damit $T^n - s_1(X_{\sigma(1)}, \ldots, X_{\sigma(n)}) T^{n-1} + \ldots + (-1)^n s_n(X_{\sigma(1)}, \ldots, X_{\sigma(n)}) = T^n - s_1 T^{n-1} + \ldots + (-1)^n s_n$ für alle $\sigma \in \mathfrak{S}_n$. Koeffizientenvergleich liefert nun $s_k(X_{\sigma(1)}, \ldots, X_{\sigma(n)}) = s_k$.

Aus der Darstellung $(T - X_1) \ldots (T - X_n) = T^n - s_1 T^{n-1} + \ldots + (-1)^n s_n$ gewinnt man durch Einsetzen von $x_1, \ldots, x_n$ für $X_1, \ldots, X_n$ den sogenannten **V i e t a - s c h e n   W u r z e l s a t z**:

25.6 R sei ein Unterring des kommutativen Ringes S. Zu $f = T^n + a_{n-1} T^{n-1} + \ldots + {} + a_0 \in R[T]$ gebe es Elemente $x_1, \ldots, x_n \in S$ mit $f = (T - x_1) \ldots (T - x_n)$, d. h., f zerfalle über S in Linearfaktoren. Dann gilt:

$$a_0 = (-1)^n s_n(x_1, \ldots, x_n) = (-1)^n x_1 \ldots x_n$$

$$\vdots$$

$$a_k = (-1)^{n-k} s_{n-k}(x_1, \ldots, x_n)$$

$$\vdots$$

$$a_{n-1} = -s_1(x_1, \ldots, x_n) = -(x_1 + \ldots + x_n).$$

Ist S ein Integritätsring, so sind die x_i genau die Nullstellen, also die „Wurzeln" von f.

Im folgenden bezeichnen wir die elementarsymmetrischen Polynome über R in $X_1, \ldots, X_{n-1}$ mit $s_1', \ldots, s_{n-1}'$. Offenbar gilt $s_k = s_k' + s_{k-1}' X_n$ für $k = 2, \ldots, n-1$ sowie $s_1 = s_1' + X_n$, $s_n = s_{n-1}' X_n$. Daraus folgt $s_k(X_1, \ldots, X_{n-1}, 0) = s_k'$ für $k = 1, \ldots, n-1$ und $s_n(X_1, \ldots, X_{n-1}, 0) = 0$.

Wir betrachten nun beliebige symmetrische Polynome in $X_1, \ldots, X_n$. Summen und Produkte solcher Polynome sind wieder symmetrisch. Daher bilden die in $X_1, \ldots, X_n$ symmetrischen Polynome einen Unterring von $R[X_1, \ldots, X_n]$, der die elementarsymmetrischen Polynome $s_1, \ldots, s_n$ und die Elemente von R enthält. Für jedes $h = \sum a_{i_1 \ldots i_n} X_1^{i_1} \ldots X_n^{i_n}$ aus $R[X_1, \ldots, X_n]$ ist deshalb auch $h(s_1, \ldots, s_n) = \sum a_{i_1 \ldots i_n} s_1^{i_1} \ldots s_n^{i_n}$ symmetrisch in $X_1, \ldots, X_n$. Alle symmetrischen Polynome entstehen auf diese Weise. Dies ist die Aussage des **H a u p t s a t z e s   ü b e r   s y m m e t r i - s c h e   P o l y n o m e**:

25.7 Satz R sei ein kommutativer Ring. Zu jedem symmetrischen Polynom f über R in $X_1, \ldots, X_n$ gibt es ein $h \in R[X_1, \ldots, X_n]$ mit $f = h(s_1, \ldots, s_n)$.

B e w e i s. Wir verwenden Induktion über n. Für $n = 1$ ist $s_1 = X_1$ und daher $f = f(s_1)$. Beim Schluß von $n - 1$ auf n führen wir vollständige Induktion über grad f durch:

Im Fall grad f $= 0$ (oder f $= 0$) ist $f \in R$, also nichts zu beweisen. Es sei nun grad f > 0. Da f symmetrisch in $X_1, \ldots, X_n$ ist, ist $f' := f(X_1, \ldots, X_{n-1}, 0) \in R [X_1, \ldots, X_{n-1}]$ symmetrisch in $X_1, \ldots, X_{n-1}$. Für jede Permutation σ' von $\{1, \ldots, n-1\}$ ist nämlich $f(X_{\sigma'(1)}, \ldots, X_{\sigma'(n-1)}, X_n) = f(X_1, \ldots, X_{n-1}, X_n)$, also $f' (X_{\sigma'(1)}, \ldots, X_{\sigma'(n-1)})$ $= f(X_{\sigma'(1)}, \ldots, X_{\sigma'(n-1)}, 0) = f(X_1, \ldots, X_{n-1}, 0) = f'$. Nach Induktionsvoraussetzung (bei der Induktion über n) gibt es daher ein $h' \in R [X_1, \ldots, X_{n-1}]$ mit $f' = h' (s_1', \ldots, s_{n-1}')$, wo $s_1', \ldots, s_{n-1}'$ die elementarsymmetrischen Polynome in $X_1, \ldots, X_{n-1}$ sind.

Nun ist $h' (s_1, \ldots, s_{n-1})$ ein symmetrisches Polynom in $X_1, \ldots, X_n$. Wir können h' so wählen, daß grad $h' (s_1, \ldots, s_{n-1}) \leq$ grad f ist: Dazu betrachten wir die Darstellung

$$h' = \Sigma\, a_{i_1 \ldots i_{n-1}} X_1^{i_1} \ldots X_{n-1}^{i_{n-1}}.$$

Da die s_j' homogen vom Grad j sind, ist dann

$$\sum_{i_1 + 2i_2 + \ldots + (n-1)i_{n-1} = k} a_{i_1 \ldots i_{n-1}} s_1'^{i_1} \ldots s_{n-1}'^{i_{n-1}}$$

der homogene Term f_k' vom Grad k in $h' (s_1', \ldots, s_{n-1}') = f'$. Offenbar ist grad $f' \leq$ grad f und daher $f_k' = 0$ für $k >$ grad f. Daher können wir in h' auf eventuell auftretende Summanden $a_{i_1 \ldots i_{n-1}} X_1^{i_1} \ldots X_{n-1}^{i_{n-1}}$ mit $i_1 + 2i_2 + \ldots + (n-1) i_{n-1} >$ grad f verzichten, ohne daß die Beziehung $f' = h'(s_1', \ldots, s_{n-1}')$ verloren geht. Da die s_j ebenfalls homogen vom Grad j sind, enthält dann $h' (s_1, \ldots, s_{n-1})$ auch nur homogene Terme $\neq 0$ vom Grad k mit $k \leq$ grad f.

Das Polynom $g := f - h'(s_1, \ldots, s_{n-1})$ ist wieder symmetrisch, und aus grad $h' (s_1, \ldots, s_{n-1}) \leq$ grad f folgt grad $g \leq$ grad f. Wegen $s_j(X_1, \ldots, X_{n-1}, 0) = s_j'$ für $j = 1, \ldots, n - 1$ ist $g(X_1, \ldots, X_{n-1}, 0) = f' - h'(s_1', \ldots, s_{n-1}') = 0$. Daher ist 0 eine Nullstelle von $g \in (R [X_1, \ldots, X_{n-1}]) [X_n]$. Nach 24.4 ist g nun durch den Linearfaktor $X_n - 0 = X_n$ teilbar, d. h., es gibt ein $q_n \in R [X_1, \ldots, X_n]$ mit $g = q_n X_n$. Vertauscht man in dieser Gleichung X_n mit X_i, so erhält man wegen der Symmetrie von g Gleichungen der Form $g = q_i X_i$ mit $q_i \in R [X_1, \ldots, X]$ auch für $i = 1, \ldots, n - 1$. Also können in g nur solche Monome $X_1^{i_1} \ldots X_n^{i_n}$ mit Koeffizient $\neq 0$ vorkommen, bei denen $i_1 \geq 1, \ldots, i_n \geq 1$ gilt. Daher ist g durch $X_1, \ldots, X_n$ teilbar, d. h., es gibt ein $q \in R [X_1, \ldots, X_n]$ mit $g = q X_1 \ldots X_n = q s_n$. Offenbar ist grad $q =$ grad $g - n <$ grad f. Ferner ist q symmetrisch: Bei einer Permutation σ der Unbestimmten gehen nämlich g und s_n als symmetrische Polynome in sich über, und es folgt $q(X_{\sigma(1)}, \ldots, X_{\sigma(n)}) s_n = g = q s_n$. Daraus erhält man durch Kürzen von $X_1 \ldots X_n$ die Gleichung $q(X_{\sigma(1)}, \ldots, X_{\sigma(n)}) = q$.

Nach Induktionsvoraussetzung (bei der Induktion über grad f) gibt es nun ein $\bar{h} \in R [X_1, \ldots, X_n]$ mit $q = \bar{h}(s_1, \ldots, s_n)$. Dann ist $f = g + h' (s_1, \ldots, s_{n-1}) = \bar{h}(s_1, \ldots, s_n) s_n + h' (s_1, \ldots, s_{n-1}) = h(s_1, \ldots, s_n)$ mit $h := \bar{h} X_n + h'$ die gesuchte Darstellung von f. $\blacksquare$

A n m e r k u n g. Es sei noch erwähnt, daß in 25.7 das Polynom h durch f eindeutig bestimmt ist. Wir verzichten auf einen Beweis dieser Aussage, die im weiteren nicht verwendet wird. Nachträglich erweist sich damit die im vorstehenden Beweis vorgenommene Abänderung von h' als nicht notwendig.

Übungsaufgaben

25.8 Man stelle das symmetrische Polynom $X_1^4 X_2^2 + X_1^2 X_2^4 + X_1^6 X_2^3 + X_1^3 X_2^6$ aus $\mathbf{Z}[X_1, X_2]$ als Polynom in s_1, s_2 dar.

25.9 Man beweise die Identität $(T - X_1) \ldots (T - X_n) = T^n - s_1 T^{n-1} + \ldots + (-1)^k s_k T^{n-k} + \ldots + (-1)^n s_n$ durch Induktion über n unter Verwendung der Formeln $s_k = s_k' + s_{k-1}' X_n$ (mit $s_0' := 1, s_n' := 0$).

25.10 R sei ein kommutativer Ring. Wir betrachten die symmetrischen Polynome $p_k := X_1^k + \ldots + X_n^k$ aus $R[X_1, \ldots, X_n]$.
1. Man beweise die sogenannten N e w t o n s c h e n   F o r m e l n

$$p_1 - s_1 = 0$$
$$p_2 - p_1 s_1 + 2 s_2 = 0.$$
$$p_3 - p_2 s_1 + p_1 s_2 - 3 s_3 = 0$$
$$\vdots$$
$$p_n - p_{n-1} s_1 + p_{n-2} s_2 - \ldots + (-1)^n n s_n = 0$$
$$\vdots$$
$$p_{n+m} - p_{n+m-1} s_1 + p_{n+m-2} s_2 - \ldots + (-1)^n p_m s_n = 0.$$

(Man gehe ähnlich wie im Beweis von 25.7 vor: Induktion über n, beim Induktionsschritt X_n durch 0 ersetzen usw.)
2. Man folgere, daß sich jedes symmetrische Polynom $f \in \mathbf{Q}[X_1, \ldots, X_n]$ in der Form $f = h(p_1, \ldots p_n)$ mit $h \in \mathbf{Q}[X_1, \ldots, X_n]$ schreiben läßt.

26 Primfaktorzerlegung

In diesem Abschnitt soll die Teilbarkeitstheorie, wie sie uns von den ganzen Zahlen vertraut ist, für allgemeinere Klassen von kommutativen Ringen entwickelt werden.

26.1 Definition In einem kommutativen Ring R heißt ein Element a ein T e i l e r eines Elementes b (oder auch b ein V i e l f a c h e s von a), wenn es ein $r \in R$ mit $r a = b$ gibt.

Die Teiler von 1 in R sind genau die Einheiten. Ist a ein Teiler von b und b ein Teiler von c, d. h., gibt es $r, s \in R$ mit $r a = b$ und $s b = c$, so ist wegen $s r a = c$ auch a ein Teiler von c. Die Menge $R a := \{ r a \mid r \in R \}$ der Vielfachen eines festen Elementes $a \in R$ ist offenbar ein Ideal von R.

26.2 Definition Ein Ideal $\mathfrak{a}$ in einem kommutativen Ring R heißt ein H a u p t i d e a l, wenn es ein $a \in R$ mit $\mathfrak{a} = R a$ gibt.

26.3 Genau dann ist a ein Teiler von b (d. h. b ein Vielfaches von a) in R, wenn für die zugehörigen Hauptideale die Beziehung $R\,b \subset R\,a$ gilt.

B e w e i s. Ist b ein Vielfaches von a, so ist jedes Vielfache von b auch eines von a, also $R\,b \subset R\,a$. Umgekehrt folgt aus $R\,b \subset R\,a$ wegen $b = 1 \cdot b \in R\,b \subset R\,a$, daß b ein Vielfaches von a ist. ∎

Elemente, die sich nur um eine Einheit als Faktor unterscheiden, sind in der Teilbarkeitstheorie gleichwertig:

26.4 Definition Zwei Elemente a und b eines kommutativen Ringes R heißen a s s o z i i e r t, wenn es eine Einheit $e \in R$ mit $e\,a = b$ gibt.

Wegen $1 \cdot a = a$ ist jedes a zu sich selbst assoziiert. Ist ferner $e\,a = b$ mit einer Einheit e, so ist $e^{-1}b = a$. Ist zusätzlich $e'b = c$ mit einer Einheit e', so folgt $e'e\,a = c$. Dabei sind e^{-1} und $e'e$ wieder Einheiten. Wir haben somit gezeigt:

26.5 Die Assoziiertheit ist eine Äquivalenzrelation auf R.

Von nun an beschränken wir uns bei Teilbarkeitsfragen auf Integritätsringe. Dann ist in $r\,a = b$ im Fall $a \neq 0$ der Faktor r durch a und b eindeutig bestimmt.

26.6 R sei ein Integritätsring. Genau dann sind a und b in R assoziiert, wenn a ein Teiler b und b ein Teiler von a ist.

B e w e i s. Es sei a ein Teiler von b und b ein Teiler von a. Dann gibt es $r, s \in R$ mit $r\,a = b$ und $s\,b = a$. Daraus folgt $s\,r\,a = a = 1 \cdot a$. Im Integritätsring R ergibt sich im Fall $a \neq 0$ durch Kürzen, daß $s\,r = 1$, also s, r Einheiten und somit a und b assoziiert sind. Im Fall $a = 0$ ist auch $b = 0$.
Umgekehrt sind natürlich assoziierte Elemente Teiler voneinander. ∎

Mit 26.3 folgert man, daß im Integritätsring R Elemente a und b genau dann assoziiert sind, wenn $R\,a = R\,b$ ist.
Jedes $a \in R$ hat alle Einheiten und alle zu a assoziierten Elemente als Teiler. Wir interessieren uns für solche a, die nur diese trivialen Teiler besitzen:

26.7 Definition Eine Nichteinheit $a \neq 0$ in einem Integritätsring R heißt u n z e r - l e g b a r (oder i r r e d u z i b e l), wenn jeder Teiler von a eine Einheit oder zu a assoziiert ist.

Genau dann ist also a unzerlegbar, wenn bei jeder Darstellung $a = r\,s$ in R einer der beiden Faktoren r, s eine Einheit und damit der andere zu a assoziiert ist. Die Unzerlegbarkeit läßt sich auch mit Hauptidealen formulieren:

26.8 In einem Integritätsring R ist eine Nichteinheit $a \neq 0$ genau dann unzerlegbar, wenn $R\,a$ in der Menge der Hauptideale $\neq R$ von R maximal ist, d. h., wenn es kein $b \in R$ mit $R\,a \subset R\,b$ und $R\,a \neq R\,b \neq R$ gibt.

B e w e i s. Für $b \in R$ gilt $R\,b = R = R \cdot 1$ genau dann, wenn b und 1 assoziiert sind, d. h., wenn b eine Einheit ist. Insbesondere ist daher $R\,a \neq R$.

Genau dann ist a unzerlegbar, wenn jeder Teiler b von a zu a assoziiert oder eine Einheit ist. Dies bedeutet für jedes $b \in R$, daß aus $R\,a \subset R\,b$ bereits $R\,a = R\,b$ oder $R\,b = R$ folgt. ∎

Die unzerlegbaren Elemente im Ring $\mathbf{Z}$ sind offenbar genau die Primzahlen $p \in \mathbf{N}$ und die zugehörigen Negativen $-p$. Jede natürliche Zahl $n > 1$ läßt sich nach 12.11 als Produkt von Primzahlen schreiben, und diese Produktdarstellung ist bis auf die Reihenfolge der Faktoren eindeutig. Daher läßt sich auch jedes $z \in \mathbf{Z}$ mit $z \notin \{0, \pm 1\}$, also jede Nichteinheit $z \neq 0$ aus $\mathbf{Z}$, als Produkt von unzerlegbaren Elementen aus $\mathbf{Z}$ schreiben. Diese Darstellung ist nur noch eindeutig bis auf das Vorzeichen, d. h. bis auf Assoziiertheit in $\mathbf{Z}$, und bis auf die Reihenfolge der Faktoren. Beispielsweise ist $-6 = (-2) \cdot 3 = 2 \cdot (-3) = 3 \cdot (-2) = (-3) \cdot 2$. Allgemein definiert man:

26.9 Definition Ein Integritätsring R heißt ein **f a k t o r i e l l e r   R i n g**, wenn gilt:

1. Zu jeder Nichteinheit $a \neq 0$ aus R gibt es endlich viele unzerlegbare Elemente $u_1, \ldots, u_n$ aus R mit $a = u_1 \ldots u_n$.

2. Sind $u_1, \ldots, u_n$ und $v_1, \ldots, v_m$ unzerlegbare Elemente aus R mit $u_1 \ldots u_n = v_1 \ldots v_m$, so ist stets $n = m$, und es gibt eine Permutation σ von $\{1, \ldots, n\}$, so daß u_i zu $v_{\sigma(i)}$ assoziiert ist für $i = 1, \ldots, n$.

Die vorstehende Definition besagt, daß sich jede Nichteinheit $\neq 0$ bis auf Reihenfolge und Assoziiertheit der Faktoren eindeutig als Produkt unzerlegbarer Elemente schreiben läßt. $\mathbf{Z}$ ist also ein faktorieller Ring.

Bei der Verallgemeinerung des Primfaktorbegriffs von $\mathbf{Z}$ auf beliebige Integritätsringe kann man auch von der für Primzahlen charakteristischen Eigenschaften 12.13, 2 ausgehen:

26.10 Definition Eine Nichteinheit $p \neq 0$ in einem Integritätsring R heißt ein **P r i m -e l e m e n t**, wenn stets gilt: Teilt p ein Produkt a b in R, so teilt p wenigstens einen der beiden Faktoren a, b.

Auch die Primelementeigenschaft läßt sich mit dem zugehörigen Hauptideal ausdrücken:

26.11 Eine Nichteinheit $p \neq 0$ in einem Integritätsring R ist genau dann ein Primelement, wenn das Ideal $R\,p$ ein Primideal ist.

B e w e i s. Für eine Nichteinheit $p \neq 0$ in R ist $Rp \neq R$. Genau dann ist nun Rp ein Primideal, wenn aus $a\,b \in Rp$ stets $a \in Rp$ oder $b \in Rp$ folgt, d. h., wenn daraus, daß p ein Teiler von a b ist, stets folgt, daß p ein Teiler von a oder b ist. Dies ist genau dann der Fall, wenn p ein Primelement ist. ∎

Den Zusammenhang zwischen den Begriffen „Primelement" und „unzerlegbares Element" gibt der folgende Satz an.

26.12 Satz R sei ein Integritätsring. Dann gilt:
1. Jedes Primelement in R ist unzerlegbar.
2. Ist R faktoriell, so ist umgekehrt auch jedes unzerlegbare Element in R ein Primelement.

B e w e i s. 1. Wir betrachten eine Zerlegung p = a b eines Primelementes p in R. Wegen
p · 1 = a b ist p ein Teiler von a b, also bereits ein Teiler von a oder b, etwa von a. Da
auch a ein Teiler von p ist, sind a und p nach 26.6 assoziiert, und dann ist b eine Einheit.
Insgesamt besitzt p also nur triviale Teiler.

2. Es sei u ein unzerlegbares Element in R, das ein Produkt a b teilt. Wir haben zu zeigen,
daß u ein Teiler von a oder b ist. Für a = 0 oder b = 0 ist dies trivial. Sind a oder b Einheiten, so sind b oder a zu a b assoziiert und damit wie a b Vielfache von p. Es bleibt
der Fall zu untersuchen, daß a und b Nichteinheiten $\neq 0$ sind. Dann ist auch das Element
$c \in R$ mit c u = a b eine Nichteinheit ($\neq 0$), da andernfalls a und b echte Teiler von u
wären. Da R als faktoriell vorausgesetzt wird, lassen sich a, b und c nun als Produkte
$a = u_1 \ldots u_n, b = v_1 \ldots v_m, c = w_1 \ldots w_k$ unzerlegbarer Elemente schreiben. Durch
Einsetzen in c u = a b erhält man $w_1 \ldots w_k u = u_1 \ldots u_n v_1 \ldots v_m$. Wegen der Eindeutigkeitsaussage 26.9, 2 stimmt u daher bis auf Assoziiertheit mit einem der u_i oder einem
der v_j überein, ist also ein Teiler von a oder von b.   ■

Man beachte, daß der zweite Teil des vorstehenden Beweises völlig analog zum entsprechenden Beweis in 12.13 verläuft. Faktorielle Ringe lassen sich allgemein mit Hilfe von
Primelementen charakterisieren:

26.13 Satz Für einen Integritätsring R sind folgende Aussagen äquivalent:

1. R ist faktoriell.

2. Jede Nichteinheit $\neq 0$ in R ist Produkt von unzerlegbaren Elementen, und jedes unzerlegbare Element in R ist ein Primelement.

3. Jede Nichteinheit $\neq 0$ in R ist Produkt von Primelementen.

B e w e i s. Nach Definition faktorieller Ringe und da für sie die Begriffe „Primelement"
und „unzerlegbares Element" übereinstimmen, folgt 2. aus 1. Trivialerweise folgt 3. aus 2.
Es ist noch zu zeigen, daß auch 1. aus 3. folgt. Nach Voraussetzung läßt sich jede Nichteinheit $a \neq 0$ als Produkt $a = p_1 \ldots p_n$ von Primelementen, also insbesondere von unzerlegbaren Elementen schreiben. Es genügt nun zu zeigen, daß jede weitere Darstellung
$a = u_1 \ldots u_m$ von a als Produkt unzerlegbarer Elemente bis auf die Reihenfolge der
Faktoren und Assoziiertheit mit dieser speziellen Darstellung übereinstimmt. Wegen
$p_1 \ldots p_n = u_1 \ldots u_m$ ist p_1 ein Teiler von $u_1 \ldots u_m$ und daher als Primelement ein
Teiler eines der Faktoren $u_1, \ldots, u_m$. Nach Umnumerieren der u_i können wir annehmen, daß u_1 von p_1 geteilt wird. Wegen der Unzerlegbarkeit von u_1 muß p_1 dann zu
u_1 assoziiert sein, d. h., es gibt eine Einheit e_1 mit $u_1 = e_1 p_1$. Durch Kürzen von p_1 erhält man $p_2 \ldots p_n = e_1 u_2 \ldots u_m$. Da p_2 kein Teiler von e_1 ist, kann man ebenso
schließen, daß p_2 zu einem der u_i, etwa zu u_2, assoziiert ist und erhält eine Einheit
e_2 mit $u_2 = e_2 p_2$, also mit $p_3 \ldots p_n = e_1 e_2 u_3 \ldots u_m$. Nach n Schritten dieser Art muß
eine Gleichung der Form $1 = e_1 \ldots e_n$ übrigbleiben, d. h., es war m = n, und bis auf
Reihenfolge und Assoziiertheit stimmten die p_i mit den u_i überein.   ■

A n m e r k u n g. In der Literatur ist für faktorielle Ringe auch die Bezeichnung ZPE-
R i n g zu finden, die andeutet, daß in solchen Ringen eine Zerlegung in Primelemente
eindeutig möglich ist. Man beachte, daß bei unserer Definition von Primelementen nach
den obigen Ausführungen eine Zerlegung in Primelemente von selbst eindeutig (im angegebenen Sinne) ist.

Um im folgenden Primfaktorzerlegungen verschiedener Elemente eines faktoriellen Ringes R besser vergleichen zu können, verwenden wir aus jeder Äquivalenzklasse assoziierter Primelemente stets nur einen Repräsentanten, beispielsweise in $\mathbf{Z}$ nur die positiven Primelemente. Bis auf eine Einheit läßt sich in R dann jede Nichteinheit $\neq 0$ eindeutig als Produkt von Potenzen dieser ausgewählten Primelemente schreiben. In $\mathbf{Z}$ hat etwa -56 die „normierte" Darstellung $-56 = (-1) \cdot 2^3 \cdot 3^0 \cdot 5^0 \cdot 7^1 \cdot 11^0 \ldots$.

Es sei nun allgemein P ein Repräsentantensystem für die Klassen assoziierter Primelemente eines faktoriellen Ringes R, d. h., P enthalte aus jeder Klasse assoziierter Primelemente genau ein Primelement. Mit dieser Bezeichnung ergibt sich:

26.14 Jedes $a \neq 0$ aus dem faktoriellen Ring R besitzt eine Darstellung $a = e(a) \prod_{p \in P} p^{v_p(a)}$
mit einer Einheit $e(a)$ und natürlichen Zahlen $v_p(a)$, von denen nur endlich viele $\neq 0$ sind. Dabei sind $e(a)$ und die $v_p(a)$ eindeutig bestimmt. Ferner gilt:

1. Für $a, b \neq 0$ aus R ist $v_p(a b) = v_p(a) + v_p(b)$ für alle $p \in P$.

2. Genau dann ist $a \neq 0$ ein Teiler von $b \neq 0$ in R, wenn $v_p(a) \leq v_p(b)$ ist für alle $p \in P$.

B e w e i s. Bei den zu betrachtenden Produkten $\prod p^{v_p}$ sind stets nur endlich viele $v_p \neq 0$, also nur endlich viele Faktoren $\neq 1$. Wir interpretieren sie daher als endliche Produkte. Für Einheiten $a \in R$ ist $a = a \prod_p p^0$ die gesuchte Darstellung. Für Nichteinheiten $a \neq 0$ erhält man eine solche, indem man in einer beliebigen Darstellung von a als Produkt von Primelementen die Faktoren bis auf Einheiten gegen die zugehörigen Elemente aus P austauscht und dann nach Potenzen zusammenfaßt. Die Eindeutigkeitsaussage ergibt sich aus der Eindeutigkeitsaussage für die Darstellung von a als Produkt von Primelementen.

1. Die Behauptung folgt aus $a b = e(a) e(b) \prod_p p^{v_p(a) + v_p(b)}$ und der Eindeutigkeit der v_p.

2. Ist a ein Teiler von b, also $b = a c$, so ist $v_p(b) = v_p(a c) = v_p(a) + v_p(c) \geq v_p(a)$ nach 1. Ist umgekehrt $v_p(b) \geq v_p(a)$ für alle $p \in P$, so ist $b = a c$ mit $c := e(b) e(a)^{-1} \prod_p p^{v_p(b) - v_p(a)}$. $\blacksquare$

Die folgenden Aussagen liefern Beispiele für unzerlegbare Elemente in Polynomringen.

26.15 R sei ein Integritätsring. Dann ist ein Primelement p in R auch ein Primelement in $R[X]$.

B e w e i s. Es sei p ein Teiler von $f g$ in $R[X]$. Angenommen, p wäre kein Teiler von $f = \sum a_i X^i$ und kein Teiler von $g = \sum b_j X^j$. Dann können wir die kleinsten natürlichen Zahlen r und s betrachten derart, daß a_r und b_s nicht durch p teilbar sind. Der $(r + s)$-te Koeffizient von $f g$ ist $c_{r+s} := a_0 b_{r+s} + \ldots + a_r b_s + \ldots a_{r+s} b_0$. Nach Konstruktion sind alle Summanden von c_{r+s} bis auf $a_r b_s$ durch p teilbar. Da das Primelement p kein Teiler von a_r und b_s ist, ist p auch kein Teiler von $a_r b_s$. Insgesamt ist p also kein Teiler von c_{r+s} im Widerspruch zur Voraussetzung, daß p ein Teiler von $f g$ ist. $\blacksquare$

A n m e r k u n g. Die vorstehende Aussage läßt sich auch mit 26.11 beweisen: Nach 24.20 ist $(R/R p)[X] \cong R[X]/p R[X]$. Da p ein Primelement in R ist, ist $R/R p$ ein Integritätsring. Dann ist auch $(R/R p)[X]$ und somit $R[X]/p R[X]$ ein Integritätsring, also p ein Primelement in $R[X]$.

26.16 R sei ein Integritätsring. Dann ist $X - a$ ein Primelement in $R[X]$ für jedes $a \in R$.

B e w e i s. Ist $X - a$ ein Teiler von $f \cdot g$ in $R[X]$, so ist a eine Nullstelle von $f \cdot g$, also $f(a) \cdot g(a) = 0$. Im Integritätsring R folgt daraus $f(a) = 0$ oder $g(a) = 0$, d. h., $X - a$ ist ein Teiler von f oder g. ∎

Die Primelementeigenschaft von $X - a$ folgt übrigens auch mit 26.11, 22.9 und 24.19.

26.17 R sei ein Integritätsring und $f \in R[X]$ ein normiertes Polynom zweiten oder dritten Grades, das in R keine Nullstelle besitzt. Dann ist f in $R[X]$ unzerlegbar.

B e w e i s. Da f normiert ist, besitzt f keine Nichteinheiten aus R als Teiler. Wegen der Gradformel müßte einer der Faktoren bei einer nichttrivialen Zerlegung von f daher den Grad 1 haben, d. h., von der Form $aX + b$ sein. Dabei wäre a ein Teiler des Leitkoeffizienten 1 von f, also eine Einheit in R, und f hätte die Nullstelle $-b\,a^{-1}$ in R im Widerspruch zur Voraussetzung. ∎

A n m e r k u n g. Bei Anwendungen von 26.17 benutzt man oft, daß als Nullstellen eines beliebigen Polynoms $f \in R[X]$ höchstens die Teiler des konstanten Terms von f in Frage kommen. Ist nämlich $a \in R$ eine Nullstelle von f, so ist $f = h(X - a)$ mit einem $h \in R[X]$, und der konstante Term $f(0)$ von f ist gleich $h(0) \cdot (-a)$. Beispielsweise ist $f = X^3 + 2X^2 + X + 4$ in $\mathbf{Z}[X]$ unzerlegbar, da die Teiler von 4 in $\mathbf{Z}$ keine Nullstellen von f sind.

Zum Nachweis der Irreduzibilität von Polynomen über faktoriellen Ringen ist die folgende Aussage nützlich:

26.18 (E i s e n s t e i n s c h e s   I r r e d u z i b i l i t ä t s k r i t e r i u m) R sei ein Integritätsring und $f = a_n X^n + \ldots + a_0 \in R[X]$ ein Polynom. Es gebe ein Primelement $p \in R$ derart, daß $a_0, \ldots, a_{n-1}$ von p geteilt werden, jedoch a_n nicht von p und a_0 nicht von p^2. Dann besitzt f in $R[X]$ nur Zerlegungen der Form $f = g \cdot h$ mit $g \in R$ oder $h \in R$.

B e w e i s. Wir betrachten eine Zerlegung $f = g \cdot h$ mit $g = \Sigma\, b_i X^i$, $h = \Sigma\, c_j X^j$ aus $R[X]$. Da das Primelement p ein Teiler von $a_0 = b_0 c_0$ ist, teilt es einen der beiden Faktoren, etwa b_0. Da p^2 kein Teiler von a_0 ist, wird dann c_0 nicht von p geteilt. Außerdem ist p kein Teiler des Leitkoeffizienten von g, da sonst auch der Leitkoeffizient a_n von f durch p geteilt würde. Wir können also die kleinste natürliche Zahl m betrachten, für die b_m nicht durch p teilbar ist. Nach Konstruktion wird in $a_m = b_m c_0 + b_{m-1} c_1 + \ldots + b_0 c_m$ jeder der Summanden $b_{m-1} c_1, \ldots, b_0 c_m$ von p geteilt, $b_m c_0$ jedoch nicht. Daher ist a_m nicht durch p teilbar, und somit muß $m = n$ sein. Da insbesondere $b_m \neq 0$ ist, folgt $\operatorname{grad} g \geq m = n$, also $\operatorname{grad} g = \operatorname{grad} f$, $\operatorname{grad} h = 0$, d. h. $h \in R$. ∎

A n m e r k u n g. Der Beweis von 26.18 wird etwas durchsichtiger, wenn man die Zerlegung $\bar f = \bar g\, \bar h$ im Ring $(R/R\,p)[X]$ betrachtet und verwendet, daß $\bar f = \bar a_n X^n$ nur Zerlegungen der Form $\bar f = \bar b\, X^i\, \bar c\, X^j$ besitzen kann. Wären dabei $i, j \geq 1$, so wäre p ein Teiler der konstanten Terme von g und h und damit p^2 ein Teiler von a_0. Widerspruch! Ist nun etwa $i = 0$, so muß g eine Konstante sein, da andernfalls der Leitkoeffizient von g und damit auch der von f durch p teilbar wären.

Man benutzt 26.18 auch, um für Polynome mit ganzzahligen Koeffizienten die Irreduzibilität über dem Quotientenkörper $\mathbf{Q}$ von $\mathbf{Z}$ zu zeigen. Dies wird durch die folgende Aussage ermöglicht:

26.19 (G a u ß s c h e s   L e m m a) R sei ein faktorieller Ring und K := Q(R) der Quotientenkörper von R. Ein Polynom $f \in R[X]$ mit grad $f \geq 1$, das in $R[X]$ nur Zerlegungen der Form $f = g\,h$ mit $g \in R$ oder $h \in R$ besitzt, ist unzerlegbar in $K[X]$.

B e w e i s. Sei $f = \tilde{g}\tilde{h}$ eine Zerlegung von f mit $\tilde{g}, \tilde{h} \in K[X]$. Die Koeffizienten von $\tilde{g}$ und $\tilde{h}$ sind dann Brüche von Elementen aus R. Indem man mit dem Produkt ihrer Nenner multipliziert, erhält man $a\,f = g_1 h_1$ mit $a \in R'$ und $g_1, h_1 \in R[X]$, wobei grad g_1 = grad $\tilde{g}$ und grad h_1 = grad $\tilde{h}$ ist. Es sei $a = p_1 \ldots p_r$ die Primfaktorzerlegung von a in R. Nach 26.15 ist p_1 ein Primelement in $R[X]$ und daher als Teiler von $g_1 h_1$ ein Teiler von g_1 oder h_1. Durch Kürzen von p_1 erhält man daher eine Gleichung $p_2 \ldots p_r f = g_2 h_2$ mit $g_2, h_2 \in R[X]$ und grad g_2 = grad $\tilde{g}$, grad h_2 = grad $\tilde{h}$. Nach r Schritten kommt man so zu $f = g\,h$ mit g, h $\in R[X]$ und grad g = grad $\tilde{g}$, grad h = grad $\tilde{h}$. Nach Voraussetzung ist nun g oder h eine Konstante $\neq 0$ in $R[X]$. Aus Gradgründen ist dann $\tilde{g}$ oder $\tilde{h}$ ebenfalls eine Konstante $\neq 0$, also eine Einheit in $K[X]$. ∎

Eisensteinsches Irreduzibilitätskriterium und Gaußsches Lemma lassen sich so zusammenfassen:

26.20 Satz Ein Polynom f vom Grade ≥ 1 über einem faktoriellen Ring R, das den Bedingungen von 26.18 genügt, ist unzerlegbar über dem Quotientenkörper von R.

Beispielsweise ist $X^4 + 6X^3 + 6X^2 + 12$ unzerlegbar in $\mathbf{Q}[X]$, da für p = 3 die genannten Bedingungen erfüllt sind.

Übungsaufgaben

26.21 Man zeige, daß in einem faktoriellen Ring R jedes Primideal $\mathfrak{a} \neq \{0\}$ ein Primelement enthält.

26.22 Mit Hilfe des Eisensteinschen Kriteriums zeige man die Unzerlegbarkeit der folgenden Polynome:
1. $3X^4 + 14X^3 + 42X + 28$ in $\mathbf{Z}[X]$ und in $\mathbf{Q}[X]$.
2. $X_2^3 + X_1^2 X_2^2 - X_2^2 + X_1 - 1$ in $\mathbf{Z}[X_1, X_2]$.

26.23 Man gebe alle unzerlegbaren Polynome vom Grad ≤ 3 über $\mathbf{Z}/\mathbf{Z}2$ an.

26.24 Man zeige, daß $X^4 + X + 1$ unzerlegbar ist über $\mathbf{Z}/\mathbf{Z}2$ und dann auch über $\mathbf{Z}$ und über $\mathbf{Q}$.

26.25 Es sei $f \in \mathbf{Z}[X]$ ein Polynom vom Grad $2n + 1$, zu dem es $2n + 1$ paarweise verschiedene Zahlen $a_1, \ldots, a_{2n+1} \in \mathbf{Z}$ mit $f(a_i) = \pm 1$ gibt. Man zeige, daß f unzerlegbar über $\mathbf{Z}$ (und damit über $\mathbf{Q}$) ist.

27 Euklidische Ringe, Hauptidealringe, faktorielle Ringe

Abgesehen vom Ring $\mathbf{Z}$ der ganzen Zahlen (und natürlich den Körpern) haben wir bisher keine Beispiele faktorieller Ringe kennengelernt. Es sollen nun Kriterien für faktorielle Ringe besprochen werden, die weitere Beispielklassen liefern.

27.1 Definition Ein Integritätsring, in dem jedes Ideal ein Hauptideal ist, heißt ein
H a u p t i d e a l r i n g.

Beispielsweise ist $\mathbf{Z}$ nach 22.6 ein Hauptidealring. Die folgende Aussage faßt für Hauptidealringe einige bereits bekannte Tatsachen zusammen:

27.2 Für eine Nichteinheit $a \neq 0$ eines Hauptidealrings R sind äquivalent:

1. a ist unzerlegbar in R.

2. R a ist ein maximales Ideal von R.

3. R a ist ein Primideal von R.

4. a ist ein Primelement in R.

B e w e i s. Ist a unzerlegbar, so ist R a nach 26.8 maximal in der Menge der Hauptideale $\neq$ R von R, also, da R ein Hauptidealring ist, ein maximales Ideal schlechthin.

Die folgenden Schlüsse sind in jedem Integritätsring möglich: Aus 2. folgt 3. nach 22.10,
aus 3. folgt 4. nach 26.11, und aus 4. folgt 1. nach 26.12. ∎

Insbesondere sind unzerlegbare Elemente in Hauptidealringen stets Primelemente. Beim
Nachweis, daß Hauptidealringe faktoriell sind, verwenden wir noch eine weitere Hilfsaussage:

27.3 Jede aufsteigende Folge $\mathfrak{a}_0 \subset \mathfrak{a}_1 \subset \mathfrak{a}_2 \subset \ldots$ von Idealen $\mathfrak{a}_n$ in einem Hauptidealring R ist stationär, d. h., es gibt ein n_0 mit $\mathfrak{a}_n = \mathfrak{a}_{n_0}$ für alle $n \geq n_0$.

B e w e i s. Die Vereinigung $\mathfrak{a} := \bigcup_{n \in \mathbf{N}} \mathfrak{a}_n$ ist selbst ein Ideal von R: Zu $a, b \in \mathfrak{a}$ gibt es
nach Konstruktion $m, k \in \mathbf{N}$ mit $a \in \mathfrak{a}_m$ und $b \in \mathfrak{a}_k$. Ist etwa $k \leq m$, so gilt $\mathfrak{a}_k \subset \mathfrak{a}_m$,
also $a, b \in \mathfrak{a}_m$. Da $\mathfrak{a}_m$ ein Ideal ist, sind dann auch $a + b$ und $r\,a$ für $r \in R$ Elemente von
$\mathfrak{a}_m \subset \mathfrak{a}$.

Nach Voraussetzung über R ist $\mathfrak{a}$ ein Hauptideal, d. h., es gibt ein a mit $\mathfrak{a} = R\,a$. Wegen
$a \in \mathfrak{a} = \bigcup \mathfrak{a}_n$ existiert ein n_0 mit $a \in \mathfrak{a}_{n_0}$. Daraus folgt $\mathfrak{a} = R\,a \subset \mathfrak{a}_{n_0} \subset \mathfrak{a}_n \subset \mathfrak{a}$ und
daher $\mathfrak{a}_{n_0} = \mathfrak{a}_n$ für alle $n \geq n_0$. ∎

27.4 Satz Jeder Hauptidealring R ist faktoriell.

B e w e i s. Es genügt zu zeigen, daß R den Bedingungen aus 26.13, 2 genügt. Wir haben
oben bereits gesehen, daß in einem Hauptidealring unzerlegbare Elemente Primelemente
sind. Es bleibt also zu beweisen, daß jede Nichteinheit $\neq 0$ in R Produkt unzerlegbarer
Elemente ist. Angenommen, dies wäre für die Nichteinheit $a_0 \neq 0$ nicht der Fall. Dann
kann a_0 insbesondere selbst nicht unzerlegbar sein, d. h., es gibt eine Zerlegung
$a_0 = a_1 b_1$ mit Elementen $a_1, b_1 \in R$, die beide nicht zu a_0 assoziiert sind. Nach Voraussetzung über a_0 läßt sich eines davon, etwa a_1, nicht als Produkt unzerlegbarer Elemente
darstellen, da entsprechende Darstellungen von a_1 und b_1 durch Multiplizieren eine
ebensolche Darstellung von a_0 ergäben. Indem man dieselbe Schlußweise auf a_1 statt
a_0 anwendet, findet man einen echten Teiler a_2 von a_1, der nicht Produkt unzerlegbarer
Element ist, usw. Man erhält also eine Folge $a_0, a_1, a_2, \ldots$ in R, wobei stets a_{n+1} ein
echter Teiler von a_n ist. Nach 26.3 und 26.6 bilden die zugehörigen Hauptideale eine
nichtstationäre Folge $R\,a_0 \subsetneq R\,a_1 \subsetneq R\,a_2 \subsetneq \ldots$ im Widerspruch zu 27.3. ∎

Der Beweis, daß **Z** ein Hauptidealring ist, verwendet letzlich die Division mit Rest in **Z**. Wir führen nun eine Klasse von Ringen ein, bei der sich dieser Beweis übertragen läßt:

27.5 Definition Ein Integritätsring R heißt ein e u k l i d i s c h e r   R i n g, wenn es eine Abbildung $\varphi : R - \{0\} \to$ **N** gibt mit folgender Eigenschaft: Für alle a, b $\in$ R mit b $\neq$ 0 existieren Elemente q, r $\in$ R mit a = q b + r und $\varphi(r) < \varphi(b)$, falls nicht bereits r = 0.

In euklidischen Ringen ist also eine Division mit Rest möglich, bei der die Bedingung, daß der Rest „kleiner" als der Divisor ist, mit Hilfe der zugehörigen   e u k l i d i s c h e n   G r a d f u n k t i o n φ formuliert wird. Es sei daraufhin hingewiesen, daß diese Division mit Rest nicht eindeutig zu sein braucht.

27.6 Satz Jeder euklidische Ring R ist ein Hauptidealring (und daher faktoriell).

B e w e i s. Es sei φ eine euklidische Gradfunktion zu R und $\mathfrak{a}$ ein Ideal von R. Wir zeigen, daß $\mathfrak{a}$ ein Hauptideal ist, und können wegen $\{0\} = R \cdot 0$ gleich $\mathfrak{a} \neq \{0\}$ annehmen. Dann ist $\varphi(\mathfrak{a} - \{0\})$ eine nichtleere Teilmenge von **N**. Sie besitzt daher ein kleinstes Element $\varphi(b)$ mit b $\in \mathfrak{a}$, b $\neq$ 0. Wir zeigen $\mathfrak{a} = R\, b$:

Wegen b $\in \mathfrak{a}$ ist natürlich Rb $\subset \mathfrak{a}$. Sei umgekehrt a $\in \mathfrak{a}$. Nach Voraussetzung existieren q, r $\in$ R mit a = q b + r, wobei im Fall r $\neq$ 0 die Ungleichung $\varphi(r) < \varphi(b)$ gelten müßte. Wegen r = a $-$ q b $\in \mathfrak{a}$ wäre dies ein Widerspruch zur Wahl von $\varphi(b)$. Daher ist r = 0 und somit a = q b $\in$ R b.   ∎

Aus 12.6 ergibt sich sofort, daß **Z** mit der Gradfunktion $\varphi(z) := |z|$ ein euklidischer Ring ist. Dies zeigt noch einmal, daß **Z** ein Hauptidealring und daher faktoriell ist. Ein weiteres Beispiel erhalten wir als Folgerung aus 23.7:

27.7 Satz Der Polynomring K[X] in einer Unbestimmten X über einem Körper K ist euklidisch bzgl. der Gradfunktion $\varphi(f) := $ grad f. Insbesondere ist K[X] ein Hauptidealring und faktoriell.

Die Aussage, daß der Polynomring über einem Körper faktoriell ist, läßt sich verallgemeinern:

27.8 (S a t z   v o n   G a u ß) R sei ein faktorieller Ring. Dann ist R[X] ebenfalls faktoriell.

B e w e i s. Wir zeigen zunächst, daß jedes unzerlegbare Polynom f $\in$ R[X] mit grad f $\geq$ 1 ein Primelement ist. Nach 26.19 ist f auch unzerlegbar über dem Quotientenkörper K von R. Da K[X], wie soeben gezeigt, faktoriell ist, ist f ein Primelement in K[X] (vgl. 26.12). Zum Nachweis der Primelementeigenschaft von f in R[X] nehmen wir an, f teile ein Produkt g $\cdot$ h in R[X] (und dann erst recht in K[X]). Als Primelement in K[X] teilt f dann in K[X] einen der beiden Faktoren, etwa g, und es gibt somit ein $\tilde{q} \in$ K[X] mit g = $\tilde{q}$ f. Die Koeffizienten von $\tilde{q}$ sind Brüche von Elementen aus R. Indem wir mit dem Produkt ihrer Nenner erweitern, erhalten wir eine Gleichung a g = q f mit a $\in$ R und q $\in$ R[X]. Jeder Primfaktor p von a in R bleibt nach 26.15 ein Primelement in R[X]. Als Teiler von q f teilt er also q oder f. Wegen der Unzerlegbarkeit von f muß p dabei ein Teiler von q sein (in R[X]). Man kann also q schrittweise durch die Primfaktoren von a teilen und erhält schließlich g = q_0f mit $q_0 \in$ R[X], d. h., f teilt g bereits in R[X]. (Nachträglich sieht man übrigens $\tilde{q} = q_0 \in$ R[X].)

Nach 26.13 genügt es zu zeigen, daß jede Nichteinheit $f \neq 0$ aus $R\,[X]$ ein Produkt von Primelementen ist. Dazu verwenden wir Induktion über grad f. Im Fall grad f = 0 ist die Behauptung nach Voraussetzung über R richtig (vgl. 26.15). Ist grad f ≥ 1, so zieht man die gemeinsamen Primteiler $p_1, \ldots, p_r$ der Koeffizienten von f heraus und erhält $f = p_1 \ldots p_r g$, wobei $g \in R\,[X]$ außer Einheiten keine Konstanten als Teiler besitzt. Da die p_i auch Primelemente in $R\,[X]$ sind, genügt es, g als Produkt von Primelementen darzustellen. Ist g unzerlegbar, so ist g selbst Primelement nach dem ersten Teil des Beweises. Andernfalls muß sich g als Produkt von Polynomen kleinereren Grades schreiben lassen, die nach Induktionsvoraussetzung ihrerseits Produkte von Primelementen sind. ∎

Indem man den Satz von Gauß mehrfach anwendet, erhält man, daß auch Polynomringe in mehreren Unbestimmten über einem faktoriellen Ring wieder faktoriell sind. Insbesondere gilt:

27.9 Ist K ein Körper, so ist $K\,[X_1, \ldots, X_n]$ ein faktorieller Ring.

A n m e r k u n g. Der Ring $R := K\,[X_1, X_2]$ ist übrigens ein Beispiel für einen faktoriellen Ring, der kein Hauptidealring ist. Offenbar ist $\mathfrak{a} := \{f \in R \mid f\,(0, 0) = 0\}$ ein Ideal von R, das X_1 und X_2 enthält. Gäbe es ein $f \in R$ mit $\mathfrak{a} = R\,f$, so wäre f ein gemeinsamer Teiler von X_1 und X_2. Dann müßte f eine Konstante sein, also eine Einheit in R, im Widerspruch zu $\mathfrak{a} \neq R$.

Um weitere Beispiele zu den eingeführten Begriffen zu bekommen, betrachten wir eine Klasse spezieller Unterringe von **C**. Für eine komplexe Zahl $z = a + i\,b$ mit $a, b \in$ **R** bezeichne wie üblich $\bar{z} := a - i\,b$ die konjugiert-komplexe Zahl und $|z| := \sqrt{z\,\bar{z}} = \sqrt{a^2 + b^2}$ den Betrag (vgl. auch Abschnitt 33).

Es sei nun $n \geq 1$ eine natürliche Zahl. Wir schreiben $\sqrt{-n}$ statt $i\sqrt{n}$ und definieren $\mathbf{Z}\,[\sqrt{-n}] := \{a + b\sqrt{-n} \mid a, b \in \mathbf{Z}\}$. Dann ist $\mathbf{Z}\,[\sqrt{-n}]$ ein Unterring von **C**. Für $z := a + b\sqrt{-n}$ und $z' := a' + b'\sqrt{-n}$ aus $\mathbf{Z}\,[\sqrt{-n}]$ liegen nämlich auch $z - z' = (a - a') + (b - b')\sqrt{-n}$ und $z\,z' = (a\,a' - b\,b'\,n) + (a\,b' + a'\,b)\sqrt{-n}$ in $\mathbf{Z}\,[\sqrt{-n}]$. Übrigens ist $\mathbf{Z}\,[\sqrt{-n}]$ der kleinste Unterring von **C**, der **Z** und $\sqrt{-n}$ enthält.

Als Hilfsmittel für Teilbarkeitsuntersuchungen im Integritätsring $\mathbf{Z}\,[\sqrt{-n}]$ verwendet man die Abbildung $N : \mathbf{Z}\,[\sqrt{-n}] \to \mathbf{N}$ mit $N(a + b\sqrt{-n}) := a^2 + b^2\,n$.

Für $z = a + b\sqrt{-n} = a + i\,b\sqrt{n}$ aus $\mathbf{Z}\,[\sqrt{-n}]$ ist also $N(z) = |z|^2 = z\,\bar{z}$. Insbesondere gilt $N(z) = 0$ nur für $z = 0$. Wir halten noch einige weitere Eigenschaften dieser N o r m f u n k t i o n N auf $\mathbf{Z}\,[\sqrt{-n}]$ fest, die aus den bekannten Rechenregeln für komplexe Zahlen folgen:

27.10 Für $z, z' \in \mathbf{Z}\,[\sqrt{-n}]$ gilt:

1. $N(z\,z') = N(z)N(z')$.

2. Genau dann ist z eine Einheit in $\mathbf{Z}\,[\sqrt{-n}]$, wenn $N(z) = 1$ ist.

3. Sei z' ein echter Teiler von $z \neq 0$ in $\mathbf{Z}\,[\sqrt{-n}]$. Dann ist $N(z')$ ein echter Teiler von $N(z)$ in **N**, insbesondere also $N(z') < N(z)$.

B e w e i s. 1. Es ist $N(z\,z') = |z\,z'|^2 = |z|^2 \cdot |z'|^2 = N(z)N(z')$.

2. Ist z eine Einheit, so gibt es ein $z'' \in \mathbf{Z}\,[\sqrt{-n}]$ mit $z\,z'' = 1$. Nach 1. folgt $N(z)N(z'') = N(z\,z'') = N(1) = 1$. Wegen $N(z), N(z'') \in \mathbf{N}$ ergibt sich daraus $N(z) = 1$. Ist umgekehrt $N(z) = 1$, also $z\,\bar{z} = 1$, so ist z eine Einheit mit $\bar{z} \in \mathbf{Z}\,[\sqrt{-n}]$ als Inversem.

3. Nach 1. ist $N(z')$ ein Teiler von $N(z)$, und nach 2. ist $N(z') \neq 1$ und analog $N(z') \neq N(z)$. ∎

Nun können wir Beispiele behandeln:

27.11 Der Integritätsring $Z[\sqrt{-5}]$ ist nicht faktoriell.

B e w e i s. Es genügt zu zeigen, daß 2 ein unzerlegbares Element, aber kein Primelement in $Z[\sqrt{-5}]$ ist (vgl. 26.12).

Wegen $2 \cdot 3 = 6 = (1 + \sqrt{-5})(1 - \sqrt{-5})$ ist 2 ein Teiler von $1 + (\sqrt{-5})(1 - \sqrt{-5})$; 2 teilt jedoch keinen der beiden Faktoren. Man sieht nämlich unmittelbar, daß eine Gleichung $2(a + b\sqrt{-5}) = 1 \pm \sqrt{-5}$ nicht möglich ist, da 1 ungerade ist (hier läßt sich auch 27.10, 1 verwenden: $N(2) = 4$ ist nämlich kein Teiler von $N(1 \pm \sqrt{-5}) = 6$). Daher ist 2 kein Primelement in $Z[\sqrt{-5}]$.

Für einen echten Teiler $z = a + b\sqrt{-5}$ von 2 kommt nach 27.10, 3 als Norm nur $N(z) = 2$ in Frage. Da die Gleichung $a^2 + 5b^2 = 2$ keine ganzzahligen Lösungen a, b hat (für $b \neq 0$ ist sicher $a^2 + 5b^2 \geq 5 > 2$, und $a^2 = 2$ ist nicht möglich), hat 2 also keinen echten Teiler und ist daher unzerlegbar in $Z[\sqrt{-5}]$. ∎

Der Ring $Z[\sqrt{-1}] = Z[i] = \{a + ib \mid a, b \in Z\}$ wird als Ring der **g a n z e n G a u ß - s c h e n Z a h l e n** bezeichnet.

27.12 $Z[i]$ ist euklidisch mit $N(a + ib) := a^2 + b^2$ als euklidischer Gradfunktion (und daher faktoriell).

B e w e i s. Zu z, $z' \in Z[i]$ mit $z \neq 0$ suchen wir q und r aus $Z[i]$ mit $z' = qz + r$ und $N(r) < N(z)$. Dazu führen wir zunächst die Division im Körper C (ohne Rest) aus und erhalten ein $\tilde{q} = \tilde{a} + i\tilde{b} \in C$ mit $z' = \tilde{q}z$. Dabei sind $\tilde{a}$ und $\tilde{b}$ reelle Zahlen, die nicht in Z liegen müssen. Wir können nun a, $b \in Z$ mit $|a - \tilde{a}| \leq 1/2$ und $|b - \tilde{b}| \leq 1/2$ wählen und setzen $q := a + ib$, $r := z' - qz$. Dann gilt q, $r \in Z[i]$ und $z' = qz + r$. Wegen $r = z' - qz = (\tilde{q} - q)z$ ist ferner $N(r) = |r|^2 = |\tilde{q} - q|^2 |z|^2 = |(\tilde{a} - a) + i(\tilde{b} - b)|^2 |z|^2 = (|\tilde{a} - a|^2 + |\tilde{b} - b|^2)|z|^2 \leq ((1/2)^2 + (1/2)^2)|z|^2 < |z|^2 = N(z)$. ∎

A n m e r k u n g. Um zu zeigen, daß die Begriffe euklidischer Ring, Hauptidealring, faktorieller Ring und Integritätsring echte Abschwächungen voneinander sind, fehlt noch ein Beispiel eines Hauptidealrings, der nicht euklidisch ist. Ein solcher Ring ist der Unterring

$$\left\{ \frac{a + b\sqrt{-19}}{2} \ \middle| \ a, b \in Z; \ a, b \text{ beide gerade oder beide ungerade} \right\}$$

von C. Auf den Beweis müssen wir hier verzichten.

Übungsaufgaben

27.13 R sei ein euklidischer Ring bzgl. der Gradfunktion φ. Man zeige, daß jedes Element $a \neq 0$ aus R, für das $\varphi(a)$ minimal in $\varphi(R - \{0\})$ ist, eine Einheit in R ist.

27.14 R sei ein euklidischer Ring bzgl. der Gradfunktion φ. Für alle a, $b \neq 0$ gelte $\varphi(a + b) \leq \max\{\varphi(a), \varphi(b)\}$ und $\varphi(ab) = \varphi(a) + \varphi(b)$. Man zeige, daß R ein Körper ist oder zu einem Polynomring $K[X]$ über einem Körper K isomorph ist.

27.15 K sei ein Körper. Man zeige, daß es in $K[X]$ unendlich viele paarweise nichtassoziierte Primelemente gibt (vgl. 12.12).

27.16 R sei ein kommutativer Ring. Man zeige: Ist $R[X]$ ein Hauptidealring, so ist R ein Körper.

27.17 Man zeige, daß $\mathbf{Z}\,[\sqrt{-2}\,]$ bzgl. $N(a+b\sqrt{-2}) := a^2 + 2\,b^2$ euklidisch ist.

27.18 Man zeige, daß $\mathbf{Z}\,[\sqrt{-p}\,]$ für Primzahlen $p \geq 3$ nicht faktoriell ist (man verwende $p+1 = (1+\sqrt{-p})\,(1-\sqrt{-p})$).

27.19 Man zeige, daß $\mathbf{Z}\,[\sqrt{-n}\,]$ für alle $n \geq 3$ nicht faktoriell ist (es sei p echter Primteiler von n; dann verwende man $p\,(p + \frac{n}{p}) = (p + \sqrt{-n})\,(p - \sqrt{-n})$).

27.20 Man zeige, daß in $2 \cdot 3 = (1 + \sqrt{-5})\,(1 - \sqrt{-5})$ alle Faktoren unzerlegbar in $\mathbf{Z}\,[\sqrt{-5}\,]$ und paarweise nicht assoziiert sind.

27.21 Man zeige, daß das Ideal $\mathfrak{a} := \{z \cdot 2 + z'(1 + \sqrt{-5}) \mid z, z' \in \mathbf{Z}\,[\sqrt{-5}\,]\}$ in $\mathbf{Z}\,[\sqrt{-5}\,]$ ein maximales Ideal ist und daß $\mathfrak{a}$ kein Hauptideal ist.

28 Weitere Teilbarkeitsuntersuchungen

Zunächst sollen die in $\mathbf{N}$ bekannten Begriffe ggT und kgV bei beliebigen Integritätsringen eingeführt werden. Da solche Ringe im allgemeinen nicht angeordnet sind, muß man Teiler dabei auf andere Weise „der Größe nach vergleichen" :

28.1 Definition Es seien $a_1, \ldots, a_n$ Elemente eines Integritätsrings R.

1. Ein Element $t \in R$ heißt ein g r ö ß t e r   g e m e i n s a m e r   T e i l e r (ggT) von $a_1, \ldots, a_n$, wenn t ein gemeinsamer Teiler von $a_1, \ldots, a_n$ ist und wenn jeder weitere gemeinsame Teiler von $a_1, \ldots, a_n$ auch ein Teiler von t ist.

2. Ein Element $v \in R$ heißt ein k l e i n s t e s   g e m e i n s a m e s   V i e l f a c h e s (kgV) von $a_1, \ldots, a_n$, wenn v ein gemeinsames Vielfaches von $a_1, \ldots, a_n$ ist und wenn jedes weitere gemeinsame Vielfache von $a_1, \ldots, a_n$ auch ein Vielfaches von v ist.

Falls sie überhaupt existieren, sind ggT und kgV bis auf Assoziiertheit eindeutig bestimmt. Sind nämlich t und t' größte gemeinsame Teiler von $a_1, \ldots, a_n$, so ist t' ein Teiler von t, da t ein ggT ist, und t ein Teiler von t', da t' ein ggT ist. Nach 26.6 sind t und t' dann assoziiert. Andererseits ist jedes Element, das zu einem ggT von $a_1, \ldots, a_n$ assoziiert ist, selbst ein ggT von $a_1, \ldots, a_n$. Entsprechendes gilt für kleinste gemeinsame Vielfache. Trotzdem sprechen wir von d e m   ggT und d e m kgV von $a_1, \ldots, a_n$ und verwenden gelegentlich die Bezeichnung $\mathrm{ggT}(a_1, \ldots, a_n)$ und $\mathrm{kgV}(a_1, \ldots, a_n)$.

In faktoriellen Ringen existieren ggT und kgV stets:

28.2 R sei ein faktorieller Ring und P ein Repräsentantensystem für die Klassen assoziierter Primelemente von R. Mit den Bezeichnungen aus 26.14 gilt dann für Elemente $a_1, \ldots, a_n$ aus $R - \{o\}$:

1. $\qquad t := \prod_{p \in P} p^{\min\{v_p(a_1),\,\ldots,\,v_p(a_n)\}} \qquad$ ist ein ggT von $a_1, \ldots, a_n$.

2. $\qquad v := \prod_{p \in P} p^{\max\{v_p(a_1),\,\ldots,\,v_p(a_n)\}} \qquad$ ist ein kgV von $a_1, \ldots, a_n$.

B e w e i s. Offenbar ist $v_p(t) \leq v_p(a_i)$ für $i = 1, \ldots, n$ und daher t ein gemeinsamer Teiler der a_i. Bei jedem weiteren gemeinsamen Teiler t' der a_i ist $v_p(t') \leq v_p(a_i)$ für alle i und daher $v_p(t') \leq \min \{v_p(a_1), \ldots, v_p(a_n)\} = v_p(t)$, d. h., t' teilt t. Der Beweis für das kgV verläuft analog.   ∎

Als Folgerung notieren wir:

28.3 Zu Elementen a, b eines faktoriellen Ringes R sei t ein ggT und v ein kgV. Dann ist t v zu a b assoziiert.

B e w e i s. Die Behauptung folgt für a, b $\neq$ 0 mit 28.2 aus

$$\min \{v_p(a), v_p(b)\} + \max \{v_p(a), v_p(b)\} = v_p(a) + v_p(b).$$ ∎

A n m e r k u n g. Die vorstehende Aussage lautet suggestiver:
ggT(a, b) · kgV(a, b) = a b (Gleichheit bis auf Assoziiertheit). Diese Formel läßt sich übrigens nicht direkt auf mehr als zwei Elemente verallgemeinern.

28.4 Definition Zwei Elemente a und b eines Integritätsringes R heißen t e i l e r -
f r e m d , wenn 1 ein ggT von a und b ist.

In einem faktoriellen Ring R sind a und b also genau dann teilerfremd, wenn sie keinen gemeinsamen Primteiler besitzen. Nach 28.3 bedeutet die Teilerfremdheit von a und b in R, daß a b ein kgV von a und b ist. Allgemeiner gilt:

28.5 Es seien $a_1, \ldots, a_n$ paarweise teilerfremde Elemente eines faktoriellen Ringes. Dann ist $a_1 \ldots a_n$ ein kgV von $a_1, \ldots, a_n$.

B e w e i s. Natürlich ist $a_1 \ldots a_n$ ein gemeinsames Vielfaches von $a_1, \ldots, a_n$. Sei a ein weiteres gemeinsames Vielfaches der a_i. Für jedes $p \in P$ ist dann $v_p(a_i) \leq v_p(a)$. Da die a_i paarweise teilerfremd sind, ist $v_p(a_i) \neq 0$ höchstens bei einem i. Daher folgt $v_p(a_1 \ldots a_n)$ $= v_p(a_1) + \ldots + v_p(a_n) \leq v_p(a)$, d. h., a ist ein Vielfaches von $a_1 \ldots a_n$.   ∎

In Hauptidealringen hat man zusätzliche Informationen über den ggT:

28.6 (L e m m a v o n B e z o u t) Es seien $a_1, \ldots, a_n$ Elemente eines Hauptidealrings R, und t sei ein ggT von $a_1, \ldots, a_n$. Dann läßt sich t in der Form $t = r_1 a_1 + \ldots + r_n a_n$ mit $r_1, \ldots, r_n \in R$ darstellen.

B e w e i s. Die Menge $\mathfrak{a} := R a_1 + \ldots + R a_n := \{r_1 a_1 + \ldots + r_n a_n \mid r_1, \ldots, r_n \in R\}$ der Linearkombinationen von $a_1, \ldots, a_n$ ist offenbar ein Ideal von R. Da R Hauptidealring ist, gibt es ein $a \in R$ mit $\mathfrak{a} = R a$. Wegen $a_i = 0 \cdot a_1 + \ldots + 1 \cdot a_i + \ldots + 0 \cdot a_n \in \mathfrak{a} = R a$ ist a ein gemeinsamer Teiler der a_i und wegen $a \in \mathfrak{a}$ gibt es $s_1, \ldots, s_n \in R$ mit $a = s_1 a_1 + \ldots + s_n a_n$. Jeder gemeinsame Teiler von $a_1, \ldots, a_n$ teilt deshalb auch a. Insgesamt ist a ein ggT von $a_1, \ldots, a_n$ und somit zu t assoziiert. Daher gibt es ein $e \in R$ mit $t = e a = (e s_1) a_1 + \ldots + (e s_n) a_n$.   ∎

Das Lemma von Bezout besagt insbesondere, daß sich in einem Hauptidealring R die 1 mit beliebigen teilerfremden Elementen a, b $\in$ R in der Form 1 = r a + s b darstellen läßt.

A n m e r k u n g. Der Beweis von 28.6 zeigt im übrigen, daß in jedem Integritätsring R zu $a_1, \ldots, a_n$ stets ein ggT existiert, wenn das Ideal $R a_1 + \ldots + R a_n$ ein Hauptideal ist.

Bei euklidischen Ringen gestattet die Division mit Rest die Berechnung des ggT zweier Elemente, ohne auf die Primfaktorzerlegung zurückzugreifen. Dies ist wichtig für große Zahlen in **Z** und für den Polynomring K [X] über einem Körper K:

28.7 (E u k l i d i s c h e r   A l g o r i t h m u s) R sei ein euklidischer Ring mit der Gradfunktion φ, und es seien $a_1, a_2 \in R$, $a_2 \neq 0$. Dazu gibt es endlich viele Elemente $q_1, \ldots, q_m \in R$ und $a_3, \ldots, a_{m+1} \in R - \{0\}$ mit

$$a_1 = q_1 a_2 + a_3, \qquad\qquad \varphi(a_3) < \varphi(a_2)$$
$$a_2 = q_2 a_3 + a_4, \qquad\qquad \varphi(a_4) < \varphi(a_3)$$
$$\vdots$$
$$a_{m-1} = q_{m-1} a_m + a_{m+1}, \qquad \varphi(a_{m+1}) < \varphi(a_m)$$
$$a_m = q_m a_{m+1}.$$

Dann ist a_{m+1} ein ggT von a_1 und a_2.

B e w e i s. Da R euklidisch ist, können wir a_1 durch a_2 dividieren und erhalten $q_1, a_3 \in R$ mit $a_1 = q_1 a_2 + a_3$, wobei $\varphi(a_3) < \varphi(a_2)$ ist, falls nicht bereits $a_3 = 0$. Ist $a_3 \neq 0$, so erhält man entsprechend $a_2 = q_2 a_3 + a_4$ mit $\varphi(a_4) < \varphi(a_3)$ oder $a_4 = 0$. Wegen $\varphi(a_2) > \varphi(a_3) > \varphi(a_4) > \ldots$ und $\varphi(a_i) \in \mathbf{N}$ muß dieses Verfahren nach endlich vielen Schritten den Rest $a_{m+2} = 0$ ergeben, also in einer Zeile $a_m = q_m a_{m+1} + 0$ enden.

Dann ist a_{m+1} ein Teiler von a_m und wegen $a_{m-1} = q_{m-1} a_m + a_{m+1}$ auch ein Teiler von a_{m-1}. Indem man auf diese Weise das obige Schema von unten nach oben durchläuft, sieht man der Reihe nach, daß a_{m+1} ein Teiler von $a_m, a_{m-1}, \ldots, a_2, a_1$, also insbesondere ein gemeinsamer Teiler von a_1 und a_2 ist.

Jeder weitere gemeinsame Teiler d von a_1 und a_2 ist wegen $a_3 = a_1 - q_1 a_2$ auch ein Teiler von a_3, dann wegen $a_4 = a_2 - q_2 a_3$ auch ein Teiler von a_4. Indem man auf diese Weise das Schema von oben nach unten durchläuft, sieht man der Reihe nach, daß d ein Teiler von $a_3, \ldots, a_{m+1}$ ist, also insbesondere von a_{m+1}. ∎

A n m e r k u n g. Mit Hilfe des euklidischen Algorithmus läßt sich übrigens explizit eine Darstellung von $\mathrm{ggT}(a_1, a_2)$ als Linearkombination von a_1 und a_2 finden, wie sie nach dem Lemma von Bezout existiert. Zunächst ist $\mathrm{ggT}(a_1, a_2) = a_{m+1} = 1 \cdot a_{m-1} - q_{m-1} a_m$. Setzt man darin $a_m = a_{m-2} - q_{m-2} a_{m-1}$ ein, so erhält man a_{m+1} als Linearkombination von a_{m-2} und a_{m-1}. In dieser Weise fortfahrend, kommt man schließlich zu einer Darstellung $a_{m+1} = r_1 a_1 + r_2 a_2$ mit $r_1, r_2 \in R$.

Wir erläutern den euklidischen Algorithmus in $\mathbf{Z}$ am Beispiel $a_1 := 36667$ und $a_2 := 12247$ (bei dem die Primfaktorzerlegungen nicht ohne weiteres erkennbar sind). Durch fortgesetzte Division mit Rest gemäß 28.7 erhält man:

$$36667 = 2 \cdot 12247 + 12173$$
$$12247 = 1 \cdot 12173 + 74$$
$$12173 = 164 \cdot 74 + 37$$
$$74 = 2 \cdot 37$$

Daher ist $\mathrm{ggT}(36667, 12247) = 37$. Außerdem ergibt sich die folgende Darstellung des ggT als Linearkombination von a_1 und a_2:

$$37 = 12173 - 164 \cdot 74 = 12173 - 164(12247 - 12173)$$
$$= 165 \cdot 12173 - 164 \cdot 12247 = 165(36667 - 2 \cdot 12247) - 164 \cdot 12247$$
$$= 165 \cdot 36667 - 494 \cdot 12247$$

A n m e r k u n g. Der euklidische Algorithmus beweist die Existenz des ggT und das Lemma von Bezout für euklidische Ringe, ohne Primfaktorzerlegungen und Hauptideale zu verwenden. Bei unseren Standardbeispielen $\mathbf{Z}$, $K[X]$ und $\mathbf{Z}[i]$ hat die euklidische Gradfunktion φ außerdem die folgende zusätzliche Eigenschaft: Ist a ein echter Teiler von b, so ist $\varphi(a) < \varphi(b)$. Für derartige euklidische Ringe R kann man die Eigenschaft, faktoriell zu sein, ohne den „Umweg" über Hauptidealringe beweisen:

Jede Nichteinheit $a_0 \neq 0$ aus R läßt sich in unzerlegbare Elemente zerlegen, da man andernfalls (wie im Beweis von 27.4) eine Folge $a_0, a_1, a_2, \ldots$ von Elementen $\neq 0$ mit $\varphi(a_0) > \varphi(a_1) > \varphi(a_2) > \ldots$ erhielte. Um noch zu zeigen, daß jedes unzerlegbare Element u in R ein Primelement ist, nehmen wir an, u teile ein Produkt a b, aber nicht a. Da u außer u und 1 (bis auf Assoziiertheit) keine Teiler besitzt, muß dann ggT$(u, a) = 1$ sein. Es gibt also $r, s \in R$ mit $1 = r u + s a$. In $b = r u b + s a b$ sind nun beide Summanden und somit auch b durch u teilbar.

Als Anwendung des Lemmas von Bezout beweisen wir:

28.8 (C h i n e s i s c h e r   R e s t e s a t z) R sei ein Hauptidealring, und $a_1, \ldots, a_n$ seien paarweise teilerfremde Elemente von R. Dann induziert der Ringhomomorphismus $f : R \to R/R a_1 \times \ldots \times R/R a_n$ mit $f(x) := (\overline{x}, \ldots, \overline{x})$ eine Ringisomorphie

$$R/R a_1 \ldots a_n \cong R/R a_1 \times \ldots \times R/R a_n.$$

B e w e i s. Sind $p_i : R \to R/R a_i$ die kanonischen Projektionen, so ist f also die Abbildung mit $f(x) := (p_1(x), \ldots, p_n(x)) = (\overline{x}, \ldots, \overline{x})$, wobei der Querstrich in der i-ten Komponente die Restklassenbildung nach dem Ideal $R a_i$ bezeichnet. $R/R a_1 \times \ldots \times R/R a_n$ ist das direkte Produkt der Ringe $R/R a_i$ (Addition und Multiplikation komponentenweise, vgl. 6.18). Dann ist in der Tat f ein Ringhomomorphismus (siehe auch 8.19). Genau dann gilt $f(x) = (p_1(x), \ldots, p_n(x)) = 0$, wenn $p_i(x) = 0$, d. h. $x \in R a_i$ ist, für $i = 1, \ldots, n$. Dies bedeutet, daß x ein gemeinsames Vielfaches von $a_1, \ldots, a_n$ ist, also ein Vielfaches von kgV$(a_1, \ldots, a_n)$. Da die a_i paarweise teilerfremd sind, ist kgV$(a_1, \ldots, a_n) = a_1 \ldots a_n$ nach 28.5. Somit ergibt sich Kern $f = R a_1 \ldots a_n$.

Die Behauptung folgt daher aus dem Homomorphiesatz für Ringe, wenn wir noch die Surjektivität von f zeigen. Dabei verwenden wir Induktion über n. Sei zunächst $n = 2$. Da a_1 und a_2 teilerfremd sind, gibt es nach dem Lemma von Bezout im Hauptidealring R Elemente r_1, r_2 mit $1 = r_1 a_1 + r_2 a_2$. Dann ist $f(r_2 a_2) = (\overline{r_2 a_2}, \overline{r_2 a_2}) = (\overline{1 - r_1 a_1}, \overline{r_2 a_2})$ $= (\overline{1}, \overline{0})$ und $f(r_1 a_1) = (\overline{r_1 a_1}, \overline{r_1 a_1}) = (\overline{r_1 a_1}, \overline{1 - r_2 a_2}) = (\overline{0}, \overline{1})$. Zu beliebigen (y_1, y_2) $\in R/R a_1 \times R/R a_2$ ist nun $x := (r_2 a_2) y_1 + (r_1 a_1) y_2$ ein Urbild unter f wegen $f(x) = f(r_2 a_2 y_1 + r_1 a_1 y_2) = f(r_2 a_2) f(y_1) + f(r_1 a_1) f(y_2) = (\overline{1}, \overline{0}) (\overline{y_1}, \overline{y_1}) + (\overline{0}, \overline{1}) (\overline{y_2}, \overline{y_2}) = (y_1, y_2).$

Beim Schluß von $n - 1$ auf n sei $(\overline{y}_1, \ldots, \overline{y}_n) \in R/R a_1 \times \ldots \times R/R a_n$ vorgegeben. Nach Induktionsvoraussetzung gibt es ein $z \in R$ mit $(\overline{z}, \ldots, \overline{z}) = (\overline{y}_1, \ldots, \overline{y}_{n-1})$ in $R/R a_1 \times \ldots \times R/R a_{n-1}$. Nun sind $a_1 \ldots a_{n-1}$ und a_n teilerfremd, da jeder gemeinsame Primfaktor dieser beiden Elemente auch eines der $a_1, \ldots, a_{n-1}$ und a_n teilen würde im Widerspruch zur Voraussetzung über die a_i. Der Fall $n = 2$ liefert daher ein $x \in R$ mit $\overline{x} = \overline{z}$ in $R/R a_1 \ldots a_{n-1}$ und $\overline{x} = \overline{y}_n$ in $R/R a_n$. Wegen $x - z \in R a_1 \ldots a_{n-1} \subset R a_i$ ist dabei auch $\overline{x} = \overline{z}$ in $R/R a_i$, also $\overline{x} = \overline{y}_i$ in $R/R a_i$, für $i = 1, \ldots, n - 1$. Insgesamt folgt $f(x) = (\overline{y}_1, \ldots, \overline{y}_n)$. ∎

A n m e r k u n g. Der chinesische Restesatz besagt in der Sprache der Kongruenzen (vgl. 22.5), daß man bei teilerfremden $a_1, \ldots, a_n$ in einem Hauptidealring R zu vorgegebenen Werten $y_1, \ldots, y_n$ stets ein x finden kann mit $x \equiv y_i \bmod R\, a_i$ (Surjektivität von f). Ein weiteres Element x' löst genau dann die Kongruenzen $x' \equiv y_i \bmod R\, a_i$, wenn $x' \equiv x \bmod R\, a_1 \ldots a_n$ ist (wegen Kern $f = R\, a_1 \ldots a_n$). Der angegebene Beweis zeigt außerdem, wie man zu Lösungen solcher s i m u l t a n e n K o n g r u e n z e n kommt. Wir führen dies an einem Beispiel vor:

Gesucht sind alle $x \in \mathbf{Z}$ mit $x \equiv 4 \bmod 7$, $x \equiv 3 \bmod 5$, $x \equiv 2 \bmod 3$.

Zunächst bestimmen wir ein z mit $z \equiv 4 \bmod 7$ und $z \equiv 3 \bmod 5$. Dazu stellen wir mit $a_1 := 7$ und $a_2 := 5$ die 1 dar: $1 = -2 \cdot 7 + 3 \cdot 5$ (bei größeren Zahlen verwendet man hier den euklidischen Algorithmus). Nach dem obigen Beweis löst $z = (3 \cdot 5) \cdot 4 + (-2 \cdot 7) \cdot 3 = 18$ die ersten beiden Kongruenzen. Nun suchen wir ein x mit $x \equiv 18 \bmod 7 \cdot 5$ und $x \equiv 2 \bmod 3$. Dazu verwenden wir die Darstellung $1 = -1 \cdot 35 + 12 \cdot 3$ und erhalten $x = (12 \cdot 3)\, 18 + (-1 \cdot 35) \cdot 2 = 578$ als eine Lösung des angegebenen Systems von Kongruenzen. Alle weiteren Lösungen haben die Form $x' = x + s(7 \cdot 5 \cdot 3) = 578 + 105\, s$ mit $s \in \mathbf{Z}$. Die kleinste positive Lösung ist 53.

Rechnungen dieser Art waren in China bereits vor 2000 Jahren bekannt (Rechenbuch von Sun-Tse). Dies erklärt den Namen „Chinesischer Restesatz".

Im Fall $R = \mathbf{Z}$ läßt sich der Chinesische Restesatz viel einfacher erhalten: Wie beim Beweis von 28.8 konstruiert man den injektiven Homomorphismus $\bar{f} : \mathbf{Z}/\mathbf{Z}\, a_1 \ldots a_n \to \mathbf{Z}/\mathbf{Z}\, a_1 \times \ldots \times \mathbf{Z}/\mathbf{Z}\, a_n$. Wir können dabei $a_1, \ldots, a_n \in \mathbf{N}$ annehmen. Da die beiden betrachteten Ringe die gleiche Elementezahl $a_1 \ldots a_n$ besitzen, ist $\bar{f}$ als injektive Abbildung auch surjektiv. Dieser Beweis der Surjektivität von $\bar{f}$ liefert allerdings kein Rechenverfahren zur Lösung von Kongruenzen.

Wir verwenden nun die obigen Resultate, um die Einheiten der Restklassenringe von $\mathbf{Z}$ zu untersuchen. Sie werden durch die folgende Aussage gekennzeichnet:

28.9 Satz Es sei $n \geq 2$ eine natürliche Zahl. Für $a \in \mathbf{Z}$ sind äquivalent:

1. $\bar{a}$ ist eine Einheit in $\mathbf{Z}/\mathbf{Z}\, n$.

2. $\bar{a}$ ist ein Nichtnullteiler in $\mathbf{Z}/\mathbf{Z}\, n$.

3. a ist teilerfremd zu n.

B e w e i s. Aus 1. folgt 2., da Einheiten natürlich keine Nullteiler sind.

Aus 2. folgt 3.: Angenommen, a wäre nicht teilerfremd zu n. Wir wählen einen gemeinsamen Teiler $t > 1$ von a und n. Dann ist $a = t\, a'$ und $n = t\, n'$ mit $a' \in \mathbf{Z}$ und $1 \leq n' < n$. Es folgt $\overline{n'}\, \bar{a} = \overline{n'}\, t\, \overline{a'} = \overline{n}\, \overline{a'} = \bar{0}$ in $\mathbf{Z}/\mathbf{Z}\, n$. Dabei gilt $\overline{n'} \neq \bar{0}$ im Widerspruch dazu, daß $\bar{a}$ Nichtnullteiler sein sollte.

Aus 3. folgt 1.: Sei a teilerfremd zu n. Nach dem Lemma von Bezout gibt es im Hauptidealring $\mathbf{Z}$ dann eine Darstellung $1 = r\, a + s\, n$. In $\mathbf{Z}/\mathbf{Z}\, n$ ergibt dies $\bar{1} = \overline{r\, a + s\, n} = \bar{r}\, \bar{a}$. Daher ist $\bar{a}$ invertierbar mit $\bar{r}$ als Inversem. ∎

Da man die Darstellung $1 = r\, a + s\, n$ mit Hilfe des euklidischen Algorithmus gewinnen kann, erhalten wir gleichzeitig ein Verfahren zur Berechnung von $\bar{a}^{-1}$ in $\mathbf{Z}/\mathbf{Z}\, n$. Die gesamte Aussage des Satzes läßt sich mit analogem Beweis auf Hauptidealringe verallgemeinern.

A n m e r k u n g. Im Beweis von 28.9 kommt man auch ohne das Lemma von Bezout aus. Wir skizzieren dies. Aus 3. folgt 2.: Ist a teilerfremd zu n und $\bar{a}\, \bar{b} = \bar{0}$, also n ein Teiler von a b, so muß n bereits b teilen, also $\bar{b} = \bar{0}$ sein. Aus 2. folgt 1., da in jedem endlichen

Ring die Nichtnullteiler, d. h. die bzgl. der Multiplikation kürzbaren Elemente, eine endliche Halbgruppe mit Kürzungsregel, also nach 5.18 eine Gruppe bilden (nämlich die Einheitengruppe dieses Ringes).

Schließlich sei bemerkt, daß 28.9 natürlich die Aussage 22.7 über die Restklassenringe von $\mathbf{Z}$ einschließt.

Wir können nun die Anzahl der Einheiten von $\mathbf{Z}/\mathbf{Z}\,n$ berechnen. Dazu führen wir zunächst die sogenannte E u l e r s c h e φ- F u n k t i o n ein.

28.10 Definition Für jede natürliche Zahl $n \geq 1$ bezeichne $\varphi(n)$ die Anzahl der zu n teilerfremden Zahlen in der Menge $\{1, 2, \ldots, n\}$.

Da $\bar{1}, \bar{2} \ldots, \overline{n-1}, \bar{n} = \bar{0}$ genau die verschiedenen Elemente des Ringes $\mathbf{Z}/\mathbf{Z}\,n$ sind, liefert 28.9 die folgende Aussage über die Anzahl der Einheiten in $\mathbf{Z}/\mathbf{Z}\,n$, also über die Ordnung der Einheitengruppe $(\mathbf{Z}/\mathbf{Z}\,n)^*$, die häufig als die P r i m r e s t k l a s s e n g r u p p e $\mathbf{Z}_n^*$ bezeichnet wird:

28.11 Es ist ord $\mathbf{Z}_n^* = \varphi(n)$ für $n \geq 1$.

Bei Primzahlen p ist natürlich $\varphi(p) = p - 1$, da die Zahlen $1, \ldots, p - 1$ sämtlich zu p teilerfremd sind. Allgemeiner gilt:

28.12 Für Primzahlen p und alle $r \geq 1$ ist $\varphi(p^r) = p^{r-1}(p - 1)$.

B e w e i s. Eine Zahl $a \in \mathbf{N}$, die nicht zu p^r teilerfremd ist, muß ein Vielfaches von p sein, da p^r nur p als Primteiler hat. Die Vielfachen von p unter den p^r Zahlen $1, 2, \ldots, p^r$ sind gerade die p^{r-1} Zahlen $p, 2\,p, 3\,p, \ldots, p^{r-1} \cdot p$. Aus der Definition von φ folgt damit $\varphi(p^r) = p^r - p^{r-1} = p^{r-1}(p - 1)$. ∎

28.13 Satz Es sei $n = p_1^{r_1} \ldots p_s^{r_s}$ die Primfaktorzerlegung von n mit $r_i \geq 1$ und paarweise verschiedenen Primzahlen p_i. Dann ist

$$\varphi(n) = p_1^{r_1-1} \ldots p_s^{r_s-1}(p_1 - 1) \ldots (p_s - 1).$$

B e w e i s. Setzen wir $n_i := p_i^{r_i}$, so sind $n_1, \ldots, n_s$ paarweise teilerfremd in $\mathbf{Z}$. Nach dem chinesischen Restesatz ist daher $\mathbf{Z}/\mathbf{Z}\,n \cong \mathbf{Z}/\mathbf{Z}\,n_1 \times \ldots \times \mathbf{Z}/\mathbf{Z}\,n_s$.
Dieser Ringisomorphismus liefert, beschränkt auf die Einheitengruppen, die Isomorphie $\mathbf{Z}_n^* \cong (\mathbf{Z}_{n_1} \times \ldots \times \mathbf{Z}_{n_s})^* = \mathbf{Z}_{n_1}^* \times \ldots \times \mathbf{Z}_{n_s}^*$ (vgl. auch 6.18). Es folgt $\varphi(n) = \text{ord } \mathbf{Z}_n^* = \text{ord } \mathbf{Z}_{n_1}^* \ldots \text{ord } \mathbf{Z}_{n_s}^* = \varphi(n_1) \ldots \varphi(n_s)$. Wegen $\varphi(n_i) = \varphi(p_i^{r_i}) = p_i^{r_i-1}(p_i - 1)$ ist dies die Behauptung. ∎

Der Beweis zeigt übrigens, daß für teilerfremde n_1, n_2 stets $\varphi(n_1 n_2) = \varphi(n_1)\,\varphi(n_2)$ ist.

Wir wenden nun den kleinen Fermatschen Satz der Gruppentheorie (16.18) auf die Primrestklassengruppe $\mathbf{Z}_n^*$ an:

28.14 (K l e i n e r F e r m a t s c h e r S a t z) Für jede natürliche Zahl $n \geq 1$ und jede zu n teilerfremde ganze Zahl is $a^{\varphi(n)} \equiv 1 \bmod n$.

B e w e i s. Da a und n teilerfremd sind, ist $\bar{a}$ ein Element von $\mathbf{Z}_n^*$ (vgl. 28.9). Nach 16.18 ist nun $\bar{a}^{\text{ord }\mathbf{Z}_n^*} = \bar{1}$, also $a^{\varphi(n)} = \bar{a}^{\varphi(n)} = \bar{1}$ in $\mathbf{Z}_n$. Dies liefert die Behauptung. ∎

A n m e r k u n g. Im Spezialfall einer Primzahl $n = p$ erhalten wir $a^{p-1} \equiv 1 \bmod p$ für alle a, die nicht durch p teilbar sind. Dies ist die ursprüngliche Aussage von Fermat, die sich auch leicht ohne Gruppentheorie beweisen läßt: Durch Induktion über a zeigt man $a^p \equiv a \bmod p$ für alle $a \in \mathbf{N}$. Ist a nicht durch p teilbar, so erhält man daraus durch Kürzen von $\bar{a} \neq \bar{0}$ im Körper $\mathbf{Z}_p$ die gesuchte Gleichung $\bar{a}^{p-1} = \bar{1}$. Der Induktionsanfang $a = 0$ ist klar. Beim Schluß von a auf $a + 1$ ist in $(a + 1)^p = a^p + \binom{p}{1} a^{p-1} + \ldots + \binom{p}{p-1} a + 1$ jeder der Koeffizienten $\binom{p}{1}, \ldots, \binom{p}{p-1}$ durch p teilbar (vgl. Anmerkung zu 34.5). Daher ist $(a + 1)^p \equiv a^p + 1 \bmod p$. Nach Induktionsvoraussetzung gilt $a^p \equiv a \bmod p$. Die Rechenregeln für Kongruenzen liefern dann $(a + 1)^p \equiv a^p + 1 \equiv a + 1 \bmod p$.

Mit Hilfe des kleinen Fermatschen Satzes beweisen wir:

28.15 (W i l s o n s c h e r S a t z) Für jede Primzahl p ist $(p - 1)! \equiv - 1 \bmod p$.

B e w e i s. Das Polynom $X^{p-1} - \bar{1} \in \mathbf{Z}_p [X]$ hat nach dem kleinen Fermatschen Satz in $\mathbf{Z}_p$ die paarweise verschiedenen Nullstellen $\bar{1}, \bar{2}, \ldots \overline{p-1}$. Daher muß $X^{p-1} - \bar{1}$ durch $X - \bar{1}, \ldots, X - \overline{p-1}$ und dann auch durch das Produkt dieser paarweise teilerfremden Linearfaktoren teilbar sein. Es gibt also ein $f \in \mathbf{Z}_p [X]$ mit $X^{p-1} - \bar{1} = f \cdot (X - \bar{1}) \ldots (X - \overline{p-1})$. Durch Vergleich der Grade und der Leitkoeffizienten sieht man $f = 1$. Nun setzt man für X den Wert $\bar{0}$ ein und erhält $- \bar{1} = (- \bar{1}) \ldots (- \overline{p-1}) = (- 1)^{p-1} \overline{(p - 1)!} = \overline{(p - 1)!}$, da die Primzahl p für $p \geq 3$ ungerade, also $(- 1)^{p-1} = 1$ ist. Im Fall $p = 2$ ist $\bar{1} = - \bar{1}$. ∎

A n m e r k u n g. Der Wilsonsche Satz läßt sich auch rein gruppentheoretisch beweisen: Nach 16.30, 3 (angewandt auf die Gruppe $\mathbf{Z}_p^* = \{\bar{1}, \ldots, \overline{p-1}\}$) ist $\bar{1} \ldots \overline{(p-1)}$ gleich dem Produkt der Elemente der Ordnung 2 in $\mathbf{Z}_p^*$. Aus $\bar{a}^2 = \bar{1}$, d. h. aus $(\bar{a} - \bar{1})(\bar{a} + \bar{1}) = \bar{0}$, folgt im Körper $\mathbf{Z}_p$ aber $\bar{a} = \bar{1}$ oder $\bar{a} = - \bar{1}$. Daher ist $- \bar{1}$ das einzige Element der Ordnung 2 in $\mathbf{Z}_p^*$. Insgesamt ergibt sich $\overline{(p - 1)!} = - \bar{1}$.

In diesem Zusammenhang beweisen wir noch eine Hilfsaussage für spätere Überlegungen.

28.16 Es sei p eine Primzahl ≥ 3. Genau dann gibt es ein $x \in \mathbf{Z}$ mit $x^2 \equiv - 1 \bmod p$, wenn p von der Form $p = 4 k + 1$ ist.

B e w e i s. Sei zunächst $p = 4 k + 1$. Nach dem kleinen Fermatschen Satz sind alle Elemente aus $\mathbf{Z}_p^*$ Nullstellen von $X^{p-1} - \bar{1} = (X^{2k} + \bar{1})(X^{2k} - \bar{1})$. Da $X^{2k} - \bar{1}$ im Körper $\mathbf{Z}_p$ höchstens $2 k$ Nullstellen hat und da $2 k < p - 1 = \mathrm{ord}\, \mathbf{Z}_p^*$ ist, gibt es ein $\bar{y} \in \mathbf{Z}_p^*$, das Nullstelle des anderen Faktors $X^{2k} + \bar{1}$ ist. Für $x := y^k$ gilt dann $\bar{x}^2 = \bar{y}^{k^2} = \bar{y}^{2k} = - \bar{1}$ in $\mathbf{Z}_p$, also $x^2 \equiv - 1 \bmod p$.

Umgekehrt gebe es ein x mit $x^2 \equiv - 1 \bmod p$. In $\mathbf{Z}_p$ ist dann $\bar{x}^2 = - \bar{1}, \bar{x}^4 = \bar{1}$. Die Ordnung von $\bar{x}$ in $\mathbf{Z}_p^*$ ist daher ein Teiler von 4, und wegen $\bar{x}^2 = - \bar{1} \neq \bar{1}$ (für $p \geq 3$) folgt $\mathrm{ord}\, \bar{x} = 4$. Nach dem kleinen Fermatschen Satz der Gruppentheorie ist 4 nun ein Teiler von $\mathrm{ord}\, \mathbf{Z}_p^* = p - 1$, also p von der Form $4 k + 1$. ∎

Im Fall $p = 4 k + 1$ läßt sich eine Zahl x mit $x^2 \equiv - 1 \bmod p$ sogar explizit angeben (vgl. 28.32).

In der elementaren Zahlentheorie werden weitere Strukturaussagen über Primrestklassengruppen gemacht. Beispielsweise ist $\mathbf{Z}_n^*$ zyklisch genau in den Fällen $n = 2, 4, p^r, 2 p^r$ mit Primzahlen $p \geq 3$. Auf den Beweis soll hier verzichtet werden.

Übungsaufgaben

28.17 Für Elemente $a_1, \ldots, a_n$ eines Integritätsrings R sei t ein ggT von $a_1, \ldots, a_{n-1}$ und d ein ggT von t und a_n. Man zeige, daß d ein ggT von $a_1, \ldots, a_n$ ist, also $\mathrm{ggT}(\mathrm{ggT}(a_1, \ldots, a_{n-1}), a_n) = \mathrm{ggT}(a_1, \ldots, a_n)$. Eine analoge Aussage gilt für kgV.

28.18 Man zeige für Elemente $a_1, \ldots, a_n$ eines Integritätsrings, daß es genau dann ein kgV von $a_1, \ldots, a_n$ gibt, wenn $R\,a_1 \cap \ldots \cap R\,a_n$ ein Hauptideal $R\,v$ ist (dann ist $v = \mathrm{kgV}(a_1, \ldots, a_n)$).

28.19 Man zeige, daß die Elemente 6 und $2(1 + \sqrt{-5})$ in $\mathbf{Z}[\sqrt{-5}]$ keinen ggT besitzen.

28.20 Für Elemente $a, b, c \neq 0$ eines faktoriellen Ringes zeige man: Ist a ein Teiler von $b\,c$ und sind a und b teilerfremd, so wird c von a geteilt.

28.21 Für Elemente eines faktoriellen Ringes gelte $\mathrm{ggT}(a, b) = r\,a + s\,b$. Man zeige, daß r und s teilerfremd sind.

28.22 G sei eine endliche Gruppe und m eine zu $n := \mathrm{ord}\,G$ teilerfremde ganze Zahl. Man zeige: Aus $a^m = b^m$ folgt in G stets $a = b$.

28.23 Man berechne den ggT von $X^4 - X^3 - 3X^2 - X + 4$ und $X^3 + X^2 + X - 3$ in $\mathbf{Q}[X]$.

28.24 Man bestimme die kleinste natürliche Zahl x mit $x \equiv 2 \bmod 3$, $x \equiv 3 \bmod 5$ und $x \equiv 2 \bmod 7$ (Originalaufgabe von Sun Tse).

28.25 Man bestimme die letzte Ziffer in der Dezimaldarstellung von $7^{(7^7)}$.

28.26 Man zeige, daß 30 ein Teiler von $n^5 - n$ ist für alle $n \in \mathbf{N}$.

28.27 Für zwei verschiedene Primzahlen p und q zeige man $p^{q-1} + q^{p-1} \equiv 1 \bmod p\,q$.

28.28 Man bestimme alle $n \geq 1$ mit $\varphi(n) = n - 1$.

28.29 Für alle $n \geq 1$ und $a \geq 2$ zeige man, daß n ein Teiler von $\varphi(a^n - 1)$ ist.

28.30 Es sei $f \in \mathbf{Z}[X]$ ein Polynom mit grad $f = n$. Die Primzahl p sei ein Teiler von $f(0)$, $f(1), \ldots, f(n)$. Man zeige, daß p dann $f(a)$ für alle $a \in \mathbf{Z}$ teilt.

28.31 Man beweise folgende Umkehrung des Wilsonschen Satzes: Ist $(n - 1)! \equiv -1 \bmod n$, so ist n eine Primzahl.

28.32 Für Primzahlen $p \geq 3$ zeige man $\left(\left(\frac{p-1}{2} \right)! \right)^2 \equiv (-1)^{(p+1)/2} \bmod p$.

29 Anwendung: Dezimalentwicklung von Brüchen

Mit den nun zu Verfügung stehenden algebraischen Hilfsmitteln lassen sich genauere Aussagen über Dezimalentwicklungen rationaler Zahlen machen. Dabei betrachten wir gleich g-ale Entwicklungen nach einer beliebigen Grundzahl $g \geq 2$ aus $\mathbf{N}$ (anstelle des Spezialfalls $g = 10$). Jede reelle Zahl $x \geq 0$ läßt sich nach 15.9 in der Form

$$x = z_0 + \sum_{n=1}^{\infty} \frac{z_n}{g^n} =: (z_0, z_1 z_2 \ldots)_g$$

mit $z_0 \in \mathbf{N}$ und Ziffern $z_n \in \{0, 1, \ldots, g-1\}$ für $n \geq 1$ schreiben. Diese Entwicklung ist nur dann nicht eindeutig, wenn x eine endliche Darstellung

$$x = z_0 + \sum_{n=1}^{n_0} \frac{z_n}{g^n}$$

besitzt. Dann ist x ein Bruch der Form a/g^{n_0} mit $a \in \mathbf{N}$. Umgekehrt haben solche Brüche stets die beiden verschiedenen Entwicklungen aus 15.9.

Bei rationalen Zahlen x berechnet man die Entwicklung mit Hilfe des folgenden Divisionsverfahrens:

29.1 (g - a l e r A l g o r i t h m u s) Es sei $x = a/b$ mit $a, b \in \mathbf{N}$ und $b \neq 0$. Durch Division mit Rest bestimme man der Reihe nach natürliche Zahlen $z_0, z_1, z_2, \ldots$ und $r_0, r_1, r_2, \ldots$ mit

$$
\begin{aligned}
a &= z_0 b + r_0, & 0 &\leq r_0 < b \\
r_0 g &= z_1 b + r_1, & 0 &\leq r_1 < b \\
r_1 g &= z_2 b + r_2, & 0 &\leq r_2 < b \\
&\quad\vdots \\
r_{n-1} g &= z_n b + r_n, & 0 &\leq r_n < b \\
&\quad\vdots
\end{aligned}
$$

Dann ist $x = z_0 + \sum_{n=1}^{\infty} \dfrac{z_n}{g^n}$ eine g-ale Entwicklung von x.

B e w e i s. Aus $r_{n-1} < b$ folgt $z_n b \leq z_n b + r_n = r_{n-1} g < b \, g$ und damit $z_n < g$ für alle $n \geq 1$. Ferner ergibt sich

$$\frac{a}{b} = z_0 + \frac{r_0}{b}, \qquad \frac{r_0}{b} = \frac{z_1}{g} + \frac{r_1}{b\,g}, \qquad \frac{r_1}{b\,g} = \frac{z_2}{g^2} + \frac{r_2}{b\,g^2}, \ldots, \frac{r_{k-1}}{b\,g^{k-1}} = \frac{z_k}{g^k} + \frac{r_k}{b\,g^k},$$

woraus man durch schrittweises Einsetzen

$$\frac{a}{b} = z_0 + \sum_{n=1}^{k} \frac{z_n}{g^n} + \frac{r_k}{b\,g^k}$$

erhält. Wegen $r_k < b$ und $g \geq 2$ ist $\lim\limits_{k \to \infty} \dfrac{r_k}{b\,g^k} = 0$. Dies liefert $\dfrac{a}{b} = z_0 + \sum\limits_{n=1}^{\infty} \dfrac{z_n}{g^n}$. ∎

A n m e r k u n g. Der g-ale Algorithmus beschreibt genau das übliche Verfahren der schriftlichen Division. Bei diesem Verfahren hängt man jeweils an die erhaltenen Reste eine Null an, multipliziert sie also mit g, und dividiert erneut durch b.

Bei den weiteren Untersuchungen betrachten wir nur noch Brüche $x = a/b$ mit $0 < a < b$. Dann ist im g-alen Algorithmus $z_0 = 0$, $a = r_0$ und daher $x = \sum\limits_{n=1}^{\infty} \dfrac{z_n}{g^n}$. Die Darstellung $x = a/b$ wählen wir stets gekürzt, d. h. mit teilerfremden a und b.

Ferner können wir uns darauf beschränken, daß auch die Grundzahl g und der Nenner b teilerfremd sind. Ist dies nämlich nicht der Fall, so wählt man ein $r \in \mathbf{N}$ so groß, daß sich in $a\, g^r/b$ alle Primfaktoren von b, die auch in g vorkommen, herauskürzen lassen. Dadurch ergibt sich eine Darstellung $a\, g^r/b = a'/b'$ mit einem zu g teilerfremden b'. Aus der g-alen Entwicklung von a'/b' bekommt man die Entwicklung von a/b, indem man durch g^r dividiert, also „das Komma um r Stellen nach links verschiebt".

Ist nun $x = a/b$ und $b > 1$ teilerfremd zu g, so besitzt x natürlich keine Darstellung $x = \tilde{a}/g^{n_0}$. Die g-ale Entwicklung von x ist daher eindeutig und wird durch den g-alen Algorithmus geliefert. Gesetzmäßigkeiten der g-alen Entwicklungen lassen sich dann durch Rechnungen in Primrestklassengruppen herleiten:

29.2 In der Situation von 29.1 sei zusätzlich b teilerfremd zu a und g, und es sei $0 < a < b$. Für die Reste $r_0, r_1, r_2, \ldots$ beim g-alen Algorithmus gilt dann $\overline{r}_n = \overline{a}\,\overline{g}^n$ in $\mathbf{Z}_b = \mathbf{Z}/\mathbf{Z}b$. Insbesondere sind $\overline{a}, \overline{g}$ und alle $\overline{r}_n$ Elemente der Primrestklassengruppe $\mathbf{Z}_b^*$.

B e w e i s. Aus $r_{n-1}g = z_n b + r_n$ folgt $\overline{r}_{n-1}\overline{g} = \overline{r}_n$ in $\mathbf{Z}_b$. Dies ergibt $\overline{r}_n = \overline{r}_{n-1}\overline{g} = \overline{r}_{n-2}\overline{g}^2 = \ldots = \overline{r}_0\overline{g}^n = \overline{a}\,\overline{g}^n$. Da a und g teilerfremd zu b sind, liegen $\overline{a}$ und $\overline{g}$ und damit auch $\overline{r}_n = \overline{a}\,\overline{g}^n$ in der Einheitengruppe $\mathbf{Z}_b^*$ von $\mathbf{Z}_b$ (vgl. 28.9). ■

Die Dezimalentwicklungen

$$\frac{1}{7} = 0{,}\overline{142857}, \quad \frac{2}{7} = 0{,}\overline{285714}, \quad \frac{3}{7} = 0{,}\overline{428571}, \ldots$$

der Brüche mit dem Nenner 7 sind periodisch mit der gleichen Periodenlänge 6. Dabei gehen die einzelnen Perioden durch zyklische Vertauschung ihrer Ziffern auseinander hervor. Solche Phänomene sollen nun gedeutet werden.

Wir vergleichen dazu die g-alen Entwicklungen zweier Brüche a/b und a'/b mit dem gemeinsamen Nenner b. Wie vereinbart, sei b teilerfremd zu g sowie zu a und a'. Außerdem sei $0 < a, a' < b$. Die beim g-alen Algorithmus auftretenden Ziffern bezeichnen wir mit z_n bzw. z_n' und die Reste mit r_n bzw. r_n'. Unter diesen Voraussetzungen gilt:

29.3 Für $k \in \mathbf{N}$ sind folgende Aussagen äquivalent:

1. Es ist $\overline{a'} = \overline{a}\,\overline{g}^k$ in $\mathbf{Z}_b^*$.

2. Es ist $z_n' = z_{n+k}$ für alle $n \geq 1$.

B e w e i s. Aus $\overline{a'} = \overline{a}\,\overline{g}^k$ folgt nach 29.2 die Beziehung $\overline{r}_{n-1}' = \overline{a'}\,\overline{g}^{n-1} = \overline{a}\,\overline{g}^{n+k-1} = \overline{r}_{n+k-1}$ in $\mathbf{Z}_b$. Wegen $0 \leq r_{n-1}', r_{n+k-1} < b$ bedeutet dies bereits $r_{n-1}' = r_{n+k-1}$. Der g-ale Algorithmus liefert nun $z_n' = z_{n+k}$ (für alle $n \geq 1$).

Umgekehrt gelte $z_n' = z_{n+k}$ für alle n. Verschiebt man das Komma bei der Entwicklung von a/b um k Stellen nach rechts, bildet also $\dfrac{a}{b}\, g^k$, so erhält man hinter dem Komma dieselbe Entwicklung wie bei a'/b. Daher ist $c := \dfrac{a}{b}\, g^k - \dfrac{a'}{b}$ eine ganze Zahl. Daraus folgt dann sofort $a\,g^k - a' = b\,c \in \mathbf{Z}\,b$, d. h. $\overline{a}\,\overline{g}^k = \overline{a'}$ in $\mathbf{Z}_b$. Wir führen die angedeutete Rechnung noch aus:

$$\frac{a}{b}\,g^k = g^k \sum_{n=1}^{\infty} \frac{z_n}{g^n} = g^k \sum_{n=1}^{k} \frac{z_n}{g^n} + g^k \sum_{n=1}^{\infty} \frac{z_{n+k}}{g^{n+k}} = g^k \sum_{n=1}^{k} \frac{z_n}{g^n} + \sum_{n=1}^{\infty} \frac{z'_n}{g^n} = g^k \sum_{n=1}^{k} \frac{z_n}{g^n} + \frac{a'}{b}.$$

Es folgt in der Tat

$$c = g^k \sum_{n=1}^{k} \frac{z_n}{g^n} \in \mathbf{Z}. \qquad\blacksquare$$

Um Folgerungen aus 29.3 formulieren zu können, führen wir noch einige Bezeichnungen ein:

29.4 Definition Eine g-ale Entwicklung $\sum\limits_{n=1}^{\infty} \frac{z_n}{g^n}$ heißt (r e i n -) p e r i o d i s c h , wenn
es ein $k \geq 1$ gibt mit $z_n = z_{n+k}$ für alle $n \geq 1$. Das kleinste solche k heißt dann die
P e r i o d e n l ä n g e und die zugehörige Ziffernfolge $z_1, \ldots, z_k$ die P e r i o d e der
g-alen Entwicklung.

29.5 Definition Es sei $b \geq 2$ eine zu g teilerfremde natürliche Zahl. Wir bezeichnen die
Ordnung von $\overline{g}$ in $\mathbf{Z}_b^*$ mit $\lambda(g, b)$ und den Index der von $\overline{g}$ in $\mathbf{Z}_b^*$ erzeugten zyklischen
Gruppe mit $\kappa(g, b)$.
Dann ist $\lambda(g, b)$ auch die Ordnung der von $\overline{g}$ erzeugten zyklischen Gruppe, und der Satz
von Lagrange liefert

$$\kappa(g, b)\,\lambda(g, b) = \operatorname{ord} \mathbf{Z}_b^* = \varphi(b).$$

Dabei ist φ die Eulersche φ-Funktion (vgl. 28.10).

29.6 Satz Es sei $0 < a < b$, und b sei teilerfremd zu a und g. Dann ist die g-ale Entwicklung von a/b (rein)periodisch mit $\lambda(g, b)$ als Periodenlänge.
Insbesondere ist die Periodenlänge ein Teiler von $\varphi(b)$.

B e w e i s. Wir wenden 29.3 im Spezialfall $a' = a$, also $z'_n = z_n$, an. Für $\lambda := \lambda(g, b)$ ist
$\overline{g}^\lambda = \overline{1}$ in $\mathbf{Z}_b^*$ nach Definition von $\lambda(g, b)$. Also ist $\overline{a} = \overline{a}\,\overline{g}^\lambda$, und nach 29.3 folgt $z_n = z_{n+\lambda}$
für alle n. Daher ist die betrachtete g-ale Entwicklung periodisch mit einer Periodenlänge
k, die kleiner oder gleich λ ist. Aus $z_n = z_{n+k}$ für alle n folgt nach 29.3 umgekehrt $\overline{a} = \overline{a}\,\overline{g}^k$.
Durch Kürzen von $\overline{a}$ in der Gruppe $\mathbf{Z}_b^*$ erhält man daraus $\overline{1} = \overline{g}^k$. Für die Ordnung λ von
$\overline{g}$ gilt deshalb $\lambda \leq k$. Insgesamt folgt $k = \lambda$. $\qquad\blacksquare$

Man beachte, daß in 29.6 die Periodenlänge $\lambda(g, b)$ der g-alen Entwicklung von a/b nur
von der Grundzahl g und dem Nenner b, nicht jedoch vom Zähler a abhängt.

A n m e r k u n g. Da im g-alen Algorithmus nur die endlich vielen Reste $0, \ldots, b-1$
erlaubt sind, sieht man natürlich sofort, daß sich die Reste und damit auch die Ziffern
von einer Stelle ab zyklisch wiederholen müssen. Auf diese Weise erhält man nur die
schwächere Aussage, daß die g-ale Entwicklung von a/b (gemischt-) periodisch mit einer
Periodenlänge $\leq b$ ist.

Bevor wir die nächste Folgerung aus 29.3 bringen, sehen wir uns noch ein Beispiel an, bei dem die Periodenlänge nicht wie bei 1/7 den maximal möglichen Wert $\varphi(b)$ hat. Die Brüche der Form a/21 mit zu 21 teilerfremdem a zwischen 0 und 21 sind:

$$\frac{1}{21} = 0,\overline{047619} \qquad \frac{2}{21} = 0,\overline{095238}$$

$$\frac{4}{21} = 0,\overline{190476} \qquad \frac{5}{21} = 0,\overline{238095}$$

$$\frac{10}{21} = 0,\overline{476190} \qquad \frac{8}{21} = 0,\overline{380952}$$

$$\frac{13}{21} = 0,\overline{619047} \qquad \frac{11}{21} = 0,\overline{523809}$$

$$\frac{16}{21} = 0,\overline{761904} \qquad \frac{17}{21} = 0,\overline{809523}$$

$$\frac{19}{21} = 0,\overline{904761} \qquad \frac{20}{21} = 0,\overline{952380}$$

Man erkennt, daß in diesem Beispiel zwei verschiedene Klassen von Perioden auftreten, wobei innerhalb einer Klasse die Perioden jeweils durch zyklische Vertauschungen ineinander übergehen. Wir definieren:

29.7 Definition Zwei Perioden (derselben Länge) heißen ä q u i v a l e n t , wenn sie durch zyklische Vertauschung ineinander übergehen.

29.8 Es sei $0 < a, a' < b$, und b sei teilerfremd zu a, a' und g. Genau dann sind die Perioden in den g-alen Entwicklungen von a/b und a'/b äquivalent, wenn $\bar{a}$ und $\bar{a'}$ in der Gruppe $\mathbf{Z}_b^*$ dieselbe Nebenklasse bzgl. der von $\bar{g}$ erzeugten zyklischen Untergruppe repräsentieren.

B e w e i s . Die Perioden von a'/b und a/b sind genau dann äquivalent, wenn es ein k gibt mit $z_n' = z_{n+k}$ für alle n, d. h. mit $\bar{a'} = \bar{a}\,\bar{g}^k$ (nach 29.3). Dies ist die Behauptung.   ∎

Die Anzahl der verschiedenen Klassen äquivalenter Perioden ist also gleich der Anzahl verschiedener Nebenklassen der zyklischen Gruppe $\langle\bar{g}\rangle$ in $\mathbf{Z}_b^*$, also gleich dem Index $\kappa(g, b)$ dieser Gruppe. Die Gleichung $\kappa(g, b)\,\lambda(g, b) = \varphi(b)$ liefert nun:

29.9 Satz Es sei $b \geq 2$ teilerfremd zu g. Dann ist bei den g-alen Entwicklungen der Brüche a/b mit ggT(a, b) = 1 das Produkt aus der Anzahl der Periodenklassen und der gemeinsamen Periodenlänge gleich $\varphi(b)$.

Bei unserem Beispiel der Brüche mit dem Nenner 21 ist die Periodenlänge 6, die Anzahl der Periodenklassen 2, und in der Tat ist $\varphi(21) = \varphi(3)\,\varphi(7) = 2 \cdot 6$.

Zur Berechnung der Periodenlängen gewinnen wir aus dem chinesischen Restesatz die folgende Aussage:

29.10 Es sei g teilerfremd zu b. Die Primfaktorzerlegung von b sei $b = p_1^{r_1} \ldots p_s^{r_s}$ mit paarweise verschiedenen Primzahlen $p_1, \ldots, p_s$. Für die Periodenlänge der Brüche mit dem Nenner b gilt dann

$$\lambda(g, b) = kgV(\lambda(g, p_1^{r_1}), \ldots, \lambda(g, p_s^{r_s})).$$

B e w e i s. Wie wir beim Beweis von 28.13 gesehen haben, liefert der chinesische Restesatz einen Isomorphismus

$$\overline{f} : \mathbf{Z}_b^* \to \mathbf{Z}_{p_1^{r_1}} \times \ldots \times \mathbf{Z}_{p_s^{r_s}} \text{ mit } \overline{f}(\overline{x}) = (\overline{x}, \ldots, \overline{x}).$$

Insbesondere ist also die Ordnung $\lambda(g, b)$ von $\overline{g}$ in $\mathbf{Z}_b^*$ gleich der Ordnung von $(\overline{g}, \ldots, \overline{g})$ in dem angegebenen direkten Produkt. Nach 18.8 ist diese Ordnung das kgV der Ordnungen $\lambda(g, p_i^{r_i})$ in den einzelnen Komponenten. ∎

Es genügt also die Periodenlängen $\lambda(g, p^r)$ bei Primzahlpotenzen p^r als Nenner zu kennen. Mit Hilfe von Strukturaussagen über die Primrestklassengruppen $\mathbf{Z}_{p^r}^*$ lassen sich die Zahlen $\lambda(g, p^r)$ sogar durch $\lambda(g, p)$ ausdrücken.

Wir notieren noch, wie man (rein-) periodische g-ale Entwicklungen in Brüche zurückverwandelt:

29.11 Es sei x eine reelle Zahl ($0 < x < 1$), die eine (rein-) periodische g-ale Entwicklung

$$x = \sum_{n=1}^{\infty} \frac{z_n}{g^n} \text{ mit der Periodenlänge } \lambda \text{ besitzt. Dann ist x rational, und zwar gilt } x = c/(g^\lambda - 1)$$

mit $c := z_1 g^{\lambda-1} + z_2 g^{\lambda-2} + \ldots + z_\lambda$.

B e w e i s. Wir gehen wie im Beweis von 29.3 vor und multiplizieren x mit g^λ. Wegen $z_n = z_{n+\lambda}$ erhalten wir jetzt $x\, g^\lambda = c + x$ mit

$$c = g^\lambda \sum_{n=1}^{\lambda} \frac{z_n}{g^n} = \sum_{n=1}^{\lambda} z_n g^{\lambda-n}.$$

Löst man nach x auf, so ergibt sich die Behauptung. ∎

A n m e r k u n g. 1. Dies ist das in der Schule übliche Verfahren zur Verwandlung periodischer Dezimalzahlen in Brüche. Die Zahl c entsteht nämlich, indem man die Periode von x vor das Komma schiebt und als ganze Zahl auffaßt. Außerdem ist $g^\lambda - 1$ die λ-stellige Zahl, deren Ziffern alle $g - 1$ sind, im Fall $g = 10$ also die Zahl $99 \ldots 9$.

2. Die Aussage 29.6 über die g-ale Entwicklung von a/b (mit $0 < a < b$ und zu a und g teilerfremdem b) erhält man nun etwas direkter: Für die Ordnung λ von $\overline{g}$ in $\mathbf{Z}_b^*$ gilt nämlich $\overline{g}^\lambda = \overline{1}$, also $g^\lambda - 1 \in \mathbf{Z}b$, und somit $a(g^\lambda - 1) = c\,b$ mit $c \in \mathbf{N}$. Wegen $a < b$ ist dabei $c < g^\lambda - 1$ und daher $c = z_1 g^{\lambda-1} + z_2 g^{\lambda-2} + \ldots + z_\lambda$ mit $0 \le z_i < g$. Die Rechnung zu 29.11 ergibt $(0,\overline{z_1 z_2 \ldots z_\lambda})_g = c/(g^\lambda - 1) = a/b$. Dabei könnte $z_1, \ldots, z_\lambda$ noch aus mehreren vollen Perioden der Länge $\lambda' \le \lambda$ bestehen. Dann wäre $a/b = (0, \overline{z_1 \ldots z_{\lambda'}})_g = c'/(g^{\lambda'} - 1)$, wieder nach 29.11, also $\overline{a}(\overline{g}^{\lambda'} - \overline{1}) = \overline{0}$ in $\mathbf{Z}_b$, woraus $\overline{g}^{\lambda'} = \overline{1}$ durch Kürzen von $\overline{a}$ folgt. Der Fall $\lambda' < \lambda$ widerspricht nun der Definition von λ.

Addiert man in der Periode von $1/7 = 0,\overline{142857}$ oder von $3/13 = 0,\overline{230769}$ die Ziffern in der ersten Hälfte zu den entsprechenden in der zweiten Hälfte der Periode, so ergibt sich stets die Summe 9. Bei den Brüchen mit dem Nenner 21 ist dies jedoch nicht der Fall. Diese Beobachtung läßt sich ebenfalls mit Primrestklassengruppen formulieren:

29.12 Satz Es sei $0 < a < b$, und b sei teilerfremd zu a und g. Ferner sei $z_1, \ldots, z_\lambda$ die Periode der g-alen Entwicklung von a/b, also $\lambda = \lambda(g, b)$. Ist λ gerade, so sind folgende Aussagen äquivalent:

1. Es ist $\overline{g}^{\lambda/2} = -\overline{1}$ in $\mathbf{Z}_b^*$.

2. Es ist $z_n + z_{n+\lambda/2} = g - 1$ für $n = 1, \ldots, \lambda/2$.

B e w e i s. Zunächst sei $\overline{g}^{\lambda/2} = -\overline{1}$. Bezeichnen wir die beim g-alen Algorithmus auftretenden Reste wieder mit r_n, so ist $\overline{r}_n = \overline{a}\,\overline{g}^n$ in $\mathbf{Z}_b^*$ für alle n nach 29.2. Die Voraussetzung liefert nun:

$$\overline{r_n + r_{n+\lambda/2}} = \overline{r}_n + \overline{r}_{n+\lambda/2} = \overline{a}\,\overline{g}^n + \overline{a}\,\overline{g}^{n+\lambda/2} = \overline{a}\,\overline{g}^n(1 + \overline{g}^{\lambda/2}) = \overline{0}.$$

Wegen $\overline{r}_n \in \mathbf{Z}_b^*$ ist $r_n \neq 0$, also $0 < r_n < b$, und somit $0 < r_n + r_{n+\lambda/2} < 2\,b$. Insgesamt muß dann $r_n + r_{n+\lambda/2} = b$ sein für alle n. Mit dem Divisionsschema im g-alen Algorithmus folgt jetzt:

$$b\,g = (r_{n-1} + r_{n-1+\lambda/2})\,g = r_{n-1}g + r_{n-1+\lambda/2}g$$
$$= z_n b + r_n + z_{n+\lambda/2}b + r_{n+\lambda/2} = (z_n + z_{n+\lambda/2})\,b + r_n + r_{n+\lambda/2} = (z_n + z_{n+\lambda/2})\,b + b.$$

Durch Kürzen von b folgt $g = z_n + z_{n+\lambda/2} + 1$ (für alle n).

Umgekehrt sei nun $z_n + z_{n+\lambda/2} = g - 1$ für alle $n \geq 1$. Multipliziert man die Entwicklung von a/b mit $g^{\lambda/2}$, verschiebt also das Komma um $\lambda/2$ Stellen nach rechts, so entsteht eine Entwicklung, deren Ziffern hinter dem Komma sich mit den entsprechenden Ziffern bei a/b jeweils zu $g - 1$ ergänzen. Daher gilt

$$\frac{a}{b}\,(g^{\lambda/2} + 1) = \frac{a}{b}\,g^{\lambda/2} + \frac{a}{b} = d + \sum_{n=1}^{\infty} \frac{g-1}{g^n} = d + 1,$$

wobei wir zur Abkürzung $d := z_1 g^{\lambda/2-1} + z_2 g^{\lambda/2-2} + \ldots + z_{\lambda/2} \in \mathbf{N}$ gesetzt haben.

Also ist $a(g^{\lambda/2} + 1) = b(d + 1) \in \mathbf{Z}\,b$, d. h. $\overline{a}(\overline{g}^{\lambda/2} + \overline{1}) = \overline{0}$ in $\mathbf{Z}_b$. Durch Kürzen der Einheit $\overline{a}$ erhält man schließlich $\overline{g}^{\lambda/2} + \overline{1} = \overline{0}$. ∎

Die Bedingung 1 aus 29.12 läßt sich in Spezialfällen leicht verifizieren:

29.13 Die beiden äquivalenten Bedingungen aus 29.12 sind (falls λ gerade ist) für $b = 4, p^r, 2p^r$ mit Primzahlen $p \geq 3$ erfüllt.

B e w e i s. Da λ die Ordnung von $\overline{g}$ in $\mathbf{Z}_b^*$ ist, ist $\overline{g}^\lambda = \overline{1}$, also $(\overline{g}^{\lambda/2} - \overline{1})\,(\overline{g}^{\lambda/2} + \overline{1}) = \overline{g}^\lambda - \overline{1} = \overline{0}$. Außerdem ist $\overline{g}^{\lambda/2} \neq \overline{1}$. Ist b eine Primzahl, also $\mathbf{Z}_b$ nullteilerfrei, so folgt hieraus sofort $\overline{g}^{\lambda/2} + \overline{1} = \overline{0}$. Im allgemeinen Fall $b = p^r$ schließt man folgendermaßen: Die obigen Beziehungen bedeuten, daß p^r ein Teiler von $(g^{\lambda/2} - 1)\,(g^{\lambda/2} + 1)$ ist, jedoch kein Teiler von $g^{\lambda/2} - 1$. Daher muß p in der Primfaktorzerlegung von $g^{\lambda/2} + 1$ mindestens einmal vorkommen. Die um 2 kleinere Zahl $g^{\lambda/2} - 1$ kann dann nicht durch p teilbar sein, und somit stecken alle Faktoren von p^r in $g^{\lambda/2} + 1$. Dies bedeutet $\overline{g}^{\lambda/2} + \overline{1} = \overline{0}$ in $\mathbf{Z}_{p^r}$. Im Fall $b = 2p^r$ bemerkt man zunächst, daß beide Faktoren $g^{\lambda/2} - 1$ und $g^{\lambda/2} + 1$ gerade sind, da ihr Produkt durch 2 teilbar ist. Dann schließt man analog wie oben. Der Fall $b = 4$ ist trivial. ∎

A n m e r k u n g. Bei den in 29.13 betrachteten Werten von b handelt es sich gerade um die Fälle, in denen $\mathbf{Z}_b^*$ zyklisch ist. Nach 16.11 gibt es in diesen Gruppen nur eine Untergruppe der Ordnung 2 und daher auch nur ein Element der Ordnung 2, nämlich $-\overline{1}$. Wegen $\overline{g}^{\lambda/2} \neq \overline{1}$, und $(\overline{g}^{\lambda/2})^2 = \overline{g}^\lambda = \overline{1}$ ist ord $\overline{g}^{\lambda/2} = 2$, also $\overline{g}^{\lambda/2} = -\overline{1}$.

Übungsaufgaben

29.14 Es sei g $\geq$ 3. Man zeige, daß $1/(g-1)^2$ die g-ale Entwicklung $(0,\overline{012\ldots g{-}3\,g{-}1})_g$ hat.

29.15 Die natürliche Zahl b sei teilerfremd zu 10. Man zeige, daß b eine der Zahlen 9, 99, 999, . . . teilt.

29.16 Ein Taschenrechner liefert $1/17 = 0{,}058823528$, wobei nur die letzte Ziffer unsicher ist. Man gebe die Periode von $1/17$ an, ohne die Division auszuführen.

29.17 Die Primzahl p sei kein Teiler von a und g. Für die Periodenlänge der g-alen Entwicklung von a/p gelte $\lambda(g, p) = p - 1$. Ferner sei $p = q\,g + r$, $0 < r < g$, die Division mit Rest von p durch g. Man zeige: In der Periode von a/p kommen $g - r + 1$ Ziffern q-mal und die restlichen $r - 1$ Ziffern $(q + 1)$-mal vor.

30 Anwendung: Quadratsummen

Wir interessieren uns für die Darstellbarkeit natürlicher Zahlen n als Quadratsummen $n = a^2 + b^2$ mit a, b $\in$ **Z**. Die Grundidee unserer Überlegungen ist, solche Quadratsummen als Produkte $(a + i\,b)\,(a - i\,b)$ im Ring der ganzen Gaußschen Zahlen **Z** [i] aufzufassen. Dies hat den Vorteil, daß wir Teilbarkeitsargumente in einem faktoriellen Ring verwenden können.

Um zu Ergebnissen zu kommen, müssen wir die Einheiten und die Primelemente in **Z** [i] beschreiben. Als Hilfsmittel benutzen wir die durch $N(z) := z\,\overline{z} = |z|^2 = a^2 + b^2$ für $z = a + i\,b$ definierte Normfunktion auf **Z** [i] und ihre in 27.10 hergeleiteten Eigenschaften.

30.1 Die Einheiten in **Z** [i] sind genau die Elemente $1, -1, i, -i$.

B e w e i s. Genau dann ist $z = a + i\,b$ eine Einheit, wenn $N(z) = a^2 + b^2 = 1$ ist. Wegen a, b $\in$ **Z** bedeutet dies $a = \pm\,1$, $b = 0$ oder $a = 0$, $b = \pm\,1$. $\blacksquare$

30.2 Es sei z $\in$ **Z** [i]. Ist $N(z)$ eine Primzahl in **N**, so ist z ein Primelement in **Z** [i].

B e w e i s. Hätte z einen echten Teiler in **Z** [i], so wäre nach 27.10, 3 auch $N(z)$ zerlegbar im Widerspruch zur Voraussetzung. Daher ist z unzerlegbar, also ein Primelement, da **Z** [i] faktoriell ist. $\blacksquare$

Die Primzahl 2 ist, aufgefaßt als Element von **Z** [i], kein Primelement. Es ist nämlich $2 = (1 + i)\,(1 - i)$, und dabei sind die beiden Faktoren $1 + i$ und $1 - i$ Primelemente nach 30.2, da ihre Norm gleich 2 ist. Wir untersuchen nun, wie sich die ungeraden Primzahlen p in **Z** [i] verhalten:

30.3 Satz Es sei p eine Primzahl in **N**.

1. Ist p von der Form $p = 4k + 1$ mit k $\in$ **N**, so hat p in **Z** [i] die Primfaktorzerlegung $p = z \cdot \overline{z}$ mit zueinander konjugierten Primelementen z und $\overline{z}$.

2. Ist p von der Form $p = 4k + 3$ mit k $\in$ **N**, so ist p auch ein Primelement in **Z** [i].

B e w e i s. 1. Wir zeigen zunächst, daß $p = 4k + 1$ kein Primelement in $\mathbf{Z}[i]$ ist. Nach 28.16 gibt es ein $x \in \mathbf{Z}$ mit $x^2 \equiv -1$ mod p. Daher existiert ein $t \in \mathbf{Z}$ mit $tp = x^2 + 1 = (x + i)(x - i)$. Wäre nun p Primelement in $\mathbf{Z}[i]$, so müßte p einen der Faktoren $x + i$ und $x - i$ teilen. Dies ist offenbar nicht der Fall, da die Vielfachen von p in $\mathbf{Z}[i]$ die Form $pa + ipb$ haben.

Es sei nun z ein Primelement aus der Primfaktorzerlegung von p in $\mathbf{Z}[i]$. Da p selbst kein Primelement in $\mathbf{Z}[i]$ ist, muß z ein echter Teiler von p und damit $N(z)$ ein echter Teiler von $N(p) = p^2$ in $\mathbf{N}$ sein (vgl. 27.10). Daraus folgt $N(z) = p$, also $z\bar{z} = p$. Da $N(z) = N(\bar{z})$ eine Primzahl ist, sind z und $\bar{z}$ dabei Primelemente in $\mathbf{Z}[i]$.

2. Hätte $p = 4k + 3$ in $\mathbf{Z}[i]$ einen echten Teiler $z = a + ib$, so müßte dieser (wieder mit 27.10) die Norm $N(z) = p$ haben. Dann wäre $a^2 + b^2 = p = 4k + 3$, also $a^2 + b^2 \equiv 3$ mod 4, im Widerspruch zur nachfolgenden Aussage. ∎

30.4 Für ganze Zahlen a und b ist stets $a^2 \equiv 0$ oder $\equiv 1$ mod 4 und damit $a^2 + b^2 \equiv 0$, $\equiv 1$ oder $\equiv 2$ mod 4.

B e w e i s. Ist a gerade, $a = 2k$, so folgt $a^2 = 4k^2 \equiv 0$ mod 4. Ist a ungerade, $a = 2k + 1$, so folgt $a^2 = 4k^2 + 4k + 1 \equiv 1$ mod 4. Ebenso kommen für b nur die Fälle $b^2 \equiv 0$ oder $\equiv 1$ mod 4 in Frage. Durch Addition dieser Kongruenzen erhält man die zweite Behauptung. ∎

Wir können jetzt leicht einen vollständigen Überblick über die Primelemente von $\mathbf{Z}[i]$ gewinnen:

30.5 Satz Bis auf Assoziiertheit gibt es in $\mathbf{Z}[i]$ nur die folgenden Primelemente:

1. $1 + i$

2. Die Primelemente z und $\bar{z}$, wo $z\bar{z}$ eine Primzahl der Form $p = 4k + 1$ in $\mathbf{N}$ ist.

3. Die Primzahlen der Form $p = 4k + 3$ aus $\mathbf{N}$.

Die angegebenen Primelemente sind untereinander nicht assoziiert.

B e w e i s. Sei u ein Primelement in $\mathbf{Z}[i]$. Wegen $u\bar{u} = N(u)$ teilt u die natürliche Zahl $N(u)$ und daher als Primelement auch eine Primzahl p aus der Primfaktorzerlegung von $N(u)$ in $\mathbf{N}$. Im Fall $p = 2 = (1 + i)(1 - i)$ ist u zu einem der Primelemente $1 + i$, $1 - i$ assoziiert, also wegen $1 - i = -i(1 + i)$ sicherlich zu $1 + i$. Im Fall $p = 4k + 1$ ist $p = z\bar{z}$ mit Primelementen z und $\bar{z}$ (nach 30.3). Als Teiler von p ist u dann zu z oder zu $\bar{z}$ assoziiert. Im Fall $p = 4k + 3$ ist p selbst ein Primelement und daher zu u assoziiert.

Assoziierte Elemente in $\mathbf{Z}[i]$ haben natürlich dieselbe Norm. Daher können in unserer Aufzählung höchstens zwei Primelemente z und $\bar{z}$ mit $z\bar{z} = p = 4k + 1$ assoziiert sein. Sei dabei $z = a + ib$. Wäre $z = \pm\bar{z}$ bzw. $z = \pm i\bar{z}$, so wäre $b = 0$ oder $a = 0$ bzw. $a = \pm b$. In den ersten beiden Fällen wäre die Primzahl $p = a^2 + b^2$ eine Quadratzahl. Im Fall $a = \pm b$ wäre $p = 2a^2$ gerade im Widerspruch zu $p = 4k + 1$. ∎

Wir wenden uns nun dem eingangs formulierten Problem über Quadratsummen zu. Die Vorgehensweise ist bereits klar: Eine natürliche Zahl n hat genau dann eine Darstellung $n = a^2 + b^2$, wenn sie in $\mathbf{Z}[i]$ eine Zerlegung der Form $n = z \cdot \bar{z}$ (nämlich mit $z = a + ib$) besitzt. Unmittelbar aus 30.3, 1 folgt daher, daß jede Primzahl der Form $p = 4k + 1$ Summe von zwei Quadraten ist. Allgemein gilt:

30.6 Satz Eine natürliche Zahl n ist genau dann Summe zweier Quadratzahlen, wenn in ihrer Primfaktorzerlegung Primzahlen der Form $p = 4k + 3$ nur in gerader Vielfachheit vorkommen.

B e w e i s. Es sei $n = 2^r p_1^{r_1} \ldots p_s^{r_s} q_1^{m_1} \ldots q_t^{m_t}$ die Primfaktorzerlegung von n, wobei $p_1, \ldots, p_s$ und $q_1, \ldots, q_t$ die verschiedenen Primteiler der Form $4k + 1$ bzw. $4k + 3$ sind. Nach 30.3 gibt es in $\mathbf{Z}[i]$ Zerlegungen $p_1 = z_1 \bar{z}_1, \ldots, p_s = z_s \bar{z}_s$ sowie $2 = (1 + i)(\overline{1 + i})$.

Ist die angegebene Bedingung erfüllt, sind also $m_1, \ldots, m_t$ gerade, so ist offenbar $n = z\bar{z}$ mit $z := (1 + i)^r z_1^{r_1} \ldots z_s^{r_s} q_1^{m_1/2} \ldots q_t^{m_t/2}$, d. h., n ist Summe von zwei Quadraten.

Umgekehrt besitze n nun eine Darstellung $n = z\bar{z}$ in $\mathbf{Z}[i]$. Die Primzahlen q_j sind nach 30.3 auch Primelemente in $\mathbf{Z}[i]$. In den Primfaktorzerlegungen von z und $\bar{z}$ muß das reelle Primelement q_j mit der gleichen Vielfachheit k_j vorkommen. Aus $z = q_j^k z'$ folgt nämlich $\bar{z} = q_j^k \bar{z}'$ und umgekehrt. Die Vielfachheit von q_j in $n = z\bar{z}$ ist dann $2k_j$. Daher ist $m_j = 2k_j$ gerade für $j = 1, \ldots, t$. ∎

Als Beispiel betrachten wir die Zahl $n = 1170 = 2 \cdot 5 \cdot 13 \cdot 3^2$. Sie ist als Summe zweier Quadrate darstellbar, da die Primzahlen 5 und 13 von der Form $4k + 1$ sind und 3 in gerader Vielfachheit auftritt. Gehen wir wie in unserem Beweis vor, so haben wir zunächst 5 und 13 in der Form $z_j \bar{z}_j$, also als Quadratsumme zu schreiben. Es ist $5 = 2^2 + 1^2 = (2 + i) \cdot (2 - i)$ und $13 = 3^2 + 2^2 = (3 + 2i)(3 - 2i)$. Dann ist $1170 = z\bar{z}$ mit $z = (1 + i)(2 + i) \cdot (3 + 2i) \cdot 3 = -9 + 33i$. In der Tat ist $1170 = (-9)^2 + 33^2 = 81 + 1089$.

Wir untersuchen noch kurz die Frage, inwieweit Darstellungen als Summe von Quadratzahlen eindeutig sind. Zwei solche Darstellungen, die sich nur durch die Reihenfolge dieser Quadratzahlen unterscheiden, betrachten wir dabei als gleich.

30.7 Zwei Produktzerlegungen $n = z\bar{z}$ und $n = z'\bar{z}'$ liefern genau dann die gleiche Darstellung von n als Summe von Quadratzahlen, wenn z zu z' oder zu $\bar{z}'$ assoziiert ist (in $\mathbf{Z}[i]$).

B e w e i s. Sei $z = a + ib$ und $z' = a' + ib'$. Genau dann ist $a^2 = a'^2$, $b^2 = b'^2$ oder $a^2 = b'^2$, $b^2 = a'^2$, wenn $a = \pm a'$, $b = \pm b'$ oder $a = \pm b'$, $b = \pm a'$ ist. Dies bedeutet $z = \pm z'$, $z = \pm \bar{z}'$, $z = \pm i z'$ oder aber $z = \pm i \bar{z}'$. ∎

Als Anwendung zeigen wir:

30.8 Für eine Primzahl p der Form $4k + 1$ ist die Darstellung als Summe zweier Quadratzahlen eindeutig.

B e w e i s. Nach 30.3 ist $p = z\bar{z}$ mit Primelementen z und $\bar{z}$ in $\mathbf{Z}[i]$. Ist $p = z'\bar{z}'$ eine weitere Zerlegung, so muß z einen der Faktoren, etwa z', teilen. Sei also $z' = \epsilon z$. Dann ist $z\bar{z} = \epsilon z \bar{\epsilon} \bar{z} = \epsilon \bar{\epsilon} z\bar{z}$ und damit $\epsilon \bar{\epsilon} = 1$, d. h., z ist assoziiert zu z'. Die Behauptung folgt nun aus 30.7. ∎

Im allgemeinen sind solche Quadratsummendarstellungen nicht eindeutig. Ihre Anzahl wird durch die möglichen Zerlegungen $n = z\bar{z}$ in $\mathbf{Z}[i]$ gegeben, die man ihrerseits mit Hilfe der Primfaktorzerlegung von n überblickt. Wir verzichten auf die Angabe der expliziten Formel für die Anzahl der Darstellungen, die nur von den Vielfachheiten r_j der Primteiler p_j der Form $4k + 1$ abhängt. Stattdessen erläutern wir das Prinzip am obigen Beispiel $n = 1170$. Es ist nämlich dort auch $n = z' \bar{z}'$ mit $z' = (1 + i)(2 + i)(3 - 2i) \cdot 3 = 27 + 21i$. Dies ergibt $1170 = 27^2 + 21^2 = 729 + 441$. Durch Betrachtung der Primfaktorzerlegungen in $\mathbf{Z}[i]$ sieht man, daß wir bis auf Assoziiertheit alle solchen Produktzerlegungen von n und damit auch alle Darstellungen als Summe von Quadraten erwischt haben.

Unter das Thema „Quadratsummen" fallen auch die sogenannten p y t h a g o r ä i s c h e n Z a h l e n t r i p e l . Dabei handelt es sich um ganzzahlige Lösungen (a, b, c) der Gleichung $a^2 + b^2 = c^2$. Bei ihrer Untersuchung kann man sich gleich auf den Fall beschränken, daß a, b und c natürliche Zahlen sind. Nach dem Satz des Pythagoras sind diese pythagoräischen Zahlentripel die möglichen Maßzahlen (aus $\mathbf{N}$) für die Seitenlängen rechtwinkliger Dreiecke mit der Hypothenuse c. Es genügt, die teilerfremden pythagoräischen Zahlentripel zu behandeln:

30.9 Es seien a, b, c natürliche Zahlen $\neq 0$ mit $a^2 + b^2 = c^2$, und t sei der ggT von a, b und c. Setzt man $a_0 := a/t$, $b_0 := b/t$ und $c_0 := c/t$, so ist $a_0^2 + b_0^2 = c_0^2$, und es gilt:

1. a_0, b_0 und c_0 sind paarweise teilerfremd.

2. Genau eine der beiden Zahlen a_0 und b_0 ist gerade, c_0 ist ungerade.

B e w e i s . 1. Nach Konstruktion ist $\mathrm{ggT}(a_0, b_0, c_0) = 1$. Jeder gemeinsame Primteiler zweier der Zahlen a_0, b_0, c_0 müßte wegen $a_0^2 + b_0^2 = c_0^2$ auch die dritte dieser Zahlen teilen im Widerspruch zu $\mathrm{ggT}(a_0, b_0, c_0) = 1$.

2. Nach 1. können a_0 und b_0 nicht beide gerade sein. Wären a_0 und b_0 beide ungerade, so wäre $a_0^2 + b_0^2 \equiv 2 \bmod 4$, also $c_0^2 \equiv 2 \bmod 4$. Dies ist nicht möglich (vgl. 30.4). Schließlich ist c_0 ungerade nach 1. ∎

Das entscheidende Hilfsmittel für die weiteren Überlegungen ist die folgende einfache Bemerkung:

30.10 In einem faktoriellen Ring R sei das Produkt zweier teilerfremder Elemente x, y ein Quadrat. Dann sind x und y (bis auf Einheiten als Faktoren) selbst Quadrate.

B e w e i s . Nach Voraussetzung gibt es ein $w \in R$ mit $xy = w^2$. In der Primfaktorzerlegung von w^2 gemäß 26.14 kommen alle Primelemente in gerader Vielfachheit vor. Da x und y keine gemeinsamen Primteiler besitzen, muß entsprechendes dann auch für die Primfaktorzerlegungen von x und y gelten. ∎

Wir können nun die i n d i s c h e n F o r m e l n zur Aufzählung der teilerfremden pythagoräischen Zahlentripel herleiten:

30.11 Satz Es seien a, b, c paarweise teilerfremde natürliche Zahlen $\neq 0$ mit $a^2 + b^2 = c^2$, und dabei sei b gerade. Dann gibt es teilerfremde natürliche Zahlen r und s (von denen genau eine gerade ist) mit $a = r^2 - s^2$, $b = 2rs$ und $c = r^2 + s^2$.

B e w e i s . Es ist $b^2 = c^2 - a^2 = (c + a)(c - a)$. Da b gerade ist, ist a ebenso wie c ungerade (vgl. 30.9). Folglich sind $c - a$ und $c + a$ gerade. In der Gleichung $\left(\dfrac{b}{2}\right)^2 = \dfrac{c + a}{2} \cdot \dfrac{c - a}{2}$ sind die natürlichen Zahlen $\dfrac{c + a}{2}$ und $\dfrac{c - a}{2}$ teilerfremd, da ein gemeinsamer Teiler auch ihre Summe c und ihre Differenz a teilen würde. Nach 30.10 gibt es nun $r, s \in \mathbf{N}$ mit

$\dfrac{c+a}{2} = r^2$ und $\dfrac{c-a}{2} = s^2$. Es folgt $c = r^2 + s^2$, $a = r^2 - s^2$ und damit $b^2 = c^2 - a^2 = 4 r^2 s^2$, $b = 2 r s$.

Ein gemeinsamer Teiler von r und s wäre auch ein gemeinsamer Teiler von a und b. Daher sind r und s teilerfremd. Wären r und s beide gerade oder beide ungerade, so wäre $a = r^2 - s^2$ gerade. ∎

Mit 30.9 und 30.11 sieht man, daß sich allgemein jedes pythagoräische Zahlentripel in der Form $((r^2 - s^2)\,t,\ 2\,r\,s\,t,\ (r^2 + s^2)\,t)$ oder $(2\,r\,s\,t,\ (r^2 - s^2)\,t,\ (r^2 + s^2)\,t)$ mit $r, s, t \in \mathbf{Z}$ schreiben läßt. Umgekehrt sind Tripel dieser Form auch stets pythogoräische Zahlentripel, wie man unmittelbar nachrechnet.

Für $r = 2$, $s = 1$ bzw. $r = 3$, $s = 2$ ergeben die Formeln aus 30.11 die beiden bekanntesten Beispiele $(3, 4, 5)$ bzw. $(5, 12, 13)$ pythagoräischer Zahlentripel.

A n m e r k u n g. Wir skizzieren noch zwei weitere Beweise für die indischen Formeln, die nicht so elementar sind, dafür aber eine neue Sicht dieser Formeln ermöglichen und weitertragende Methoden verwenden:

1. Statt der Gleichung $a^2 + b^2 = c^2$ in $\mathbf{Z}$ betrachtet man die Gleichung $\left(\dfrac{a}{c}\right)^2 + \left(\dfrac{b}{c}\right)^2 = 1$ in $\mathbf{Q}$. Man interessiert sich also für die „rationalen Punkte'' auf dem Einheitskreis $S^1 := \{(x, y) \in \mathbf{R} \mid x^2 + y^2 = 1\}$. Dieser besitzt eine „rationale Parameterdarstellung''. Durch

$$u \to \left(\frac{1 - u^2}{1 + u^2},\ \frac{2\,u}{1 + u^2}\right)$$

wird nämlich eine bijektive Abbildung f von $\mathbf{R}$ auf $S^1 - \{(-1, 0)\}$ gegeben mit $(x, y) \to y/(x + 1)$ als Umkehrabbildung (man gewinnt f etwa, indem man die Punkte von S^1 in der Form $(x, y) = (\cos \alpha, \sin \alpha)$ schreibt und dann $u := \tan (\alpha/2)$ setzt; eine andere Möglichkeit ist, u als Steigerung der Geraden durch $(-1, 0)$ und (x, y) aufzufassen). Bei f entsprechen sich die rationalen u und die Paare $(x, y) \in S^1 - \{(-1, 0)\}$ mit rationalen Komponenten x, y. In $a^2 + b^2 = c^2$ muß eine der Zahlen a oder b, etwa b, gerade sein (vgl. 30.4). Es gibt nun ein $u = \dfrac{s}{r} \in \mathbf{Q}$ mit

$$\left(\frac{a}{c}, \frac{b}{c}\right) = f(u) = \left(\frac{r^2 - s^2}{r^2 + s^2},\ \frac{2\,r\,s}{r^2 + s^2}\right)$$

also mit

$$a = \frac{c}{r^2 + s^2}\,(r^2 - s^2), \qquad b = \frac{c}{r^2 + s^2}\,2\,r\,s.$$

Wählt man $r, s \in \mathbf{Z}$ teilerfremd, so sind $r^2 + s^2$ und $r\,s$ ebenfalls teilerfremd. Da b gerade, also $b/2 = c(r\,s)/(r^2 + s^2)$ ganzzahlig ist, muß dann $r^2 + s^2$ ein Teiler von c sein. Mit $t := c/(r^2 + s^2)$ haben wir die gesuchten Formeln für a, b. ∎

2. Wir argumentieren noch einmal mit zahlentheoretischen Überlegungen in $\mathbf{Z}\,[\,i\,]$. Es sei $a^2 + b^2 = c^2$ mit paarweise teilerfremden a, b, $c \neq 0$ aus $\mathbf{N}$. Mit $z := a + i\,b$ ist also $z\,\bar{z} = c^2$. Wir zeigen zunächst, daß z und $\bar{z}$ in $\mathbf{Z}\,[\,i\,]$ teilerfremd sind, und wenden dann 30.10 an. Wegen $\mathrm{ggT}(a, b) = 1$, besitzen z und $\bar{z}$ außer ± 1 keine ganzen Zahlen als Teiler. Angenommen, es gäbe in $\mathbf{Z}\,[\,i\,]$ einen gemeinsamen Primteiler u von z und $\bar{z}$. Er kann nur noch die in 30.5, 1 oder 30.5, 2 beschriebene Form haben. Mit u ist auch $\bar{u}$ ein gemeinsamer

Teiler von z und $\bar{z}$. Hätte nun u die Form aus 30.5, 2, so wären u und $\bar{u}$ teilerfremd und daher wäre auch die ganze Zahl $N(u) = u\bar{u} > 1$ ein Teiler von z. Dies war nicht möglich. Wäre jedoch u zu $1 + i$ assoziiert, so wäre $2 = N(1 + i)$ ein Teiler von $N(z) = z\bar{z} = c^2$ im Widerspruch dazu, daß c^2 ungerade ist (vgl. 30.9, 2).

Nach 30.10 gibt es in $\mathbf{Z}[i]$ jetzt ein Element $w = r + is$ und eine Einheit ϵ mit $z = \epsilon w^2$, also mit $a + ib = \epsilon(r^2 - s^2 + i\,2rs)$. Koeffizientenvergleich liefert $a = \pm(r^2 - s^2)$, $b = \pm 2rs$ im Fall $\epsilon = \pm 1$ und $a = \mp 2rs$, $b = \pm(r^2 - s^2)$ im Fall $\epsilon = \pm i$. Unter der Zusatzvoraussetzung, daß b gerade ist, scheidet der zweite Fall aus, und man erhält (eventuell nach Vertauschen von r und s) die Formeln aus 30.11.   ∎

Unter Benutzung der indischen Formeln beweist man leicht den folgenden berühmten
S a t z   v o n   F e r m a t :

30.12 Satz Es gibt keine natürlichen Zahlen a, b, c $\neq 0$ mit $a^4 + b^4 = c^2$.

B e w e i s. Wir nehmen an, die Behauptung wäre falsch, und betrachten die kleinste natürliche Zahl c $\neq 0$, für die es doch a, b $\neq 0$ aus $\mathbf{N}$ mit $a^4 + b^4 = c^2$ gibt. Die Beweisidee ist es, zu einem Widerspruch zu kommen, indem man eine entsprechende Gleichung mit einem kleineren c konstruiert.

Hätten a und b einen gemeinsamen Primteiler p, so würde c^2 von p^4, also c von p^2 geteilt, und man erhielte

$$\left(\frac{a}{p}\right)^4 + \left(\frac{b}{p}\right)^4 = \left(\frac{c}{p^2}\right)^2 \quad \text{mit} \quad \frac{c}{p^2} < c.$$

Daher sind a und b teilerfremd.

In der Ausgangsgleichung $(a^2)^2 + (b^2)^2 = c^2$ sind nun a^2, b^2, c paarweise teilerfremd, c ist ungerade, und genau eine der beiden Zahlen a^2, b^2 ist gerade (nach 30.9). Wir können annehmen, daß a^2 und damit a ungerade sowie b^2 und damit b gerade sind. Die Formeln aus 30.11, angewandt auf das pythagoräische Tripel (a^2, b^2, c), liefern teilerfremde natürliche Zahlen r, s $\neq 0$ mit

$$a^2 = r^2 - s^2, \qquad b^2 = 2rs, \qquad c = r^2 + s^2.$$

Dann ist $a^2 + s^2 = r^2$, also (a, s, r) auch ein teilerfremdes pythagoräisches Tripel. Nach 30.9 ist r ungerade und dann s gerade (nach dem Zusatz in 30.11). Man wendet nun wieder 30.11 an und erhält teilerfremde natürliche Zahlen u, v $\neq 0$ mit

$$a = u^2 - v^2, \qquad s = 2uv, \qquad r = u^2 + v^2.$$

Wir werden zeigen, daß u, v und r in der zuletzt erhaltenen Beziehung $u^2 + v^2 = r$ selbst Quadrate sind. So kommt man zu einer Gleichung $u_0^4 + v_0^4 = r_0^2$ mit $r_0 \leq r_0^2 = r < r^2 + s^2 = c$, im Widerspruch zur Minimalität von c.

Da b und s gerade sind, sind $b' := b/2$ und $s' := s/2$ natürliche Zahlen. Aus $b^2 = 2rs$ folgt $b'^2 = rs'$, und dabei ist r zu s, also erst recht zu s', teilerfremd. Nach 30.10 ist daher r ein Quadrat.

Die letzte Überlegung zeigt gleichzeitig, daß auch s' ein Quadrat ist. Aus $2s' = s = 2uv$ folgt $s' = uv$, wobei s' ein Quadrat ist und u, v teilerfremd waren. Wiederum nach 30.10 sind dann in der Tat auch u und v Quadrate.   ∎

Als Folgerung aus 30.12 (mit c^2 statt c) erhalten wir sofort:

30.13 Satz Es gibt keine natürlichen Zahlen a, b, c $\neq$ 0 mit $a^4 + b^4 = c^4$.

Dies ist ein Spezialfall der g r o ß e n F e r m a t s c h e n V e r m u t u n g, daß
für k $\geq$ 3 die Gleichung $a^k + b^k = c^k$ keine ganzzahligen Lösungen a, b, c $\neq$ 0 besitzt.
Die Fermatsche Vermutung ist heute für alle k $\leq$ 100000 bewiesen. Fermat selbst hat
nur den Fall k = 4 behandelt. Oben haben wir im wesentlichen seinen Originalbeweis
wiedergegeben.

Wir schließen einige Bemerkungen über Summen von drei und vier Quadraten an. Sehr
leicht sieht man:

30.14 Natürliche Zahlen der Form $n = 4^r (8\,k + 7)$ sind nicht als Summe dreier Quadrate
darstellbar.

B e w e i s. Angenommen, es wäre $4^r(8\,k + 7) = a^2 + b^2 + c^2$. Im Fall r $>$ 0 ist
$a^2 + b^2 + c^2 \equiv 0 \bmod 4$. Nach 30.4 geht dies nur, wenn $a^2 \equiv 0$, $b^2 \equiv 0$ und $c^2 \equiv 0 \bmod 4$
gilt. Dann müssen a, b und c gerade sein, und durch Kürzen erhält man

$$4^{r-1}(8\,k + 7) = \left(\frac{a}{2}\right)^2 + \left(\frac{b}{2}\right)^2 + \left(\frac{c}{2}\right)^2.$$

In dieser Weise fortfahrend kommt man zu einer Darstellung $8\,k + 7 = a'^2 + b'^2 + c'^2$ mit
a', b', c' $\in$ **Z**. Für die zugehörigen Restklassen in $\mathbf{Z}_8$ bedeutet dies $\overline{7} = \overline{a'}^2 + \overline{b'}^2 + \overline{c'}^2$.
Eine derartige Darstellung von $\overline{7}$ in $\mathbf{Z}_8$ ist nicht möglich, da es dort nur die „Quadrat-
zahlen" $\overline{0}^2 = \overline{4}^2 = \overline{0}$, $\overline{1}^2 = \overline{3}^2 = \overline{5}^2 = \overline{7}^2 = \overline{1}$ und $\overline{2}^2 = \overline{6}^2 = \overline{4}$ gibt.   ∎

A n m e r k u n g. Jede natürliche Zahl, die nicht die in 30.14 angegebene Form hat, ist
tatsächlich als Summe von drei Quadratzahlen darstellbar. Auf einen Beweis dieses tiefer-
liegenden Satzes von Gauß können wir hier nicht eingehen. Mit diesem Ergebnis erhält
man übrigens unmittelbar, daß jede natürliche Zahl n Summe von vier Quadraten ist: Hat
n nämlich die Form $4^r (8\,k + 7)$, so läßt sich $n - 4^r = 4^r(8\,k + 6)$ nach Gauß als Summe
$a^2 + b^2 + c^2$ schreiben, und dann ist $n = a^2 + b^2 + c^2 + (2^r)^2$. Hat n jedoch nicht die angegebene Form, so kommt man bereits mit drei Quadraten aus und fügt den Summanden
0^2 hinzu. Dieser „Satz von den vier Quadraten" läßt sich auch direkt beweisen, indem
man unsere obigen Überlegungen für **Z** [i] auf einen geeigneten Unterring des Quater-
nionenschiefkörpers überträgt.

Übungsaufgaben

30.15 Die natürlichen Zahlen m und n seien beide Summe zweier Quadratzahlen. Man
zeige (ohne Verwendung von 30.6), daß dann auch m · n Summe zweier Quadrate ist.

30.16 Man bestimme alle Darstellungen von 2425 als Summe zweier Quadratzahlen.

30.17 Man zeige, daß die Gleichung $a^2 + b^2 = 3\,c^2$ keine ganzzahligen Lösungen mit
c $\neq$ 0 besitzt.

30.18 Man zeige, daß eine ganze Zahl c genau dann Differenz zweier Quadratzahlen
ist, wenn nicht c $\equiv$ 2 mod 4 gilt.

30.19 Man zeige, daß es unendlich viele pythagoräische Tripel (a, b, c) mit paarweise
teilerfremden a, b, c gibt.

30.20 Es seien a, b, c paarweise teilerfremde natürliche Zahlen mit $a^2 + 2\,b^2 = c^2$. Man
zeige, daß es r, s $\in$ **Z** gibt mit $a = r^2 - 2\,s^2$, $b = 2\,r\,s$, $c = r^2 + 2\,s^2$ oder mit $a = 2\,r^2 - s^2$,
$b = 2\,r\,s$, $c = 2\,r^2 + s^2$.

VI Körper

Wir entwickeln in diesem Kapitel einige allgemeine Grundlagen der Körpertheorie und behandeln als Anwendung klassische Fragen über die Nichtauflösbarkeit von Gleichungen und Konstruktionen mit Zirkel und Lineal. Außerdem schließen wir die Ausführungen über Zahlbereichserweiterungen aus Kapitel III mit der Konstruktion des Körpers **C** der komplexen Zahlen und dem Fundamentalsatz der Algebra ab.

Ausgangspunkt ist dabei der Begriff der algebraischen Körpererweiterung.

31 Algebraische Körpererweiterungen

Unterringe eines gegebenen Körpers K, die selber Körper sind, haben wir in 7.10 Unterkörper genannt. In diesem Kapitel ist die Situation häufig umgekehrt: Der „Grundkörper" K tritt als Unterkörper neuer Körper auf. Daher sind folgende Sprechweisen nützlich:

31.1 Definition K sei ein Unterkörper des Körpers L. Dann nennen wir L einen O b e r - k ö r p e r (oder E r w e i t e r u n g s k ö r p e r) von K und sprechen kurz von einer K ö r p e r e r w e i t e r u n g L : K.

Man beachte, daß bei dem Symbol L : K der „kleinere" Körper rechts steht.

Bei der Konstruktion der Zahlbereiche sind wir bereits der Körpererweiterung **R** : **Q** begegnet. Wir betrachten ein weiteres Beispiel: $K := \{a + b\sqrt{2} \mid a, b \in \mathbf{Q}\}$ ist ein Unterkörper von **R**, der **Q** umfaßt. Wir bestätigen dies mit dem Kriterium 7.11. Es ist $a = a + 0 \cdot \sqrt{2} \in K$ für alle $a \in \mathbf{Q}$, und für $a + b\sqrt{2}, a' + b'\sqrt{2} \in K$ sind

$$(a + b\sqrt{2}) - (a' + b'\sqrt{2}) = (a - a') + (b - b')\sqrt{2},$$

$$\frac{a + b\sqrt{2}}{a' + b'\sqrt{2}} = \frac{(a + b\sqrt{2})(a' - b'\sqrt{2})}{(a' + b'\sqrt{2})(a' - b'\sqrt{2})} = \frac{a a' - 2 b b'}{a'^2 - 2 b'^2} + \frac{a'b - ab'}{a'^2 - 2 b'^2}\sqrt{2}$$

wieder Elemente von K. Man beachte, daß dabei im Fall $a' + b'\sqrt{2} \neq 0$ auch $a' - b'\sqrt{2} \neq 0$ ist. Wäre nämlich $a' = b'\sqrt{2}$, so müßte $b' = 0$ sein, da andernfalls $\sqrt{2} = a'/b'$ rational wäre (vgl. 12.14). Dann folgte auch $a' = 0$ im Widerspruch zu $a' + b'\sqrt{2} \neq 0$.

Wir erhalten so die Körpererweiterungen **R** : K und K : **Q**. In solchen Situationen sprechen wir von einem Z w i s c h e n k ö r p e r K. Bei diesem Beispiel entsteht K aus **Q** durch „Adjunktion" der reellen Zahl $\sqrt{2}$. Allgemein definieren wir:

31.2 Definition K sei ein Unterkörper des Körpers L. Für $\alpha \in L$ setzen wir

$$K[\alpha] := \{f(\alpha) \mid f \in K[X]\}$$

$$K(\alpha) := \left\{ \frac{f(\alpha)}{g(\alpha)} \;\middle|\; f, g \in K[X], g(\alpha) \neq 0 \right\}$$

und sagen, K[α] und K(α) seien aus K durch R i n g a d j u n k t i o n bzw. K ö r - p e r a d j u n k t i o n von α entstanden.

K[α] und K(α) bestehen also aus allen „ganzrationalen" bzw. „gebrochenrationalen"
Ausdrücken in α mit Koeffizienten aus K. Sie lassen sich auch anders beschreiben:

31.3 L:K sei eine Körpererweiterung und $\alpha \in L$. Dann gilt:

1. K[α] ist der kleinste Unterring von L, der K und α enthält.

2. K(α) ist der kleinste Unterkörper von L, der K und α enthält.

B e w e i s. 1. Nach dem Unterringkriterium 7.9 ist K[α] ein Unterring von L. Mit
f(α), g(α) sind nämlich f(α) − g(α) = (f − g) (α) und f(α)g(α) = (f g) (α) wieder Elemente von K[α]. Natürlich ist $K \subset K[\alpha]$, da K[X] die konstanten Polynome enthält.
Jeder andere Unterring von L muß mit K und α auch die ganzrationalen Ausdrücke
in α mit Koeffizienten aus K, d. h. die Elemente von K[α] enthalten.

2. K(α) besteht aus den Brüchen x/y von Elementen x, y aus dem Ring K[α]. Das Kriterium 7.11 liefert unter Verwendung der Bruchrechenregeln 6.17, daß K(α) ein Zwischenkörper von K und L ist. Die Minimalitätsaussage ist klar.   ∎

A n m e r k u n g. K[α] ist das Bild des Polynomrings K[X] unter dem Einsetzungs-
homomorphismus $\psi : K[X] \to L$ mit $\psi(f) = f(\alpha)$. Hinter unserem obigen Beweis der
Ringeigenschaft von K[α] steckt die allgemeine Aussage, daß homomorphe Bilder von
Ringen wieder Ringe sind.

K(α) ist natürlich nichts anderes als der Quotientenkörper des Integritätsrings K[α].
Als Beispiel betrachten wir $\mathbf{Q}[\sqrt{2}\,]$ und $\mathbf{Q}(\sqrt{2})$ in **R**. Wir haben bereits oben gesehen,
daß $K := \{a + b\sqrt{2}\,|\, a, b \in \mathbf{Q}\}$ ein Unterkörper von **R** ist, der **Q** und natürlich auch
$\sqrt{2}$ enthält. Hieraus folgt $K \supset \mathbf{Q}(\sqrt{2}) \supset \mathbf{Q}[\sqrt{2}\,]$. Umgekehrt liegen die Elemente von
K sicherlich in $\mathbf{Q}[\sqrt{2}\,]$. Daher ist insgesamt $K = \mathbf{Q}(\sqrt{2}) = \mathbf{Q}[\sqrt{2}\,]$. Wir wollen allgemein
klären, in welchen Fällen Ringadjunktion und Körperadjunktion zum selben Ergebnis
führen. Der entscheidende Begriff in diesem Zusammenhang ist der Begriff „algebraisch":

31.4 Definition K sei ein Unterkörper von L. Ein Element $\alpha \in L$ heißt a l g e b r a i s c h
über K, wenn es ein Polynom $f \neq 0$ aus K[X] gibt mit $f(\alpha) = 0$. Andernfalls heißt α
t r a n s z e n d e n t über K.

Genau dann ist $\alpha \in L$ also algebraisch über K, wenn es einer ganzrationalen Gleichung
$a_n\alpha^n + a_{n-1}\alpha^{n-1} + \ldots + a_0 = 0$ mit Koeffizienten aus K genügt, wobei $a_n \neq 0$ ist. Dann
gilt auch

$$\alpha^n + \frac{a_{n-1}}{a_n}\alpha^{n-1} + \ldots + \frac{a_0}{a_n} = 0,$$

d. h., bei der obigen Definition kann man sich gleich auf normierte Polynome f beschränken.

Beispielsweise ist $\sqrt{2} \in \mathbf{R}$ algebraisch über **Q** als Nullstelle des Polynoms $f = X^2 - 2 \in \mathbf{Q}[X]$.
Die reelle Zahl π ist transzendent über **Q** (vgl. Anhang), aber natürlich algebraisch über **R**
(als Nullstelle von $X - \pi \in \mathbf{R}[X]$). Dies zeigt, daß der Begriff „algebraisch" ein relativer
Begriff ist, d. h., von dem betrachteten Grundkörper abhängt. Unmittelbar klar ist die
folgende Aussage:

31.5 K sei ein Unterkörper von L.

1. Jedes Element $a \in K$ ist algebraisch über K (als Nullstelle von $X - a \in K[X]$).

2. Ein über K algebraisches Element $\alpha \in L$ ist auch über jedem Zwischenkörper L' von K und L algebraisch.

Unter den Polynomen aus $K[X]$, die ein gegebenes algebraisches Element α annullieren, läßt sich eines besonders auszeichnen:

31.6 K sei ein Unterkörper von L, und $\alpha \in L$ sei algebraisch über K. Ferner sei $f \in K[X]$ ein Polynom $\neq 0$ minimalen Grades mit $f(\alpha) = 0$. Dann teilt f jedes Polynom $g \in K[X]$ mit $g(\alpha) = 0$.

B e w e i s. Division mit Rest von g durch f liefert $g = q\,f + r$ mit $q, r \in K[X]$ und grad $r <$ grad f, falls nicht $r = 0$. Wegen $f(\alpha) = 0$ und $g(\alpha) = 0$ ist dabei $r(\alpha) = 0$. Im Fall $r \neq 0$ wäre daher r ein Polynom von kleinerem Grad als f, das α annulliert. Nach Wahl von f muß also $r = 0$ und damit f ein Teiler von g sein. ∎

Wählt man das Polynom f in 31.6 zusätzlich normiert, so ist es eindeutig bestimmt. Zwei normierte Polynome minimalen Grades, die beide α als Nullstelle haben, müssen sich nämlich gegenseitig teilen. Sie unterscheiden sich also nur um eine Konstante als Faktor, die wegen der Normiertheit gleich 1 ist. Nach dieser Vorbemerkung ist die folgende Definition sinnvoll:

31.7 Definition K sei ein Unterkörper von L. Für ein über K algebraisches Element $\alpha \in L$ heißt das (eindeutig bestimmte) normierte Polynom $f \in K[X]$ minimalen Grades mit $f(\alpha) = 0$ das M i n i m a l p o l y n o m von α über K.

A n m e r k u n g. Die Aussage von 31.6 bedeutet, daß der Kern des Einsetzungshomomorphismus $\psi : K[X] \to L$ mit $\psi(g) := g(\alpha)$, also das Ideal $\{g \mid g(\alpha) = 0\}$, vom Minimalpolynom f_α von α erzeugt wird. Verwendet man, daß $K[X]$ ein Hauptidealring ist, so kann man umgekehrt f_α gleich als das normierte Polynom f mit Kern $\psi = K[X]\,f$ definieren. Unser Beweis von 31.6 nutzt die Division mit Rest in derselben Weise aus wie der Beweis, daß euklidische Ringe Hauptidealringe sind.

Das Minimalpolynom läßt sich auch folgendermaßen charakterisieren:

31.8 K sei ein Unterkörper von L, und $\alpha \in L$ sei algebraisch über K mit dem Minimalpolynom f_α. Dann gilt:

1. f_α ist unzerlegbar in $K[X]$.

2. Ist f ein normiertes unzerlegbares Polynom aus $K[X]$ mit $f(\alpha) = 0$, so ist $f = f_\alpha$.

B e w e i s. 1. Angenommen, f_α besäße eine echte Zerlegung $f_\alpha = g \cdot h$ in $K[X]$ mit grad g, grad h $<$ grad f_α. Aus $0 = f_\alpha(\alpha) = g(\alpha)\,h(\alpha)$ würde dann $g(\alpha) = 0$ oder $h(\alpha) = 0$ folgen im Widerspruch zur Definition von f_α.

2. Wegen $f(\alpha) = 0$ ist f_α nach 31.6 ein Teiler von f. Da f unzerlegbar und ebenso wie f_α normiert ist, folgt $f = f_\alpha$. ∎

Wir können nun erkennen, woran es liegt, daß $\mathbf{Q}[\sqrt{2}\,]$ ein Körper ist.

31.9 Satz K sei ein Unterkörper von L, und es sei $\alpha \in L$. Dann gilt:

1. Ist α algebraisch über K, so ist K$[\alpha]$ bereits ein Körper und zwar gleich K(α).

2. Ist umgekehrt K$[\alpha]$ ein Körper, so ist α algebraisch über K.

B e w e i s. 1. Es sei $g(\alpha) \neq 0$ ein Element aus K$[\alpha]$ mit $g \in$ K$[X]$. Wir zeigen, daß $g(\alpha)$ eine Einheit in K$[\alpha]$ ist. Bezeichnet f_α das Minimalpolynom von α über K, so ist f_α kein Teiler von g wegen $g(\alpha) \neq 0$. Da f_α unzerlegbar ist, sind f_α und g also teilerfremd. Nach dem Lemma von Bezout läßt sich daher die 1 durch f_α und g darstellen, d. h., es gibt r, s $\in$ K$[X]$ mit $1 = r\,f_\alpha + s\,g$. Hieraus folgt $1 = r(\alpha)f_\alpha(\alpha) + s(\alpha)g(\alpha) = s(\alpha)g(\alpha)$, d. h., $g(\alpha)$ ist in K$[\alpha]$ invertierbar. Daher ist K$[\alpha]$ ein Körper, stimmt also mit seinem Quotientenkörper K(α) überein.

2. Beim Nachweis, daß α algebraisch ist, können wir gleich $\alpha \neq 0$ annehmen. Da K$[\alpha]$ ein Körper ist, liegt auch $1/\alpha$ in K$[\alpha]$, d. h., es gibt ein $f \in$ K$[X]$ mit $1/\alpha = f(\alpha)$. Dann ist $\alpha\,f(\alpha) - 1 = 0$, also α Nullstelle von $X\,f - 1 \in$ K$[X]$.   ∎

A n m e r k u n g. Den ersten Teil von 31.9 kann man auch etwas struktureller beweisen, wenn man wieder den (surjektiven) Einsetzungshomomorphismus $\psi :$ K$[X] \to$ K$[\alpha]$ mit $\psi(f) := f(\alpha)$ betrachtet. Wegen Kern $\psi =$ K$[X]\,f_\alpha$ ist K$[X]\,/$ K$[X]\,f_\alpha \cong$ K$[\alpha]$ nach dem Homomorphiesatz. Wir verwenden nun 27.2: Da f_α unzerlegbar ist, muß K$[X]\,f_\alpha$ ein maximales Ideal sein, also K$[\alpha]$ ein Körper.

Bei unserem obigen Beweis kommt man im Grunde mit dem euklidischen Algorithmus 28.7 aus. Er liefert gleichzeitig ein Verfahren zur Berechnung des Inversen $s(\alpha)$ von $g(\alpha)$ in K$[\alpha]$.

Wir betrachten nun den Fall, daß mehrere Elemente zum Grundkörper adjungiert werden:

31.10 Definition K sei ein Unterkörper von L, und $\alpha_1, \ldots, \alpha_n$ seien Elemente aus L. Dann definieren wir sukzessive

$$K[\alpha_1, \alpha_2] := (K[\alpha_1])\,[\alpha_2], \ldots, K[\alpha_1, \ldots, \alpha_n] := (K[\alpha_1, \ldots, \alpha_{n-1}])\,[\alpha_n]$$

und entsprechend

$$K(\alpha_1, \alpha_2) := (K(\alpha_1))\,(\alpha_2), \ldots, K(\alpha_1, \ldots, \alpha_n) := (K(\alpha_1, \ldots, \alpha_{n-1}))\,(\alpha_n).$$

Man sieht leicht, daß K$[\alpha_1, \ldots, \alpha_n]$ und K$(\alpha_1, \ldots, \alpha_n)$ der kleinste Unterring bzw. Unterkörper von L ist, der K und $\alpha_1, \ldots, \alpha_n$ enthält. Die Reihenfolge, in der die Elemente $\alpha_1, \ldots, \alpha_n$ adjungiert werden, spielt daher keine Rolle. Ferner gilt wieder:

31.11 K sei ein Unterkörper von L, und $\alpha_1, \ldots, \alpha_n \in$ L seien algebraisch über K. Dann ist K$[\alpha_1, \ldots, \alpha_n]$ bereits ein Körper, also K$[\alpha_1, \ldots, \alpha_n] =$ K$(\alpha_1, \ldots, \alpha_n)$.

B e w e i s. Nach 31.5 sind die α_i über allen Zwischenkörpern von K und L erst recht algebraisch. Die Behauptung folgt daher sofort aus der entsprechenden Aussage für n = 1 (vgl. 31.9) durch Induktion über n.   ∎

A n m e r k u n g. Körper der Form K$(\alpha_1, \ldots, \alpha_n)$ lassen sich häufig in der Form K(α) darstellen, also aus K bereits durch Adjunktion eines einzigen sogenannten „primitiven" Elementes erhalten. Beispielsweise ist $\mathbf{Q}(\sqrt{2}, \sqrt{3}) = \mathbf{Q}(\sqrt{2} + \sqrt{3})$. Wegen $\sqrt{2} = \frac{1}{2}(\sqrt{2} + \sqrt{3})^3 - \frac{9}{2}(\sqrt{2} + \sqrt{3})$ und $\sqrt{3} = -\frac{1}{2}(\sqrt{2} + \sqrt{3})^3 + \frac{11}{2}(\sqrt{2} + \sqrt{3})$ gilt nämlich $\mathbf{Q}(\sqrt{2}, \sqrt{3}) \subset \mathbf{Q}(\sqrt{2} + \sqrt{3})$, die umgekehrte Inklusion ist trivial. Der „Satz vom primitiven Element" besagt, daß ein solches α unter relativ schwachen Voraussetzungen stets existiert. Wir wollen darauf nicht näher eingehen.

Bei der weiteren Untersuchung von Körpererweiterungen verwendet man Begriffe der linearen Algebra, nämlich „Basis" und „Dimension" von Vektorräumen. Wir setzen entsprechende Grundkenntnisse hier voraus.

L sei ein Oberkörper des Körpers K. Dann läßt sich L als Vektorraum über K auffassen. Die Vektorraumaddition von L ist dabei die Addition im Körper K; ferner multipliziert man einen „Vektor" $x \in L$ mit einem „Skalar" $a \in K$, indem man einfach das Produkt $a\,x$ in L bildet. Die Vektorraumaxiome ergeben sich dann unmittelbar aus den Körperaxiomen für L.

31.12 L : K sei eine Körpererweiterung. Die Dimension von L, aufgefaßt als Vektroraum über K, heißt der G r a d von L über K und wird mit $[L : K]$ bezeichnet.

Besitzt L als Vektorraum über K eine endliche Basis, so ist $[L : K]$ also die (bei allen Basen gleiche) Anzahl der Basiselemente. Andernfalls schreiben wir einfach $[L : K] = \infty$.

31.13 Definition L : K heißt eine e n d l i c h e   K ö r p e r e r w e i t e r u n g, wenn $[L : K] < \infty$, d. h. L ein endlichdimensionaler Vektorraum über K ist. Man sagt auch kurz, L sei endlich über K.

Wir notieren zunächst die folgende einfache Aussage:

31.14 L : K sei eine Körpererweiterung. Genau dann ist $[L : K] = 1$, wenn $L = K$ ist.

B e w e i s. K hat als Vektorraum über sich selbst die Dimension 1. Ist nun $[L : K] = 1$, so hat der K umfassende Vektorraum L auch nur die Dimension 1, muß also gleich K sein. ∎

Der Körper $\mathbf{Q}(\sqrt{2})$ hat den Grad 2 über $\mathbf{Q}$. Es ist nämlich $1, \sqrt{2}$ ein Erzeugendensystem von $\mathbf{Q}(\sqrt{2}) = \{a + b\,\sqrt{2} \mid a, b \in \mathbf{Q}\}$ über $\mathbf{Q}$, also $[\mathbf{Q}(\sqrt{2}) : \mathbf{Q}] \leq 2$. Natürlich ist dieser Grad $\neq 1$ wegen $\mathbf{Q}(\sqrt{2}) \neq \mathbf{Q}$. Das Minimalpolynom von $\sqrt{2}$ über $\mathbf{Q}$ ist offenbar $X^2 - 2$, hat also ebenfalls den Grad 2. Eine entsprechende Aussage gilt auch allgemein:

31.15 Satz K sei ein Unterkörper von L, und $\alpha \in L$ sei algebraisch über K mit Minimalpolynom f_α. Es sei $n := \mathrm{grad}\, f_\alpha$. Dann bilden $1, \alpha, \ldots, \alpha^{n-1}$ eine Basis von $K(\alpha)$ über K. Insbesondere ist $K(\alpha)$ über K endlich, und es gilt

$$[K(\alpha) : K] = n = \mathrm{grad}\, f_\alpha.$$

B e w e i s. Zum Nachweis der linearen Unabhängigkeit von $1, \alpha, \ldots, \alpha^{n-1}$ sei $a_0 \cdot 1 + a_1 \alpha + \ldots + a_{n-1} \alpha^{n-1} = 0$ mit $a_0, \ldots, a_{n-1} \in K$. Dann folgt $f(\alpha) = 0$ für $f := a_0 + a_1 X + \ldots + a_{n-1} X^{n-1} \in K[X]$. Wäre $f \neq 0$, so wäre $\mathrm{grad}\, f < n = \mathrm{grad}\, f_\alpha$, im Widerspruch zur Definition des Minimalpolynoms f_α. Also ist $f = 0$ und daher $a_0 = \ldots = a_{n-1} = 0$.
Es bleibt zu zeigen, daß $K(\alpha)$ über K von $1, \alpha, \ldots, \alpha^{n-1}$ erzeugt wird. Sei dazu $y \in K(\alpha)$. Da α algebraisch ist, gilt $K(\alpha) = K[\alpha]$, und es gibt ein $g \in K[X]$ mit $y = g(\alpha)$. Division mit Rest von g durch f_α liefert Polynome $q, r \in K[X]$ mit $g = q f_\alpha + r$ und $\mathrm{grad}\, r < \mathrm{grad}\, f_\alpha = n$ (oder $r = 0$). Wir haben also $r = b_0 + b_1 X + \ldots + b_{n-1} X^{n-1}$ mit geeigneten $b_i \in K$. Wegen $f_\alpha(\alpha) = 0$ folgt $y = g(\alpha) = q(\alpha)f_\alpha(\alpha) + r(\alpha) = r(\alpha) = b_0 \cdot 1 + b_1 \alpha + \ldots + b_{n-1}\alpha^{n-1}$. ∎

Besonders wichtig für das Rechnen mit dem Grad von Körpererweiterungen ist die folgende G r a d s c h a c h t e l u n g s f o r m e l :

31.16 Satz Es seien $L : L'$ und $L' : K$ endliche Körpererweiterungen. Dann ist auch $L : K$ endlich, und es gilt

$$[L : K] = [L : L'] \cdot [L' : K].$$

B e w e i s . Wir betrachten eine Basis $x_1, \ldots, x_n$ von L über L' und eine Basis $y_1, \ldots, y_m$ von L' über K. Es genügt zu zeigen, daß die $n \cdot m$ Elemente $x_i y_j$ eine Basis von L über K bilden.

Zum Nachweis der linearen Unabhängigkeit betrachten wir eine Relation $\sum_{i,j} a_{ij} x_i y_j = 0$ mit $a_{ij} \in K$. Dann ist $\sum_{i=1}^{n} \left(\sum_{j=1}^{m} a_{ij} y_j \right) x_i = 0$ eine Relation der x_i mit Koeffizienten aus L'. Da die x_i über L' linear unabhängig sind, folgt zunächst $\sum a_{ij} y_j = 0$ für alle i und daraus $a_{ij} = 0$ für alle i und j, da die y_j über K linear unabhängig sind.

Wir beweisen noch, daß jedes $x \in L$ eine Linearkombination der $x_i y_j$ mit Koeffizienten aus K ist. Zunächst gibt es $a_1, \ldots, a_n \in L'$ mit $x = \sum_{i=1}^{n} a_i x_i$, da die x_i ein Erzeugendensystem von L über L' sind. Zu den a_i gibt es dann $b_{ij} \in K$ mit $a_i = \sum_{j=1}^{m} b_{ij} y_j$, da die y_j ein Erzeugendensystem von L' über K sind. Insgesamt folgt $x = \sum a_i x_i = \sum_i \sum_j b_{ij} x_i y_j$. ∎

Zu 31.16 notieren wir noch eine Umkehrung:

31.17 Es seien $L : L'$ und $L' : K$ Körpererweiterungen. Ist $L : K$ endlich, so auch $L : L'$ und $L' : K$.

B e w e i s . Als Unterraum des endlichdimensionalen Vektorraumes L über K, ist L' erst recht endlichdimensional.

Eine (endliche) Basis von L über K ist wegen $K \subset L'$ sicherlich ein (im allgemeinen nicht mehr linear unabhängiges) Erzeugendensystem von L über L'. Daher ist auch $L : L'$ endlich. ∎

Wir gehen nun auf den Zusammenhang endlicher Körpererweiterungen mit dem Begriff „algebraisch" ein.

31.18 Definition Eine Körpererweiterung $L : K$ heißt a l g e b r a i s c h , wenn jedes Element von L algebraisch über K ist. Man sagt dann auch, L sei algebraisch über K.

31.19 Satz Jede endliche Körpererweiterung $L : K$ ist algebraisch.

B e w e i s . Wir setzen $n := [L : K]$ und betrachten ein Element $\alpha \in L$. Die $n + 1$ Elemente $1, \alpha, \ldots, \alpha^n$ können im n-dimensionalen Vektorraum L über K nicht linear unabhängig sein. Es gibt daher $a_i \in K$, die nicht alle $= 0$ sind, mit $a_0 \cdot 1 + a_1 \alpha + \ldots + a_n \alpha^n = 0$. Für $f := a_0 + a_1 X + \ldots + a_n X^n \in K[X]$ gilt dann $f \neq 0$ und $f(\alpha) = 0$, d. h., α ist algebraisch über K. ∎

In diesem Beweis haben wir ein Polynom $f \neq 0$ mit $f(\alpha) = 0$ und grad $f \leq n$ gefunden. Daraus ergibt sich nach Definition des Minimalpolynoms unmittelbar:

31.20 $L : K$ sei eine endliche Körpererweiterung. Für das Minimalpolynom f_α eines Elementes $\alpha \in L$ gilt dann grad $f_\alpha \leq [L : K]$.

Mit Hilfe von 31.15 und der Gradschachtelungsformel sieht man übrigens, daß grad f_α sogar ein Teiler von $[L : K]$ ist.

Der Zusammenhang zwischen den Begriffen „endlich" und „algebraisch" läßt sich nun vollständig klären:

31.21 Satz Für eine Körpererweiterung $L : K$ sind äquivalent:

1. L ist endlich über K.
2. Es gibt endlich viele über K algebraische Elemente $\alpha_1, \ldots, \alpha_n \in L$ mit $L = K(\alpha_1, \ldots, \alpha_n)$.

B e w e i s. Aus 1. folgt 2.: Da L endlich über K ist, gibt es eine Basis $\alpha_1, \ldots, \alpha_n$ von L über K. Nach 31.19 sind die α_i algebraisch über K. Jedes $x \in L$ ist eine Linearkombination der α_i mit Koeffizienten aus K. Daher ist $x \in K(\alpha_1, \ldots, \alpha_n)$ und allgemein $L \subset K(\alpha_1, \ldots, \alpha_n)$. Die umgekehrte Inklusion ist trivial.

Aus 2. folgt 1.: Jedes α_i ist erst recht über $K(\alpha_1, \ldots, \alpha_{i-1})$ algebraisch. Nach 31.15 ist daher $K(\alpha_1, \ldots, \alpha_i) = (K(\alpha_1, \ldots, \alpha_{i-1}))(\alpha_i)$ endlich über $K(\alpha_1, \ldots, \alpha_{i-1})$. Die Behauptung erhält man nun durch mehrfaches Anwenden der Gradschachtelungsformel 31.16. ∎

Ebenso wie „endlich" ist auch der Begriff „algebraisch" transitiv:

31.22 Satz Es seien $L : L'$ und $L' : K$ algebraische Körpererweiterungen. Dann ist auch $L : K$ algebraisch.

B e w e i s. Sei $\alpha \in L$. Zum Nachweis, daß α algebraisch über K ist, konstruieren wir zunächst einen über K endlichen Körper K', über dem α bereits algebraisch ist. Nach Voraussetzung ist α über L' algebraisch. Es gibt also ein Polynom $f = a_0 + a_1 X + \ldots + a_n X^n \neq 0$ über L' mit $f(\alpha) = 0$. Wir setzen nun $K' := K(a_0, \ldots, a_n)$. Wegen $f \in K'[X]$ ist dann α über K' algebraisch. Außerdem sind nach Voraussetzung $a_0, \ldots, a_n \in L'$ algebraisch über K. Nach 31.21 ist jetzt $K'(\alpha)$ endlich über K' und $K' = K(a_0, \ldots, a_n)$ endlich über K. Die Gradschachtelungsformel liefert, daß $K'(\alpha)$ auch über K endlich und somit algebraisch ist. Insbesondere ist also α algebraisch über K. ∎

Ist $L : K$ algebraisch und L' ein Zwischenkörper, so sind $L : L'$ und $L' : K$ trivialerweise auch algebraisch (vgl. 31.5, 2).

Die Grundrechnungsarten führen von algebraischen Elementen wieder zu algebraischen Elementen. $\sqrt{2}$ und $\sqrt{3}$ beispielsweise sind algebraisch über $\mathbf{Q}$ als Nullstellen von $X^2 - 2$ bzw. $X^2 - 3$, und ihre Summe $\sqrt{2} + \sqrt{3}$ ist ebenfalls algebraisch über $\mathbf{Q}$. Sie ist nämlich Nullstelle von $X^4 - 10 X^2 + 1$. Es ist jedoch nicht ohne weiteres zu sehen, wie die Koeffizienten dieses Polynoms aus den Koeffizienten der angegebenen Minimalpolynome für $\sqrt{2}$ und $\sqrt{3}$ entstehen. Trotzdem kann man sofort zeigen:

31.23 Satz K sei ein Unterkörper des Körpers L. Dann bilden die über K algebraischen Elemente von L einen (K enthaltenden) Unterkörper von L.

B e w e i s. Es seien $\alpha, \beta \in L$ algebraisch über K. Wir beweisen, daß dann auch $\alpha \pm \beta, \alpha\beta$
und (falls $\beta \neq 0$) α/β über K algebraisch sind.

Nach 31.21 ist $K(\alpha, \beta)$ eine endliche Körpererweiterung von K. Wegen $\alpha \pm \beta, \alpha\beta, \alpha/\beta$
$\in K(\alpha, \beta)$ sind diese Elemente nach 31.19 in der Tat algebraisch über K.   ∎

Besonders interessiert man sich für die über **Q** algebraischen Elemente von **C**. Sie bilden
nach 31.23 einen Zwischenkörper **A** von **Q** und **C** und heißen einfach a l g e b r a i s c h e
Z a h l e n . Wir beweisen zum Abschluß:

31.24 Satz Für den Körper **A** der algebraischen Zahlen gilt:
1. **A** ist eine abzählbare Menge.
2. Die Körpererweiterung **A** : **Q** ist nicht endlich.

B e w e i s. 1. Wir verwenden die folgenden Aussagen aus der Mengenlehre, die im Grunde
auf der Abzählbarkeit von **N** x **N** beruhen: Vereinigungen von abzählbar vielen abzählbaren Mengen und kartesische Produkte von endlich vielen abzählbaren Mengen sind jeweils
wieder abzählbar.

Nach 12.15 ist **Q** abzählbar. Dann ist auch $\mathbf{Q}^{n+1}$ abzählbar. Ordnet man jedem $(a_0, \ldots, a_n)$
$\in \mathbf{Q}^{n+1}$ das Polynom $a_0 + a_1 X + \ldots + a_n X^n \in \mathbf{Q}[X]$ zu, so erhält man eine bijektive Abbildung von $\mathbf{Q}^{n+1}$ auf die Menge der Polynome vom Grade $\leq n$, die damit abzählbar ist. Dann
ist **Q**[X] als Vereinigung dieser abzählbar vielen Mengen selbst abzählbar. Da jedes Polynom
aus **Q**[X] nur endlich viele Nullstellen besitzt, ist schließlich **A** als Vereinigung von
abzählbar vielen endlichen Nullstellenmengen abzählbar.
2. Wegen der Gradschachtelungsformel genügt es zu zeigen, daß es Zwischenkörper beliebig
hohen Grades von **Q** und **A** gibt. Für jedes $n \geq 1$ ist $X^n - 2 \in \mathbf{Q}[X]$ nach dem Eisensteinschen Kriterium (angewandt mit p = 2) unzerlegbar über **Z** und damit nach dem Gaußschen
Lemma auch über **Q**. Daher ist $X^n - 2$ das Minimalpolynom von $\sqrt[n]{2}$ über **Q** (vgl. 31.8).
Nun liefert 31.15 die Beziehung $[\mathbf{Q}(\sqrt[n]{2}) : \mathbf{Q}] = n$.   ∎

A n m e r k u n g. Unser Beweis zeigt sogar, daß der Körper der reellen algebraischen Zah-
len nicht endlich über **Q** ist. Als Teilmenge von **A** ist er natürlich erst recht abzählbar. Da
R nicht abzählbar ist (vgl. 15.8), bedeutet dies, daß es in **R** „sehr viel mehr" transzendente
Zahlen (über **Q**) als algebraische Zahlen gibt. Trotzdem ist es schwer, für einzelne reelle
Zahlen die Transzendenz nachzuweisen (vgl. Anhang).
In geeigneten Oberkörpern eines jeden Körpers K gibt es natürlich transzendente Elemente
über K. Beispielsweise ist die Unbestimmte X im Quotientenkörper K(X) des Polynom-
rings K[X] über K transzendent.

Übungsaufgaben

31.25 Es sei $L := \mathbf{Q}(\sqrt{2}, \sqrt{5})$. 1. Man bestimme den Grad von L über **Q**.
2. Man zeige $L = \mathbf{Q}(\sqrt{2} + \sqrt{5})$.
3. Man gebe das Minimalpolynom von $\sqrt{2} + \sqrt{5}$ über **Q** an.

31.26 Man bestimme den Grad von $\mathbf{Q}(\sqrt{2}, \sqrt[3]{2})$ über **Q**.

31.27 Man schreibe $(\sqrt[3]{2}^2 + \sqrt[3]{2} + 1)^{-1}$ als ganzrationalen Ausdruck in $\sqrt[3]{2}$ (man
überlege, daß $X^3 - 2$ das Minimalpolynom von $\sqrt[3]{2}$ ist und stelle mit $X^3 - 2$ und
$X^2 + X + 1$ die 1 dar, vgl. Beweis zu 31.9, 1).

31.28 L : K sei eine Körpererweiterung, deren Grad eine Primzahl ist. Man zeige, daß es
ein $\alpha \in L$ mit $L = K(\alpha)$ gibt.

31.29 L : K sei eine algebraische Körpererweiterung und R ein Unterring von L mit K $\subset$ R. Man zeige, daß R bereits ein Körper ist.

32 Zerfällungskörper

Für viele Zwecke ist es nützlich, wenn die betrachteten Polynome „genügend" Nullenstellen besitzen. Indem man den Grundkörper durch „Adjunktion von Nullstellen" erweitert, kann man dies stets erreichen. Beispielsweise hat $X^2 + 1$ keine Nullstellen in **R**, durch Konstruktion der komplexen Zahlen erhält man jedoch einen Oberkörper von **R**, in dem $X^2 + 1$ sogar in Linearfaktoren zerfällt. Wir wollen solche „Zerfällungskörper" nun allgemein konstruieren.

32.1 Satz K sei ein Körper und $f \in K[X]$ ein Polynom mit grad $f \geq 1$. Dann gibt es einen Oberkörper L von K, in dem f eine Nullstelle besitzt.

B e w e i s. Wir nehmen zunächst f als unzerlegbar an.

Hätte man bereits eine Nullstelle α von f in einem Oberkörper, so wäre f (nach Normieren) das Minimalpolynom von α über K. Nach der Anmerkung zu 31.9 wäre dann K(α) zu $K[X]/K[X]f$ isomorph (wobei α auf $\overline{X}$ abgebildet wird).

Diese Vorbetrachtung legt es nahe, bei der Suche nach einer Nullstelle von f umgekehrt $L := K[X]/K[X]f$ zu setzen. Da f im Hauptidealring $K[X]$ unzerlegbar ist, ist L nach 27.2 ein Körper. Um K als Unterkörper von L auffassen zu können, geben wir einen injektiven Ringhomomorphismus i : K $\to$ L an. Bezeichnet p : $K[X] \to K[X]/K[X]f$ mit $p(g) := \overline{g}$ die kanonische Projektion, so enthält Kern p $= K[X]f$ wegen grad $f \geq 1$ keine konstanten Polynome $\neq 0$. Daher ist i := p $|$ K der gesuchte injektive Ringhomomorphismus. Wir identifizieren im folgenden a $\in$ K mit i(a) = $\overline{a} \in$ L. Nun ist $\alpha := \overline{X}$ die gesuchte Nullstelle von $f = a_0 + a_1 X + \ldots + a_n X^n$ in L wegen $f(\alpha) = a_0 + a_1 \overline{X} + \ldots + a_n \overline{X}^n = \overline{a}_0 + \overline{a}_1 \overline{X} + \ldots + \overline{a}_n \overline{X}^n = \overline{a_0 + a_1 X + \ldots + a_n X^n} = \overline{f} = \overline{0}$.

Ist schließlich f nicht unzerlegbar, so konstruiert man in der obigen Weise eine Nullstelle für eines der unzerlegbaren Polynome in der Primfaktorzerlegung von f. ∎

Durch mehrfache Anwendung von 32.1 erhalten wir:

32.2 Satz K sei ein Körper und $f \in K[X]$ ein Polynom mit n := f ≥ 1. Dann gibt es einen Oberkörper L von K sowie Elemente $\alpha_1, \ldots, \alpha_n \in$ L und a $\in$ K mit $f = a(X - \alpha_1) \ldots (X - \alpha_n)$. (Wir sagen, daß f über L in L i n e a r f a k t o r e n z e r f ä l l t.)

B e w e i s. Nach 32.1 gibt es zunächst einen Oberkörper L_1 von K und eine Nullstelle α_1 von f in L_1. Dann ist f durch $X - \alpha_1$ in $L_1[X]$ teilbar, d. h., es ist $f = f_1(X - \alpha_1)$ mit $f_1 \in L_1[X]$. In derselben Weise findet man einen Oberkörper L_2 von L_1 und eine Darstellung $f_1 = f_2(X - \alpha_2)$ in $L_2[X]$. Nach n Schritten kommt man zu einem Oberkörper L von K und einer Darstellung $f = f_n(X - \alpha_1) \ldots (X - \alpha_n)$ mit $\alpha_i \in$ L. Dabei ist f_n aus Gradgründen konstant und zwar der Leitkoeffizient von f. ∎

In der Situation von 32.2 kann man den Körper L immer „minimal" wählen. Zunächst definieren wir:

32.3 Definition K sei ein Körper und $f \in K[X]$ ein Polynom mit grad $f \geq 1$. Ein Oberkörper L von K heißt ein Z e r f ä l l u n g s k ö r p e r von f, wenn gilt:

1. f zerfällt über L in Linearfaktoren.

2. Es ist $L = K(\alpha_1, \ldots, \alpha_n)$, wobei $\alpha_1, \ldots, \alpha_n$ die Nullstellen von f in L sind.

Nach 31.21 sind Zerfällungskörper stets endlich über dem Grundkörper. Natürlich gilt:

32.4 Jedes Polynom $f \in K[X]$ mit grad $f \geq 1$ besitzt einen Zerfällungskörper.

B e w e i s. Nach 32.2 gibt es einen Oberkörper L von K, über dem f eine Darstellung $f = a(X - \alpha_1) \ldots (X - \alpha_n)$ besitzt. Dann ist der Unterkörper $K(\alpha_1, \ldots, \alpha_n)$ von L ein Zerfällungskörper von f. ∎

Wir notieren noch die folgende einfache Bemerkung:

32.5 L sei ein Zerfällungskörper eines Polynoms $f \in K[X]$, und L' sei ein Zwischenkörper von K und L. Dann ist L auch Zerfällungskörper von f, aufgefaßt als Polynom über L'.

B e w e i s. Sind $\alpha_1, \ldots, \alpha_n$ die Nullstellen von f in L, so ist $L = K(\alpha_1, \ldots, \alpha_n)$ und daher erst recht $L = L'(\alpha_1, \ldots, \alpha_n)$. ∎

„Bis auf Isomorphie" gibt es zu jedem Polynom $f \in K[X]$ nur einen Zerfällungskörper. Um dies beweisen zu können, müssen wir mit etwas allgemeineren Überlegungen beginnen. Dabei verstehen wir unter Homomorphismen zwischen Körpern natürlich Ringhomomorphismen und erinnern daran, daß solche Homomorphismen nach 8.17 stets von selbst injektiv sind.

In den beiden folgenden Aussagen betrachten wir Homomorphismen $\varphi: K \to \tilde{K}$ zwischen Körpern K und $\tilde{K}$. Nach 24.1 läßt sich ein solches φ zu einem Ringhomomorphismus $\tilde{\varphi}: K[X] \to \tilde{K}[X]$ mit $\tilde{\varphi}(X) := X$ und $\tilde{\varphi}(a) := \varphi(a)$ für $a \in K$ fortsetzen. Ist φ ein Isomorphismus, so auch $\tilde{\varphi}$ (die Umkehrabbildung $\tilde{\varphi}^{-1}$ ist dann durch $\tilde{\varphi}^{-1}(X) := X$ und $\tilde{\varphi}^{-1}(b) := \varphi^{-1}(b)$ für $b \in \tilde{K}$ gegeben). Zur Abkürzung schreiben wir $\tilde{f} := \tilde{\varphi}(f)$, also $\tilde{f} = \varphi(a_n)X^n + \ldots + \varphi(a_0)$, für $f = a_n X^n + \ldots + a_0 \in K[X]$. Mit diesen Bezeichnungsvereinbarungen gilt:

32.6 Satz Es sei $\varphi: K \to \tilde{K}$ ein Isomorphismus von Körpern, f ein unzerlegbares Polynom in K[X] und $\tilde{f}$ sein Bild in $\tilde{K}[X]$. Ferner sei α eine Nullstelle von f und $\tilde{\alpha}$ eine Nullstelle von $\tilde{f}$ jeweils in einem Oberkörper von K bzw. $\tilde{K}$.

Dann gibt es einen Isomorphismus $\psi: K(\alpha) \to \tilde{K}(\tilde{\alpha})$ mit $\psi(\alpha) = \tilde{\alpha}$ und $\psi(a) = \varphi(a)$ für $a \in K$.

B e w e i s. Offenbar sind α und $\tilde{\alpha}$ algebraisch über K bzw. $\tilde{K}$. Es folgt $K(\alpha) = K[\alpha]$ und $\tilde{K}(\tilde{\alpha}) = \tilde{K}[\tilde{\alpha}]$. Nach 31.8 sind f und $\tilde{f}$ die zugehörigen Minimalpolynome; mit f ist nämlich auch $\tilde{\varphi}(f) = \tilde{f}$ unzerlegbar, da $\tilde{\varphi}$ ein Isomorphismus ist.

Für $g(\alpha) \in K[\alpha]$ mit $g \in K[X]$ setzen wir $\psi(g(\alpha)) := \tilde{g}(\tilde{\alpha})$. Dadurch ist ψ wohldefiniert: Ist nämlich $g(\alpha) = h(\alpha)$, so folgt $(g - h)(\alpha) = 0$, und nach 31.6 gibt es ein $q \in K[X]$ mit $g - h = q\,f$. Daraus folgt $\tilde{g} - \tilde{h} = \tilde{q}\tilde{f}$, also $\tilde{g}(\tilde{\alpha}) = \tilde{h}(\tilde{\alpha})$ wegen $\tilde{f}(\tilde{\alpha}) = 0$.

Natürlich ist ψ ein Homomorphismus: Es ist $\tilde{g}(\tilde{\alpha}) + \tilde{h}(\tilde{\alpha}) = (\tilde{g} + \tilde{h})(\tilde{\alpha}) = \widetilde{(g + h)}(\tilde{\alpha})$.

Für a $\in$ K gilt außerdem $\psi(a) = \tilde{a} = \varphi(a)$ nach Konstruktion. In analoger Weise konstruiert man eine Umkehrabbildung zu ψ und erhält, daß ψ bijektiv ist. ∎

A n m e r k u n g. Man kann die obige Konstruktion auch so interpretieren: Nach der Anmerkung zu 31.9 ist $K(\alpha) \cong K[X]/K[X]f$ und ebenso $\tilde{K}(\tilde{\alpha}) = \tilde{K}[X]/\tilde{K}[X]\tilde{f}$. Zwischen diesen Restklassenringen induziert $\tilde{\varphi} : K[X] \to \tilde{K}[X]$ wegen $\tilde{\varphi}(K[X]f) = \tilde{K}[X]\tilde{f}$ den gesuchten Isomorphismus ψ.

Mit 32.6 haben wir den ersten Schritt zum Beweis des nachfolgenden Satzes getan, der insbesondere die Eindeutigkeit von Zerfällungskörpern liefern wird.

32.7 Satz Es sei $\varphi : K \to \tilde{K}$ ein Isomorphismus von Körpern, f ein Polynom aus K[X] mit grad f ≥ 1 und $\tilde{f}$ sein Bild in $\tilde{K}[X]$. Ferner sei L ein Zerfällungskörper von f über K und $\tilde{L}$ ein Zerfällungskörper von $\tilde{f}$ über $\tilde{K}$.

Dann gibt es einen Isomorphismus $\psi : L \to \tilde{L}$ mit $\psi(a) = \varphi(a)$ für a $\in$ K (also eine F o r t s e t z u n g von φ auf L).

B e w e i s. Als Zerfällungskörper von f ist L endlich über K. Wir beweisen die Behauptung durch Induktion über den Grad [L : K].

Im Fall [L : K] = 1 ist L = K, d. h., f zerfällt bereits über K in Linearfaktoren. Da $\tilde{\varphi}$ ein Homomorphismus ist, zerfällt dann auch $\tilde{f}$ über $\tilde{K}$, d. h., es ist $\tilde{L} = \tilde{K}$, und wir setzen $\psi := \varphi$.

Beim Induktionsschritt sei [L : K] > 1. Da L aus K durch Adjunktion der Nullstellen von f entsteht, gibt es ein $\alpha \in$ L mit $f(\alpha) = 0$ und $\alpha \notin$ K. Dann ist α bereits Nullstelle eines unzerlegbaren Polynoms f_1 aus der Primfaktorzerlegung von f. Da $\tilde{f}_1$ ein Teiler von $\tilde{f}$ ist und $\tilde{f}$ über $\tilde{L}$ zerfällt, gibt es eine Nullstelle $\tilde{\alpha}$ von $\tilde{f}_1$ in $\tilde{L}$. Nach 32.6 läßt φ sich nun zu einem Isomorphismus $\varphi_1 : K(\alpha) \to \tilde{K}(\tilde{\alpha})$ fortsetzen. Dann sind L und $\tilde{L}$ auch Zerfällungskörper von f bzw. $\tilde{f}$ über den Zwischenkörper K(α) bzw. $\tilde{K}(\tilde{\alpha})$ (vgl. 32.5). Ferner ist [K(α) : K] > 1 wegen $\alpha \notin$ K und daher [L : K(α)] $<$ [L : K] nach der Gradschachtelungsformel. Die Induktionsvoraussetzung liefert den gesuchten Isomorphismus $\psi : L \to \tilde{L}$ als Fortsetzung von φ_1 und damit auch von φ. ∎

Bevor wir nun die Eindeutigkeitsaussage über Zerfällungskörper von Polynomen formulieren, führen wir noch eine neue Sprechweise ein:

32.8 Definition L und $\tilde{L}$ seien zwei Oberkörper von K. Ein Homomorphismus $\varphi : L \to \tilde{L}$ mit $\varphi(a) = a$ für alle a $\in$ K heißt ein K - H o m o m o r p h i s m u s. Ist dabei φ bijektiv, so spricht man von einem K - I s o m o r p h i s m u s.

Offenbar sind mit φ und ψ auch $\varphi \circ \psi$ sowie φ^{-1} wieder K-Isomorphismen.

32.9 Satz K sei ein Körper und f $\in$ K[X] ein Polynom mit grad f ≥ 1. Dann gibt es bis auf K-Isomorphie genau einen Zerfällungskörper von f über K.

B e w e i s. Die Existenz wurde bereits gezeigt. Sind L und $\tilde{L}$ zwei Zerfällungskörper von f über K, so läßt sich $\varphi := \mathrm{id}_K$ nach 32.7, angewandt mit K := $\tilde{K}$, zu dem gesuchten K-Isomorphismus $\psi : L \to \tilde{L}$ fortsetzen. ∎

Die vorstehende Aussage rechtfertigt es, im folgenden von d e m Zerfällungskörper eines Polynoms f über K zu sprechen.

Als Beispiel betrachten wir das Polynom $f := X^2 - 2$ aus $\mathbf{Q}[X]$. Es zerfällt über $\mathbf{R}$ in der Form $f = (X - \sqrt{2})(X + \sqrt{2})$. Der Zerfällungskörper von f, gebildet in $\mathbf{R}$, ist also $\mathbf{Q}(\sqrt{2}, -\sqrt{2}) = \mathbf{Q}(\sqrt{2})$. Man kann Zerfällungskörper von f auch in anderen Oberkörpern von $\mathbf{Q}$ bilden, über denen f zerfällt, beispielsweise in $\mathbf{Q}[X]/\mathbf{Q}[X](X^2 - 2)$ (vgl. 32.1), wo man $\mathbf{Q}(\overline{X}, -\overline{X}) = \mathbf{Q}(\overline{X})$ erhält. Alle diese Zerfällungskörper sind $\mathbf{Q}$-isomorph.

Wir haben bisher nur für einzelne, fest vorgegebene Polynome $f \in K[X]$ Erweiterungskörper L von K konstruiert, in denen f genügend Nullstellen besitzt, um in Linearfaktoren zu zerfallen. Am bequemsten ist es natürlich, einen Körper L zu haben, der diese Eigenschaft für alle $f \in K[X]$ besitzt. Wir präzisieren zunächst den entsprechenden Begriff:

32.10 Definition Ein Körper K heißt a l g e b r a i s c h   a b g e s c h l o s s e n, wenn jedes Polynom $f \in K[X]$ mit grad $f \geq 1$ über K in Linearfaktoren zerfällt.

Aus dieser Definition ergibt sich sofort, daß über einem algebraisch abgeschlossenen Körper nur die Polynome vom Grad 1 unzerlegbar sind.

Die Definition der algebraischen Abgeschlossenheit läßt sich folgendermaßen abschwächen:

32.11 Ein Körper K ist bereits dann algebraisch abgeschlossen, wenn jedes Polynom $f \in K[X]$ mit grad $f \geq 1$ in K eine Nullstelle besitzt.

B e w e i s. Es ist zu zeigen, daß jedes Polynom $f \in K[X]$ mit grad $f \geq 1$ über K in Linearfaktoren zerfällt. Nach Voraussetzung besitzt f in K eine Nullstelle α_1, läßt sich also in der Form $f = (X - \alpha_1)g$ mit $g \in K[X]$ schreiben. Im Fall grad $g \geq 1$ besitzt auch g wieder eine Nullstelle α_2 in K. In dieser Weise fortfahrend, erhält man aus Gradgründen nach endlich vielen Schritten die gesuchte Faktorisierung
$f = a(X - \alpha_1) \ldots (X - \alpha_n)$.   ∎

Der Fundamentalsatz der Algebra besagt, daß der Körper $\mathbf{C}$ der komplexen Zahlen algebraisch abgeschlossen ist. Wir behandeln diese wichtige Aussage zusammen mit der Konstruktion von $\mathbf{C}$ im nächsten Abschnitt.

A n m e r k u n g. Jeder Körper K läßt sich in einen „kleinsten" algebraisch abgeschlossenen Körper einbetten, den sogenannten a l g e b r a i s c h e n   A b s c h l u ß von K. Er ist bis auf K-Isomorphie eindeutig bestimmt. Die zugehörigen Beweise bauen auf dem entsprechenden Satz 32.9 für Zerfällungskörper auf und benutzen „transfinite Methoden" der Mengenlehre.

Wir geben noch weitere Charakterisierungen für algebraisch abgeschlossene Körper:

32.12 Satz Für einen Körper K sind äquivalent:

1. K ist algebraisch abgeschlossen.

2. Es gibt keine algebraische Körpererweiterung $L : K$ mit $L \neq K$.

3. Es gibt keine endliche Körpererweiterung $L : K$ mit $L \neq K$.

B e w e i s. Aus 1. folgt 2.: Es sei $L : K$ algebraisch und $\alpha \in L$. Dann ist α algebraisch über K. Nach Voraussetzung zerfällt das Minimalpolynom f_α von α über K in Linearfaktoren. Da f_α unzerlegbar ist, muß f_α dann selbst ein Linearfaktor, also von der Form $f_\alpha = X - a$ mit $a \in K$ sein. Wegen $f_\alpha(\alpha) = 0$ ist $\alpha = a$, also $\alpha \in K$.

Aus 2. folgt 3., da endliche Körpererweiterungen stets algebraisch sind (vgl. 31.19).

Aus 3. folgt 1.: Es sei $f \in K[X]$ ein Polynom mit $\operatorname{grad} f \geq 1$. Der Zerfällungskörper L von f ist endlich über K, stimmt also nach Voraussetzung mit K überein. Daher zerfällt f bereits über K. ∎

Übungsaufgabe

32.13 Es sei f ein Polynom vom Grad $n \geq 1$ über dem Körper K. Für den Zerfällungskörper L von f über K zeige man $[L : K] \leq n!$ ($[L : K]$ ist sogar ein Teiler von $n!$).

33 Die komplexen Zahlen

In diesem Abschnitt soll der Aufbau des Zahlsystems mit der Behandlung der komplexen Zahlen abgeschlossen werden. Wir haben die einzelnen Zahlbereichserweiterungen jeweils mit dem Wunsch motiviert, Lösungen für bestimmte Gleichungen zu gewinnen. Beispielsweise kann man $3 + x = 1$ erst in **Z**, $3x - 1 = 0$ erst in **Q** und $x^2 - 2 = 0$ erst in **R** lösen. In **R** ist $x^2 + 1 = 0$ noch nicht lösbar. Es bietet sich nun an, zum Zerfällungskörper des Polynoms $X^2 + 1 \in$ **R**$[X]$ überzugehen. Auf diese Weise führen wir den Körper **C** der komplexen Zahlen ein. Es wird sich herausstellen, daß über **C** bereits jede „ganzrationale Gleichung" Lösungen besitzt (Fundamentalsatz der Algebra). In diesem Sinn ist der Aufbau des Zahlsystems dann abgeschlossen.

Die Aussage über Existenz und Eindeutigkeit von Zerfällungskörpern (vgl. 32.9) ermöglicht die folgende Definition:

33.1 Definition Den (bis auf Isomorphie) eindeutig bestimmten Zerfällungskörper des Polynoms $X^2 + 1$ über **R** nennen wir den Körper **C** der   k o m p l e x e n   Z a h l e n.

Wir wollen die Struktur von **C** näher untersuchen. Konstruktionsgemäß zerfällt $X^2 + 1$ über **C** in Linearfaktoren. Ist nun $\alpha \in$ **C** eine Nullstelle von $X^2 + 1$, also $\alpha^2 + 1 = 0$, so ist auch $(-\alpha)^2 + 1 = 0$, d. h., $-\alpha$ ist die andere Nullstelle von $X^2 + 1$. Dann ist **C** = **R**$(\alpha, -\alpha) =$ **R**(α).

33.2 Definition Eine der beiden (prinzipiell gleichberechtigten) Nullstellen von $X^2 + 1$ in **C** wählen wir aus und bezeichnen sie als die   i m a g i n ä r e   E i n h e i t   i.

A n m e r k u n g. Konstruiert man den Zerfällungskörper **C** von $X^2 + 1$ gemäß 32.1 als Restklassenring **R**$[X]/$**R**$[X](X^2 + 1)$, so kann man beispielsweise für i die Restklasse von X nehmen.

Man erhält sofort:

33.3 Jede komplexe Zahl läßt sich eindeutig in der Form $a + ib$ mit $a, b \in$ **R** schreiben. Addition und Multiplikation in **C** sind dann gegeben durch

$$(a + i\,b) + (a' + i\,b') = (a + a') + i\,(b + b')$$
$$(a + i\,b) \cdot (a' + i\,b') = (a\,a' - b\,b') + i\,(a\,b' + a'b).$$

B e w e i s. Nach Konstruktion ist $\mathbf{C} = \mathbf{R}(i)$ und $X^2 + 1$ das Minimalpolynom von i über $\mathbf{R}$. Daher bilden 1 und i eine Basis von $\mathbf{C}$ über $\mathbf{R}$ nach 31.15. Jedes Element $z \in \mathbf{C}$ läßt sich also in der Form $z = a \cdot 1 + b \cdot i$ mit eindeutig bestimmten Koeffizienten $a, b \in \mathbf{R}$ schreiben. Die beiden Formeln ergeben sich nun aus den üblichen Rechenregeln für Körper, wenn man noch beachtet, daß definitionsgemäß $i^2 + 1 = 0$, also $i^2 = -1$ ist. ■

Wir können also definieren:

33.4 Definition Die Zahl $z \in \mathbf{C}$ habe die Darstellung $z = a + i\,b$ mit $a, b \in \mathbf{R}$. Dann heißt a der R e a l t e i l und b der I m a g i n ä r t e i l von z.

Jeder komplexen Zahl z läßt sich eindeutig das Paar $(a, b) \in \mathbf{R}^2$ zuordnen, dessen Komponenten der Realteil a und der Imaginärteil b von z sind. In dieser Weise interpretiert man die komplexen Zahlen häufig als die Punkte der G a u ß s c h e n Z a h l e n e b e n e.

A n m e r k u n g. Diese Interpretation ermöglicht umgekehrt eine elementare Konstruktion von $\mathbf{C}$. Dabei führt man die komplexen Zahlen direkt als Paare reeller Zahlen ein. Man definiert für sie Addition und Multiplikation, indem man sich an 33.3 orientiert, und setzt:

$$(a, b) + (a', b') := (a + a', b + b')$$
$$(a, b) \cdot (a', b') := (a\,a' - b\,b', a\,b' + a'b).$$

Dann kommt man zur Darstellung aus 33.3, indem man jedes $a \in \mathbf{R}$ mit dem Paar $(a, 0)$ identifiziert und $i := (0, 1)$ setzt.

Diese Einführung von $\mathbf{C}$ hat den Vorteil, daß man auf alle Hilfsmittel aus der Körpertheorie verzichten kann. Allerdings muß man die Körperaxiome dabei durch explizite Rechnung bestätigen. Außerdem ist bei dieser Vorgehensweise nicht zu erkennen, daß es sich um einen Spezialfall einer allgemeinen Methode zur „Adjunktion von Nullstellen" handelt.

Beim Rechnen mit komplexen Zahlen sind die folgenden Begriffe nützlich:

33.5 Definition Es sei $z = a + i\,b \in \mathbf{C}$ mit $a, b \in \mathbf{R}$.

1. Die komplexe Zahl $\bar{z} := a - i\,b$ heißt die zu z k o n j u g i e r t - k o m p l e x e Zahl.

2. Die (nichtnegative reelle) Zahl $|z| := \sqrt{a^2 + b^2}$ heißt der B e t r a g von z.

Im Fall $z = a \in \mathbf{R}$ ist also $|z| = \sqrt{a^2} = |a|$ der übliche Betrag reeller Zahlen. Wir notieren einige weitere Rechenregeln, die man unmittelbar bestätigt:

33.6 Für $z, z' \in \mathbf{C}$ gilt:

1. $\qquad \overline{z + z'} = \bar{z} + \bar{z'},\ \overline{z\,z'} = \bar{z}\,\bar{z'}.$

2. $\qquad \overline{(\bar{z})} = z.$

3. $\qquad \bar{z} = z$ genau dann, wenn $z \in \mathbf{R}.$

A n m e r k u n g. Die Abbildung $\mathbf{C} \to \mathbf{C}$ mit $z \to \overline{z}$ heißt die k o m p l e x e
K o n j u g a t i o n. Nach 33.6, 1 und 2 ist sie ein Ringhomomorphismus von $\mathbf{C}$
in sich, der zu sich selbst invers ist. Aus 33.6, 3 folgt, daß es sich sogar um einen
$\mathbf{R}$-Automorphismus von $\mathbf{C}$ handelt (der i auf $-$i abbildet). Die Existenz eines solchen
$\mathbf{R}$-Automorphismus von $\mathbf{C}$ war bereits klar: Da i und $-$i Nullstellen desselben unzerlegbaren Polynoms $X^2 + 1$ über $\mathbf{R}$ sind, existiert nämlich nach 32.6 ein $\mathbf{R}$-Isomorphis-
mus ψ von $\mathbf{R}(i) = \mathbf{C}$ auf $\mathbf{R}(-i) = \mathbf{C}$ mit $\psi(i) = -i$. Für ψ gilt dann $\psi(a + i\,b) =$
$a + \psi(i)\,b = a - i\,b$, also $\psi(z) = \overline{z}$. Bei dieser Sicht der komplexen Konjugation ist
33.6 unmittelbar klar.

33.7 Für $z, z' \in \mathbf{C}$ gilt:

1. $\qquad |z|^2 = z\,\overline{z}$.

2. $\qquad |z| = 0$ genau dann, wenn $z = 0$.

3. $\qquad |z\,z'| = |z|\,|z'|$.

4. $\qquad |z + z'| \leq |z| + |z'| \qquad$ (D r e i e c k s u n g l e i c h u n g).

B e w e i s. Wir beschränken uns auf den Beweis von 4. und behandeln zunächst den
Spezialfall $z' = 1$. Mit $z = a + i\,b$ gilt $z + \overline{z} = 2\,a \leq 2|a| = 2\sqrt{a^2} \leq 2\sqrt{a^2 + b^2} = 2|z|$.
Daraus folgt $|z + 1|^2 = (z + 1)(\overline{z} + 1) = z\overline{z} + z + \overline{z} + 1 \leq |z|^2 + 2|z| + 1 = (|z| + 1)^2$,
also $|z + 1| \leq |z| + 1$.

Im allgemeinen Fall können wir gleich $z' \neq 0$ annehmen und führen die Behauptung
unter Verwendung von 3. auf den obigen Spezialfall zurück:

$$|z + z'| = \left| z'\left(\frac{z}{z'} + 1 \right) \right| = |z'|\,\left| \frac{z}{z'} + 1 \right| \leq |z'|\,\left(\left| \frac{z}{z'} \right| + 1 \right) = |z| + |z'|. \qquad \blacksquare$$

Für das konkrete Rechnen mit komplexen Zahlen ist es häufig nützlich, P o l a r -
k o o r d i n a t e n   zu verwenden, auf die wir kurz eingehen:

33.8 Jede komplexe Zahl $z \neq 0$ läßt sich eindeutig in der Form $z = r(\cos\varphi + i\sin\varphi)$
mit $r > 0$ und $0 \leq \varphi < 2\pi$ schreiben.

B e w e i s. Wegen $|\cos\varphi + i\sin\varphi| = \sqrt{\cos^2\varphi + \sin^2\varphi} = 1$ muß notwendig $r := |z| \,(\neq 0)$
gesetzt werden. Dann ist $|z/r| = 1$, d. h., in der Gaußschen Zahlenebene liegt z/r auf
dem Einheitskreis, besitzt also eindeutig bestimmte Koordinaten $\cos\varphi$, $\sin\varphi$ mit $0 \leq \varphi$
$< 2\pi$. Es folgt $z = r(z/r) = r(\cos\varphi + i\sin\varphi)$. $\qquad\qquad \blacksquare$

Die Polarkoordinatendarstellung liefert eine anschauliche Interpretation der Multiplikation komplexer Zahlen:

33.9 Es ist $r(\cos\varphi + i\sin\varphi) \cdot s(\cos\psi + i\sin\psi) = r\,s(\cos(\varphi + \psi) + i\sin(\varphi + \psi))$.

B e w e i s. Die Additionstheoreme für Sinus und Cosinus liefern:

$$(\cos\varphi + i\sin\varphi)(\cos\psi + i\sin\psi)$$

$$= (\cos\varphi\cos\psi - \sin\varphi\sin\psi) + i(\sin\varphi\cos\psi + \cos\varphi\sin\psi)$$

$$= \cos(\varphi + \psi) + i\sin(\varphi + \psi). \qquad\qquad \blacksquare$$

Man multipliziert also komplexe Zahlen, indem man ihre Beträge r und s multipliziert und ihre „Argumente" φ und ψ addiert. Durch mehrfache Anwendung dieser Regel erhält man die sogenannten M o i v r e s c h e n   F o r m e l n:

33.10 Es ist $(\cos \varphi + i \sin \varphi)^n = \cos n\, \varphi + i \sin n\, \varphi$ für alle $n \in \mathbf{N}$.

Mit diesen Hilfsmitteln können wir zeigen:

33.11 Für $n \geq 1$ sei $\epsilon_n := \cos (2\,\pi/n) + i \sin (2\,\pi/n)$. Die n paarweise verschiedenen komplexen Zahlen $\epsilon_n^0 = 1, \epsilon_n, \ldots, \epsilon_n^{n-1}$ sind genau die Nullstellen des Polynoms $X^n - 1$ in $\mathbf{C}$. Sie heißen die n - t e n   E i n h e i t s w u r z e l n.

B e w e i s. Nach den Moivreschen Formeln ist

$$(\epsilon_n^k)^n = \epsilon_n^{kn} = \cos 2\,k\,\pi + i \sin 2\,k\,\pi = 1.$$

Aus der Darstellung

$$\epsilon_n^k = \cos \frac{2\,k\,\pi}{n} + i \sin \frac{2\,k\,\pi}{n}$$

sieht man, daß die ϵ_n^k für $k = 0, \ldots, n - 1$ paarweise verschieden sind. Aus Gradgründen gibt es keine weiteren Nullstellen von $X^n - 1$ in $\mathbf{C}$.   ■

Die n-ten Einheitswurzeln bilden also bzgl. der Multiplikation eine zyklische Gruppe der Ordnung n.

Wir wenden uns nun dem Fundamentalsatz der Algebra zu. Dieser zunächst überraschende Satz besagt, daß man durch Adjunktion der Nullstelle i des Polynoms $X^2 + 1$ von $\mathbf{R}$ zu einem Körper kommt, über dem bereits alle Polynome zerfallen. Heute sind über 200 Beweisvarianten dieses zum erstenmal im Jahre 1799 von Gauß vollständig bewiesenen Satzes bekannt. Alle diese Beweise benutzen mehr oder weniger umfangreiche Hilfsmittel aus der Analysis. Der hier dargestellte Beweis geht auf Gauß zurück und kommt mit dem Zwischenwertsatz für stetige Funktionen aus, der sogar nur für ganzrationale Funktionen verwandt wird. Damit können wir sofort zeigen:

33.12 Jedes Polynom ungeraden Grades $f \in \mathbf{R}\,[X]$ hat eine Nullstelle in $\mathbf{R}$.

B e w e i s. Wir können gleich f als normiert annehmen:
$f = X^n + a_{n-1} X^{n-1} + \ldots + a_0$ mit ungeradem $n \in \mathbf{N}$ und reellen Koeffizienten $a_0, \ldots, a_{n-1}$.
Für $x \neq 0$ aus $\mathbf{R}$ ist dann

$$f(x) = x^n \left(1 + \frac{a_{n-1}}{x} + \ldots + \frac{a_0}{x^n} \right).$$

Wir wählen ein $b > 0$ aus $\mathbf{R}$ so groß, daß

$$\left| \frac{a_{n-1}}{b} + \ldots + \frac{a_0}{b^n} \right| < \frac{1}{2} \quad \text{und} \quad \left| \frac{a_{n-1}}{-b} + \ldots + \frac{a_0}{(-b)^n} \right| < \frac{1}{2}$$

ist. Dann gilt

$$f(b) > b^n \left(1 - \frac{1}{2} \right) > 0 \quad \text{und} \quad f(-b) < (-1)^n b^n \left(1 - \frac{1}{2} \right) < 0,$$

da n ungerade ist. Nach dem Zwischenwertsatz hat f daher eine reelle Nullstelle im Intervall $[-b, b]$. ∎

Wir kommen zu zwei weiteren Hilfsaussagen, die ebenfalls Spezialfälle des Fundamentalsatzes sind.

33.13 Jedes quadratische Polynom $f = X^2 + z_1 X + z_0$ mit komplexen Koeffizienten z_0, z_1 hat eine Nullstelle in **C**.

B e w e i s. Die quadratische Gleichung $f(x) = 0$, d. h. $x^2 + z_1 x + z_0 = 0$, führen wir wie üblich durch quadratische Ergänzung auf die Gleichung

$$\left(x + \frac{z_1}{2}\right)^2 = \frac{z_1^2}{4} - z_0$$

zurück. Durch „Wurzelziehen" kann man nun $x + \dfrac{z_1}{2}$ und damit die gesuchte Nullstelle

x gewinnen. Es ist also noch für eine beliebige komplexe Zahl z eine „Wurzel" w mit $w^2 = z$ zu finden. Schreiben wir z in Polarkoordinaten $z = r(\cos \varphi + i \sin \varphi)$, so erhalten

wir eine solche Wurzel nach 33.9 als $w := \sqrt{r}\left(\cos \dfrac{\varphi}{2} + i \sin \dfrac{\varphi}{2}\right)$. ∎

A n m e r k u n g. Man kann hier die Polarkoordinatendarstellung vermeiden: Ausgehend von $z = a + i b$ hat man nämlich

$$w = \frac{1}{\sqrt{2}}\left(\sqrt{a + \sqrt{a^2 + b^2}} \pm i \sqrt{-a + \sqrt{a^2 + b^2}}\right),$$

wobei das Vorzeichen des zweiten Summanden wie das Vorzeichen von b zu wählen ist.

33.14 Jedes Polynom f vom Grad ≥ 1 mit reellen Koeffizienten hat eine Nullstelle in **C**.

B e w e i s. Wir können gleich annehmen, daß f normiert ist. Den Grad n von f schreiben wir in der Form $n = 2^m n_0$ mit ungeradem n_0 und verwenden Induktion über m. Im Fall $m = 0$ ist n selbst ungerade, und die Behauptung folgt aus 33.12.

Es sei nun $m \geq 1$. Wir betrachten den (nach 32.4 existierenden) Zerfällungskörper L von f über **C**. Dann gilt also $f = (X - \alpha_1) \ldots (X - \alpha_n)$ mit $\alpha_1, \ldots, \alpha_n \in L$. Nach dem Vietaschen Wurzelsatz 25.6 ist $f = X^n + a_{n-1} X^{n-1} + \ldots + a_0$ mit $a_k = (-1)^{n-k} s_{n-k}(\alpha_1, \ldots, \alpha_n)$, wobei $s_1, \ldots, s_n$ die elementarsymmetrischen Polynome in n Unbestimmten über **R** sind. Für jedes $k \in \mathbf{N}$ bilden wir nun das Polynom

$$g_k := \prod_{1 \leq i < j \leq n} (X - (\alpha_i \alpha_j + k(\alpha_i + \alpha_j))) \in L[X].$$

Da es $\dfrac{n(n-1)}{2}$ Indexpaare (i, j) mit $1 \leq i < j \leq n$ gibt, ist

$$\mathrm{grad}\, g_k = \frac{n(n-1)}{2} = 2^{m-1} n_0(2^m n_0 - 1).$$

Dabei ist $n_0(2^m n_0 - 1)$ ungerade, und wir dürfen auf die Polynome g_k die Induktionsvoraussetzung anwenden, wenn wir zeigen können, daß die Koeffizienten von g_k bereits in **R** liegen. Diese Koeffizienten sind symmetrische Polynomausdrücke in $\alpha_1, \ldots, \alpha_n$ mit Koeffizienten aus $\mathbf{R}$. Vertauscht man nämlich zwei der α_i, so werden bei der Produktdarstellung von g_k nur diejenigen Faktoren untereinander vertauscht, in denen genau eines dieser beiden α_i vorkommt. Dies bedeutet, daß g_k und damit seine Koeffizienten sich bei Vertauschungen der α_i nicht ändern. Nach dem Hauptsatz über symmetrische Polynome sind die Koeffizienten von g_k nun Polynomausdrücke über $\mathbf{R}$ in $s_1(\alpha_1, \ldots, \alpha_n), \ldots, s_n(\alpha_1, \ldots, \alpha_n)$, also (bis aufs Vorzeichen) in den Koeffizienten $a_0, \ldots, a_{n-1} \in \mathbf{R}$ von f. Daher sind die Koeffizienten der g_k in der Tat reell.

Der hier vorgeführte Schluß mit symmetrischen „Polynomausdrücken" ist eigentlich nicht ganz korrekt, da der Hauptsatz über symmetrische Polynome (vgl. 25.7) nicht für solche „Ausdrücke" in $\alpha_1, \ldots, \alpha_n$, sondern nur für Polynome in Unbestimmten $X_1, \ldots, X_n$ richtig ist. Unsere Vorgehensweise läßt sich jedoch durch folgende Überlegung mit Unbestimmten, für die erst hinterher $\alpha_1, \ldots, \alpha_n$ eingesetzt werden, rechtfertigen:

Statt g_k betrachtet man $G_k := \prod_{1 \leq i < j \leq n} (X - (X_i X_j + k(X_i + X_j)))$ als Polynom in der Unbestimmten X mit Koeffizienten c_m im Polynomring $\mathbf{R}[X_1, \ldots, X_n]$. Wie oben sieht man, daß die c_m symmetrische Polynome in $X_1, \ldots, X_n$ sind. Nach 25.7 lassen sie sich also in der Form $c_m = h_m(s_1, \ldots, s_n)$ mit $h_m \in \mathbf{R}[X_1, \ldots, X_n]$ schreiben. Die Koeffizienten von g_k sind dann

$$c_m(\alpha_1, \ldots, \alpha_n) = h_m(s_1(\alpha_1, \ldots, \alpha_n), \ldots, s_n(\alpha_1, \ldots, \alpha_n))$$
$$= h_m(-a_{n-1}, a_{n-2}, \ldots, (-1)^n a_0) \in \mathbf{R}.$$

Nach Induktionsvoraussetzung besitzt g_k nun wenigstens eine Nullstelle in $\mathbf{C} \subset \mathbf{L}$. Aus der Produktdarstellung von g_k liest man ab, daß diese Nullstelle einer der Ausdrücke $\alpha_i \alpha_j + k(\alpha_i + \alpha_j)$ sein muß. Da es nur endlich viele Indexpaare (i, j) mit $1 \leq i < j \leq n$ gibt, jedoch unendlich viele Polynome g_k betrachtet werden, muß es zwei verschiedene Zahlen k und k' geben, für die dasselbe Indexpaar (i, j) eine komplexe Nullstelle liefert (Schubfachprinzip!). Dann sind also $z := \alpha_i \alpha_j + k(\alpha_i + \alpha_j)$ und $z' := \alpha_i \alpha_j + k'(\alpha_i + \alpha_j)$ komplexe Zahlen und

$$\alpha_i + \alpha_j = \frac{z - z'}{k - k'}, \qquad \text{sowie} \qquad \alpha_i \alpha_j = \frac{k' z - k z'}{k' - k}$$

liegen ebenfalls bereits in $\mathbf{C}$. Das quadratische Polynom $h := X^2 - (\alpha_i + \alpha_j) X + \alpha_i \alpha_j = (X - \alpha_i)(X - \alpha_j)$ ist nun aus $\mathbf{C}[X]$, hat also nach 33.13 eine Nullstelle in $\mathbf{C}$. Wegen $\mathbf{C} \subset \mathbf{L}$ muß es sich dabei um eine der beiden Nullstellen α_i, α_j von h in L handeln. Da α_i und α_j auch Nullstellen von f waren, hat f ebenfalls eine Nullstelle in $\mathbf{C}$. ∎

Nach diesen Vorbereitungen erhalten wir leicht:

33.15 (Fundamentalsatz der Algebra) Jedes Polynom $f \in \mathbf{C}[X]$ mit grad $f \geq 1$ hat eine Nullstelle in $\mathbf{C}$.

Der Körper $\mathbf{C}$ der komplexen Zahlen ist also algebraisch abgeschlossen.

B e w e i s . Es sei $f = \sum_i z_i X^i$ mit $z_i \in \mathbf{C}$. Wir setzen $\bar{f} := \sum_i \bar{z}_i X^i$. Dann ist $f\bar{f} = \sum_i \left(\sum_{j+k=i} z_j \bar{z}_k \right) X^i$ ein Polynom aus $\mathbf{R}[X]$. Man sieht nämlich leicht, daß seine Koeffizienten $\sum_{j+k=i} z_j \bar{z}_k$ bei der komplexen Konjugation in sich übergehen, also bereits reell sind.

Nach 33.14 besitzt $f\bar{f}$ nun eine Nullstelle w in **C**. Aus $0 = (f \cdot \bar{f})\,(w) = f(w)\overline{f}(w)$ folgt $f(w) = 0$ oder $\overline{f}(w) = 0$. Im ersten Fall ist w die gesuchte Nullstelle von f und im zweiten Fall $\bar{w}$ wegen $f(\bar{w}) = \overline{\overline{f}(w)} = \bar{0} = 0$. ∎

Der Fundamentalsatz der Algebra liefert auch die folgende Beschreibung von **C**:

33.16 Satz Der Körper **C** ist (bis auf **R**-Isomorphie) der einzige algebraische Oberkörper von **R**, der von **R** verschieden ist.

B e w e i s . Es sei K : **R** eine algebraische Körpererweiterung mit $K \neq \textbf{R}$. Wir betrachten den Zerfällungskörper L von $X^2 + 1$ über K. Dann enthält L auch einen Zerfällungskörper von $X^2 + 1$ über **R**, also (bis auf **R**-Isomorphie) den Körper **C**. Als Zerfällungskörper ist L algebraisch über K. Da K algebraisch über **R** ist, ist dann auch L algebraisch über **R** und somit erst recht über **C**. Aus der algebraischen Abgeschlossenheit von **C** folgt nun $L = \textbf{C}$ und daher $\textbf{R} \subset K \subset \textbf{C}$. Wegen $[\textbf{C} : \textbf{R}] = 2$ muß nach der Gradschachtelungsformel $[\textbf{C} : K] = 1$, also $K = \textbf{C}$ sein. ∎

Übungsaufgaben

33.17 Man zeige, daß die 2 x 2-Matrizen der Form $\begin{pmatrix} a & -b \\ b & a \end{pmatrix}$ mit $a, b \in \textbf{R}$ bzgl. der üblichen Matrizenaddition und -multiplikation einen zu **C** isomorphen Körper bilden.

33.18 Man zeige, daß die Paare (z, w) komplexer Zahlen mit den Verknüpfungen

$$(z, w) + (z', w') := (z + z', w + w')$$
$$(z, w) \cdot (z', w') := (z\,z' - w\,\overline{w'},\ z\,w' + w\,\overline{z'})$$

einen S c h i e f k ö r p e r bilden, d. h. einen nichtkommutativen Ring, in dem jedes Element $\neq 0$ eine Einheit ist. Er heißt der Schiefkörper der Q u a t e r n i o n e n und enthält **C** als Unterkörper vermöge der Einbettung $z \to (z, 0)$.

33.19 Es sei f ein Polynom mit reellen Koeffizienten und $z \in \textbf{C}$ eine Nullstelle von f. Man zeige, daß dann auch $f(\bar{z}) = 0$ ist.

33.20 Man zeige, daß unzerlegbare Polynome aus **R** [X] einen Grad ≤ 2 haben.

33.21 Man zeige, daß die Identität und die komplexe Konjugation die einzigen **R**-Automorphismen von **C** sind.

33.22 $\textbf{A} \subset \textbf{C}$ sei der Körper der algebraischen Zahlen. Man zeige $[\textbf{A} : (\textbf{A} \cap \textbf{R})] = 2$.

33.23 Man überlege, daß die Summe aller n-ten Einheitswurzeln gleich 0 und ihr Produkt gleich $(-1)^{n+1}$ ist.

34 Endliche Körper

Bisher haben wir die Körpertheorie nur für die Untersuchung des Körpers **C** der komplexen Zahlen und seiner Unterkörper ausgenutzt. Eine weitere wichtige Beispielklasse, an der sich die allgemeine Körpertheorie illustrieren läßt, sind die endlichen Körper, die gelegentlich auch G a l o i s f e l d e r genannt werden. Hierzu gehören die Restklassenringe $\mathbf{Z}_p := \mathbf{Z}/\mathbf{Z}p$ von $\mathbf{Z}$ modulo einer Primzahl p (vgl. 22.7). Um einen Überblick über alle endlichen Körper zu geben, führen wir einige weitere Begriffe ein.

34.1 Definition K sei ein Körper (mit dem Einselement 1_K). Gibt es eine natürliche Zahl $n > 0$ mit $n \cdot 1_K = 1_K + \ldots + 1_K = 0$, so heißt die kleinste solche Zahl die C h a r a k - t e r i s t i k von K und wird mit char K bezeichnet. Andernfalls setzen wir char $K := 0$.

Im Fall char $K \neq 0$ ist char K also die Ordnung von 1_K in der additiven Gruppe $(K, +)$.

Wir halten eine Rechenregel fest:

34.2 K sei ein Körper. Für $a \neq 0$ aus K und $m \in \mathbf{Z}$ gilt $m\,a = 0$ genau dann, wenn m ein Vielfaches von $n := $ char K ist.

B e w e i s. Ist m ein Vielfaches von n, also $m = t\,n$, so folgt natürlich $m\,a = t\,n\,a = t(a + \ldots + a) = t\,a(1_K + \ldots + 1_K) = (t\,a) \cdot (n\,1_K) = 0$.

Sei umgekehrt $m\,a = 0$. Dann ist auch $m\,1_K = m\,a\,a^{-1} = 0$. Im Fall $n = $ char $K = 0$ muß sofort $m = 0$ sein. Im Fall $n \neq 0$ liefert die Division mit Rest $q, r \in \mathbf{Z}$ mit $m = q\,n + r$ und $0 \leq r < n$. Wegen $0 = m\,1_K = q(n\,1_K) + r\,1_K = r\,1_K$ muß nach Definition von n schon $r = 0$ sein, also n ein Teiler von m. ∎

In dem Spezialfall $a = 1_K$ läßt sich 34.2 folgendermaßen formulieren:

34.3 K sei ein Körper. Für den Ringhomomorphismus $f : \mathbf{Z} \to K$ mit $f(m) := m\,1_K$ gilt Kern $f = \mathbf{Z}\,n$, wobei $n := $ char K ist.

A n m e r k u n g. Man kann auch direkt zu diesem Ergebnis kommen. Nach 16.9 ist nämlich Kern $f = \mathbf{Z}\,n$, wobei n im Fall Kern $f \neq \{0\}$ die kleinste natürliche Zahl > 0 aus Kern f, also gleich char K ist. Der obige Beweis wiederholt den Schluß von damals.

Die Charakteristik eines endlichen Körpers K ist stets $\neq 0$. Die Summen $1, 1 + 1, 1 + 1 + 1$ usw. können nämlich nicht alle verschieden sein in K. Aus $m \cdot 1 = m' \cdot 1$ mit $m > m'$ folgt dann $(m - m')\,1 = 0$. Die Charakteristik von $\mathbf{Q}$ und damit auch die von $\mathbf{R}$ und $\mathbf{C}$ ist gleich 0. Allgemein gilt:

34.4 Satz Die Charakteristik eines Körpers K ist stets gleich 0 oder eine Primzahl. Insbesondere haben endliche Körper Primzahlcharakteristik.

B e w e i s. Sei $n := $ char $K \neq 0$. Angenommen, n wäre zerlegbar in der Form $n = r\,s$ mit $1 < r, s < n$. Aus $0 = n\,1_K = (r\,1_K)(s\,1_K)$ würde dann im Körper K bereits $r\,1_K = 0$ oder $s\,1_K = 0$ folgen, im Widerspruch zur Definition von n. ∎

A n m e r k u n g. 1. Wir geben noch einen etwas strukturelleren Beweis für 34.4. Nach dem Homomorphiesatz folgt mit 34.3, daß $\mathbf{Z}/\mathbf{Z}\,n$ zu dem Unterring $f(\mathbf{Z})$ von K isomorph ist. Da K ein Körper ist, muß es sich dabei um Integritätsringe handeln, was nur in den Fällen $n = 0$ oder n Primzahl möglich ist (vgl. 22.7). Gleichzeitig erhält man nochmals, daß für endliche Körper $n = $ char $K \neq 0$ sein muß.

2. Der Begriff der Charakteristik läßt sich wie in 34.1 oder 34.3 für beliebige Ringe definieren. Für Nichtintegritätsringe wird die Aussage von 34.4 dann falsch. Beispielsweise hat $\mathbf{Z}/\mathbf{Z}\,n$ in diesem Sinne die Charakteristik n (für jedes $n \in \mathbf{N}$).

Im Fall der Primzahlcharakteristik wird der binomische Lehrsatz für bestimmte Exponenten sehr einfach:

34.5 Satz Für Elemente a, b eines Körpers der Charakteristik $p > 0$ gilt

$$(a + b)^{p^n} = a^{p^n} + b^{p^n}.$$

B e w e i s. Wir können uns gleich auf den Fall $n = 1$ beschränken. Die allgemeine Formel ergibt sich dann durch n-maliges Anwenden dieses Spezialfalls.

Nach dem binomischen Lehrsatz gilt zunächst

$$(a + b)^p = a^p + \binom{p}{1} a^{p-1} b + \ldots + \binom{p}{p-1} a\, b^{p-1} + b^p.$$

Es genügt zu zeigen, daß die Binomialkoeffizienten $\binom{p}{i}$ für $i = 1, \ldots, p - 1$ Vielfache der Charakteristik p von K sind. Dann verschwinden die mittleren Summanden nämlich wegen 34.2. Nun ist

$$\binom{p}{i} = \frac{p \cdots (p - i + 1)}{1 \ldots i} = \frac{p}{i} \cdot \binom{p - 1}{i - 1}.$$

Wegen $\quad p \binom{p - 1}{i - 1} = i \binom{p}{i} \quad$ mit $\quad \binom{p - 1}{i - 1} \in \mathbf{N}$

teilt p also das Produkt $i \cdot \binom{p}{i}$ und dann als Primzahl einen der Faktoren. Dies muß der Faktor $\binom{p}{i}$ sein, da $1 \leq i < p$ ist. ■

A n m e r k u n g. Wir halten noch einmal fest, daß für eine Primzahl p die Binomialkoeffizienten $\binom{p}{1}, \ldots, \binom{p}{p-1}$ alle durch p teilbar sind. Dies läßt sich noch etwas verallgemeinern, vgl. 12.22.

Bei einem Körper K der Charakteristik p ist die Abbildung $K \to K$ mit $x \to x^{p^n}$ also ein Ringhomomorphismus, da $(x\,y)^{p^n} = x^{p^n} y^{p^n}$ stets gilt.

Der folgende Begriff hängt eng mit dem der Charakteristik zusammen:

34.6 Satz Jeder Körper K enthält einen kleinsten Unterkörper k, den sogenannten P r i m k ö r p e r von K.

Dabei ist $k \cong \mathbf{Q}$, falls char $K = 0$, und $k \cong \mathbf{Z}/\mathbf{Z}p$, falls char $K = p > 0$ ist.

B e w e i s. Wir gehen wie in Anmerkung 1 zu 34.4 vor: Der Ringhomomorphismus $f : \mathbf{Z} \to K$ mit $f(m) := m\, 1_K$ aus 34.3 induziert einen Isomorphismus von $\mathbf{Z}/\mathbf{Z}$ char K auf den Unterring $f(\mathbf{Z}) = \{m\, 1_K \,|\, m \in \mathbf{Z}\}$ von K.

Im Fall char $K = p > 0$ ist $\mathbf{Z}/\mathbf{Z}\,p$ und damit auch $f(\mathbf{Z})$ ein Körper. Er enthält nur ganzzahlige Vielfache von 1_K und ist daher in jedem Unterkörper von K enthalten.

Im Fall char $K = 0$ ist $\mathbf{Z} \cong f(\mathbf{Z})$. Dann ist der Quotientenkörper von $f(\mathbf{Z})$, gebildet in K, isomorph zu $\mathbf{Q}$. Er ist natürlich der kleinste Unterkörper von K, da er nur Brüche der Form $m 1_K / n\, 1_K$ enthält. ■

A n m e r k u n g. 1. Wir haben bereits früher gezeigt, daß der Primkörper angeordneter Körper isomorph zu $\mathbf{Q}$ ist (vgl. 13.13).

2. Den Primkörper k von K erhält man auch, indem man den Durchschnitt aller Unterkörper von K bildet. Diese Konstruktion liefert jedoch keine Aussagen über die Gestalt von k.

Nun kommen wir zu Strukturaussagen für endliche Körper.

34.7 Satz K sei ein endlicher Körper. Dann hat K genau p^n Elemente, wobei p die Charakteristik und n der Grad von K über seinem Primkörper k ist.

B e w e i s. Nach 34.6 ist $k \cong Z/Zp$, besitzt also genau p Elemente. Wegen $n = [K:k]$ ist K ein n-dimensionaler k-Vektorraum. Bezeichnet $x_1, \ldots, x_n$ eine Basis von K über k, so besitzt jedes $x \in K$ eine eindeutige Darstellung $x = a_1 x_1 + \ldots + a_n x_n$ mit $a_i \in k$. Die Anzahl p^n der möglichen n-Tupel $(a_1, \ldots, a_n)$ aus k^n ist also gleich der Anzahl der Elemente von K. ∎

34.8 K sei ein endlicher Körper der Charakteristik p mit p^n Elementen. Dann ist K Zerfällungskörper von $X^{p^n} - X$ über dem Primkörper k von K.

B e w e i s. Die Einheitengruppen $K^* = (K - \{0\}, \cdot)$ von K hat $p^n - 1$ Elemente. Nach dem kleinen Fermatschen Satz ist daher $a^{p^n - 1} = 1$ und somit $a^{p^n} - a = 0$ für alle $a \in K - \{0\}$. Dabei gilt die letzte Gleichung auch für $a = 0$. Also sind alle p^n Elemente von K Nullstellen von $X^{p^n} - X$. Da der Grad dieses Polynoms nur p^n ist, zerfällt es bereits über K. Insgesamt ist daher K Zerfällungskörper von $X^{p^n} - X$ über k. ∎

Für die Elementezahlen endlicher Körper kommen nach 34.7 nur Primzahlpotenzen in Frage. Diese treten tatsächlich alle auf:

34.9 Der Zerfällungskörper K von $X^{p^n} - X$ über $Z_p = Z/Zp$ besitzt genau p^n Elemente (p Primzahl).

B e w e i s. Zunächst existiert K nach 32.9. Für die Ableitung von $f := X^{p^n} - X \in Z_p[X]$ gilt wegen char $Z_p = p$ nun $f' = p^n X^{p^n - 1} - 1 = -1$, also $f'(a) = -1 \neq 0$ für alle $a \in K$. Nach 24.8 hat f in K daher keine mehrfachen Nullstellen. Es genügt zu zeigen, daß die p^n paarweise verschiedenen Nullstellen von f in K bereits einen Unterkörper von K bilden, der dann der Zerfällungskörper, also gleich K, sein muß.

Wir verwenden das Kriterium 7.11 für Unterkörper und betrachten $a, b \in K$ mit $f(a) = 0$, $f(b) = 0$, also mit $a^{p^n} = a$, $b^{p^n} = b$. Da $x \to x^{p^n}$ ein Ringhomomorphismus von K in sich ist (vgl. 34.5), folgt

$$(a - b)^{p^n} = a^{p^n} - b^{p^n} = a - b \quad \text{und} \quad \left(\frac{a}{b}\right)^{p^n} = \frac{a^{p^n}}{b^{p^n}} = \frac{a}{b}.$$

Daher sind $a - b$ und $\frac{a}{b}$ wieder Nullstellen von f. ∎

Wir fassen zusammen:

34.10 Satz Zu jeder Primzahl p und jeder natürlichen Zahl $n > 0$ gibt es bis auf Isomorphie genau einen Körper mit p^n Elementen, nämlich den Zerfällungskörper von $X^{p^n} - X$ über Z_p.

B e w e i s. Es ist nur noch die Eindeutigkeit zu beweisen. Sei dazu K ein beliebiger Körper mit p^n Elementen. Nach 34.7 muß p dann die Charakteristik von K sein. Mit 34.8 folgt, daß K Zerfällungskörper von $X^{p^n} - X$ über seinem Primkörper $k \cong Z_p$ ist. Die Behauptung ergibt sich nun aus der Eindeutigkeit von Zerfällungskörpern. ∎

In diesem Zusammenhang notieren wir noch:

34.11 Ein endlicher Körper K ist nie algebraisch abgeschlossen.

B e w e i s. Nach 34.7 besitzt K genau p^n Elemente, p Primzahl. Der Zerfällungskörper L von $X^{p^{n+1}} - X$ über K enthält wenigstens die p^{n+1} paarweise verschiedenen Nullstellen dieses Polynoms (vgl. Beweis zu 34.9) in L. Daher ist $L \neq K$ ein über K algebraischer Oberkörper von K. Nach 32.12 kann K somit nicht algebraisch abgeschlossen sein. ∎

A n m e r k u n g. Man kann 34.11 auch ohne Verwendung der Strukturaussagen für endliche Körper beweisen: Über einem algebraisch abgeschlossenen Körper sind lediglich die Polynome vom Grad 1 unzerlegbar. Davon gibt es im Fall eines endlichen Körpers nur endlich viele. Andererseits existieren über jedem beliebigen Körper unendlich viele unzerlegbare Polynome. Dies läßt sich ganz elementar mit dem Trick von Euklid einsehen (vgl. 27.15).

Abschließend soll die Struktur der multiplikativen Gruppe eines endlichen Körpers geklärt werden:

34.12 Satz Die Einheitengruppe K* eines endlichen Körpers K ist stets zyklisch.

B e w e i s. Die Elementezahl von K sei m. Dann besitzt $K^* = K - \{0\}$ genau $m - 1$ Elemente, die nach dem kleinen Fermatschen Satz alle Nullstellen von $X^{m-1} - 1$ sind. Ist $m - 1 = q \cdot t$ eine Zerlegung von $m - 1$ mit $q, t \in \mathbf{N}$, so ist $X^{m-1} - 1 = (X^q)^t - 1 = (X^q - 1)((X^q)^{t-1} + (X^q)^{t-2} + \ldots + 1)$. Da $X^{m-1} - 1$ über K in paarweise verschiedene Linearfaktoren zerfällt, muß dies auch für seinen Teiler $X^q - 1$ gelten. Ist $q' < q$, so können also die q verschiedenen Nullstellen von $X^q - 1$ nicht alle auch Nullstellen von $X^{q'} - 1$ sein.

Nun betrachten wir die Primfaktorzerlegung $m - 1 = p_1^{r_1} \ldots p_s^{r_s}$. Nach der Vorüberlegung gibt es für $i = 1, \ldots, s$ jeweils Elemente $a_i \in K^*$ mit

$$a_i^{p_i^{r_i}} - 1 = 0 \quad \text{und} \quad a_i^{p_i^{r_i-1}} - 1 \neq 0.$$

Dann muß ord a_i also eine Potenz der Primzahl p_i sein. Wegen

$$a_i^{p_i^{r_i-1}} \neq 1 \qquad \text{ist sogar ord } a_i = p_i^{r_i}.$$

Da diese Ordnungen paarweise teilerfremd sind, folgt ord$(a_1 \ldots a_s) = p_1^{r_1} \ldots p_s^{r_s} = m - 1$ (vgl. 16.28). Daher ist K* die von $a_1 \ldots a_s$ erzeugte zyklische Gruppe. ∎

A n m e r k u n g. Unser Beweis zeigt sogar, daß jede endliche Untergruppe der Einheitengruppe eines beliebigen Körpers zyklisch ist.

Übungsaufgaben

34.13 Es sei p eine Primzahl und R ein beliebiger Ring mit p Elementen. Man zeige, daß R ein Körper ist.

34.14 K sei ein endlicher Körper. Man zeige: 1. Die Summe aller Elemente von K ist gleich 0, falls K mehr als zwei Elemente besitzt.

2. Das Produkt aller Elemente $\neq 0$ aus K ist gleich -1.

34.15 K sei ein Körper mit p^n Elementen, p Primzahl. Man zeige: Genau dann enthält K einen Unterkörper mit p^m Elementen, wenn m ein Teiler von n ist.

35 Anwendung: Konstruktionen mit Zirkel und Lineal

Mit Hilfe der Körpertheorie soll in diesem Abschnitt die Möglichkeit geometrischer Konstruktionen mit „Zirkel und Lineal" untersucht werden. Wir machen also die übliche, auf Platon zurückgehende Einschränkung, daß nur folgende Konstruktionsschritte zulässig sind:

1. Zeichnen einer Geraden durch zwei bereits vorhandene (also gegebene oder schon konstruierte) Punkte.

2. Zeichnen eines Kreises um einen bereits vorhandenen Punkt als Mittelpunkt mit dem Abstand zweier vorhandener Punkte als Radius.

3. Hinzufügen der Schnittpunkte der so konstruierten Geraden und Kreise zu den vorhandenen Punkten.

Damit ein Konstruktionsverfahren überhaupt in Gang kommt, müssen natürlich wenigstens zwei Punkte am Anfang gegeben sein.

Es sei noch darauf hingewiesen, daß beim Fällen von Loten, Errichten von Senkrechten, Zeichnen von Parallelen und Winkelhalbierenden üblicherweise Kreise mit einem beliebigen (genügend großen) vorher nicht konstruierten Radius verwandt werden. Da man, ausgehend von den gegebenen Punkten, natürlich beliebig lange Strecken konstruieren kann, lassen sich die angegebenen Konstruktionsaufgaben auch in unserem strengeren Sinne mit bereits erhaltenen Radien durchführen.

Wir wollen unsere Vorüberlegungen noch etwas präzisieren. Es sei M eine wenigstens zweielementige Teilmenge der euklidischen Ebene E. Mit G(M) bezeichnen wir die Menge der Geraden in E, auf denen wenigstens zwei Punkte von M liegen, und der Kreise in E, deren Mittelpunkte in M liegen und die die Abstände von Punkten aus M als Radien haben. Mit diesen Bezeichnungen definieren wir nun:

35.1 Definition Es sei a ein Punkt in E.

1. Wir sagen, a entstehe aus M durch eine E l e m e n t a r k o n s t r u k t i o n, wenn a Schnittpunkt zweier Figuren aus G(M) ist.

2. a heißt a u s M k o n s t r u i e r b a r, wenn es endliche viele Punkte $a_1, \ldots, a_n$ in E mit $a_n = a$ gibt, so daß a_1 aus M und jeweils a_{i+1} aus $M \cup \{a_1, \ldots, a_i\}$ durch eine Elementarkonstruktion entstehen.

Die Punkte von M selbst sind natürlich aus M konstruierbar: Zu $a \in M$ wählt man nämlich $b \in M$ mit $a \neq b$. Dann ist a Schnittpunkt der Geraden durch a und b mit dem Kreis um b, dessen Radius der Abstand von a und b ist.

Um algebraische Methoden anwenden zu können, identifizieren wir die Ebene E mit $\mathbf{R}^2$. Dabei können wir die „Koordinaten" so wählen, daß zwei der Punkte aus M gerade (0, 0) bzw. (1, 0) werden. Den Körper $\mathbf{R}$ identifizieren wir wie üblich mit der x-Achse $\{(r, 0)|r \in \mathbf{R}\}$. Eine reelle Zahl r ist dann also konstruierbar, wenn (r, 0) konstruierbar ist (aus M). Man kann sich bei Konstruierbarkeitsfragen auf die Betrachtung der Koordinaten beschränken.

35.2 Genau dann ist a = (x, y) $\in \mathbf{R}^2$ aus M konstruierbar, wenn x und y aus M konstruierbar sind.

B e w e i s. Wegen (0, 0), (1, 0) $\in$ M dürfen wir die x-Achse und dann als Senkrechte dazu in (0, 0) auch die y-Achse bei allen Konstruktionen verwenden.

Ist nun a = (x, y) aus M konstruierbar, so auch x = (x, 0) und (0, y) als Fußpunkte der Lote von a auf die Koordinatenachsen. Mit (0, y) ist natürlich y = (y, 0) als Schnittpunkt des Kreises um (0, 0) durch (0, y) mit der x-Achse konstruierbar.

Umgekehrt konstruiert man aus (x, 0) und (y, 0) zunächst (0, y) und dann a = (x, y) als Schnittpunkt der Senkrechten in (x, 0) bzw. (0, y) auf den Koordinatenachsen.   ∎

Wir wenden uns nun der Frage zu, welche Punkte der reellen Achse konstruierbar sind, und zeigen:

35.3 Satz M sei eine Teilmenge von $\mathbf{R}^2$ (mit (0, 0), (1, 0) $\in$ M).

1. Die Menge K_M der aus M konstruierbaren Elemente von $\mathbf{R}$ (also der x-Achse) ist ein Unterkörper von $\mathbf{R}$.

2. Ist die reelle Zahl r $\geq$ 0 aus M konstruierbar, so auch $\sqrt{r}$.

B e w e i s. 1. Wir verwenden das Kriterium 7.11 für Unterkörper. Nach Voraussetzung über M ist 1 = (1, 0) $\in$ M $\subset K_M$. Für x, y $\in K_M$ ist noch x − y $\in K_M$ und, falls y $\neq$ 0, auch x/y $\in K_M$ zu zeigen. Aus x und y gewinnt man x − y durch einfaches „Abtragen" der entsprechenden Strecken. Die Konstruktion von x/y geschieht gemäß Abb. 35.1. Nach dem Strahlensatz erhält man x/y = (x/y, 0) als Schnittpunkt der Parallelen durch (0, x) zur Geraden durch die Punkte (1, 0) und (0, y) mit der x-Achse.

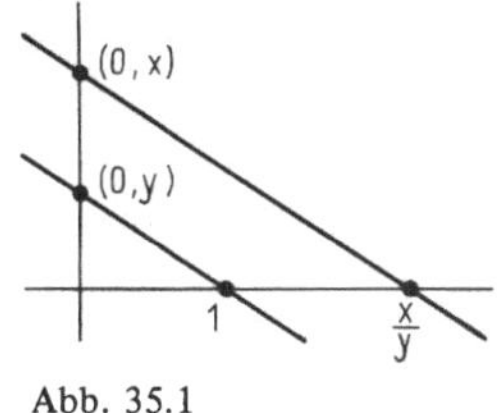

Abb. 35.1

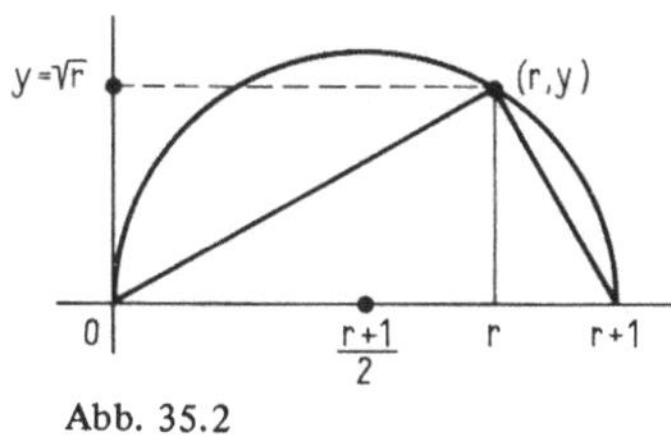

Abb. 35.2

2. Es sei r $\geq$ 0 aus M konstruierbar. Wir gewinnen $\sqrt{r}$ mit Hilfe des Höhensatzes für rechtwinklige Dreiecke gemäß Abb. 35.2. Nach 1. ist mit r auch (r + 1)/2 konstruierbar. Der Kreis um ((r + 1)/2, 0) mit dem Radius (r + 1)/2 schneidet die Senkrechte zur x-Achse durch den Punkt (r, 0) in einem Punkt (r, y). Nach dem Satz des Thales ist das Dreieck mit den Eckpunkten (0, 0), (r + 1, 0), (r, y) rechtwinklig. Der Höhensatz liefert $y^2 = r \cdot 1$, also $y = \sqrt{r}$.   ∎

Als Unterkörper von $\mathbf{R}$ enthält der Körper K_M der aus M konstruierbaren Punkte natürlich den Primkörper $\mathbf{Q}$ von $\mathbf{R}$.

Bevor wir zum Hauptsatz dieses Abschnitts kommen, beweisen wir zwei Hilfsaussagen:

35.4 M sei eine Teilmenge von $\mathbf{R}^2$ (mit $(0, 0)$, $(1, 0) \in M$), und K sei ein Unterkörper von $\mathbf{R}$, der die Koordinaten aller Punkte aus M enthält. Zu jedem Punkt $a = (x, y)$, der aus M durch eine Elementarkonstruktion entsteht, gibt es dann einen Zwischenkörper L von K und $\mathbf{R}$ mit $x, y \in L$ und $[L:K] \leq 2$.

B e w e i s. Es gibt drei Möglichkeiten einer Elementarkonstruktion für a:

1. a ist Schnittpunkt zweier (nicht paralleler) Geraden g und g' aus G(M). Diese Geraden werden durch Punkte (x_1, y_1), (x_2, y_2) bzw. (x_1', y_1'), (x_2', y_2') aus M gegeben. Dann sind die Koordinaten x, y von a durch die folgenden beiden Geradengleichungen bestimmt:

$$(x - x_1)(y_2 - y_1) - (y - y_1)(x_2 - x_1) = 0$$
$$(x - x_1')(y_2' - y_1') - (y - y_1')(x_2' - x_1') = 0$$

Da die Koeffizienten dieses linearen Gleichungssystems nach Voraussetzung im Körper K liegen, gilt dies auch für die (eindeutig bestimmten) Lösungen x, y, die sich ja rational durch die x_i, y_i, x_i', y_i' ausdrücken lassen. Die Behauptung ist also in diesem Fall mit $L := K$ erfüllt.

2. a ist Schnittpunkt einer Geraden g und eines Kreises k aus G(M). Als Bestimmungsgleichungen für die Koordinaten x, y von a erhält man diesmal

$$(x - x_1)(y_2 - y_1) - (y - y_1)(x_2 - x_1) = 0$$
$$(x - x_3)^2 + (y - y_3)^2 = r^2,$$

wobei $(x_3, y_3) \in M$ der Mittelpunkt von k und r der Radius ist. Dabei gilt $r^2 = (x_4 - x_5)^2 + (y_4 - y_5)^2$ mit (x_4, y_4), $(x_5, y_5) \in M$. Nach Voraussetzung liegen alle x_i, y_i und damit die Koeffizienten der beiden Gleichungen wieder in K. Wir setzen nun $L := K(x, y)$. Aus der Geradengleichung sieht man, daß sich eine der beiden Koordinaten, etwa y, über K linear durch die andere ausdrücken läßt. Dann ist $L = K(x, y) = K(x)$, und die Kreisgleichung wird durch Ersetzen von y eine quadratische Gleichung für x mit Koeffizienten aus K. Das Minimalpolynom von x über K ist also höchstens quadratisch und daher $[L:K] \leq 2$ (vgl. 31.15).

3. a ist Schnittpunkt zweier (verschiedener) Kreise k und k' aus G(M). In diesem Fall erhalten wir zwei Kreisgleichungen

$$(x - x_3)^2 + (y - y_3)^2 = r^2$$
$$(x - x_3')^2 + (y - y_3')^2 = r'^2$$

mit Koeffizienten aus K. Subtraktion dieser Gleichungen liefert zusätzlich eine (nichttriviale) lineare Gleichung für x und y. Damit ist das Problem auf den Fall 2 zurückgeführt. ∎

35.5 K und L seien Unterkörper von $\mathbf{R}$ mit $K \subset L$ und $[L:K] = 2$. Dann gibt es ein $r > 0$ in K mit $L = K(\sqrt{r})$.

B e w e i s. Wir wählen ein beliebiges $\alpha \in L$, $\alpha \notin K$. Dann ist $K \subsetneq K(\alpha) \subset L$. Wegen
$[L:K] = 2$ folgt hieraus $[L:K(\alpha)] = 1$ und somit $L = K(\alpha)$. Das Minimalpolynom von
α über K ist quadratisch, liefert also für α eine Gleichung $\alpha^2 + u\alpha + v = 0$ mit $u, v \in K$.
Durch quadratische Ergänzung erhält man $\left(\alpha + \dfrac{u}{2}\right)^2 = \dfrac{u^2}{4} - v$. Mit $r := \dfrac{u^2}{4} - v \in K$
ist dann $K(\alpha) = K\left(\alpha + \dfrac{u}{2}\right) = K(\sqrt{r})$. $\blacksquare$

Im folgenden ordnen wir der Menge M der vorgegebenen Punkte von $\mathbf{R}^2$ einen „Grundkörper" $\mathbf{Q}(M)$ zu, nämlich den kleinsten Unterkörper von $\mathbf{R}$, der die Koordinaten aller
Punkte von M enthält. Er besteht aus den rationalen Ausdrücken in diesen Koordinaten
und läßt sich auch durch deren Adjunktion zu $\mathbf{Q}$ gewinnen. Mit dieser Bezeichnung gilt
nun das folgende K o n s t r u i e r b a r k e i t s k r i t e r i u m:

35.6 Satz M sei eine Teilmenge von $\mathbf{R}^2$ mit $(0, 0)$, $(1, 0) \in M$. Genau dann ist ein
Punkt $a = (x, y) \in \mathbf{R}^2$ konstruierbar aus M, wenn es eine Kette $K_0 \subset K_1 \subset \ldots \subset K_n$
von Unterkörpern von $\mathbf{R}$ gibt mit $K_0 = \mathbf{Q}(M)$, $[K_{i+1} : K_i] = 2$ für $i = 0, \ldots, n - 1$ und
mit $x, y \in K_n$.

B e w e i s. Wir nehmen zunächst an, daß eine Kette von Unterkörpern mit den angegebenen Eigenschaften existiert, und zeigen, daß alle Elemente von K_n, insbesondere
also die Koordinaten x, y von a, konstruierbar sind.
Dazu betrachten wir die Menge K_M aller aus M konstruierbaren reellen Zahlen. Da K_M
ein Körper ist und die Koordinaten der Punkte aus M zu K_M gehören, gilt $K_0 =$
$= \mathbf{Q}(M) \subset K_M$. Nach 35.5 gibt es ein $r_0 > 0$ aus K_0 mit $K_1 = K_0(\sqrt{r_0})$. Wegen
$r_0 \in K_0 \subset K_M$ folgt mit 35.3 auch $\sqrt{r_0} \in K_M$ und daher $K_1 = K_0(\sqrt{r_0}) \subset K_M$. In
dieser Weise fortfahrend erhält man nach n Schritten $K_n \subset K_M$.
Zum Beweis der Umkehrung nehmen wir an, a sei aus M konstruierbar. Dann gibt es
definitionsgemäß eine Kette $a_1, \ldots, a_n$ von Punkten aus $\mathbf{R}^2$ mit $a_n = a$, so daß a_1 aus
M und jeweils a_{i+1} aus $M \cup \{a_1, \ldots, a_i\}$ durch eine Elementarkonstruktion entstehen.
Wir setzen $K_0 := \mathbf{Q}(M)$. Nach 35.4 gibt es zunächst einen Oberkörper K_1 von K_0 mit
$[K_1 : K_0] \leq 2$, der die Koordinaten von a_1 enthält, dann einen Oberkörper K_2 von K_1
mit $[K_2 : K_1] \leq 2$, der zusätzlich die Koordinaten von a_2 enthält usw. Nach n Schritten
erhält man so die gesuchte Körperkette, wenn man noch die Schritte mit $[K_{i+1} : K_i] = 1$,
also $K_{i+1} = K_i$, wegläßt. $\blacksquare$

Die vorstehenden Ergebnisse bedeuten, daß ein Punkt $a = (x, y)$ genau dann aus M konstruierbar ist, wenn sich x und y aus den Koordinaten der Punkte von M allein mit Hilfe
der vier Grundrechnungsarten und der Quadratwurzelbildung gewinnen lassen.

Bei unseren Anwendungen kommen wir mit einer Folgerung des Konstruierbarkeits-
kriteriums aus:

35.7 M sei eine Teilmenge von $\mathbf{R}^2$ mit $(0, 0)$, $(1, 0) \in M$. Ist $a = (x, y) \in \mathbf{R}^2$ konstruierbar aus M, so sind x und y algebraisch über $\mathbf{Q}(M)$, und die Grade der zugehörigen Minimalpolynome sind Potenzen von 2.

B e w e i s. Wir betrachten zu a die Körperkette gemäß 35.6. Wegen $x, y \in K_n$ ist
$K_0(x) \subset K_n$ und $K_0(y) \subset K_n$. Die Gradschachtelungsformel liefert zunächst $[K_n : K_0] =$

$[K_n : K_{n-1}] \ldots [K_1 : K_0] = 2^n$ und dann, daß $[K_0(x) : K_0]$ und $[K_0(y) : K_0]$ Teiler von 2^n, also selbst Potenzen von 2 sind. Die Grade dieser Körpererweiterungen sind nach 31.15 genau die Grade der Minimalpolynome von x bzw. y über $K_0 = \mathbf{Q}(M)$. ∎

A n m e r k u n g. Die angegebene Bedingung über die Minimalpolynome von x und y ist nicht hinreichend zur Konstruierbarkeit von (x, y). Man braucht vielmehr, daß die Grade der Zerfällungskörper dieser Minimalpolynome über $\mathbf{Q}(M)$ Potenzen von 2 sind.

Wir behandeln nun einige klassische Beispiele, in denen die Konstruktion mit Zirkel und Lineal nicht möglich ist, und wenden uns zunächst dem D e l i s c h e n P r o b l e m zu:

Die Leute von Delos wurden von Apollo aufgefordert, einen würfelförmigen Altar zu verdoppeln, um eine Seuche abzuwenden. Dabei sollten sie die Kante des neuen Würfels (mit dem doppelten Volumen) aus der Kante des vorhandenen Altars mit Zirkel und Lineal konstruieren. Heute kann man zeigen:

35.8 Das Delische Problem der Würfelverdoppelung ist nicht lösbar.

B e w e i s. Vorgegeben ist die Menge M der beiden Eckpunkte einer Kante des ursprünglichen Würfels, in geeigneten Koordinaten einfach $M = \{(0, 0), (1, 0)\}$. Dann ist offenbar $\mathbf{Q}(M) = \mathbf{Q}$. Die Kantenlängen des verdoppelten Würfels ist $\sqrt[3]{2}$. Wäre diese Kante konstruierbar, so auch der Punkt $(\sqrt[3]{2}, 0)$. Nach 35.7 müßte dann der Grad des Minimalpolynoms f von $\sqrt[3]{2}$ über $\mathbf{Q}(M) = \mathbf{Q}$ eine Potenz von 2 sein. Es ist jedoch $f = X^3 - 2$. Dieses Polynom hat nämlich $\sqrt[3]{2}$ als Nullstelle und ist unzerlegbar in $\mathbf{Q}[X]$ (beispielsweise nach dem Eisensteinschen Kriterium, angewandt mit p = 2, und dem Gaußschen Lemma oder nach 26.17 und 12.14). ∎

Das Problem der Q u a d r a t u r d e s K r e i s e s besteht darin, zu einem (durch Mittelpunkt und Radius) gegebenen Kreis ein flächengleiches Quadrat zu konstruieren.

35.9 Die Quadratur des Kreises ist mit Zirkel und Lineal nicht möglich.

B e w e i s. Wir können gleich annehmen, daß (0, 0) der Mittelpunkt und 1 der Radius des gegebenen Kreises ist. Dann ist wieder $M = \{(0, 0), (1, 0)\}$ und $\mathbf{Q}(M) = \mathbf{Q}$. Der Kreis hat die Fläche π und die Seitenlänge des gesuchten Quadrats ist $\sqrt{\pi}$. Ließe sich diese Seite und damit der Punkt $\sqrt{\pi} = (\sqrt{\pi}, 0)$ aus M konstruieren, so auch $\pi = (\pi, 0)$ nach 35.3, 1. Dies ist nach 35.7 nicht möglich, da π über $\mathbf{Q}(M) = \mathbf{Q}$ transzendent ist (vgl. Anhang). ∎

Das ebenfalls aus dem klassischen Altertum stammende Problem der W i n k e l d r i t t e l u n g fragt nach einem allgemeinen Verfahren, beliebig vorgegebenen Winkel mit Zirkel und Lineal in drei gleiche Teile zu teilen.

35.10 Es gibt kein allgemeines Verfahren zur Winkeldrittelung mit Zirkel und Lineal.

B e w e i s. Wir zeigen, daß nicht einmal für einen Winkel von 60° die Winkeldrittelung möglich ist.

Aus $M := \{(0, 0), (1, 0)\}$ ist natürlich ein Winkel von 60°, angetragen in (0, 0) an die x-Achse, konstruierbar als Winkel in einem gleichseitigen Dreieck mit der Seitenlänge 1 (vgl. Abb. 35.3). Wäre die Winkeldrittelung hier ausführbar, so wäre (cos 20°, sin 20°) als Schnittpunkt des gesuchten Schenkels mit dem Einheitskreis aus M konstruierbar und dann auch cos 20° und 2 cos 20°. Nach 35.7 müßte der Grad des Minimalpolynoms f von 2 cos 20° über $\mathbf{Q}(M) = \mathbf{Q}$ eine Potenz von 2 sein. Wir zeigen $f = X^3 - 3X - 1$ und erhalten einen Widerspruch.

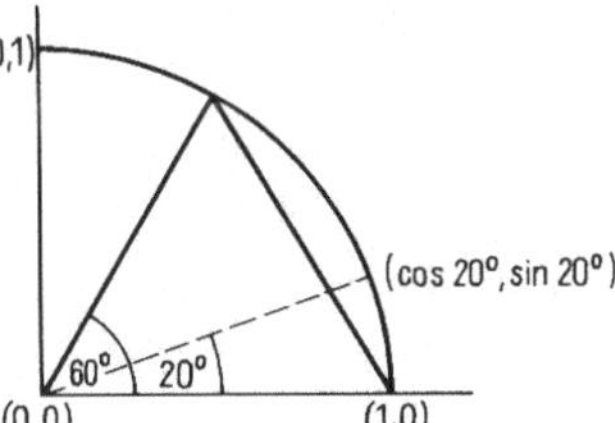

Abb. 35.3

Es ist
$$(2 \cos 20°)^3 - 3(2 \cos 20°) - 1 = 2\left(4 \cos^3 20° - 3 \cos 20° - \frac{1}{2}\right)$$

$$= 2\left(\cos 60° - \frac{1}{2}\right) = 0$$

wegen des Additionstheorems $\cos 3\alpha = 4 \cos^3 \alpha - 3 \cos \alpha$. Wir haben noch zu zeigen, daß f in $\mathbf{Q}[X]$ unzerlegbar ist. Da f keine Nullstelle in $\mathbf{Z}$ hat (vgl. Anmerkung zu 26.17), ist f unzerlegbar in $\mathbf{Z}[X]$ und nach dem Gaußschen Lemma dann auch in $\mathbf{Q}[X]$. ∎

Unser Beweis zeigt insbesondere:

35.11 Ein Winkel von 20° ist nicht mit Zirkel und Lineal konstruierbar (aus $M := \{(0, 0),$ $(1, 0)\}$ allein).

Als Konsequenz erhalten wir, daß gewisse Dreieckskonstruktionen nicht möglich sind (vgl. auch Aufg. 35.22), obwohl die Dreiecke durch die angegebenen Stücke eindeutig bestimmt sind und sich auch mit Hilfe der Trigonometrie „berechnen" lassen:

35.12 Ein Dreieck, das gegeben ist durch eine Seite c, die Winkelhalbierende w_α eines anliegenden Winkels α und den gegenüberliegenden Winkel γ, läßt sich im allgemeinen nicht konstruieren.

B e w e i s. Es genügt zu zeigen, daß eine Konstruktion im Spezialfall $c := 1$, $w_\alpha := 1$ und $\gamma := 60°$ nicht möglich ist. Diese beiden Strecken und der Winkel lassen sich offenbar aus $M := \{(0, 0)\ (1, 0)\}$ konstruieren. Wir zeigen anschließend, daß im gesuchten Dreieck der Winkel $\alpha/2$ ein Winkel von 20° ist. Ließe sich also das Dreieck konstruieren,

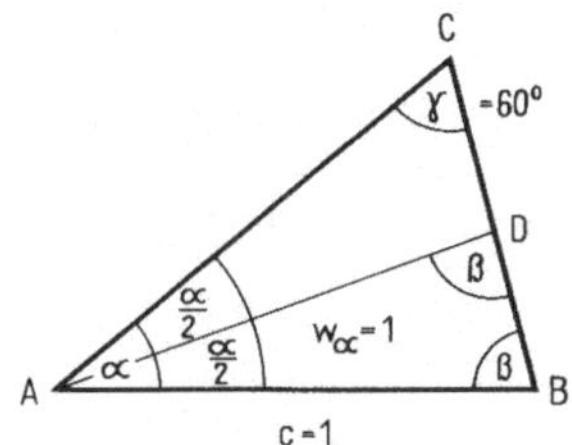

Abb. 35.4

so auch ein Winkel von 20° (ausgehend von M), im Widerspruch zu 35.11. Da das Dreieck ABD in Fig. 35.4 gleichschenklig ist, ergibt sich

$$2\beta + \frac{\alpha}{2} = 180°, \qquad \alpha + \beta + 60° = 180°.$$

Auflösen nach α und β liefert $\alpha = 40°$, $\alpha/2 = 20°$ (und $\beta = 80°$). ∎

Wir gehen nun auf das allgemeine Problem der n - T e i l u n g   v o n   W i n k e l n ein:
35.13 Satz Genau dann gibt es ein allgemeines Verfahren zur n-Teilung von Winkeln mit Zirkel und Lineal, wenn n eine Potenz von 2 ist.

B e w e i s. Für $n = 2^r$ ist die n-Teilung durch r-faches Winkelhalbieren möglich.

Sei umgekehrt n keine Potenz von 2 und $p \geq 3$ eine Primzahl aus der Primfaktorzerlegung von n. Es genügt zu zeigen, daß die p-Teilung von Winkeln α allgemein nicht möglich ist (man kann nämlich aus α/n den Winkel α/p zusammensetzen). Nun gilt für $\beta := \alpha/p$:

$$\cos p\beta = \cos^p \beta - \binom{p}{2} \cos^{p-2}\beta \sin^2\beta \pm \ldots \binom{p}{p-1} \cos\beta \sin^{p-1}\beta$$

$$= \cos^p \beta - \binom{p}{2} \cos^{p-2}\beta (1 - \cos^2\beta) \pm \ldots \binom{p}{p-1} \cos\beta (1 - \cos^2\beta)^{\frac{p-1}{2}}.$$

Man beweist dies, indem man in den Moivreschen Formeln $\cos p\beta + i \sin p\beta = (\cos\beta + i \sin\beta)^p$ den binomischen Lehrsatz anwendet.

Wir zeigen, daß zu dem speziellen α mit $\cos p\beta = \cos\alpha := p/(p+1)$ der Wert $\cos\beta$ (und damit auch der Winkel $\beta = \alpha/p$) nicht konstruierbar ist aus $\{(0, 0), (1, 0)\}$ und aus $\cos\alpha \in \mathbf{Q}$, d. h. aus $\mathbf{Q}(M) = \mathbf{Q}$.

Nach Konstruktion ist $\cos\beta$ Nullstelle von $f := X^p - \binom{p}{2}X^{p-2}(1 - X^2) \pm \ldots \binom{p}{p-1} \cdot X(1 - X^2)^{(p-1)/2} - \dfrac{p}{p+1}$ und damit auch von $(p+1)f \in \mathbf{Z}[X]$. Da die auftretenden Binomialkoeffizienten durch p teilbar sind (vgl. Anmerkung zu 34.5), hat $(p+1)f$ die Form $(1 + a_p)X^p + a_{p-1}X^{p-1} + \ldots + a_1 X - p$, wobei alle $a_i \in \mathbf{Z}$ durch p teilbar sind. Nach dem Eisensteinschen Kriterium und dem Gaußschen Lemma ist nun $(p+1)f$ unzerlegbar in $\mathbf{Q}[X]$. Bis auf Normieren handelt es sich also um das Minimalpolynom von $\cos\beta$ über $\mathbf{Q} = \mathbf{Q}(M)$. Da es den Grad p hat, ist $\cos\beta$ nach 35.7 nicht konstruierbar. ∎

Trotz des vorstehenden Satzes kann die n-Teilung spezieller Winkel möglich sein. Beispielsweise läßt sich $\alpha := 360°$ sowohl dritteln als auch in 5 Teile teilen, da Winkel von $120° = 2 \cdot 60°$ und 72° ohne weiteres konstruierbar sind (vgl. 35.18). Die n-Teilung des speziellen Winkels von 360° mit Zirkel und Lineal ist das Problem bei der Konstruktion des r e g u l ä - r e n   n - E c k s (dessen n Seiten gleich lang sind und dessen Eckpunkte auf dem Einheitskreis liegen). Natürlich sind reguläre 3-, 4-, 6-, 8-Ecke konstruierbar (übliche Konstruktionen für gleichseitige Dreiecke, Quadrate usw.). Leicht können wir zeigen:

35.14 Das reguläre 9-Eck ist nicht konstruierbar.

B e w e i s. Andernfalls könnte man nämlich aus dem Mittelpunkt (0, 0) und dem Radius 1 den Zentriwinkel von 40° des 9-Ecks und dann durch Halbieren einen Winkel von 20° konstruieren; Widerspruch zu 35.11. ∎

35.15 Das reguläre 7-Eck ist nicht konstruierbar.

B e w e i s. Es genügt nachzuweisen, daß der Eckpunkt $(\cos\beta, \sin\beta)$ auf dem Einheitskreis sich nicht konstruieren läßt aus $\mathbf{Q} = \mathbf{Q}(M)$, $M = \{(0, 0), (1, 0)\}$, wobei $\beta := 360°/7$ der Zentriwinkel des 7-Ecks ist.

Nun ist

$$\cos 3\beta = \cos\left(\frac{3}{7} \cdot 360°\right) = \cos\left(360° - \frac{3}{7} \cdot 360°\right) = \cos\left(\frac{4}{7} \cdot 360°\right) = \cos 4\beta.$$

Die Additionstheoreme für $\cos 3\beta$ und $\cos 4\beta$ liefern daraus

$$4\cos^3\beta - 3\cos\beta = 8\cos^4\beta - 8\cos^2\beta + 1.$$

Daher ist $2\cos\beta$ Nullstelle von

$$X^4 - X^3 - 4X^2 + 3X + 2 = (X - 2)(X^3 + X^2 - 2X - 1).$$

Wegen $2\cos\beta \neq 2$ ist $2\cos\beta$ bereits Nullstelle von $f := X^3 + X^2 - 2X - 1 \in \mathbf{Z}[X]$. Da dies Polynom keine Nullstelle in $\mathbf{Z}$ hat, ist es über $\mathbf{Z}$ und nach dem Gaußschen Lemma auch über $\mathbf{Q}$ unzerlegbar. Also ist f das Minimalpolynom von $2\cos\beta$. Nach 35.7 ist nun $2\cos\beta$ (und somit $\cos\beta$) nicht konstruierbar. ∎

Um allgemeinere Ergebnisse über reguläre n-Ecke zu bekommen, empfiehlt es sich, die n-ten Einheitswurzeln in $\mathbf{C}$ zu verwenden. Sie bilden in der Gaußschen Zahlenebene nämlich ein reguläres n-Eck. Wir illustrieren diese Methode an einer weiteren Aussage und definieren zunächst:

35.16 Definition Eine Primzahl $p \geq 3$ heißt eine F e r m a t s c h e   P r i m z a h l, wenn sie die Form $p = 2^k + 1$ hat.

Die folgende Aussage liefert noch einmal die Nichtkonstruierbarkeit des regulären 7-Ecks. Ihr Beweis ist jedoch nicht ganz so elementar.

35.17 Satz In der Primfaktorzerlegung von n komme eine Primzahl $p \geq 3$ vor, die keine Fermatsche Primzahl ist. Dann ist das reguläre n-Eck nicht konstruierbar.

B e w e i s. Aus dem Zentriwinkel des n-Ecks kann man den des p-Ecks durch „Aneinanderlegen" gewinnen. Wir zeigen also nur, daß das Bestimmungsstück $\cos(360°/p)$ für den Zentriwinkel des p-Ecks nicht konstruierbar ist.

L sei der Zerfällungskörper über $\mathbf{Q}(= \mathbf{Q}(M))$ von $X^p - 1 = (X - 1) \cdot f$ mit $f := X^{p-1} + \ldots + X + 1$. Die Nullstellen von $X^p - 1$, also die p-ten Einheitswurzeln, sind die Potenzen von

$$\epsilon_p = \cos\frac{360°}{p} + i\sin\frac{360°}{p}.$$

Deshalb ist $L = \mathbf{Q}(\epsilon_p)$. Da mit ϵ_p auch $\overline{\epsilon_p}$ eine p-te Einheitswurzel ist, folgt $2\cos\dfrac{360°}{p}$ $= \epsilon_p + \overline{\epsilon_p} \in L$ und damit $L' := \mathbf{Q}\left(\cos\dfrac{360°}{p}\right) \subset L$. Wir bestimmen nun die Minimalpolynome von ϵ_p über L' und $\mathbf{Q}$:

Offenbar ist $\epsilon_p \notin L'$ wegen $L' \subset \mathbf{R}$. Andererseits ist ϵ_p Nullstelle von

$$(X - \epsilon_p)(X - \overline{\epsilon_p}) = X^2 - (\epsilon_p + \overline{\epsilon_p})X + \epsilon_p\overline{\epsilon_p} = X^2 - 2\cos\frac{360°}{p}X + 1 \in L'[X].$$

Daher ist dieses Polynom Minimalpolynom von ϵ_p über L', also $[L : L'] = [L'(\epsilon_p) : L'] = 2$.

Wegen $\epsilon_p \neq 1$ ist ϵ_p außerdem Nullstelle von $f \in \mathbf{Q}[X]$. Wir zeigen unten, daß f unzerlegbar, also das Minimalpolynom von ϵ_p über $\mathbf{Q}$ ist. Dann folgt $[L : \mathbf{Q}] = p - 1$, und

$$[\mathbf{Q}\left(\cos \frac{360^\circ}{p}\right) : \mathbf{Q}] = [L' : \mathbf{Q}] = \frac{[L : \mathbf{Q}]}{[L : L']} = \frac{p-1}{2}$$ ist nach Voraussetzung über p keine

Potenz von 2. Nach 35.7 ist $\cos \frac{360^\circ}{p}$ daher nicht konstruierbar.

Aus $f = g \cdot h$ mit $g, h \in \mathbf{Q}[X]$ folgt $f(X + 1) = g(X + 1) \cdot h(X + 1)$. Es genügt deshalb, zu zeigen, daß $f(X + 1)$ unzerlegbar ist. Ersetzt man X durch $X + 1$ in $(X - 1) \cdot f = X^p - 1$, so erhält man $X \cdot f(X + 1) = (X + 1)^p - 1 = X^p + \binom{p}{1} X^{p-1} + \ldots + \binom{p}{p-1} X$, also $f(X + 1)$
$= X^{p-1} + \binom{p}{1} X^{p-2} + \ldots + p$. Da die auftretenden Binomialkoeffizienten nach der

Anmerkung zu 34.5 durch p teilbar sind, ist $f(X + 1)$ nach dem Eisensteinschen Kriterium unzerlegbar über $\mathbf{Z}$ (und dann auch über $\mathbf{Q}$).   ∎

A n m e r k u n g. Wir können hier nicht darauf eingehen, wann die Konstruktion des regulären n-Ecks doch möglich ist. Ganz allgemein gilt der folgende Satz von Gauß: Das reguläre n-Eck ist genau dann konstruierbar, wenn $\varphi(n)$ eine Potenz von 2 ist (wobei φ die Eulersche Funktion bezeichnet). Dies ist, wie man mit 28.13 leicht sieht, genau dann der Fall, wenn n eine Primfaktorzerlegung der Form $2^r p_1 \ldots p_s$ mit paarweise verschiedenen Fermatschen Primzahlen $p_1, \ldots, p_s$ hat. Man zeigt leicht, daß Fermatsche Primzahlen sogar die Form $2^{2^k} + 1$ haben müssen. Bis heute sind davon nur 3, 5, 17, 257 und 65537 bekannt.

Wir erläutern unsere Konstruierbarkeitsaussagen noch am Beispiel des 5-Ecks.

35.18 Das reguläre 5-Eck ist mit Zirkel und Lineal konstruierbar.

B e w e i s. Es genügt, den Sinus des Zentriwinkels $\beta = 72^\circ$ zu konstruieren. Die Additionstheoreme liefern

$$0 = \sin 5\beta = 16 \sin^5 \beta - 20 \sin^3 \beta + 5 \sin \beta.$$

Daher gehört $\sin \beta \neq 0$ zu den Nullstellen $\pm \frac{1}{2}\sqrt{\frac{1}{2}(5 \pm \sqrt{5})}$ des Polynoms $16\,X^4 -$

$20\,X^2 + 5$, die wir nach der üblichen Formel für quadratische Gleichungen erhalten haben. Die Form dieser Ausdrücke zeigt, daß $\sin \beta$ konstruierbar ist. Die in 35.3 beschriebenen Verfahren gestatten jetzt sogar eine explizite Konstruktion von $\sin 72^\circ$ und damit des regulären 5-Ecks.   ∎

A n m e r k u n g. Die übliche Konstruktion für das reguläre 5-Eck mit dem „goldenen Schnitt" führt natürlich schneller zum Ziel. Uns kam es auf die Erläuterung der Konstruierbarkeitstheorie an.

Übungsaufgaben

35.19 Für teilerfremde natürliche Zahlen m und n seien das reguläre m-Eck und n-Eck gegeben. Man zeige, daß davon ausgehend auch das reguläre m · n-Eck konstruierbar ist, und beschreibe die Konstruktion.

35.20 Es sei $n \in \mathbf{N}$. Man zeige, daß der Winkel n° genau dann mit Zirkel und Lineal konstruiert werden kann (ausgehend von $\{(0, 0), (1, 0)\}$), wenn n ein Vielfaches von 3 ist.

35.21 Für jede nicht durch 3 teilbare natürliche Zahl n zeige man, daß die Drittelung des Winkels $360^\circ/n$ mit Zirkel und Lineal möglich ist.

35.22 Man zeige, daß aus den beiden Seiten a und c sowie der Winkelhalbierenden w_α (eines nicht eingeschlossenen Winkels) ein Dreieck im allgemeinen nicht konstruierbar ist (man untersuche den Spezialfall $a = c = w_\alpha = 1$ und berechne α).

36 Auflösung algebraischer Gleichungen

Nach dem Fundamentalsatz der Algebra hat jede Gleichung $f(x) = 0$ mit einem nichtkonstanten Polynom $f \in \mathbf{C}[X]$ Lösungen in $\mathbf{C}$. Es handelt sich dabei um eine reine Existenzaussage, die keine Hinweise enthält, wie solche Lösungen zu gewinnen sind. Im folgenden soll untersucht werden, unter welchen Umständen sich diese Lösungen aus den Koeffizienten von f allein unter Verwendung der Grundrechenarten und des Wurzelziehens ausdrücken lassen. Das Hauptergebnis dieses Abschnitts ist, daß in diesem Sinne Gleichungen mindestens 5. Grades nicht mehr stets auflösbar sind.

Die mit dem „Wurzelziehen" zusammenhängenden Begriffe sind zunächst zu präzisieren. Dabei beschränken wir uns auf den Körper der komplexen Zahlen.

36.1 Definition Es sei $a \in \mathbf{C}$. Jede Nullstelle des Polynoms $X^n - a$ in $\mathbf{C}$ heißt ein R a d i k a l (von a) und wird mit $\sqrt[n]{a}$ bezeichnet.

A n m e r k u n g. Die funktionale Schreibweise $\sqrt[n]{a}$ ist im Grunde genommen nicht zulässig, da man keine der Nullstellen von $X^n - a$ auszeichnen will. Auch für den Spezialfall einer positiven reellen Zahl a verzichten wir in diesem Abschnitt darauf, $\sqrt[n]{a}$ ausdrücklich als die positive reelle Wurzel zu interpretieren. In diesem Sinne wäre $\sqrt[n]{1}$ jetzt eine gemeinsame Bezeichnung für die n-ten Einheitswurzeln.

Die n-ten Radikale von a gehen durch Multiplikation mit den n-ten Einheitswurzeln ϵ_n^j auseinander hervor:

36.2 Es sei $a \in \mathbf{C}$ und $\sqrt[n]{a}$ ein Radikal von a. Dann hat $X^n - a$ genau die n paarweise verschiedenen Nullstellen $\sqrt[n]{a},\ \epsilon_n \sqrt[n]{a},\ \ldots,\ \epsilon_n^{n-1} \sqrt[n]{a}$.

B e w e i s. Es handelt sich um paarweise verschiedene Zahlen, da die Einheitswurzeln $1, \epsilon_n, \ldots, \epsilon_n^{n-1}$ paarweise verschieden sind. Außerdem ist $(\epsilon_n^j \sqrt[n]{a})^n = \epsilon_n^{jn}(\sqrt[n]{a})^n$ $= 1 \cdot a = a$. Weitere Nullstellen kann $X^n - a$ aus Gradgründen nicht haben. ∎

36.3 Definition K und L seien Unterkörper von $\mathbf{C}$ mit $K \subset L$.

1. L heißt eine e i n f a c h e   R a d i k a l e r w e i t e r u n g von K, wenn es ein $a \in K$ mit $L = K(\sqrt[n]{a})$ gibt.

2. L heißt eine R a d i k a l e r w e i t e r u n g von K, wenn es eine Kette $K = K_0 \subset K_1 \subset \ldots \subset K_m = L$ von Unterkörpern von L gibt, so daß jeweils K_{i+1} eine einfache Radikalerweiterung von K_i ist.

Die Beziehung $L = (\sqrt[n]{a})$ besagt nur, daß L aus K durch Adjunktion irgendeiner der Nullstellen von $X^n - a$ entsteht. Das Ergebnis hängt im allgemeinen davon ab, welche dieser Nullstellen man verwendet. Beispielsweise ist $\mathbf{Q}(\sqrt[4]{2}) \neq \mathbf{Q}(i\sqrt[4]{2})$ für die Nullstellen $\sqrt[4]{2}$ und $i\sqrt[4]{2}$ von $X^4 - 2$ (nur einer der beiden Körper liegt in $\mathbf{R}$). Enthält K jedoch alle n-ten

Einheitswurzeln, so ist $K(\sqrt[n]{a})$ bei jeder Interpretation von $\sqrt[n]{a}$ der Zerfällungskörper von $X^n - a$ über K (vgl. 36.2).

Die eingangs beschriebene Auflösbarkeit von algebraischen Gleichungen läßt sich nun so formulieren:

36.4 Definition K sei ein Unterkörper von **C** und $f \in K[X]$ ein Polynom vom Grad $n \geq 1$. Die Gleichung n-ten Grades $f(x) = 0$ heißt (durch Radikale) **a u f l ö s b a r** über K, wenn die Nullstellen von f in einer Radikalerweiterung von K liegen.

A n m e r k u n g e n. 1. Es genügt, jede einzelne Nullstelle von f in einer eigenen Radikalerweiterung „einzufangen". Indem man an die Radikalerweiterung der ersten Nullstelle die zur zweiten Nullstelle gehörenden Radikale adjungiert usw., erhält man so eine gemeinsame Radikalerweiterung für alle Nullstellen. Der Zerfällungskörper von f über K liegt dann ebenfalls in dieser Radikalerweiterung.

2. Wichtig ist vor allem der Fall, daß K der Körper ist, der aus **Q** durch Adjunktion der Koeffizienten von f entsteht. Dieser Fall entspricht den obigen Vorstellungen vom Auflösen der Gleichung $f(x) = 0$.

Wir erläutern die Begriffsbildung an den Gleichungen vom Grad ≤ 4. Dabei beschränken wir uns gleich auf normierte Polynome.

36.5 K sei ein Unterkörper von **C**. Dann ist jede quadratische Gleichung über K auflösbar.

B e w e i s. Auf $f = X^2 + aX + b \in K[X]$ wenden wir quadratische Ergänzung an und erhalten die Lösungen von $f(x) = 0$ in der üblichen Form: $x_{1,2} = -\dfrac{a}{2} \pm \dfrac{1}{2} \sqrt[2]{a^2 - 4b}$.
Es folgt $x_{1,2} \in K(\sqrt[2]{d})$ mit $d := a^2 - 4b \in K$. ∎

36.6 Satz K sei ein Unterkörper von **C**. Dann ist jede Gleichung dritten Grades über K auflösbar.

B e w e i s. Sei $f = X^3 + aX^2 + bX + c \in K[X]$ und $x \in$ **C** mit $f(x) = 0$. Durch die Substitution $y := x + (a/3)$ erhält man $y^3 + py + q = 0$ mit

$$p := -\frac{1}{3}a^2 + b, \qquad q := \frac{2}{27}a^3 - \frac{1}{3}ab + c \qquad \text{aus K.}$$

Im Fall $p = 0$ ist $y = \sqrt[3]{-q}$ und dann $x = y - \dfrac{a}{3} \in K(\sqrt[3]{-q})$.

Im Fall $p \neq 0$ gibt es eine Lösung $z \neq 0$ aus **C** der quadratischen Gleichung $z^2 - yz - (p/3) = 0$, d. h., y läßt sich in der Form $y = z - (p/3z)$ schreiben. Einsetzen in $y^3 + py + q = 0$ liefert für z die Gleichung $z^3 - (p^3/27z^3) + q = 0$. Die nach Multiplikation mit z^3 entstehende quadratische Gleichung für z^3 ergibt

$$z^3 = -\frac{q}{2} \pm \sqrt[2]{\frac{q^2}{4} + \frac{p^3}{27}}, \quad \text{also} \quad z = \sqrt[3]{\frac{-q}{2} \pm \sqrt[2]{\frac{-d}{108}}}$$

mit $d := -4p^3 - 27q^2 \in K$. Es sei nun

$$a_1 := -\frac{d}{108}, \qquad K_1 := K(\sqrt[2]{a_1})$$

und $\qquad a_2 := -\dfrac{q}{2} \pm \sqrt[2]{\dfrac{-d}{108}} \in K_1, \qquad K_2 := K_1(\sqrt[3]{a_2})$.

Dann liegen z sowie $y = z - (p/3\,z)$ und schließlich $x = y - (a/3)$ in der Radikalerweiterung K_2 von K. ∎

A n m e r k u n g. Setzt man die angegebenen Ausdrücke für z, y und x rückwärts zusammen, so kommt man zu den sogenannten C a r d a n i s c h e n   F o r m e l n für die Lösungen kubischer Gleichungen. Sie wurden von Scipione del Ferro und Tartaglia gefunden und 1535 von Cardano veröffentlicht.

Die Auflösbarkeit der Gleichungen vierten Grades wurde 1545 von Ferrari entdeckt. Wir skizzieren einen Beweis, der wieder zu Lösungsformeln ausgebaut werden kann:

36.7 K sei ein Unterkörper von **C**. Dann ist jede Gleichung vierten Grades über K auflösbar.

B e w e i s. Sei $f = X^4 + a\,X^3 + b\,X^2 + c\,X + d \in K[X]$. Für eine Lösung $x \in \mathbf{C}$ von $f(x) = 0$ führt die Substitution $y := x + (a/4)$ zu einer Gleichung $y^4 + p\,y^2 + q\,y + r = 0$ (ohne Term dritten Grades) mit $p, q, r \in K$. Nach 36.6 existiert eine Radikalerweiterung L' von K und ein $z \in L'$, das die kubische Gleichung $4(z - p)\left(\dfrac{z^2}{4} - r\right) - q^2 = 0$ löst. Wir können gleich $q \neq 0$, also $z - p \neq 0$ annehmen, da sonst eine quadratische Gleichung für y^2 übrig bleibt. Damit gilt nun

$$
\begin{aligned}
0 &= y^4 + p\,y^2 + q\,y + r \\
&= \left(y^4 + y^2 z + \frac{z^2}{4}\right) - \left(y^2 z + \frac{z^2}{4} - p\,y^2 - q\,y - r\right) \\
&= \left(y^2 + \frac{z}{2}\right)^2 - \left((z - p)y^2 - q\,y + \left(\frac{z^2}{4} - r\right)\right) \\
&= \left(y^2 + \frac{z}{2}\right)^2 - \left(y\,\sqrt[2]{z - p} - \frac{q}{2\,\sqrt[2]{z - p}}\right)^2 .
\end{aligned}
$$

Hieraus folgt

$$
y^2 + \frac{z}{2} = \pm\left(y\,\sqrt[2]{z - p} - \frac{q}{2\,\sqrt[2]{z - p}}\right) .
$$

Dies ist eine quadratische Gleichung für y über $L'(\sqrt[2]{z - p})$. Nach 36.5 liegen y und somit x in einer Radikalerweiterung von $L'(\sqrt[2]{z - p})$. Wegen $z - p \in L'$ handelt es sich um eine Radikalerweiterung von L' und damit auch von K. ∎

Gleichungen fünften und höheren Grades sind so nicht mehr auflösbar. Dies wurde nach Vorarbeiten von Ruffini 1826 von Abel bewiesen. Wir werden sogar zeigen, daß es nicht nur keine allgemeinen Lösungsverfahren dazu gibt (die unabhängig von den speziellen Koeffizienten sind), sondern daß selbst die Lösungen konkreter Gleichungen über **Q**, wie etwa $x^5 + 4\,x^4 - 2 = 0$, nicht in einer Radikalerweiterung von **Q** liegen. Die zugehörige Theorie geht auf Galois (1832) zurück. Er brachte die Auflösbarkeit von Gleichungen mit endlichen Gruppen von Körperautomorphismen in Verbindung. Sie drückt sich in der Auflösbarkeit dieser Gruppen (im Sinne von 19.27) aus.

Zunächst stellen wir einige Hilfsmittel zusammen, die beim Beweis der angekündigten Nichtauflösbarkeitsaussage benutzt werden.

36.8 Definition L : K sei eine Körpererweiterung.

1. Ein K-Isomorphismus φ von L auf sich selbst, also ein Ringisomorphismus $\varphi : L \to L$ mit $\varphi(a) = a$ für alle $a \in K$, heißt ein K - A u t o m o r p h i s m u s von L.

2. Die Menge aller K-Automorphismen von L ist mit der Hintereinanderschaltung als Verknüpfung eine Gruppe. Sie heißt die G a l o i s g r u p p e von L über K und wird mit G(L : K) bezeichnet.

In der Tat ist G(L : K) eine Gruppe: Für K-Automorphismen φ und ψ von L sind nämlich auch $\varphi \circ \psi$ und φ^{-1} wieder Automorphismen, die K elementweise festlassen.

Wir befassen uns hier nur mit Galoisgruppen von Zerfällungskörpern eines Polynoms:

36.9 Definition Unter der G a l o i s g r u p p e e i n e s (nicht konstanten) P o l y -
n o m s $f \in K[X]$ verstehen wir die Galoisgruppe des Zerfällungskörpers L von f über K.

Die folgenden Aussagen führen auf die Zusammenhänge zwischen der Galoisgruppe eines Polynoms und seinen Nullstellen.

36.10 $L := K(\alpha_1, \ldots, \alpha_n)$ sei ein Oberkörper von K, und φ, ψ seien K-Homomorphismen von L in einen beliebigen Oberkörper von K mit $\varphi(\alpha_i) = \psi(\alpha_i)$ für $i = 1, \ldots, n$. Dann gilt bereits $\varphi = \psi$.

B e w e i s. Die Menge $L' := \{x \in L \mid \varphi(x) = \psi(x)\}$ ist ein Unterkörper von L, wie man mit dem Kriterium 7.11 sofort bestätigt. Wegen $K \subset L'$ und $\alpha_i \in L'$ ist auch $K(\alpha_1, \ldots, \alpha_n) \subset L'$.   ∎

36.11 L sei ein Oberkörper von K, f ein Polynom aus K[X] und φ ein K-Automorphismus von L. Für jede Nullstelle $\alpha \in L$ von f ist dann auch $\varphi(\alpha)$ eine Nullstelle von f.

B e w e i s. Sei $f = a_n X^n + \ldots + a_0$. Aus $f(\alpha) = 0$ folgt $0 = \varphi(f(\alpha)) = \varphi(a_n) \varphi(\alpha)^n + \ldots + \varphi(a_0) = a_n \varphi(\alpha)^n + \ldots + a_0 = f(\varphi(\alpha))$, da nach Voraussetzung $\varphi(a) = a$ für $a \in K$ gilt.   ∎

Die Automorphismen aus der Galoisgruppe eines Polynoms f bewirken eine Permutation der Nullstellen von f, durch die sie sogar bestimmt sind. Dies läßt sich so präzisieren:

36.12 $L := K(\alpha_1, \ldots, \alpha_n)$ sei der Zerfällungskörper eines Polynoms $f \in K[X]$, wobei $\alpha_1, \ldots, \alpha_n$ die Nullstellen von f sind. Dann gilt:

1. Jedes $\varphi \in G(L : K)$ induziert eine Permutation der Menge $M := \{\alpha_1, \ldots, \alpha_n\}$.

2. Die Abbildung $G(L : K) \to \mathfrak{S}(M)$ mit $\varphi \to \varphi \mid M$ ist ein injektiver Gruppenhomomorphismus.

B e w e i s. 1. Nach 36.11 ist $\varphi(M) \subset M$. Da φ injektiv und M endlich ist, folgt $\varphi(M) = M$.
2. Die Homomorphieeigenschaft ist klar, da bei Abbildungen Einschränkung und Hintereinanderschaltung verträglich sind. Die Injektivität des angegebenen Homomorphismus ergibt sich mit 36.10.   ∎

Die obige Aussage bedeutet, daß sich die Galoisgruppe von f als Untergruppe von $\mathfrak{S}(M)$ und damit von $\mathfrak{S}_n$ auffassen läßt.

Als Beispiel betrachten wir die Galoisgruppe von $f := X^2 - 2$ über $\mathbf{Q}$. Da $\sqrt{2}$ und $-\sqrt{2}$ die Nullstellen von f sind, ist $\mathbf{Q}(\sqrt{2}) = \mathbf{Q}(\sqrt{2}, -\sqrt{2})$ der Zerfällungskörper von f über $\mathbf{Q}$. Nach 36.12 gibt es höchstens zwei $\mathbf{Q}$-Automorphismen von $\mathbf{Q}(\sqrt{2})$, nämlich außer der Identität noch einen, der $\sqrt{2}$ und $-\sqrt{2}$ vertauscht. Man prüft leicht, daß durch $a + b\sqrt{2} \to a - b\sqrt{2}$ in der Tat ein $\mathbf{Q}$-Automorphismus von $\mathbf{Q}(\sqrt{2})$ gegeben wird. Dies ergibt sich auch aus den nachfolgenden Überlegungen.

36.13 Definition L sei ein Oberkörper von K. Zwei über K algebraische Elemente α und β aus L heißen k o n j u g i e r t über K, wenn sie dasselbe Minimalpolynome über K besitzen.

Die Elemente α und β sind also konjugiert über K, wenn sie Nullstelle desselben unzerlegbaren Polynoms aus K [X] sind. Konjugiertheit läßt sich auch mit Automorphismen charakterisieren:

36.14 L sei Zerfällungskörper eines Polynoms f über dem Körper K, und α, β seien über K konjugierte Elemente von L. Dann gilt es einen K-Automorphismus ψ von L mit $\psi(\alpha) = \beta$.

B e w e i s. Da α und β Nullstelle desselben unzerlegbaren Polynoms aus K [X] sind, gibt es nach 32.6 (angewandt auf $\mathrm{id} : K \to K$) zunächst einen K-Isomorphismus $\varphi : K(\alpha) \to K(\beta)$ mit $\varphi(\alpha) = \beta$, den wir mit Hilfe von 32.7 auf L fortsetzen wollen. Da die Koeffizienten von f in K liegen und φ ein K-Isomorphismus ist, ist das Bild $\tilde{f}$ von f unter φ wieder f selbst. Nach 32.5 ist L erst recht der Zerfällungskörper von f über $K(\alpha)$ und über $K(\beta)$. Nun liefert 32.7 in der Tat einen K-Automorphismus ψ von L, der φ fortsetzt. Insbesondere ist $\psi(\alpha) = \varphi(\alpha) = \beta$. ∎

Umgekehrt bilden natürlich K-Automorphismen von L ein über K algebraisches $\alpha \in L$ stets auf ein zu α konjugiertes Element ab (nach 36.11).

Jetzt können wir die Galoisgruppen gewisser Polynome berechnen:

36.15 Satz Es sei $f \in \mathbf{Q}[X]$ ein unzerlegbares Polynom vom Primzahlgrad p, das in $\mathbf{C}$ genau $p - 2$ reelle und 2 nichtreelle Nullstellen besitzt. Dann ist die Galoisgruppe von f über $\mathbf{Q}$ isomorph zur Permutationsgruppe $\mathfrak{S}_p$.

B e w e i s. Die Nullstellen von f seien $\alpha_1, \ldots, \alpha_{p-2} \in \mathbf{R}$ und $\alpha_{p-1}, \alpha_p \in \mathbf{C} - \mathbf{R}$. Wir fassen die Galoisgruppe von f über $\mathbf{Q}$ gemäß 36.12 als eine Untergruppe G von $\mathfrak{S}_p$ auf. Da die Koeffizienten von f reell sind, ist mit α_p auch $\overline{\alpha}_p$ Nullstelle von f. Wegen $\alpha_p \notin \mathbf{R}$ ist $\overline{\alpha}_p \neq \alpha_p$ und somit $\overline{\alpha}_p = \alpha_{p-1}$. Die übrigen Nullstellen von f werden durch die komplexe Konjugation festgelassen. Sie induziert daher einen $\mathbf{Q}$-Automorphismus des Zerfällungskörpers $L := \mathbf{Q}(\alpha_1, \ldots, \alpha_p)$ von f, dem in $G \subset \mathfrak{S}_p$ eine Transposition entspricht.

Außerdem gibt es zu zwei beliebigen Nullstellen α_i und α_j von f nach 36.14 einen $\mathbf{Q}$-Automorphismus von L, der α_i auf α_j abbildet (wegen der Unzerlegbarkeit von f sind α_i und α_j konjugiert). Daher ist G auch transitiv, und nach 19.26 folgt insgesamt $G = \mathfrak{S}_p$. ∎

Die soeben betrachteten Polynome haben also Galoisgruppen, die im Fall $p \geq 5$ (nach 19.30) nicht auflösbar sind. Wir zeigen, daß es tatsächlich solche Polynome gibt:

36.16 Das Polynom $X^5 + 4X^4 - 2$ und allgemein $f := X^5 + q^2 X^4 - q$, q Primzahl, ist unzerlegbar in $\mathbf{Q}[X]$ und besitzt in $\mathbf{C}$ fünf (paarweise verschiedene) Nullstellen, von denen genau drei reell sind.
Die zugehörige Galoisgruppe ist also die nicht auflösbare Gruppe $\mathfrak{S}_5$.

B e w e i s. Die reellen Nullstellen der Funktion $f(x)$ bestimmen wir mit elementaren Hilfsmitteln der Analysis: Es ist $f(-q^2) = -q < 0$, $f(-1) = -1 + q^2 - q > 0$, $f(0) = -q < 0$ und $f(1) = 1 + q^2 - q > 0$. Nach dem Zwischenwertsatz hat f deshalb wenigstens drei reelle Nullstellen $\alpha_1, \alpha_2, \alpha_3$ mit $-q^2 < \alpha_1 < -1 < \alpha_2 < 0 < \alpha_3 < 1$.
Hätte f in $\mathbf{R}$ vier oder mehr verschiedene Nullstellen, so müßte die Ableitung f' nach dem Satz von Rolle jeweils dazwischen eine Nullstelle haben, also mindestens drei. Dies ist nicht der Fall, da $f' = 5X^4 + 4q^2 X^3$ nur die beiden Nullstellen 0 und
$-\dfrac{4}{5} q^2$ besitzt. Da es sich dabei nicht um Nullstellen von f handelt, hat f nach 24.8
auch keine mehrfachen Nullstellen. Daher muß f noch zwei nichtreelle Nullstellen in $\mathbf{C}$ besitzen.

Nach dem Eisensteinschen Kriterium und dem Gaußschen Lemma ist f ferner unzerlegbar über $\mathbf{Q}$. ∎

A n m e r k u n g. Ein unzerlegbares Polynom f über einem Körper K der Charakteristik 0 hat übrigens nie mehrfache Nullstellen in seinem Zerfällungskörper L: Eine mehrfache Nullstelle α von f wäre nach 24.8 eine gemeinsame Nullstelle von f und f'. Dann hätten f und f' in $L[X]$ einen gemeinsamen Faktor $X - \alpha$. Der euklidische Algorithmus liefert eine Berechnung des ggT von f und f', die gleichzeitig in $K[X]$ und in $L[X]$ gilt, da die einzelnen Rechenschritte nicht aus $K[X]$ herausführen. Also wären f und f' auch in $K[X]$ nicht teilerfremd, im Widerspruch zur Unzerlegbarkeit von f in $K[X]$ und zu grad $f' = $ grad $f - 1$ (wegen char $K = 0$).

Wir schließen zwei einfache Aussagen über die Galoisgruppen spezieller Radikalerweiterungen an:

36.17 K sei ein Unterkörper von $\mathbf{C}$. Die Galoisgruppe des Zerfällungskörpers K_0 von $X^n - 1$ über K ist kommutativ.

B e w e i s. Es ist $K_0 = K(\epsilon_n)$ mit $\epsilon_n = \cos \dfrac{2\pi}{n} + i \sin \dfrac{2\pi}{n}$ (vgl. 33.11). Für $\varphi, \psi \in G(K_0 : K)$
genügt es, $\varphi\psi(\epsilon_n) = \psi\varphi(\epsilon_n)$ zu zeigen. Nach 36.10 ist dann $\varphi\psi = \psi\varphi$.
Wegen 36.11 sind $\varphi(\epsilon_n)$ und $\psi(\epsilon_n)$ wieder n-te Einheitswurzeln, also $\varphi(\epsilon_n) = \epsilon_n^r$,
$\psi(\epsilon_n) = \epsilon_n^s$. Es folgt $\varphi\psi(\epsilon_n) = \varphi(\epsilon_n^s) = \varphi(\epsilon_n)^s = (\epsilon_n^r)^s = \epsilon_n^{rs}$ und ebenso $\psi\varphi(\epsilon_n) = \epsilon_n^{sr}$. ∎

36.18 K sei ein Unterkörper von $\mathbf{C}$, der die n-ten Einheitswurzeln enthält. Für jedes $a \in K$ ist dann die Galoisgruppe des Zerfällungskörpers K' von $X^n - a$ über K kommutativ.

B e w e i s. Wegen $\epsilon_n \in K$ entsteht K' aus K bereits durch Adjunktion eines Radikals $\sqrt[n]{a}$ (vgl. 36.2). Für $\varphi, \psi \in G(K' : K)$ genügt es deshalb, $\varphi\psi(\sqrt[n]{a}) = \psi\varphi(\sqrt[n]{a})$ zu zeigen.

Da φ und ψ die Nullstellen von $X^n - a$ permutieren, ist $\varphi(\sqrt[n]{a}) = \epsilon_n^r \sqrt[n]{a}$ und $\psi(\sqrt[n]{a}) = \epsilon_n^s \sqrt[n]{a}$. Es folgt $\varphi\psi(\sqrt[n]{a}) = \varphi(\epsilon_n^s \sqrt[n]{a}) = \varphi(\epsilon_n)^s \varphi(\sqrt[n]{a}) = \epsilon_n^s \epsilon_n^r \sqrt[n]{a}$, da $\varphi(\epsilon_n) = \epsilon_n$ wegen $\epsilon_n \in K$ gilt. Ebenso erhält man $\psi\,\varphi(\sqrt[n]{a}) = \epsilon_n^r \epsilon_n^s \sqrt[n]{a}$. ∎

Unser nächstes Ziel ist eine Aussage, die die Veränderung der Galoisgruppe bei Vergrößerung des Grundkörpers beschreibt. Dazu benötigten wir die beiden folgenden Hilfssätze:

36.19 K sei ein Körper, L' der Zerfällungskörper eines Polynoms $f \in K[X]$ und L ein Oberkörper von L'. Für jeden K-Automorphismus φ von L gilt dann $\varphi(L') = L'$.

B e w e i s. Es ist $L' = K(\alpha_1, \ldots, \alpha_n)$, wo $\alpha_1, \ldots, \alpha_n$ die Nullstellen von f sind. Wie beim Beweis von 36.12 sieht man mit Hilfe von 36.11, daß φ die α_i permutiert. Da φ die Elemente von K auf sich abbildet, folgt $\varphi(L') = K(\varphi(\alpha_1), \ldots, \varphi(\alpha_n)) = K(\alpha_1, \ldots, \alpha_n) = L'$. ∎

36.20 L sei Zerfällungskörper eines Polynoms f über dem Körper K und L' ein Zwischenkörper von K und L. Dann läßt sich jeder K-Automorphismus φ von L' zu einem K-Automorphismus von L fortsetzen.

B e w e i s. Wir wenden 32.7 auf $\varphi: L' \to L'$ an. Da die Koeffizienten von f in K liegen, ist das Bild $\tilde{f}$ von f unter dem K-Automorphismus φ wieder f selbst. Weil L erst recht der Zerfällungskörper von f über L' ist, liefert 32.7 nun die gesuchte Fortsetzung von φ. ∎

Nach diesen Vorbereitungen können wir beweisen:

36.21 Satz L sei ein Zerfällungskörper über K, und L' sei ein Zwischenkörper von K und L, der selbst auch ein Zerfällungskörper über K ist.

Dann lassen sich die K-Automorphismen von L zu K-Automorphismen von L' einschränken, und dies liefert einen surjektiven Gruppenhomomorphismus von $G(L:K)$ auf $G(L':K)$ mit $G(L:L')$ als Kern. Insbesondere gilt $G(L':K) \cong G(L:K)/G(L:L')$.

B e w e i s. Für jedes $\psi \in G(L:K)$ ist $\psi(L') = L'$ (vgl. 36.19), also $\psi|L' \in G(L':K)$. Die Abbildung $G(L:K) \to G(L':K)$ mit $\psi \to \psi|L'$ ist ein Homomorphismus, da Einschränken und Hintereinanderschalten verträglich sind. Sie ist ferner surjektiv nach 36.20, und ihr Kern besteht aus den $\psi \in G(L:K)$ mit $\psi|L' = \mathrm{id}_{L'}$, also aus den Elementen von $G(L:L')$. Der Homomorphiesatz liefert nun die angegebene Formel. ∎

Das Hauptergebnis dieses Abschnitts ist das folgende **K r i t e r i u m   f ü r   d i e   A u f l ö s b a r k e i t   a l g e b r a i s c h e r   G l e i c h u n g e n** :

36.22 Satz K sei ein Unterkörper von **C** und $f \in K[X]$ ein nicht konstantes Polynom. Ist die Gleichung $f(x) = 0$ auflösbar über K, so ist die Galoisgruppe von f über K eine auflösbare Gruppe.

B e w e i s. Es sei $L' \subset \mathbf{C}$ der Zerfällungskörper von f über K. Da $f(x) = 0$ auflösbar ist, liegt L' als Unterkörper in einer Radikalerweiterung L von K. Wir werden weiter unten zeigen (vgl. 36.23), daß wir durch Vergrößerung von L folgende Situation erreichen können: L ist ein Zerfällungskörper über K, und es gibt eine Körperkette $K = L_0 \subset \ldots \subset L_r = L$, bei der jeweils L_{i+1} Zerfällungskörper über L_i ist und die Galoisgruppen $G(L_{i+1}:L_i)$ kommutativ sind für $i = 0, \ldots, r-1$.

Als Zerfällungskörper über K ist L erst recht Zerfällungskörper über L_i (vgl. 32.5). Wir können nun 36.21 auf $L_i \subset L_{i+1} \subset L$ anwenden und erhalten $G(L_{i+1} : L_i) \cong H_i/H_{i+1}$,. wobei $H_i := G(L : L_i)$ gesetzt wurde. Natürlich ist $H_r = G(L : L) = \{id_L\}$ und $H_0 = G(L : K)$. Wir haben also die folgende Kette von Gruppen $G(L : K) = H_0 \supset H_1 \supset \ldots \supset H_r = \{id\}$, bei der jeweils H_{i+1} Normalteiler von H_i und die Quotientengruppe $H_i/H_{i+1} \cong G(L_{i+1} : L_i)$ kommutativ ist. Dies bedeutet die Auflösbarkeit von $G(L : K)$. Wiederum nach 36.21 ist $G(L' : K) \cong G(L : K)/G(L : L')$, also als homomorphes Bild der auflösbaren Gruppe $G(L : K)$ selbst auflösbar, vgl. 19.28. ∎

36.23 Zu jeder Radikalerweiterung L von K gibt es eine Körperkette $K = L_0 \subset \ldots \subset L_r$ mit $L \subset L_r$, so daß L_r Zerfällungskörper über K ist, sowie jeweils L_{i+1} Zerfällungskörper über L_i und $G(L_{i+1} : L_i)$ kommutativ ist.

B e w e i s. Wir verwenden Induktion über die Anzahl m der einfachen Radikalerweiterungen, aus denen sich L : K aufbaut. Der Induktionsanfang m = 0, also L = K, ist trivial.

Beim Schluß von m auf m + 1 haben wir die folgende Situation zu betrachten: Es ist $\widetilde{L} = L(\alpha)$ mit $\alpha^n \in L$ eine einfache Radikalerweiterung von L, wobei L durch m einfache Radikalerweiterungen aus K gewonnen wird. Nach Induktionsvoraussetzung gibt es zu L eine Körperkette $K = L_0 \subset \ldots \subset L_r$ der beschriebenen Form mit $L \subset L_r$.

Es seien nun $\alpha_1 = \alpha, \alpha_2, \ldots, \alpha_k$ die Konjugierten zu α über K, also die Nullstellen des

Minimalpolynoms f_α von α über K. Ferner sei ϵ_n die Einheitswurzel $\cos \dfrac{2\pi}{n} + i \sin \dfrac{2\pi}{n}$.

Wir verlängern die Kette $L_0 \subset \ldots \subset L_r$ durch $L_r \subset L_r(\epsilon_n) \subset L_r(\epsilon_n, \alpha_1) \subset \ldots$
$\subset L_r(\epsilon_n, \alpha_1, \ldots, \alpha_k)$ und zeigen, daß wir eine Körperkette der gesuchten Art für $L = L(\alpha)$ gefunden haben.

Wegen $L \subset L_r$ liegt natürlich $\widetilde{L} = L(\alpha_1)$ in dem Körper $L_r(\epsilon_n, \alpha_1, \ldots, \alpha_k)$. Dieser ist auch Zerfällungskörper über K, nämlich offenbar der Zerfällungskörper von $g \cdot (X^n - 1) \cdot f_\alpha$, wobei L_r der Zerfällungskörper von $g \in K[X]$ war.

Weil $L_r(\epsilon_n)$ der Zerfällungskörper von $X^n - 1$ über L_r ist, ist die Galoisgruppe $G(L_r(\epsilon_n) : L_r)$ nach 36.17 kommutativ. Bei den weiteren Schritten der angegebenen Körperkette handelt es sich ebenfalls um einfache Radikalerweiterungen: Es wird sich nämlich herausstellen, daß alle α_i n-te Radikale sogar über L_r sind. Dann sind die zu diesen Schritten gehörenden Galoisgruppen nach 36.18 kommutativ, weil die n-ten Einheitswurzeln bereits in $L_r(\epsilon_n)$ liegen.

Da $L_r(\epsilon_n, \alpha_1, \ldots, \alpha_k)$ Zerfällungskörper über K ist, gibt es nach 36.14 einen K-Automorphismus ψ_i dieses Körpers mit $\psi_i(\alpha) = \alpha_i$. Da auch L_r Zerfällungskörper über K ist, gilt $\psi_i(L_r) = L_r$ (vgl. 36.19). Aus $\alpha^n \in L \subset L_r$ folgt nun in der Tat $\alpha_i^n = \psi_i(\alpha^n) \in \psi_i(L_r)$
$= L_r$. ∎

A n m e r k u n g. Satz 36.22 läßt sich umkehren: Aus der Auflösbarkeit der Galoisgruppe von f über K folgt die Auflösbarkeit der Gleichung f(x) = 0 durch Radikale. Auf den zugehörigen Beweis, der tieferliegende Hilfsmittel der Galoistheorie verwendet, verzichten wir hier.

Die folgende Aussage faßt unsere Ergebnisse über Nichtauflösbarkeit von Gleichungen noch einmal zusammen:

36.24 Satz Zu jeder natürlichen Zahl $n \geq 5$ gibt es algebraische Gleichungen n-ten Grades über $\mathbf{Q}$, die nicht durch Radikale auflösbar sind.

B e w e i s. Das Polynom $f := X^5 + 4X^4 - 2 \in \mathbf{Q}[X]$ hat nach 36.16 die nicht auflösbare Galoisgruppe $\mathfrak{S}_5$. Die Gleichung $f(x) = 0$ ist also nach 36.22 nicht auflösbar. Dann ist natürlich auch die Gleichung n-ten Grades $g(x) = 0$ nicht auflösbar, wo g aus f durch Multiplikation mit irgendeinem Polynom vom Grad $n - 5$ aus $\mathbf{Q}[X]$ entsteht. ∎

A n m e r k u n g. Nicht einmal eine der Nullstellen des obigen Polynoms f läßt sich durch Radikale ausdrücken (über $\mathbf{Q}$). Da f nämlich unzerlegbar in $\mathbf{Q}[X]$ ist, sind seine Nullstellen konjugiert über $\mathbf{Q}$. Läge eine von ihnen in einer Radikalerweiterung von $\mathbf{Q}$, so lägen die anderen in dazu „konjugierten" Radikalerweiterungen. Ähnliche Beispiele lassen sich auch für Polynome höheren Grades konstruieren.

Obwohl es für Gleichungen $f(x) = 0$ vom Grad ≥ 5 keine Lösungsformeln mehr gibt, existieren Verfahren, mit denen man entscheiden kann, ob das Polynom f mehrfache Nullstellen besitzt. Beispielsweise untersucht man mit Hilfe des euklidischen Algorithmus, ob f und f' einen nichttrivialen gemeinsamen Teiler haben (vgl. 24.8). Die zugehörigen Rechnungen müssen allerdings für jedes Polynom einzeln durchgeführt werden. Die Theorie der Diskriminanten, auf die wir an dieser Stelle noch kurz eingehen, liefert hingegen allgemeine Formeln, mit deren Hilfe man direkt auf mehrfache Nullstellen schließen kann.

36.25 Definition Unter der Diskriminante eines normierten Polynoms f über einen Körper K versteht man den Ausdruck

$$D(f) := \prod_{i < j} (\alpha_i - \alpha_j)^2,$$

wobei $f = (X - \alpha_1) \ldots (X - \alpha_n)$ die Darstellung von f als Produkt von Linearfaktoren über dem zugehörigen Zerfällungskörper ist.

Definitionsgemäß ist also $D(f) = 0$ genau dann, wenn es ein $i \neq j$ mit $\alpha_i = \alpha_j$ gibt, d. h., wenn f mehrfache Nullstellen (in seinem Zerfällungskörper) hat. Die Bedeutung der Diskriminante liegt darin, daß man sie aus den Koeffizienten von f nach einer festen Formel berechnen kann, ohne die Nullstellen selbst zu kennen:

36.26 Satz Es gibt ein Polynom $D_n(X_1, \ldots, X_n)$ mit ganzen Koeffizienten, so daß für jedes Polynom $f = X^n + a_{n-1}X^{n-1} + \ldots + a_0$ aus $K[X]$ gilt:

$$D(f) = D_n(a_0, \ldots, a_{n-1}).$$

Insbesondere liegt also $D(f)$ in K.

B e w e i s. $D(f)$ ist ein symmetrischer Polynomausdruck in $\alpha_1, \ldots, \alpha_n$ mit Koeffizienten in $\mathbf{Z}$ (genauer: in $\mathbf{Z} 1_K$). Nach dem Hauptsatz über symmetrische Polynome ist $D(f)$ daher ein Polynom in den elementarsymmetrischen Ausdrücken $s_1(\alpha_1, \ldots, \alpha_n), \ldots, s_n(\alpha_1, \ldots, \alpha_n)$, d. h., es gibt ein Polynom $h(X_1, \ldots, X_n)$ mit Koeffizienten in $\mathbf{Z}$, so daß gilt

$$D(f) = h(s_1(\alpha_1, \ldots, \alpha_n), \ldots, s_n(\alpha_1, \ldots, \alpha_n)).$$

Unter Verwendung des Vietaschen Wurzelsatzes ergibt sich hieraus

$$D(f) = h(- a_{n-1}, a_{n-2}, \ldots, (-1)^n a_0) = D_n(a_0, \ldots, a_{n-1}),$$

wobei wir $D_n(X_1, \ldots, X_n) := h(- X_n, X_{n-1}, \ldots, (-1)^n X_1)$ gesetzt haben.   ∎

A n m e r k u n g. Wie beim Beweis von 33.14 hätte man den Hauptsatz über symmetrische Polynome strenggenommen nicht auf den Ausdruck $D(f)$ in den α_i, sondern auf das Polynom $\prod_{i<j} (X_i - X_j)$ anwenden müssen, um erst hinterher die X_i durch α_i zu ersetzen.

Wir geben die Diskriminante D_n in den Fällen $n = 2$ und $n = 3$ an: Für $f = X^2 + a X + b = (X - \alpha_1)(X - \alpha_2)$ ist $D(f) = (\alpha_1 - \alpha_2)^2 = (\alpha_1 + \alpha_2)^2 - 4 \alpha_1 \alpha_2 = s_1(\alpha_1, \alpha_2)^2 - 4 s_2(\alpha_1, \alpha_2) = a^2 - 4 b$. Man beachte, daß dies der Ausdruck unter der Wurzel in der Lösungsformel für die quadratische Gleichung $f(x) = 0$ ist.

Für $f = X^3 + a X^2 + b X + c$ berechnet man in ähnlicher Weise (mit dem Verfahren aus dem Beweis zu 25.7) $D(f) = a^2 b^2 - 4 b^3 - 4 a^3 c - 27 c^2 + 18 a b c$.

Im Spezialfall $f = X^3 + p X + q$ ergibt sich hieraus $D(f) = - 4 p^3 - 27 q^2$. Dieser Ausdruck taucht in der Cardanischen Formel unter der Quadratwurzel auf (vgl. 36.6).

Mit Hilfe der Diskriminante kann man auch Aussagen über die Anzahl der nichtreellen Nullstellen eines Polynoms $f \in \mathbf{R}[X]$ machen:

Natürlich hat ein quadratisches Polynom über $\mathbf{R}$ genau dann reelle Nullstellen, wenn seine Diskriminante ≥ 0 ist. Dies sieht man sofort an der expliziten Lösungsformel. Allgemeiner gilt $D(f) \geq 0$ für ein (normiertes) Polynom $f \in \mathbf{R}[X]$ jedenfalls dann, wenn alle Nullstellen von f reell sind. In diesem Fall ist nämlich $D(f)$ ein Produkt von Quadraten reeller Zahlen. Für grad $f = 3$ gilt auch die Umkehrung:

36.27 Es sei $f \in \mathbf{R}[X]$ normiert mit grad $f = 3$. Genau dann besitzt f drei reelle Nullstellen, wenn $D(f) \geq 0$ ist.

B e w e i s. Hat f nicht nur reelle Nullstellen, so gibt es für f eine reelle Nullstelle α_1 und zwei konjugiert-komplexe Nullstellen $\alpha_2 = a + i b$ und $\alpha_3 = \bar{\alpha}_2 = a - i b$ mit $b \neq 0$. Dann ist $D(f) = ((\alpha_1 - \alpha_2)(\alpha_1 - \bar{\alpha}_2))^2 (\alpha_2 - \bar{\alpha}_2)^2$. Bei dem ersten Faktor handelt es sich um das Quadrat einer reellen Zahl $\neq 0$, da $(\alpha_1 - \alpha_2)(\alpha_1 - \bar{\alpha}_2)$ wegen $\alpha_1 \in \mathbf{R}$ beim Konjugieren in sich übergeht. Der zweite Faktor ist $(2 i b)^2 = - 4 b^2 < 0$. Insgesamt erhält man $D(f) < 0$.   ∎

Übungsaufgaben

36.28 Man zeige, daß die Gleichung $x^5 - q^2 x - q = 0$, q Primzahl, nicht auflösbar ist über $\mathbf{Q}$.

36.29 Für die Diskriminante eines Polynoms $f = (X - \alpha_1) \ldots (X - \alpha_n)$ beweise man die Formel $D(f) = (-1)^{n(n-1)/2} f'(\alpha_1) \ldots f'(\alpha_n)$.

36.30 Es sei f ein normiertes Polynom mit reellen Koeffizienten und $D(f) \neq 0$. Man zeige, daß $D(f)$ genau dann positiv ist, wenn die Anzahl der Paare konjugiertkomplexer (nichtreeller) Nullstellen von f gerade ist.

Anhang: Transzendenz von π

Wir haben bereits gesehen, daß es wegen der Abzählbarkeit der algebraischen Zahlen und der Überabzählbarkeit aller reellen Zahlen transzendente Zahlen in **R** geben muß, also Zahlen, die keiner algebraischen Gleichung mit Koeffizienten aus **Q** genügen (vgl. Anmerkung zu 31.24). Diese Überlegung gibt keinen Hinweis darauf, ob spezielle Zahlen wie e und π transzendent sind. Die Eulersche Vermutung, daß e transzendent ist, wurde erst 1873 von Hermite bewiesen; 1882 zeigte Lindemann die Transzendenz von π.

Obwohl die Transzendenz von e etwas einfacher zu behandeln ist, beschränken wir uns hier auf die Transzendenz von π, die die Unmöglichkeit der Quadratur des Kreises beinhaltet (vgl. 35.9). Dabei stützen wir uns auf den von Hilbert 1893 vereinfachten Beweis und verwenden einige elementare Hilfsmittel aus der Analysis.

Satz π ist transzendent (über **Q**).

B e w e i s. Wir nehmen an, π wäre doch algebraisch über **Q**. Da i als Nullstelle von $X^2 + 1$ algebraisch ist, muß dann auch $i\pi$ über **Q** algebraisch sein (vgl. 31.23). Es gibt also ein Polynom $f \neq 0$ aus **Q**[X] mit $f(i\pi) = 0$. Nach Multiplikation mit dem Hauptnenner der Koeffizienten von f können wir $f = a_n X^n + a_{n-1} X^{n-1} + \ldots + a_0 \in$ **Z**[X] annehmen mit $a := a_n \neq 0$. Über **C** hat f nach dem Fundamentalsatz der Algebra eine Produktdarstellung

$$f = a(X - \alpha_1) \ldots (X - \alpha_n), \qquad \alpha_1 = i\pi.$$

Man betrachtet nun das Produkt $(1 + e^{\alpha_1}) \ldots (1 + e^{\alpha_n})$. Wegen $e^{i\pi} = \cos \pi + i \sin \pi = -1$ gilt darin $1 + e^{\alpha_1} = 0$. Ausmultiplizieren des Produktes liefert also

$$0 = 1 + e^{\alpha_1} + \ldots + e^{\alpha_n} + e^{\alpha_1 + \alpha_2} + \ldots + e^{\alpha_1 + \alpha_2 + \ldots + \alpha_n}.$$

Dies ist die Summe der Potenzen $e^{\beta_1}, \ldots, e^{\beta_{2^n}}$, wobei $\beta_1, \ldots, \beta_{2^n}$ die 2^n möglichen Summen der Form $\alpha_{i_1} + \ldots + \alpha_{i_t}$ mit $1 \leq i_1 < \ldots < i_t \leq n$ sind. Dabei wird die „leere" Summe gleich 0 gesetzt und ergibt den Term $e^0 = 1$. Die Numerierung der β_j sei so gewählt, daß $\beta_1, \ldots, \beta_r \neq 0$ und $\beta_{r+1} = \ldots = \beta_{2^n} = 0$ gilt. Es ist $r < 2^n$, da der Summand $e^0 = 1$ wenigstens einmal vorkommt. Die obige Summe erhält dann die Gestalt $0 = e^{\beta_1} + \ldots + e^{\beta_r} + e^0 + \ldots + e^0$. Es gilt also:

A1 $e^{\beta_1} + \ldots + e^{\beta_r} = -(2^n - r) \neq 0.$

Als nächstes untersuchen wir das Polynom $(X - \beta_1) \ldots (X - \beta_{2^n})$.
Seine Koeffizienten, also (bis auf das Vorzeichen) die elementarsymmetrischen Ausdrücke in den β_j, sind ganze Zahlen, falls sie mit einer genügend hohen Potenz a^s des Leitkoeffizienten a von f multipliziert werden. Dies ergibt sich aus dem folgenden Hilfssatz:

A2 Es sei $\varphi \in$ **Z**$[X_1, \ldots, X_{2^n}]$ ein symmetrisches Polynom. Dann ist $a^s \varphi(\beta_1, \ldots, \beta_{2^n}) \in$ **Z** falls $s \geq \text{grad } \varphi$ ist.

B e w e i s. Eine beliebige Vertauschung von $\alpha_1, \ldots, \alpha_n$ bewirkt nur eine Permutation von $\beta_1, \ldots, \beta_{2n}$, läßt also den in $\beta_1, \ldots, \beta_{2n}$ symmetrischen Polynomausdruck $\varphi(\beta_1, \ldots, \beta_{2n})$ invariant. Nach dem Hauptsatz über symmetrische Polynome gibt es deshalb ein $\psi \in \mathbf{Z}[X_1, \ldots, X_n]$ mit $\varphi(\beta_1, \ldots, \beta_{2n}) = \psi(s_1(\alpha_1, \ldots, \alpha_n), \ldots, s_n(\alpha_1, \ldots, \alpha_n))$. Der Beweis zu 25.7 zeigt, daß man sogar grad $\psi \leq$ grad φ erreichen kann (man beachte, daß die β_j in den α_i linear sind). Da $s_1(\alpha_1, \ldots, \alpha_n), \ldots, s_n(\alpha_1, \ldots, \alpha_n)$ bis aufs Vorzeichen die Koeffizienten $a_{n-1}/a, \ldots, a_0/a$ von $f/a = (X - \alpha_1) \ldots (X - \alpha_n)$ sind, gilt $a\, s_j(\alpha_1, \ldots, \alpha_n) \in \mathbf{Z}$ und damit $a^s \varphi(\beta_1, \ldots, \beta_{2n}) \in \mathbf{Z}$ für $s \geq$ grad ψ, also erst recht für $s \geq$ grad φ. ∎

Genau genommen hätte man hier zunächst mit Unbestimmten statt der $\alpha_1, \ldots, \alpha_n$ arbeiten müssen; vgl. die entsprechende Stelle im Beweis zu 33.14.

Wir haben nun $a^s(X - \beta_1) \ldots (X - \beta_{2n}) \in \mathbf{Z}[X]$ (für $s = 2^n$) und betrachten das Polynom

$$g := a^s(X - \beta_1) \ldots (X - \beta_r).$$

Wegen $\beta_{r+1} = \ldots = \beta_{2n} = 0$ entsteht g aus dem obigen Polynom einfach durch Kürzen von $X^{2^n - r}$, liegt also auch in $\mathbf{Z}[X]$. Nach Konstruktion gilt:

A3 $g(0) = (-1)^r a^s \beta_1 \ldots \beta_r \in \mathbf{Z} - \{0\}$ und $g(\beta_1) = \ldots = g(\beta_r) = 0$.

Entscheidend für den weiteren Verlauf des Beweises ist das Verhalten des Polynoms

$$h := X^{p-1} g^p \in \mathbf{Z}[X]$$

und seiner Ableitungen an den Stellen $0, \beta_1, \ldots, \beta_r$. Dabei ist p eine Primzahl, über deren genaue Wahl später noch verfügt wird. Für die k-te Ableitung $h^{(k)}$ von h gilt:

A4 1. $h^{(k)}(0)$ ist durch $p!$ teilbar für alle $k \neq p - 1$.

2. $h^{(p-1)}(0)$ ist durch $(p - 1)!$, nicht jedoch durch $p!$ teilbar, falls p genügend groß ist.

B e w e i s. Bildet man $h^{(k)}$ sukzessive nach der Produktregel und setzt dann 0 für X ein, so bleiben die entstehenden Summanden nur dann $\neq 0$, wenn in ihnen der Faktor X^{p-1} genau $(p - 1)$-mal differenziert wurde. Im Fall $k < p - 1$ treten solche Summanden nicht auf, im Fall $k > p - 1$ muß in diesen Summanden g^p wenigstens einmal differenziert worden sein. Sie erhalten deshalb alle mindestens den Faktor $(p - 1)! \cdot p = p!$. Der einzige relevante Summand im Fall $k = p - 1$ ist $(p - 1)! \, X^0 g^p$. Daher ist $h^{(p-1)}(0) = (p - 1)! \, (g(0))^p$ nicht durch die Primzahl p teilbar, falls man mit p die endlich vielen Primteiler der ganzen Zahlen $g(0) \neq 0$ vermeidet. ∎

A5 Zu jedem k gibt es ein Polynom $h_k \in \mathbf{Z}[X]$ mit $h^{(k)}(\beta_j) = p! \, h_k(\beta_j)$ für alle $j = 1, \ldots r$ (und mit grad $h_k \leq$ grad h).

B e w e i s. Wegen $g(\beta_j) = 0$ spielen bei der Berechnung von $h^{(k)}(\beta_j)$ nur die Summanden von $h^{(k)}$ eine Rolle, in denen g^p wenigstens p-mal differenziert worden ist. Diese Summanden haben mindestens den Faktor $p!$ erhalten. Ihre Summe läßt sich daher in der Form $p! \, h_k$ mit $h_k \in \mathbf{Z}[X]$ schreiben. ∎

Die Hauptidee des Transzendenzbeweises für π ist es, die Summe

$$I := I(\beta_1) + \ldots + I(\beta_r) \quad \text{mit} \quad I(\beta_j) := \int_0^1 \beta_j \, e^{\beta_j(1-t)} h(\beta_j t) \, dt$$

auf zweierlei Weise abzuschätzen.

Setzt man $m := \operatorname{grad} h = p - 1 + p \operatorname{grad} g = p(r + 1) - 1$, so ist $m > p$. Ferner gilt

A6 $$I(\beta_j) = e^{\beta_j} \sum_{k=0}^{m} h^{(k)}(0) - \sum_{k=0}^{m} h^{(k)}(\beta_j).$$

B e w e i s. Partielle Integration liefert

$$I(\beta_j) = e^{\beta_j} h(0) - h(\beta_j) + \int_0^1 \beta_j \, e^{\beta_j(1-t)} h'(\beta_j t) \, dt$$

$$= e^{\beta_j} h(0) - h(\beta_j) + e^{\beta_j} h'(0) - h'(\beta_j) + \int_0^1 \beta_j \, e^{\beta_j(1-t)} h''(\beta_j t) \, dt.$$

Wegen $h^{(m+1)} = 0$ erhält man nach $m + 1$ Schritten dieser Art die behauptete Formel. ∎

Für $I = I(\beta_1) + \ldots + I(\beta_r)$ ergibt sich aus A6 die Gleichung

$$I = \sum_{j=1}^{r} e^{\beta_j} \sum_{k=0}^{m} h^{(k)}(0) - \sum_{k=0}^{m} \sum_{j=1}^{r} h^{(k)}(\beta_j).$$

Wir zeigen nun:

A7 Es ist $a^m I$ eine durch $(p-1)!$, nicht jedoch durch $p!$ teilbare ganze Zahl, falls die Primzahl p hinreichend groß gewählt wird.

B e w e i s. Für große p ist $\sum_{k=0}^{m} h^{(k)}(0)$ nach A4 durch $(p-1)!$, aber nicht durch $p!$ teilbar (man beachte, daß $h^{(p-1)}(0)$ wegen $m > p$ in dieser Summe auftritt). Vermeidet man mit p ferner die Primteiler von a und die der ganzen Zahl $\sum_{j=1}^{r} e^{\beta_j} = -(2^n - r) \neq 0$ (vgl. A1), so ist also der erste der beiden Summanden von $a^m I$ eine durch $(p-1)!$ und nicht durch $p!$ teilbare ganze Zahl. Es genügt daher zu zeigen, daß $a^m \sum_{j=1}^{r} h^{(k)}(\beta_j)$ eine durch $p!$ teilbare ganze Zahl ist (für $k = 0, \ldots, m$).

Nach A5 und wegen $\beta_{r+1} = \ldots = \beta_{2^n} = 0$ gilt

$$a^m \sum_{j=1}^{r} h^{(k)}(\beta_j) = p! \, a^m \sum_{j=1}^{r} h_k(\beta_j) = p! \, a^m \left(\sum_{j=1}^{2^n} h_k(\beta_j) - (2^n - r) h_k(0) \right).$$

Wegen $m = \operatorname{grad} h \geq \operatorname{grad} h_k$ ist dabei $a^m \sum_{j=1}^{2^n} h_k(\beta_j)$ nach A2 (angewandt mit $\varphi := \sum_{j=1}^{2^n} h_k(X_j)$) in der Tat eine ganze Zahl. ∎

Wir haben A7 nur bewiesen, um die folgende Abschätzung zu erhalten:

A8 Für große Primzahlen p ist $|a^m I| \geq (p-1)!$.

B e w e i s. Nach A7 ist $a^m I$ ein ganzzahliges Vielfaches $\neq 0$ von $(p-1)!$.   ∎

A9 Es gibt eine nicht von p abhängende Konstante $c > 0$ mit $|a^m I| \leq c^p$ für alle p.

B e w e i s. Aus Stetigkeitsgründen gibt es (von p unabhängige) Konstanten $b_j, c_j > 0$ mit

$$|\beta_j e^{\beta_j(1-t)} g(\beta_j t)| \leq b_j, \qquad |\beta_j t\, g(\beta_j t)| \leq c_j$$

für $0 \leq t \leq 1$. Dann folgt für diese t

$$|\beta_j e^{\beta_j(1-t)} h(\beta_j t)| = |\beta_j e^{\beta_j(1-t)} g(\beta_j t)\, (\beta_j t\, g(\beta_j t))^{p-1}|$$
$$\leq b_j c_j^{p-1} \leq d_j^p,$$

wobei $d_j := \max\{b_j, c_j\}$ ist. Damit erhalten wir

$$|I(\beta_j)| \leq \int_0^1 |\beta_j e^{\beta_j(1-t)} h(\beta_j t)|\, dt \leq d_j^p.$$

Wegen $m < p(r+1)$ ist $|a|^m < (|a|^{r+1})^p$ und damit

$$|a^m I| \leq (|a|^{r+1})^p (d_1^p + \ldots + d_r^p) \leq c^p \qquad \text{mit } c := |a|^{r+1}(d_1 + \ldots + d_r).\ \blacksquare$$

Der Widerspruch liegt nun auf der Hand: Für alle hinreichend großen Primzahlen p gilt nach A8 und A9 einerseits $|a^m I| \geq (p-1)!$ und andererseits $|a^m I| \leq c^p$. Dies ist nicht möglich, da für große p sicher $c^p < (p-1)!$ ist. Es gilt sogar $\displaystyle\lim_{p\to\infty} c\, \frac{c^{p-1}}{(p-1)!} = 0$ wegen der Konvergenz der Reihenentwicklung von e^c.

Man beachte, daß wir die Existenz unendlich vieler Primzahlen verwandt haben.   ∎

Lösungen zu den Übungsaufgaben[1]

1.9 Die Äquivalenz von 1., 2. und 3. ist klar. Aus 3. folgt 4.: Wegen $A \cup B = B$ ist $A \cup (B \cap C) = (A \cup B) \cap (A \cup C) = B \cap (A \cup C)$. Aus 5. folgt 1: Ein Element $a \in A$ mit $a \notin B$ läge in $A \cup (B \cap C)$, aber nicht in $(A \cup C) \cap B$. Aus 4. folgt 5. trivialerweise.

1.12 Die in 3. gesuchte Bedingung lautet: ($A \subset C$ oder $D \subset B$) und ($C \subset A$ oder $B \subset D$).

2.11 Zu 2: Für $a, b \in A$ besitzt $\{a, b\}$ nach Voraussetzung ein kleinstes Element m. Im Fall $m = a$ ist $a \leq b$, und im Fall $m = b$ ist $b \leq a$.

2.12 Zu 1: Für $a, b \in A$ gilt $a \, R \, b$ oder $b \, R \, a$ wegen der Konnexität und damit jedenfalls $a \, R \, b$ wegen der Symmetrie von R.

Zu 2: Aus $a \, R \, b$ folgt $b \, R \, a$ wegen der Symmetrie und dann $a = b$ wegen der Antisymmetrie von R. Umgekehrt gilt für $a = b$ natürlich $a \, R \, b$ wegen der Reflexivität von R.

3.22 Zu 1: Nach 3.12 ist g wegen der Injektivität von $h \circ g$ injektiv und wegen der Surjektivität von $g \circ f$ surjektiv, also insgesamt bijektiv, d. h. umkehrbar. Dann sind (nach 3.8) auch $f = g^{-1} \circ (g \circ f)$ und $h = (h \circ g) \circ g^{-1}$ bijektiv.

Zu 2: Nach 1. ist g bijektiv. Damit folgt $f = g^{-1} \circ (g \circ f) = g^{-1} \circ \mathrm{id}_A = g^{-1}$ und analog $h = g^{-1}$, also $f = h$.

3.24 Zu 1: Sei zunächst f injektiv. Aus $f \circ g_1 = f \circ g_2$, d. h. aus $f(g_1(c)) = f(g_2(c))$ für alle $c \in C$, folgt dann $g_1(c) = g_2(c)$, also $g_1 = g_2$. Ist f umgekehrt nicht injektiv, so gibt es $a, b \in A$ mit $a \neq b$ und $f(a) = f(b)$. Für die Abbildungen g_1, g_2 von $C := \{0\}$ in A mit $g_1(0) := a$, $g_2(0) := b$ ist dann $f \circ g_1 = f \circ g_2$, aber $g_1 \neq g_2$.

Zu 2: Aus $h_1 \circ f = h_2 \circ f$, d. h. $h_1(f(a)) = h_2(f(a))$ für alle $a \in A$, folgt im Fall der Surjektivität von f sofort $h_1(b) = h_2(b)$ für alle $b \in B$, also $h_1 = h_2$. Ist f umgekehrt nicht surjektiv, so gilt für die Abbildungen h_1, h_2 von B in $D := \{0, 1\}$ mit $h_1(b) := 0$ für alle $b \in B$ und $h_2(b) := 0$, falls $b \in$ Bild f, $h_2(b) := 1$, falls $b \notin$ Bild f, einerseits $h_1 \circ f = h_2 \circ f$, andererseits $h_1 \neq h_2$.

4.13 Zu 2: Für $a, b \in A$ sind der Reihe nach gleichbedeutend: $a \, R \, b$, $f(a) \, S \, f(b)$, $p(f(a)) = p(f(b))$, $a \, R_{p \circ f} \, b$. Daher ist $R = R_{p \circ f}$, und 4.9 liefert die gesuchte bijektive Abbildung $\overline{p \circ f}$ von A/R auf die Teilmenge Bild $(p \circ f)$ von B/S.

5.27 τ ist assoziativ für $s, t \in \{0, 1\}$ und kommutativ für $s = t$.

5.28 Assoziativität und Kommutativität von τ bestätigt man sofort. Neutrales Element ist 0, und invers zu a ist $a/(a - 1)$.

5.29 Da jedes Element von A zu sich selbst invers ist, folgt $a \, b = (a \, b)^{-1} = b^{-1} a^{-1} = b \, a$.

5.30 Die Abbildung $\ell_a : A \to A$ mit $\ell_a(x) := a \, x$ ist injektiv; denn aus $a \, x = a \, y$ folgt $a' a \, x = a' a \, y$, $e \, x = e \, y$, $x = y$. Wegen der Endlichkeit von A ist ℓ_a deshalb auch surjektiv. Es gibt daher ein $a'' \in A$ mit $a \, a'' = e$. Nun folgt $a'' = e \, a'' = (a' a) a'' = a'(a \, a'') = a' e = a'$, d. h., $a' = a''$ ist auch rechtsinvers zu a.

---

[1] Auf die Behandlung einiger besonders einfacher Aufgaben wurde verzichtet.

5.31 Die gesuchte Gruppentafel ist:

	a_1	a_2	a_3	a_4	a_5
a_1	a_1	a_2	a_3	a_4	a_5
a_2	a_2	a_3	a_4	a_5	a_1
a_3	a_3	a_4	a_5	a_1	a_2
a_4	a_4	a_5	a_1	a_2	a_3
a_5	a_5	a_1	a_2	a_3	a_4

5.32 Es handele sich um die Zeilen bzw. Spalten der Elemente x und y bzw. z und u. Dann ist $x\,z = e$, also $z = x^{-1}$, und $x\,u = a$, $y\,z = b$. Für das gesuchte Produkt ergibt sich $y\,u = y\,e\,u = y\,x^{-1}\,x\,u = y\,z\,x\,u = b\,a$.

5.33 Die Verknüpfung ist nicht assoziativ, beispielsweise gilt $(a\,b)d = c\,d = a$, aber $a(b\,d) = a\,c = d$. Man kann auch 16.19 verwenden: Es müßte sich um eine zyklische und damit kommutative Gruppe handeln.

5.34 Zu 1: Der zweite Spieler B gewinnt, wenn er verhindert, daß der erste Spieler A Karten aufnehmen kann. Am Anfang (und bei richtiger Strategie auch weiterhin) hat B, wenn er an der Reihe ist, stets mehr Karten als A. Bezeichnet a das aufgelegte Produkt und hat B die Karten $x_1, \ldots, x_r$, so ist unter den paarweise verschiedenen Produkten $a\,x_1, \ldots, a\,x_r$ eines, das A nicht mehr besitzt. B legt also das zugehörige x_i an a an.

Zu 2: B kann bis zum letzten Spielzug erreichen, daß A die aufgelegten Karten stets aufnehmen muß. Am Anfang (und bei richtiger Strategie von B auch weiterhin) hat A, wenn B an der Reihe ist, jede der Karten wenigstens einmal mit höchstens einer Ausnahme. B kann daher an das aufgelegte Produkt a eine Karte x_i so anlegen, daß A das Produkt a x_i ersetzen muß.

6.20 Es gilt $a + a + b + b = a(1 + 1) + b(1 + 1) = (a + b)(1 + 1) = (a + b) \cdot 1 + (a + b) \cdot 1 = a + b + a + b$. Kürzt man links a und rechts b, so erhält man $a + b = b + a$.

6.21 Natürlich ist $(\mathbf{Z}, +, \top)$ ein Ring mit -1 als Einselement. Sei nun $*$ irgendeine Multiplikation, die $(\mathbf{Z}, +)$ zu einem Ring macht. Bezeichnet e das zugehörige Einselement, so gilt (mit 6.5): $e = e * e = (e \cdot 1) * (e \cdot 1) = e \cdot e \cdot (1 * 1)$. Wegen $e \neq 0$ folgt durch Kürzen in $(\mathbf{Z}, \cdot)$ hieraus $1 = e \cdot (1 * 1)$, also $1 * 1 = \pm 1$. Daher ist $a * b = a \cdot b \cdot (1 * 1) = a \cdot b$ oder $a * b = -a \cdot b$ jeweils für alle $a, b \in \mathbf{Z}$.

6.22 Aus $a + b = (a + b)(a + b) = a^2 + a\,b + b\,a + b^2 = a + a\,b + b\,a + b$ folgt $0 = a\,b + b\,a$. Der Fall $b = 1$ liefert zunächst $0 = a + a$ für alle $a \in R$. Dann ist auch $a\,b + a\,b = 0 (= a\,b + b\,a)$. Es folgt $a\,b = b\,a$. Ferner ist jedes $a \neq 1$ Nullteiler wegen $a(a - 1) = a^2 - a = a - a = 0$ und $a - 1 \neq 0$.

6.23 Nach 6.8, 2 ist $(1 - a)(1 + a + \ldots + a^{n-1}) = 1 - a^n = 1 - 0 = 1$ und ebenso $(1 + a + \ldots + a^{n-1})(1 - a) = 1$.

6.26 Gemäß 3.14 hat man eine bijektive Abbildung $\chi : \mathfrak{P}(X) \to \mathrm{Abb}(X, \{0, 1\})$. Wir fassen $\{0, 1\}$ gemäß 6.25 als Körper auf und dann $\mathrm{Abb}(X, \{0, 1\})$ als kommutativen Ring (vgl. 6.19). Man prüft nun leicht nach, daß χ ein Isomorphismus sowohl bzgl. der Additionen als auch der Multiplikationen ist. Mit dem Isomorphismus χ^{-1} übertragen sich die Ringaxiome von $\mathrm{Abb}(X, \{0, 1\})$ auf $\mathfrak{P}(X)$ nach 8.15.

Die Ringeigenschaft von $(\mathfrak{P}(X), \triangle, \cap)$ läßt sich natürlich auch direkt nachrechnen.

7.13 Es sei $H_1 \nsubseteq H_2$ und $H_2 \nsubseteq H_1$. Dann gibt es ein $x \in H_1$ mit $x \notin H_2$ und ein $y \in H_2$ mit $y \notin H_1$. Zum Nachweis, daß $H_1 \cup H_2$ keine Untergruppe ist, zeigen wir $x\,y \notin H_1 \cup H_2$ (obwohl $x, y \in H_1 \cup H_2$). Wäre $x\,y \in H_1$ oder $x\,y \in H_2$, so wäre auch $y = x^{-1}(x\,y) \in H_1$ oder $x = (x\,y)y^{-1} \in H_2$, Widerspruch.

7.17 Siehe die Ausführungen nach 31.1.

8.21 f ist ein Homomorphismus bzgl. +, wenn $r = t = 0$ ist, und ein Ringhomomorphismus, wenn zusätzlich $s = 1$ ist.

8.23 Genau dann ist $g(a\,b) = g(a)\,g(b)$, wenn $(a\,b)^2 = a^2 b^2$, also $b\,a = a\,b$ ist (links a und rechts b kürzen). Genau dann ist $f(a\,b) = f(a)\,f(b)$, wenn $(a\,b)^{-1} = a^{-1} b^{-1}$, also $a\,b = (a^{-1} b^{-1})^{-1} = b\,a$ ist.

8.27 Angenommen, es gäbe einen Ringhomomorphismus $f : \mathbf{Q}[\sqrt{2}] \to \mathbf{Q}[\sqrt{3}]$. Wegen $f(1) = 1$ ist $f(2) = 2$, und daher müßte $(f(\sqrt{2}))^2 = f(\sqrt{2}^{\,2}) = 2$ sein. Sei $f(\sqrt{2}) =: a + b\sqrt{3}$. Es folgt $a^2 + 3\,b^2 + 2\,a\,b\sqrt{3} = 2$. Wegen $\sqrt{3} \notin \mathbf{Q}$ ist dabei $a\,b = 0$, also $a = 0$ oder $b = 0$. Dies ergibt $3\,b^2 = 2$, also $(3\,b)^2 = 6$, oder $a^2 = 2$; Widerspruch zur Irrationalität von $\sqrt{6}$ bzw. $\sqrt{2}$.

9.8 Für $a \neq b$ aus X gilt $\{a\} \sim \{b\}$ und $\{a\} \sim \{a\}$, aber nicht $\{a\} \cup \{a\} \sim \{a\} \cup \{b\}$.

9.10 Die Abbildung $f : \mathbf{Z}_4 \to \mathbf{Z}_5 - \{\overline{0}\}$ mit $f(\overline{0}) = \overline{1}$, $f(\overline{1}) = \overline{2}$, $f(\overline{2}) = \overline{4}$ und $f(\overline{3}) = \overline{3}$ ist der gesuchte Isomorphismus.

9.12 Die fortgelassene Ziffer sei $z \neq 0$. Dann ist $Q(n) = Q(m) + z$. In $\mathbf{Z}_9$ gilt also $\overline{z} = \overline{Q(n)} - \overline{Q(m)} = \overline{n} - \overline{m} = \overline{n - m}$. Daher ist $z = 9$, falls $n - m$ durch 9 teilbar ist, und andernfalls der Rest, der bei Division von $n - m$ durch 9 auftritt.

10.9 $\mathbf{Q}$ ist sogar Quotientenkörper von jedem Unterring R (wegen $\mathbf{Z} \subset R$).

11.24 Der Induktionsanfang ist trivial. Sei nun f eine injektive Abbildung von $\mathbf{N}_{n+1}^{+}$ in sich. Ist $a := f(n + 1)$, so sei g die bijektive Abbildung von $\mathbf{N}_{n+1}^{+}$ auf sich, die $n + 1$ und a vertauscht und die übrigen Elemente festläßt. Dann ist $g \circ f\,|\,\mathbf{N}_n^{+} : \mathbf{N}_n^{+} \to \mathbf{N}_n^{+}$ injektiv, nach Induktionsvoraussetzung also bijektiv. Wegen $(g \circ f)(n + 1) = n + 1$ sind daher $g \circ f : \mathbf{N}_{n+1}^{+} \to \mathbf{N}_{n+1}^{+}$ und damit auch $f : \mathbf{N}_{n+1}^{+} \to \mathbf{N}_{n+1}^{+}$ bijektiv.

11.25 Jedes $n \in \mathbf{N}$ läßt sich in der Form $n = z_0 \cdot 1 + z_1 \cdot 2 + \ldots + z_k \cdot 2^k$ mit $z_i \in \{0, 1\}$ schreiben (nach 11.20).

12.16 Sei zunächst $b > 0$. Nach 12.6 gibt es $q \in \mathbf{Z}$, $r \in \mathbf{N}$ mit $a = q\,b + r$ und $r < b$. Ist dabei $r > b/2$, so ist $a = (q + 1)b + (r - b)$ die gesuchte Darstellung. Ist $b < 0$, so gibt es nach dem obigen Fall q, r mit $a = q\,|b| + r$ und $|r| \leq |b|/2$. Dann ist $a = (-q)b + r$ die gesuchte Darstellung.

12.17 Zu n wählen wir ein k mit $n < (3^{k+1} + 1)/2$ und setzen $s := 3^0 + 3^1 + \ldots + 3^k = (3^{k+1} - 1)/2$. Wegen $n + s < 3^{k+1}$ gibt es $z_i \in \{0, 1, 2\}$ mit $n + s = z_0 3^0 + \ldots + z_k 3^k$. Nun ist $n = (z_0 - 1) \cdot 3^0 + \ldots + (z_k - 1) \cdot 3^k$ die gesuchte Darstellung.

12.18 Da $a := 3\,p_1 \ldots p_r - 1$ nicht durch 3, $p_1, \ldots, p_r$ teilbar ist, können in der Primfaktorzerlegung von a nur Primzahlen der Form $3\,n + 1$ vorkommen. Wegen $(3\,m + 1) \cdot (3\,n + 1) = 3(3\,m\,n + m + n) + 1$ ist dann auch ihr Produkt a von dieser Form im Widerspruch zu $a = 3(p_1 \ldots p_r - 1) + 2$.

12.19 Sei $q := \sqrt{m} + \sqrt{n}$ rational. Dann ist wegen $q^2 = m + n + 2\sqrt{m}\sqrt{n} = m + n + 2(q - \sqrt{n})\sqrt{n} = m - n + 2q\sqrt{n}$ auch $\sqrt{n}$ rational und somit n bereits eine Quadratzahl (vgl. Anmerkung zu 12.14). Analog ist auch m Quadratzahl.

12.20 Sei $\log_{10} n = p/q$ mit $p, q \in \mathbf{N}$. Dann ist $n = 10^{p/q}$, also $n^q = 2^p 5^p$. Wir schreiben n in der Form $n = 2^r b$ mit $r \in \mathbf{N}$ und ungeradem b und erhalten aus der Eindeutigkeit der Primfaktorzerlegung $r\,q = p$, also $p/q = r \in \mathbf{N}$.

12.21 Da $\binom{n + k - 1}{k}$ eine natürliche Zahl ist, ist $n(n + 1) \ldots (n + k - 1)$ sogar durch $k! = 1 \cdot \ldots \cdot k$ teilbar (für jedes n).

12.22 Es ist $\binom{n}{k} = \dfrac{n \dots (n-k+1)}{1 \dots k} = \dfrac{n}{k} \cdot \binom{n-1}{k-1}$, also $k\binom{n}{k} = n\binom{n-1}{k-1}$. Daher teilt n

das Produkt $k \cdot \binom{n}{k}$ und wegen der Teilerfremdheit von n und k bereits den Faktor $\binom{n}{k}$.

13.20 Seien a, b $\in$ K mit a $<$ b. Für x := (a + b)/2 gilt dann a $<$ x $<$ b.

13.22 Die Abbildung f$:$ $\mathbf{Q}[\sqrt{2}] \to \mathbf{Q}[\sqrt{2}]$ mit f(a + b $\sqrt{2}$) := a $-$ b $\sqrt{2}$ ist ein Automorphismus. Setzen wir x $\leq'$ y, falls f(x) $\leq$ f(y), so erhalten wir eine weitere Anordnung $\leq'$ von $\mathbf{Q}[\sqrt{2}]$, die ebenfalls mit Addition und Multiplikation verträglich ist. Dabei ist dann $\sqrt{2} <' 0$ wegen f($\sqrt{2}$) = $- \sqrt{2} < 0$ = f(0).

Sei nun $\leq''$ eine beliebige Anordnung, die $\mathbf{Q}[\sqrt{2}]$ zu einem angeordneten Körper macht. Wir nehmen zunächst $0 \leq'' \sqrt{2}$ an und zeigen $\leq'' = \leq$. Es genügt zu zeigen, daß die zugehörigen Positivitätsbereiche übereinstimmen. Auf $\mathbf{Q}$ sind $\leq''$ und $\leq$ gleich (vgl. 13.11). Sei nun a + b $\sqrt{2}$ positiv bzgl. $\leq''$ und etwa b $>$ 0. Dann ist q := $-$ a/b $<'' \sqrt{2}$, also $q^2 <'' 2$, $q^2 < 2$, falls q positiv, und damit jedenfalls $q < \sqrt{2}$ (nach 13.21, 2), d. h., a + b $\sqrt{2}$ ist auch positiv bzgl. $\leq$. Der Rückschluß und die übrigen Fälle werden analog behandelt. Im Fall $\sqrt{2} <'' 0$ zeigt man ebenso $\leq'' = \leq'$.

14.22 Für a $\neq$ 0 ist $1/|a| > 1$, also $1/|a| = 1 + \delta$ mit $\delta > 0$. Dann wird $1/|a^n| = (1/|a|)^n$ $= 1 + n\delta + \binom{n}{2}\delta^2 + \dots > 1 + n\delta$ wegen der Archimedizität bei hinreichend großem n beliebig groß.

14.23 Nach Definition der Anordnung von K ist $(1/2)^{n+1} - 1/X = (X - 2^{n+1})/2^{n+1}X$ positiv, also $|(1/2)^n - (1/2)^{n+1}| = (1/2)^{n+1} > 1/X$. Zu $\epsilon := 1/X > 0$ gibt es also kein n_0 mit $|(1/2)^n - (1/2)^m| < \epsilon$ für n, m $\geq n_0$.

15.10 Sei K archimedisch und vollständig. Dann ist jede monoton wachsende, nach oben beschränkte Folge eine Cauchyfolge nach 15.5, konvergiert also.

Umkehrung: Wäre K nicht archimedisch, so wäre die Folge der natürlichen Zahlen nach oben beschränkt, also nach Voraussetzung konvergent, Widerspruch! Zum Nachweis der Vollständigkeit von K genügt es nun nach 15.6, das Intervallschachtelungsprinzip zu prüfen. Die linken Intervallenden einer Intervallschachtelung bilden eine monoton wachsende beschränkte Folge, die also konvergiert. Ihr Limes ist gemeinsamer Punkt aller Intervalle.

15.11 Aus dem Intervallschachtelungsprinzip erhält man die Existenz von a, indem man mit dem Intervallhalbierungsverfahren eine Intervallschachtelung ($[a_n, b_n]$) konstruiert, bei der stets b_n eine obere Schranke von A ist, a_n jedoch nicht. Beim Beweis der Umkehrung nimmt man für A und B die Menge der linken bzw. rechten Intervallenden der vorgegebenen Intervallschachtelung.

16.20 Zu 1: Aus $(a\,b)^n = e$ folgt $a(b\,a)^n b = (a\,b)^n a\,b = a\,b$ und hieraus durch Kürzen $(b\,a)^n = e$. Ebenso folgt aus $(b\,a)^n = e$ auch $(a\,b)^n = e$. Man kann auch 16.2, 3 verwenden: Durch $x \to a\,x\,a^{-1}$ wird ein injektiver Homomorphismus gegeben, der b a auf a b abbildet. Zu 2: Aus $a^n = e$ folgt $a^{-n} = e^{-1} = e$ und umgekehrt.

16.21 Sei r := ggT(m, ord a) und s := (ord a)/r. Dann sind m und s teilerfremd. Ist $(a^m)^n = e$, so wird m n von ord a geteilt. Aus m n = t ord a = t r s folgt nun, daß s ein Teiler von n ist. Ferner gilt $(a^m)^s = (a^{\text{ord } a})^{m/r} = e$. Insgesamt ist somit s = ord a^m.

16.22 Angenommen, es wäre $(\mathbf{Q}, +) = \mathbf{Z} q_0$ mit $q_0 \in \mathbf{Q}$, $q_0 \neq 0$. Wegen $|z\,q_0| = |z||q_0|$ $\geq |q_0|$ für z $\neq$ 0 wäre dann $|q| \geq |q_0|$ für jedes q $\neq$ 0 aus $\mathbf{Q}$, Widerspruch! Als unendliche zyklische Gruppe wäre $(\mathbf{Q} - \{0\}, \cdot)$ zu $(\mathbf{Z}, +)$ isomorph. Dies ist nicht möglich, da $\mathbf{Q} - \{0\}$ ein Element der Ordnung 2 enthält, nämlich $- 1$, $\mathbf{Z}$ jedoch nicht.

16.25 Sei $a \neq e$ aus G. Dann ist $\langle a \rangle$ isomorph zu G, also G zyklisch. Ist G endlich und $H \subset G$ eine Untergruppe, so kann $H \cong G$ nur im Fall ord H = ord G gelten. Mit 16.11 sieht man daher, daß ord G eine Primzahl sein muß.

16.26 Aus $a\,H = b\,H'$ folgt $b^{-1}a\,H = H'$. Wegen $e \in H'$, also $e \in b^{-1}a\,H$, folgt $H = e\,H = b^{-1}a\,H = H'$.

16.27 Dreimaliges Anwenden des Satzes von Lagrange liefert $[G : H']$ ord H' = ord G $= [G : H]$ ord H $= [G : H]\,[H : H']$ ord H'. Nun kürzt man noch ord H'.

16.28 Sei $m := $ ord a, $n := $ ord b, $t := $ ord$(a\,b)$. Dann ist $(a\,b)^{mn} = (a^m)^n (b^n)^m = e^n e^m = e$ (G ist kommutativ!), also t ein Teiler von m n. Aus $(a\,b)^t = e$ folgt umgekehrt $a^t = b^{-t} \in \langle a \rangle \cap \langle b \rangle$. Nach dem Satz von Lagrange ist ord$(\langle a \rangle \cap \langle b \rangle)$ ein gemeinsamer Teiler von ord$\langle a \rangle = m$ und ord$\langle b \rangle = n$, also gleich 1 (m, n sind teilerfremd). Es folgt $a^t = b^{-t} = e$, d. h., m und n teilen t. Wegen deren Teilerfremdheit wird t dann auch von m n geteilt.

16.29 Sei $\sim$ eine Äquivalenzrelation. Mit dem Kriterium 7.5 zeigen wir, daß M eine Untergruppe von G ist: Wegen $e \sim e$ ist $e = e^{-1}e \in M$. Aus $a, b \in M$, also aus $e^{-1}a$, $e^{-1}b \in M$, folgt $a \sim e$, $b \sim e$ und daher auch $a \sim b$, also $b^{-1}a \in M$.

16.30 Zu 2: Da die Äquivalenzklasse von $x \in G$ gleich $\bar{x} := \{x, x^{-1}\}$ ist, gilt Anz $\bar{x} = 1$ genau dann, wenn $x = x^{-1}$, also wenn $x = e$ oder ord $x = 2$ ist. Bezeichnen m und k die Anzahlen der Klassen mit 1 bzw. 2 Elementen, so ist ord G $= m + 2\,k$. Für ord G gerade muß daher m gerade und damit die Anzahl $m - 1$ der $x \in G$ mit ord $x = 2$ ungerade sein.

Zu 3: Bei der Produktbildung heben sich die Elemente der zweielementigen Äquivalenzklassen gegenseitig weg. Dies ergibt die Behauptung, wenn man noch berücksichtigt, daß im Fall ord G ungerade keine x mit ord $x = 2$ existieren (nach 16.18).

17.15 Sei $N = \{e, b\}$. Für alle $a \in G$ ist $a\,N = N\,a$, also $\{a, a\,b\} = \{a, b\,a\}$ und somit $a\,b = b\,a$.

17.17 Es gibt $a, b \neq x_0$ aus X mit $a \neq b$. Die Abbildungen aus $\mathfrak{S}(X)$, die a mit b bzw. x_0 vertauschen und alle anderen $x \in X$ jeweils fest lassen, seien g bzw. h. Dann ist $g(x_0) = x_0$, also $g \in H$, aber $(h\,g\,h^{-1})(x_0) = (h\,g)(a) = h(b) = b \neq x_0$, also $s_h(g) \notin H$. Nach 17.12 ist H daher kein Normalteiler.

17.18 Man verwendet 17.12 und $f \circ s_a \circ f^{-1} = s_{f(a)}$ für $a \in G$ und $f \in$ Aut G.

17.19 Für jeden inneren Automorphismus σ von G ist $\sigma(N) = N$, da N normal ist, also $\sigma(H) \subset N$. Da N zyklisch ist, hat N genau eine Untergruppe vom Index $[N : H] = [\sigma(N) : \sigma(H)] = [N : \sigma(H)]$, vgl. 16.11 bzw. 16.9 und 16.7, 1. Es folgt $\sigma(H) = H$, d. h., H ist Normalteiler von G.

17.21 N enthalte alle Kommutatoren von G. Für $b \in N$ ist dann $s_a(b) = a\,b\,a^{-1} = a\,b\,a^{-1}b^{-1}b \in N\,b = N$, also $s_a(N) \subset N$. Daher ist N Normalteiler, und in G/N gilt $\overline{a}\,\overline{b}\,\overline{a}^{-1}\,\overline{b}^{-1} = \overline{a\,b\,a^{-1}\,b^{-1}} = \overline{e}$, also $\overline{a}\,\overline{b} = \overline{b}\,\overline{a}$. Ist umgekehrt G/N kommutativ, so ist $\overline{a}\,\overline{b} = \overline{b}\,\overline{a}$, also $\overline{a\,b\,a^{-1}\,b^{-1}} = \overline{e}$ und daher $a\,b\,a^{-1}b^{-1} \in N$.

17.22 Die Behauptung ergibt sich sofort mit 17.21.

17.23 Sei $p : G \to G/N$ die kanonische Projektion. Nach dem Satz von Lagrange ist ord $p(H)$ ein Teiler von ord G/N $= [G : N]$ und andererseits nach dem Isomorphiesatz, angewandt auf $p\,|\,H : H \to p(H)$, ein Teiler von ord H. Da $[G : N]$ und ord H teilerfremd sind, folgt ord $p(H) = 1$, $p(H) = \{\overline{e}\}$, $H \subset$ Kern $p = N$.

18.14 Nach 16.11 gibt es Untergruppen H_1 und H_2 der Ordnung n_1 bzw. n_2 von G. Für $x \in H_1 \cap H_2$ ist ord x (nach 16.18) Teiler von n_1 und von n_2, also gleich 1. Es folgt

$H_1 \cap H_2 = \{e\}$ und somit $\text{ord } H_1 H_2 = n_1 n_2 = \text{ord } G$ nach 18.2, also $H_1 H_2 = G$. Nun verwendet man 18.6 (H_1 und H_2 sind normal, da G kommutativ ist).

18.15 Zu 2: f ist surjektiv: Zu $x \in H\,N/N$ gibt es $h \in H$, $a \in N$ mit $x = \overline{ha}$. Es ist $\overline{ha} = \overline{h}\,\overline{a} = \overline{h}\,\overline{e} = \overline{h}$ wegen $a \in N$ und daher $f(h) = \overline{h} = \overline{h\,a} = x$. Offenbar ist Kern $f = H \cap N$. Der Homomorphiesatz liefert nun die Behauptung.

18.16 Sei $x \in G$. Setzen wir $A^{-1} := \{a^{-1}\,|\,a \in A\}$, so ist n auch die Elementzahl von A^{-1} und daher die von $A^{-1}\{x\}$. Wegen $n + m > \text{ord } G$ müssen die Teilmengen $A^{-1}\{x\}$ und B von G ein Element b gemeinsam haben. Dann ist $b = a^{-1}x$ mit $a \in A$, also $x = a\,b \in A\,B$.

19.31 Jedes $\sigma \in \mathfrak{S}_n$ mit $\sigma(M) = M$ bildet auch $\mathbf{N}_n^+ - M$ auf sich ab. Durch $\sigma \to (\sigma|M, \sigma|\mathbf{N}_n^+ - M)$ erhält man also eine Abbildung von G auf $\mathfrak{S}(M) \times \mathfrak{S}(\mathbf{N}_n^+ - M)$, die offenbar bijektiv ist. Es folgt $\text{ord } G = \text{ord } \mathfrak{S}(M) \cdot \text{ord } \mathfrak{S}(\mathbf{N}_n^+ - M) = m!\,(n - m)!$.

19.33 Die Behauptung folgt mit 19.18 aus $\sigma = [i_1, i_2]\,[i_2, i_3] \cdots [i_{r-1}, i_r]$.

19.34 Die möglichen Zyklendarstellungen der Elemente $\sigma \in \mathfrak{S}_5$, $\sigma \neq \mathrm{id}$, sind: $[i_1, i_2]$, $[i_1, i_2, i_3]$, $[i_1, i_2, i_3, i_4]$, $[i_1, i_2, i_3, i_4, i_5]$, $[i_1, i_2]\,[i_3, i_4]$ oder $[i_1, i_2]\,[i_3, i_4, i_5]$. Also ist $\text{ord}\,\sigma$ gleich 2, 3, 4, 5, (2) oder 6.

19.35 Offenbar ist $[a, b, c] = [a, b]\,[b, c] \in \mathfrak{A}_n$. Umgekehrt genügt es zu zeigen, daß jedes Produkt von 2 Transpositionen sich als Produkt von Dreierzyklen schreiben läßt: $[a, b]\,[b, c] = [a, b, c]$, $[a, b]\,[c, d] = [a, b, c]\,[b, c, d]$.

19.36 Eine solche Gruppe G wäre nach 17.11 Normalteiler in $\mathfrak{A}_n$, und $\mathfrak{A}_n/G$ hätte Ordnung 2, wäre also kommutativ. Ersetzt man im Beweis zu 19.30 H_{i-1} durch $\mathfrak{A}_n$ und H_i durch G, so zeigt die Rechnung dort, daß G wie $\mathfrak{A}_n$ alle Dreierzyklen enthielte, also nach 19.35 gleich $\mathfrak{A}_n$ wäre, Widerspruch.

19.37 Eine Untergruppe von $\mathfrak{S}_n$ enthält mit $[1, \ldots, n]$ und $[1, 2]$ auch $[i, i + 1]$ $= [1, \ldots, n]^{i-1}\,[1, 2]\,[1, \ldots, n]^{-(i-1)}$, vgl. 19.12. Nun wendet man 19.25 auf die Teilmengen $\{1, 2\}$, $\{2, 3\}$, $\ldots$, $\{n - 1, n\}$ von $\mathbf{N}_n^+$ an.

19.38 Faßt man $\mathfrak{S}_3$ als Untergruppe von $\mathfrak{S}_4$ auf, so ist $\mathfrak{S}_3 \cap \mathfrak{V}_4 = \{\mathrm{id}\}$, also Kern $p\,|\,\mathfrak{S}_3 = \{\mathrm{id}\}$. Daher ist $p\,|\,\mathfrak{S}_3$ injektiv und wegen $\text{ord } \mathfrak{S}_3 = 6 = \text{ord } \mathfrak{S}_4/\mathfrak{V}_4$ auch surjektiv.

19.39 Nach 17.11 ist $H_1 := \langle \alpha \rangle$ in $H_0 := D_n$ Normalteiler. $H_0/H_1 \cong \mathbf{Z}/\mathbf{Z}2$ und $H_1/\{\mathrm{id}\} = \langle \alpha \rangle$ sind kommutativ.

19.40 Wäre $\alpha^i \beta \in Z(D_n)$, so wäre $(\alpha^i \beta)\alpha = \alpha(\alpha^i \beta)$, also $\alpha^{i-1}\beta = \alpha^{i+1}\beta$, $\alpha^{i-1} = \alpha^{i+1}$, $\alpha^2 = \mathrm{id}$, Widerspruch zu $\text{ord }\alpha = n \geq 3$. Nur dann ist $\alpha^i \in Z(D_n)$, wenn $\alpha^i \beta = \beta\,\alpha^i$ ist, also wenn $\alpha^i \beta = \alpha^{-i}\beta$, $\alpha^{2i} = \mathrm{id}$, d. h. $i = 0$ oder $i = n/2$ ist ($0 \leq i < n$). Man sieht nun leicht $\alpha^{n/2} \in Z(D_n)$ (falls n gerade).

19.41 Sei $H := G \cap \langle \alpha \rangle$. Nach 16.8 ist H zyklisch, also $H = \langle a \rangle$ mit $a = \alpha^k$ und $\text{ord }a = \text{ord } H =: m$. Ist $G \not\subseteq \langle \alpha \rangle$, d. h. $G \neq H$, so existiert noch ein $b = \alpha^i \beta \in G - \langle \alpha \rangle$. Dafür gilt $\text{ord }b = 2$ und $b\,a = (\alpha^i \beta)\alpha^k = \alpha^i \alpha^{-k}\beta = \alpha^{-k}\alpha^i \beta = a^{-1}b$. Für $x \in G - H$ ist $x \notin \langle \alpha \rangle$, also $x \in \langle \alpha \rangle b$ und wegen $x, b \in G$ sogar $x \in (\langle \alpha \rangle \cap G)b = H\,b$. Daher ist $G = H \cup H\,b$, $\text{ord } G = 2\,m$, und 19.24 liefert $G \cong D_m$ im Fall $m \geq 3$. Für $m = 2$ erhält man $G \cong \mathfrak{V}_4$.

20.10 Ist die Konjugiertheit $\sim$ eine Kongruenzrelation, so ist $p : G \to G/\!\sim$ gemäß 9.3 (und 9.5) ein Homomorphismus von Gruppen. Wir zeigen, daß p injektiv ist, also alle Konjugiertheitsklassen einelementig sind. Aus $a \in$ Kern p folgt $a \sim e$, also $a = x\,e\,x^{-1} = e$ für ein $x \in G$. Daher ist in der Tat Kern $p = \{e\}$.

20.12 Wir verwenden 20.4 und die dortigen Bezeichnungen. Nach 17.14 und 20.5, 1 ist $\text{ord } Z(G) = p$. Nach 20.11 hat man $G_{a_i} \supset Z(G) \cup \{a_i\}$, also $\text{ord } G_{a_i} > p$ (da $a_i \notin Z(G)$).

Dann ist ord $G_{a_i} = p^2$, da $G_{a_i} = G$ wegen $a_i \notin Z(G)$ ausscheidet. Nun folgt $[G : G_{a_i}]$ $= p^3/p^2 = p$ und somit $p^3 = \mathrm{ord}\, G = p + r \cdot p$. Dann ist $r = p^2 - 1$, und die Zahl ord $Z(G)$ $+ r$ der Konjugiertheitsklassen ist gleich $p + p^2 - 1$.

20.13 Man schließt wie am Ende des Beweises zu 20.7.

20.14 Das einzige Element der Ordnung 2 von **Q** liegt im Zentrum, erzeugt also einen Normalteiler. Die anderen nichttrivialen Untergruppen haben die Ordnung 4, sind also normal nach 17.11.

21.11 Wegen $d_\alpha \circ d_\beta = d_{\alpha+\beta} = d_{\beta+\alpha} = d_\beta \circ d_\alpha$ ist O_2^+ kommutativ. Für eine Untergruppe G von O_2^+ ist daher $s\,G\,s^{-1} \subset G$ nur noch für $s \in O_2 - O_2^+$ zu zeigen. In der Tat gilt $s\,\delta\,s^{-1} = \delta^{-1}$ für $\delta \in G$.

22.18 Die Behauptung folgt mit 22.9, da endliche Integritätsringe Körper sind.

22.20 Man verwendet 22.11 auf $p : \mathbf{Z} \to \mathbf{Z}/\mathbf{Z}\,24$ an. Die Ideale von $\mathbf{Z}/\mathbf{Z}\,24$ sind $p(\mathbf{Z}\,m)$, wo $\mathbf{Z}\,m \supset \mathbf{Z}\,24$, d. h. m ein Teiler von 24 ist. Unter diesen sind nach 22.15 die von $\bar{2}$ bzw. $\bar{3}$ erzeugten Ideale $p(\mathbf{Z}\,2)$ und $p(\mathbf{Z}\,3)$ die einzigen Primideale.

22.21 Nach den Bemerkungen zu 22.11 hat jedes Ideal von $\mathbf{Z}/\mathbf{Z}\,n$ die Form $\mathbf{Z}\,m/\mathbf{Z}\,n$ $= p(\mathbf{Z}\,m)$, wo $p : \mathbf{Z} \to \mathbf{Z}\,n$ die kanonische Projektion und $\mathbf{Z}\,m \supset \mathbf{Z}\,n$, also m ein Teiler von n ist. Nach dem Isomorphiesatz folgt $(\mathbf{Z}/\mathbf{Z}\,n)/(\mathbf{Z}\,m/\mathbf{Z}\,n) \cong \mathbf{Z}/\mathbf{Z}\,m$.

23.8 Es ist $f = q\,g + r$ mit $q = \bar{4}\,X^2 + \bar{2}$ und $r = \bar{3}\,X + \bar{4}$.

23.9 Man beweist die Aussage durch Induktion über grad f, wobei man ähnlich wie bei der g-alen Entwicklung natürlicher Zahlen vorgeht und Division mit Rest in $R\,[X]$ statt in **N** verwendet.

24.14 Mit 24.4 sieht man, daß als Nullstellen in **Z** nur die Teiler des konstanten Terms 2, also $\pm 1, \pm 2$ in Frage kämen.

24.15 Es sei $f = (X - a)^m g$ mit $g(a) \neq 0$. Dann ist $f' = m(X - a)^{m-1}g + (X - a)^m g'$ $= (X - a)^{m-1}h$ mit $h := m\,g + (X - a)g'$, also $h(a) = m\,g(a) \neq 0$.

24.16 Es gibt ein $b \neq 0$ mit $a\,b = 0$. Für $f := a\,X$ ist dann $f(0) = 0$, $f(b) = 0$ und grad $f = 1$.

24.17 Man nehme etwa $R := \mathbf{Z} \times \mathbf{Z}$ und $f := (1, 0)X$. Dann ist $f(0, z) = (0, 0)$ für alle $z \in \mathbf{Z}$.

24.18 Ließe sich φ durch ein Polynom $f \in \mathbf{R}\,[X]$ beschreiben, so müßte nach dem Identitätssatz einerseits $f = X$ gelten (wegen $\varphi(x) = x$ für $x \geq 0$) und andererseits $f = -X$ (wegen $\varphi(x) = -x$ für $x \leq 0$).

24.19 Der Kern des (surjektiven) Einsetzungshomomorphismus $R\,[X] \to R$ mit $f \to f(a)$ ist $R\,[X]\,(X - a)$ nach 24.4. Der Homomorphiesatz liefert die angegebene Isomorphie.

24.20 Durch $\Sigma a_i X^i \to \Sigma \bar{a_i} X^i$ wird ein surjektiver Homomorphismus $R\,[X] \to (R/\mathfrak{a})\,[X]$ gegeben (vgl. 24.1) mit $\mathfrak{a}\,[X]$ als Kern. Nun wendet man den Homomorphiesatz an.

25.8 Es ist $X_1^4 X_2^2 + X_1^2 X_2^4 + X_1^6 X_2^3 + X_1^3 X_2^6 = (X_1 X_2)^2 (X_1^2 + X_2^2 + X_1 X_2 (X_1^3 + X_2^3))$ $= s_2^2(s_1^2 - 2 s_2 + s_2(s_1^3 - 3 s_1 s_2)) = s_1^2 s_2^2 - 2 s_2^3 + s_1^3 s_2^3 - 3 s_1 s_2^4$.

25.10 Zu 1: Die $(n + m)$-te Formel geht durch Einsetzen von 0 für X_n in die entsprechende Formel $p'_{n+m} - p'_{n+m-1}s'_1 + \ldots + (-1)^{n-1}p'_{m+1}s'_{n-1} = 0$ (in den Unbestimmten $X_1, \ldots, X_{n-1}$) über. Diese gilt nach Induktionsvoraussetzung. Daher ist $g := p_{n+m} - p_{n+m-1}s_1 + \ldots + (-1)^{n-1}p_{m+1}s_{n-1}$ durch X_n teilbar. Da g in $X_1, \ldots, X_n$ symmetrisch ist, ist g dann auch durch $X_1, \ldots, X_n$ und damit durch s_n teilbar: $g = h\,s_n$. Da g und s_n homogen vom Grad $n + m$ bzw. n sind, ist dabei h homogen vom Grad m und wieder symmetrisch. Nach Definition von $p_{n+m}, \ldots, p_{m+1}$ kommt in jedem Monom von g mindestens ein X_i in einer Potenz mit Exponent $\geq m + 1$ vor. Wegen grad h = m und $s_n = X_1 \ldots X_n$ kann h somit nur Monome X_i^m enthalten, muß also aus Symmetriegründen die Form $c\, p_m$ haben mit $c \in R$. Vergleich der Koeffizienten von $X_1^{m+1} X_2 \ldots X_n$ in $g = c\, p_m s_n$ liefert $c = (-1)^{n-1}$.

Die ersten $n - 1$ Formeln lassen sich analog beweisen (dabei ist in der entsprechenden Gleichung $g = h\, s_n$ aus Gradgründen h = 0).

Zu 2: Die Behauptung folgt aus 25.7, da man $s_1, \ldots, s_n$ in den ersten n Newtonschen Formeln der Reihe nach durch $p_1, \ldots, p_n$ ausdrücken kann.

26.21 Sei $a \neq 0$ aus $\mathfrak{a}$ und $a = p_1 \ldots p_r$ die Primfaktorzerlegung von a. Wegen $a \in \mathfrak{a}$ enthält das Primideal $\mathfrak{a}$ dann eines der p_i.

26.22 Zu 1: Man verwendet 26.18 bzw. 26.20 mit p = 7.

Zu 2: Man wendet 26.18 auf $X_2^3 + (X_1^2 - 1)X_2^2 + (X_1 - 1) \in (\mathbf{Z}[X_1])[X_2]$ mit $p := X_1 - 1$ an. Nach 26.16 ist p Primelement in $\mathbf{Z}[X_1]$.

26.23 Unzerlegbar sind $X, X + \overline{1}, X^2 + X + \overline{1}, X^3 + X + \overline{1}, X^3 + X^2 + \overline{1}$ jeweils nach 26.17.

26.24 Da $X^4 + X + \overline{1}$ keine Nullstelle in $\mathbf{Z}/\mathbf{Z}2$ hat, kommt über $\mathbf{Z}/\mathbf{Z}2$ nur eine Zerlegung in zwei quadratische unzerlegbare Faktoren in Frage, also nach 26.23 nur die Zerlegung $(X^2 + X + \overline{1})^2$. Dieses Produkt ist jedoch gleich $X^4 + X^2 + \overline{1}$. Eine Zerlegung über $\mathbf{Z}$ würde sofort eine Zerlegung mod 2 nach sich ziehen. 26.19 liefert nun auch die Unzerlegbarkeit über $\mathbf{Q}$.

26.25 Aus $f = g \cdot h$ folgt $2n + 1 = \text{grad } f = \text{grad } g + \text{grad } h$, also grad $g \leq n$ oder grad $h \leq n$. Sei etwa grad $g \leq n$ und somit grad $g^2 \leq 2n$. Nun ist $g(a_i) h(a_i) = f(a_i) = \pm 1$ und daher $g(a_i) = \pm 1$, also $g^2(a_1) = \ldots = g^2(a_{2n+1}) = 1$. Nach 24.10 folgt $g^2 = 1, g = \pm 1$.

27.13 Es gibt $q, r \in R$ mit $1 = q\, a + r$, wobei $\varphi(r) < \varphi(a)$ oder r = 0. Wegen der Minimalität von $\varphi(a)$ ist r = 0, also $1 = q\, a$.

27.14 Es sei $K := \{a \in R \mid a \neq 0, \varphi(a) = 0\} \cup \{0\}$. Aus den angegebenen Eigenschaften von φ schließt man leicht, daß K ein Unterring von R ist. Nach 27.13 ist K sogar ein Körper. Falls nicht bereits R = K, wählt man nun ein $g \in R - K$ so, daß $\varphi(g)$ in $\varphi(R - K)$ minimal ist. Analog zum Beweis von 11.20 zeigt man, daß jedes $r \in R$ eine eindeutige Darstellung $r = a_0 g^0 + a_1 g^1 + \ldots$ mit $a_i \in K$ hat. Dabei verwendet man, daß die speziellen Voraussetzungen über φ es gestatten, die Eindeutigkeit der Division mit Rest wie im Beweis von 23.7 zu zeigen. Einsetzen von g für X liefert nun den gesuchten Isomorphismus $K[X] \to R$.

27.15 Angenommen, es gäbe nur endlich viele nichtassoziierte Primpolynome $f_1, \ldots, f_r$ in $K[X]$. Die Primfaktoren von $f_1 \ldots f_r + 1$ sind zu $f_1, \ldots, f_r$ nicht assoziiert, also weitere Primelemente.

27.16 Sei $R[X]$ Hauptidealring. Dann ist R (wie $R[X]$) Integritätsring. Wegen $R[X]/X\,R[X] \cong R$ (vgl. 24.19) ist daher $X\,R[X]$ ein Primideal und somit nach 27.2 ein maximales Ideal in $R[X]$. Der zugehörige Restklassenring und damit auch R ist dann ein Körper.

27.17 Man ersetzt im Beweis von 27.12 nur i durch $\sqrt{-2}$ und erhält zuletzt $N(r) \leq ((1/2)^2 + 2(1/2)^2) \cdot |z|^2 < |z|^2 = N(z)$.

27.18 Wegen $p \geq 3$ ist p + 1 gerade: $p + 1 = 2k$, also $2k = (1 + \sqrt{-p})(1 - \sqrt{-p})$. Wie in 27.11 schließt man, daß 2 unzerlegbar ist, aber offenbar $1 + \sqrt{-p}$ und $1 - \sqrt{-p}$ nicht teilt.

27.19 Als nichttriviale Teiler von p in $\mathbf{Z}[\sqrt{-n}]$ kämen nur Elemente $z = a + b\sqrt{-n}$ mit $N(z) = p$, also mit $a^2 + nb^2 = p$, in Frage. Sie existieren wegen $p < n$ nicht. Daher ist p unzerlegbar, aber nicht Primelement, da p zwar das Produkt $(p + \sqrt{-n})(p - \sqrt{-n})$, jedoch keinen der beiden Faktoren teilt.

27.21 Wir setzen $\mathfrak{a}' := \{a + b\sqrt{-5}\,|\,a - b\text{ gerade}\}$ und zeigen $\mathfrak{a} = \mathfrak{a}'$. Zunächst ist $\mathfrak{a}'$ ein Ideal: Für $a + b\sqrt{-5} \in \mathfrak{a}'$ und $r + s\sqrt{-5} \in \mathbf{Z}[\sqrt{-5}]$ ist $(r + s\sqrt{-5})(a + b\sqrt{-5}) = (ra - 5sb) + (rb + sa)\sqrt{-5}$ wieder in $\mathfrak{a}'$, da mit $a - b$ auch $(ra - 5sb) - (rb + sa) = r(a - b) - 6sb - s(a - b)$ gerade ist. Ferner liegt die Summe zweier Elemente aus $\mathfrak{a}'$ wieder in $\mathfrak{a}'$. Wegen $2, 1 + \sqrt{-5} \in \mathfrak{a}'$ gilt nun $\mathfrak{a} \subset \mathfrak{a}'$. Umgekehrt liegt jedes Element $a + b\sqrt{-5} = (a - b) + b(1 + \sqrt{-5})$ aus $\mathfrak{a}'$ wegen $a - b \in \mathbf{Z}2$ in $\mathfrak{a}$.

Offenbar ist $1 \notin \mathfrak{a}' = \mathfrak{a}$. Sei nun $\mathfrak{b}$ ein Ideal mit $\mathfrak{a} \subset \mathfrak{b}, \mathfrak{a} \neq \mathfrak{b}$, und $r + s\sqrt{-5} \in \mathfrak{b} - \mathfrak{a}$. Dann ist wegen $r - s + s(1 + \sqrt{-5}) \in \mathfrak{b}$ und $1 + \sqrt{-5} \in \mathfrak{a} \subset \mathfrak{b}$ auch $r - s \in \mathfrak{b}$ und schließlich wegen $2 \in \mathfrak{a} \subset \mathfrak{b}$ und, da $r - s$ ungerade ist, auch $1 \in \mathfrak{b}$. Daher ist $\mathfrak{b} = \mathbf{Z}[\sqrt{-5}]$, also $\mathfrak{a}$ maximal.

Wäre $\mathfrak{a} = \mathbf{Z}[\sqrt{-5}]z_0$, so würden $4 = N(2)$ und $6 = N(1 + \sqrt{-5})$ wegen $2, 1 + \sqrt{-5} \in \mathfrak{a}$ von $N(z_0)$ geteilt. Da $N(z_0) = 2$ in $\mathbf{Z}[\sqrt{-5}]$ nicht möglich ist, folgt $N(z_0) = 1$, also z_0 Einheit und somit $\mathfrak{a} = \mathbf{Z}[\sqrt{-5}]$, Widerspruch.

28.19 Angenommen, z wäre ein ggT von 6 und $2(1 + \sqrt{-5})$. Dann wäre $N(z)$ ein Teiler von $N(6) = 36$ und $N(2(1 + \sqrt{-5})) = 24$ in $\mathbf{N}$. Ferner würden die gemeinsamen Teiler 2 und $1 + \sqrt{-5}$ von 6 und $2(1 + \sqrt{-5})$ auch z teilen. Somit wären $N(2) = 4$ und $N(1 + \sqrt{-5}) = 6$ Teiler von $N(z)$ in $\mathbf{N}$. Insgesamt folgte $N(z) = 12$. Ein solches z existiert aber in $\mathbf{Z}[\sqrt{-5}]$ nicht.

28.20 Die Behauptung folgt durch Vergleich der Primfaktorzerlegungen.

28.21 Sei $t := \mathrm{ggT}(a, b) = ra + sb$. Da t ein Teiler von a und von b ist, gibt es u, v mit $a = tu, b = tv$. Es folgt $1 = ru + sv$. Jeder gemeinsame Teiler von r und s ist daher ein Teiler von 1, also eine Einheit.

28.22 Nach dem kleinen Fermatschen Satz ist $a^n = b^n = e$. Das Lemma von Bezout liefert $r, s \in \mathbf{Z}$ mit $1 = rm + sn$. Daher ist $a = a^{rm+sn} = (a^m)^r(a^n)^s = (a^m)^r$ und ebenso $b = (b^m)^r$. Aus $a^m = b^m$ folgt also $(a^m)^r = (b^m)^r$, $a = b$.

28.23 Der euklidische Algorithmus liefert $6X - 6$ als ggT. Natürlich ist dann auch $X - 1$ ein ggT.

28.24 Wir gehen wie in der Anmerkung zu 28.8 vor: Wegen $1 = 2 \cdot 3 + (-1) \cdot 5$ ist $z := (-1) \cdot 5 \cdot 2 + 2 \cdot 3 \cdot 3 = 8$ eine Lösung von $z \equiv 2 \bmod 3$ und $z \equiv 3 \bmod 5$. Wegen $1 = 1 \cdot 3 \cdot 5 + (-2) \cdot 7$ ist ferner $x := ((-2) \cdot 7) \cdot 8 + (3 \cdot 5) \cdot 2 = -82$ eine Lösung von $x \equiv 8 \bmod 3 \cdot 5$ und $x \equiv 2 \bmod 7$ und damit auch vom Ausgangsproblem. Die kleinste positive Lösung ist $x_0 = -82 + 3 \cdot 5 \cdot 7 = 23$.

28.25 Gesucht ist die Restklasse von $7^{(7^7)}$ in $\mathbf{Z}_{10}$. Wegen $\overline{7} = -\overline{3}$ ist $\overline{7}^4 = (-\overline{3})^4 = \overline{81} = \overline{1}$; bei der Bestimmung der Restklasse von $7^{(7^7)}$ können wir also den Exponenten $7^7 \bmod 4$ reduzieren. Es ist $7 \equiv -1 \bmod 4$, also $7^7 \equiv (-1)^7 \equiv -1 \equiv 3 \bmod 4$, und daher $7^7 = 4k + 3$. Damit folgt $\overline{7}^{(7^7)} = \overline{7}^{4k+3} = (\overline{7}^4)^k\,\overline{7}^3 = \overline{1}^k(-\overline{3})^3 = -\overline{27} = \overline{3}$ in $\mathbf{Z}_{10}$. Die gesuchte Ziffer ist daher 3.

28.26 Wegen $30 = 2 \cdot 3 \cdot 5$ genügt es zu zeigen, daß $n^5 - n$ durch die Primzahlen 2, 3 und 5 teilbar ist. Mit n ist auch n^5 gerade bzw. ungerade; daher ist $n^5 - n$ in jedem Fall gerade. Nach der Anmerkung zu 28.14 ist $n^5 - n$ durch 5 teilbar. Die Teilbarkeit durch 3 folgt ebenfalls mit dem kleinen Fermatschen Satz: In $\mathbf{Z}_3^*$ ist $\overline{n}^2 = \overline{1}$, also $\overline{n}^4 = \overline{1}^2 = \overline{1}$, und somit $\overline{n}^5 = \overline{n}$. Die letzte Beziehung gilt auch für $\overline{n} = \overline{0}$.

28.27 Es genügt zu zeigen, daß $p^{q-1} + q^{p-1} - 1$ durch p und durch q teilbar ist. In $\mathbf{Z}/\mathbf{Z}\,p$ gilt nach dem kleinen Fermatschen Satz $p^{q-1} + q^{p-1} - 1 = \overline{p}^{q-1} + (\overline{q}^{p-1} - \overline{1}) = \overline{0} + \overline{0} = \overline{0}$. Analog zeigt man die Teilbarkeit durch q.

28.28 Wegen 28.13 gilt $\varphi(n) = n - 1$ nur, falls n Primzahl ist.

28.29 Die Ordnung von $\overline{a}$ in $(\mathbf{Z}/\mathbf{Z}(a^n - 1))^*$ ist gleich n wegen $\overline{a^n - 1} = \overline{0}$, also $\overline{a}^n = \overline{1}$, und wegen $1 < a^i < a^n - 1$ für $1 \leq i < n$. Nun teilt ord $\overline{a} = n$ die Gruppenordnung $\varphi(a^n - 1)$.

28.30 Sei $\overline{f}$ das durch f in $\mathbf{Z}_p\,[X]$ induzierte Polynom. Es ist $\overline{f}(\overline{a}) = \overline{0}$ für die Elemente $\overline{a} = \overline{0}, \ldots, \overline{p-1}$ von $\mathbf{Z}_p$ zu zeigen. Im Fall $p \leq n$ folgt dies unmittelbar aus der Voraussetzung, im Fall $p > n$ hat $\overline{f}$ die $n + 1 > \mathrm{grad}\,\overline{f}$ verschiedenen Nullstellen $\overline{0}, \ldots, \overline{n}$, ist also sogar das Nullpolynom nach 24.10.

28.31 Besitzt n einen echten Teiler a, so ist $(n - 1)! \equiv 0 \bmod a$, da a links als Faktor vorkommt. Dann gilt nicht $(n - 1)! \equiv -1 \bmod a$ und erst recht nicht $(n - 1)! \equiv -1 \bmod n$.

28.32 In $\mathbf{Z}_p$ ist $\overline{p - i} = -\overline{i}$. Damit folgt nach dem Wilsonschen Satz $-\overline{1} = \overline{1} \ldots$ $\overline{(p - 1)} = \overline{1} \ldots (p-1)/2 \cdot (-(p-1)/2) \ldots (-\overline{1}) = (-\overline{1})^{(p-1)/2}\, \overline{((p-1)/2)!}^{\,2}$ und somit $(((p - 1)/2)!)^2 \equiv -1\,(-1)^{(p-1)/2} \equiv (-1)^{(p+1)/2} \bmod p$.

29.14 Wir berechnen $1/(g - 1)^2$ mit Hilfe des g-alen Algorithmus 29.1: Für $n = 1, \ldots, g-2$ erhält man $z_n = n - 1$ und $r_n = n(g - 1) + 1 < (g - 1)^2$ durch Induktion über n. Für $n = g - 1$ ergibt sich nun $r_{g-2}\,g = z_{g-1}(g - 1)^2 + r_{g-1}$ mit $r_{g-2} = (g - 2)(g - 1) + 1$, wobei man $z_{g-1} = g - 1$ und $r_{g-1} = 1$ zu wählen hat. Wegen $r_{g-1} = 1 = r_0$ hat man die Periode gefunden.

29.15 Nach 29.11 (und 29.6) ist $1/b = c/(10^\lambda - 1)$, wo λ die Periodenlänge von $1/b$ und c eine ganze Zahl ist. Es folgt $b\,c = 10^\lambda - 1 = 9 \ldots 9$ (λ Ziffern).

29.16 Die Periodenlänge $\lambda(10, 17)$ ist ein Teiler von $\varphi(17) = 16$, also 1, 2, 4, 8 oder 16. Die ersten drei Möglichkeiten scheiden bei der angegebenen Entwicklung aus. Im Fall $\lambda(10, 17) = 8$ müßte nach 29.13 die fünfte Ziffer die erste Ziffer zu 9 ergänzen. Also ist $\lambda(10, 17) = 16$, und wieder mit 29.13 erhält man die letzten 8 Ziffern der Periode: $1/17 = 0,\overline{0588235294117647}$.

29.17 Die Zeilen $r_{n-1}\,g = z_n p + r_n$ des g-alen Algorithmus 29.1 liefern in $\mathbf{Z}/\mathbf{Z}g$ zunächst $\overline{0} = \overline{z}_n \overline{p} + \overline{r}_n$, also $\overline{z}_n = (-\overline{p})^{-1}\overline{r}_n$. Wegen $0 \leq z_n < g$ ist daher $z_n = z_m$ genau dann, wenn $\overline{z}_n = \overline{z}_m$, d. h., wenn $\overline{r}_n = \overline{r}_m$ gilt. Aus $\lambda(g, p) = p - 1$ folgt, daß $1, 2, \ldots, p - 1$ alle genau einmal als Rest r_n auftreten. Zählt man, wieviele dieser Zahlen jeweils in derselben Restklasse von $\mathbf{Z}/\mathbf{Z}g$ liegen, so erhält man also auch, wie oft die zu dieser Restklasse gehörige Ziffer in der Entwicklung auftritt. Aus $p = q\,g + r$, $0 < r < g$, sieht man nun, daß bei Division von $1, \ldots, p - 1$ durch g die Reste $1, \ldots, r - 1$ genau $(q + 1)$-mal und die Reste $0, r, r + 1, \ldots, g - 1$ genau q-mal auftreten.

30.15 Sind m und n Summe zweier Quadrate, so gibt es $z, z' \in \mathbf{Z}\,[i]$ mit $m = z\overline{z}$ und $n = z'\overline{z'}$. Dann folgt $m\,n = z\,z'\,\overline{z}\,\overline{z'}$, d. h., m n ist auch Summe zweier Quadrate. Man erhält sogar explizit $(a^2 + b^2)(a'^2 + b'^2) = (a\,a' - b\,b')^2 + (a\,b' + a'b)^2$.

30.16 Wir gehen wie in dem Beispiel hinter 30.8 vor. Es ist $2425 = 5^2 \cdot 97$ mit $5 = (2 + i)(2 - i)$ und $97 = 81 + 16 = (9 + 4\,i)(9 - 4\,i)$. Nach 30.7 sind also nur die Produktdarstellungen $2425 = z\overline{z}$ mit $z = (2 + i)^2(9 + 4\,i) = 11 + 48\,i$, $z = (2 + i)(2 - i) \cdot (9 + 4\,i) = 45 + 20\,i$ oder $z = (2 - i)^2(9 + 4\,i) = 43 - 24\,i$ zu berücksichtigen. Dies liefert $2425 = 11^2 + 48^2 = 45^2 + 20^2 = 43^2 + 24^2$.

30.17 Die Zahl $3\,c^2$ ist nach 30.6 nicht Summe zweier Quadrate, da sie die Primzahl 3 sicher in ungerader Vielfachheit enthält. (Man kann auch einfach mit 30.4 schließen:

Wegen $a^2 + b^2 \equiv 0, \equiv 1$ oder $\equiv 2$ und $3\,c^2 \equiv 0$ oder $\equiv 3 \bmod 4$ müßte $3\,c^2 \equiv 0 \bmod 4$ sein, also c gerade. Dann ist $a^2 + b^2 \equiv 0 \bmod 4$ und somit sind a, b auch gerade. Indem man die gemeinsamen Faktoren 2 aus a, b, c herauskürzt, kommt man so zu einem Widerspruch.)

30.18 Wegen $(k + 1)^2 - k^2 = 2\,k + 1$ und $(k + 1)^2 - (k - 1)^2 = 4\,k$ ist jede ungerade und jede durch 4 teilbare Zahl Differenz zweier Quadrate. Die verbleibenden Zahlen $c \equiv 2 \bmod 4$ haben keine Darstellung $c = a^2 - b^2$, da nach 30.4 stets $a^2 - b^2 \equiv -1, \equiv 0$ oder $\equiv 1 \bmod 4$ gilt.

30.19 Man kann in der Formel aus 30.11 die Zahlen r und s beliebig (groß) wählen.

30.20 Mit 30.4 sieht man, daß b gerade ist. Wegen der Teilerfremdheit sind dann a und c ungerade. In $(c - a)\,(c + a) = c^2 - a^2 = 2\,b^2$ ist daher einer der Faktoren, etwa $c - a$, durch 4 und der andere durch 2 teilbar. Dann sind $u := (c - a)/4$ und $v := (c + a)/2$ teilerfremd, da ein gemeinsamer Teiler auch $v + 2\,u = c$ und $v - 2\,u = a$ teilt. Wegen $u\,v = (b/2)^2$ gibt es nun nach 30.10 Zahlen r, s mit $u = s^2$ und $v = r^2$. Dies liefert $c = r^2 + 2\,s^2$, $a = r^2 - 2\,s^2$, $b = 2\,r\,s$. Die anderen angegebenen Formeln treten auf, wenn $c + a$ durch 4 teilbar ist. (Man kann auch wie in den Anmerkungen zu 30.11 mit der Ellipse $x^2 + 2\,y^2 = 1$ oder dem faktoriellen Ring $\mathbf{Z}\,[\sqrt{-2}\,]$ schließen).

31.25 Zu 1: Da $X^2 - 2$ das Minimalpolynom von $\sqrt{2}$ über $\mathbf{Q}$ ist, ist $[\mathbf{Q}\,(\sqrt{2}) : \mathbf{Q}] = 2$ nach 31.15. Nun ist $\sqrt{5} \notin \mathbf{Q}\,(\sqrt{2})$: Aus $\sqrt{5} = a + b\,\sqrt{2}$ folgte nämlich $5 = a^2 + 2\,a\,b\,\sqrt{2} + 2\,b^2$, also $\sqrt{2} \in \mathbf{Q}$, falls $a, b \neq 0$, $\sqrt{5} = a \in \mathbf{Q}$, falls $b = 0$, und $\sqrt{10} = 2\,b \in \mathbf{Q}$, falls $a = 0$. Daher ist $X^2 - 5$ das Minimalpolynom von $\sqrt{5}$ auch über $\mathbf{Q}\,(\sqrt{2})$, und 31.15 liefert $[\mathbf{Q}\,(\sqrt{2}, \sqrt{5}) : \mathbf{Q}\,(\sqrt{2})] = 2$. Nach 31.16 gilt nun $[L : \mathbf{Q}] = 2 \cdot 2 = 4$.

Zu 2: Es ist $\sqrt{5} = -\dfrac{1}{6}\,(\sqrt{2} + \sqrt{5})^3 + \dfrac{17}{6}\,(\sqrt{2} + \sqrt{5})$ und $\sqrt{2} = \dfrac{1}{6}\,(\sqrt{2} + \sqrt{5})^3 - \dfrac{11}{6}\,(\sqrt{2} + \sqrt{5})$.

Zu 3: $\sqrt{2} + \sqrt{5}$ ist eine Nullstelle von $X^4 - 14\,X^2 + 9$. Aus Gradgründen muß es sich dabei schon um das Minipolynom handeln.

31.26 Zunächst ist $[\mathbf{Q}\,(\sqrt{2}) : \mathbf{Q}] = 2$. Für jede Nullstelle α von $X^3 - 2$ in $\mathbf{C}$ ist $[\mathbf{Q}\,(\alpha) : \mathbf{Q}] = 3$ nach 31.15. Daher kann $\mathbf{Q}\,(\alpha)$ und somit α selbst nicht in $\mathbf{Q}\,(\sqrt{2})$ liegen. Man erhält so, daß $X^3 - 2$ auch über $\mathbf{Q}\,(\sqrt{2})$ unzerlegbar, also das Minimalpolynom von $\sqrt[3]{2}$ ist. Nun liefern 31.15 und 31.16 sofort $[\mathbf{Q}\,(\sqrt{2}, \sqrt[3]{2}) : \mathbf{Q}] = 3 \cdot 2 = 6$.

31.27 Mit Hilfe des euklidischen Algorithmus gewinnt man $1 = (X - 1) \cdot (X^2 + X + 1) - (X^3 - 2)$. Ersetzt man X durch $\sqrt[3]{2}$, so ergibt sich $(\sqrt[3]{2}^2 + \sqrt[3]{2} + 1)^{-1} = \sqrt[3]{2} - 1$.

31.28 Für jedes $\alpha \in L - K$ ist $[K\,(\alpha) : K]$ einerseits > 1 und andererseits nach 31.16 ein Teiler der Primzahl $[L : K]$. Es folgt $[K\,(\alpha) : K] = [L : K]$, also $K\,(\alpha) = L$.

31.29 Sei $\alpha \neq 0$ aus R. Da $L : K$ algebraisch ist, ist auch α über K algebraisch, und es folgt $K(\alpha) = K[\alpha]$. Da R ein Ring ist, enthält R mit K und α auch $K[\alpha]$. Insgesamt folgt $\alpha^{-1} \in K(\alpha) = K[\alpha] \subset R$.

32.13 Bei der Konstruktion in 32.2 wurde zunächst eine Nullstelle α_1 von f zu K adjungiert. Nach 31.15 ist $[K(\alpha_1) : K] = \operatorname{grad} f_{\alpha_1} \leq \operatorname{grad} f = n$. Dann schrieb man $f = (X - \alpha_1)\,f_1$ mit $f_1 \in (K(\alpha_1))\,[X]$ und $\operatorname{grad} f_1 = n - 1$ und adjungierte eine Nullstelle α_2 von f_1. So kommt man zu $[K(\alpha_1, \alpha_2) : K] = [K(\alpha_1, \alpha_2) : K(\alpha_1)]\,[K(\alpha_1) : K] \leq (n - 1) \cdot n$. Nach n Schritten ergibt sich $[L : K] \leq n!$.

33.20 Wäre $f \in \mathbf{R}[X]$ unzerlegbar mit grad $f \geq 3$, so erhielte man durch Adjunktion einer Nullstelle $\alpha \in \mathbf{C}$ von f zu $\mathbf{R}$ eine Körpererweiterung vom Grad ≥ 3 von $\mathbf{R}$ (nach 31.15). Dies ist wegen 31.16 und $[\mathbf{C} : \mathbf{R}] = 2$ nicht möglich. (Man kann auch 33.19 verwenden: Ist z eine der komplexen Nullstellen von f, so auch $\bar{z}$. Dann ist $(X - z)(X - \bar{z})$ $= X^2 - (z + \bar{z})X + z\bar{z} \in \mathbf{R}[X]$ ein Teiler von f, also f nicht unzerlegbar für grad $f \geq 3$.)

33.21 Sei φ ein $\mathbf{R}$-Automorphismus von $\mathbf{C}$. Wegen $\varphi(i)^2 = \varphi(i^2) = \varphi(-1) = -1$ muß dann $\varphi(i) = i$ oder $\varphi(i) = -i$ sein. Da $\varphi(a) = a$ ist für $a \in \mathbf{R}$, folgt $\varphi(a + ib)$ $= \varphi(a) + \varphi(i)\varphi(b) = a + \varphi(i)b$, also $\varphi(a + ib) = a + ib$ oder $\varphi(a + ib) = a - ib$ für alle $a + ib \in \mathbf{C}$.

33.22 Sei $z = a + ib \in \mathbf{A}$ mit $a, b \in \mathbf{R}$. Dann ist auch $\bar{z}$ algebraisch über $\mathbf{Q}$ mit demselben annullierenden Polynom (vgl. 33.19). Wegen $i \in \mathbf{A}$ liegen jetzt $a = (1/2)(z + \bar{z})$ und $b = (1/2i)(z - \bar{z})$ nach 31.23 ebenfalls in $\mathbf{A}$, also sogar in $\mathbf{A} \cap \mathbf{R}$. Es folgt $\mathbf{A} = (\mathbf{A} \cap \mathbf{R})[i]$. Wegen $i \notin \mathbf{R}$ und $i^2 = -1 \in \mathbf{A} \cap \mathbf{R}$ ist $[\mathbf{A} : (\mathbf{A} \cap \mathbf{R})] = 2$.

33.23 Die n-ten Einheitswurzeln sind die Nullstellen von $X^n - 1$. Nach dem Vietaschen Wurzelsatz ist ihre Summe nun gleich dem (-1)-fachen des Koeffizienten von X^{n-1} in diesem Polynom, also gleich 0, und ihr Produkt gleich dem konstanten Term $- 1$

von $X^n - 1$, multipliziert mit $(-1)^n$. (Man kann auch $1 + \epsilon_n + \ldots + \epsilon_n^{n-1} = \dfrac{\epsilon_n^n - 1}{\epsilon_n - 1}$

$= \dfrac{1 - 1}{\epsilon_n - 1} = 0$ und $1 \cdot \epsilon_n \ldots \epsilon_n^{n-1} = \epsilon_n^{(n-1)n/2} = (\epsilon_n^{n/2})^{n-1} = (-1)^{n-1}$ direkt ausrechnen.)

34.13 Die Abbildung $f : \mathbf{Z} \to \mathbf{R}$ mit $f(z) := z \cdot 1_R$ ist ein Ringhomomorphismus. Wegen $1_R = f(1_{\mathbf{Z}}) \in f(\mathbf{Z})$ ist $f(\mathbf{Z}) \neq \{0\}$. Als Gruppe von Primzahlordnung besitzt $(R, +)$ keine echten Untergruppen. Es folgt $f(\mathbf{Z}) = R$ und daher $\mathbf{Z}/\mathrm{Kern}\, f \cong R$. Der einzige Restklassenring von $\mathbf{Z}$ mit p Elementen ist aber der Körper $\mathbf{Z}/\mathbf{Z}\,p$.

34.14 Wir gehen wie bei 33.23 vor: Die Elemente $\neq 0$ von K sind genau die Nullstellen eines Polynoms $X^{p^n - 1} - 1$ (vgl. 34.7 und 34.8). Daher liefert der Vietaschen Wurzelsatz die Behauptung. (Man kann auch die Zyklizität von K^* verwenden und den zweiten Beweis von 33.23 übertragen.)

34.15 Sei k der Primkörper von K. Dann ist $[K : k] = n$ nach 34.7. Ist nun L ein Unterkörper von K mit p^m Elementen, so muß $[L : k] = m$ nach 31.16 ein Teiler von $[K : k] = n$ sein. Ist umgekehrt m ein Teiler von n, so ist $p^m - 1$ ein Teiler von $p^n - 1$ und somit $f := X^{p^m - 1} - 1$ ein Teiler von $g := X^{p^n - 1} - 1$ (vgl. Beweis zu 34.12). Daher enthält K als Zerfällungskörper von $X \cdot f$ den p^m-elementigen Zerfällungskörper von $X \cdot g$.

35.19 Wegen der Teilerfremdheit von m und n gibt es nach dem Lemma von Bezout $r, s \in \mathbf{Z}$ mit $1 = rm + sn$, also mit $360/mn = r(360/n) + s(360/m)$. Aus den gegebenen Zentriwinkeln des regulären n-Ecks und m-Ecks erhält man also durch mehrfaches Abtragen den gesuchten Zentriwinkel des regulären mn-Ecks.

35.20 Als Zentriwinkel des regulären Dreiecks bzw. Fünfecks sind Winkel von $120°$ bzw. $72°$ konstruierbar. Durch mehrfaches Halbieren erhält man daraus die Winkel $15°$ bzw. $18°$ und dann durch Abtragen auch $3° = 18° - 15°$ sowie schließlich $k \cdot 3°, k \in \mathbf{N}$.

Ist n nicht durch 3 teilbar, also $n = k \cdot 3 + r$ mit $r = 1$ oder $r = 2$, so wäre mit dem Winkel $n°$ auch der Winkel $r° = n° - k \cdot 3°$ und dann durch mehrfaches Aneinanderlegen der Winkel $20°$ konstruierbar im Widerspruch zu 35.11.

35.21 Mit dem Winkel $\alpha = 360°/n$ ist das reguläre n-Eck gegeben. Da das reguläre Dreieck ohne weiteres konstruierbar ist, ist nach 35.19 (mit $m = 3$) daraus das reguläre 3 n-Eck und somit dessen Zentriwinkel $\alpha/3$ konstruierbar.

35.22 Mit den Bezeichnungen von Abb. 35.4 gilt für die im Spezialfall $a = c = w_\alpha = 1$ gleichschenkligen Dreiecke A B C und A B D jetzt $2\alpha + \beta = 180°$ und $2\beta + \alpha/2 = 180°$. Auflösen nach α liefert $\alpha = 360°/7$. Wäre also das angegebene Dreieck konstruierbar, so auch der Zentrumswinkel des regulären 7-Ecks (allein aus der Einheitsstrecke) im Widerspruch zu 35.15.

36.28 Wir gehen wie im Beweis von 36.24 vor: Nach 36.15 hat $f := X^5 - q^2 X - q$ $\in \mathbf{Q}[X]$ die nicht auflösbare Galoisgruppe $\mathfrak{S}_5$, da man wie im Beweis zu 36.16 zeigen kann, daß f genau 3 reelle und 2 nichtreelle Nullstellen besitzt: Dabei verwendet man einerseits den Zwischenwertsatz und $f(-q) = -q^5 + q^3 - q < 0$, $f(-1) = -1 + q^2 - q > 0$, $f(0) = -q < 0$, $f(q) = q^5 - q^3 - q > 0$ sowie andererseits den Satz von Rolle und die Tatsache, daß $f' = 5X^4 - q^2$ nur die beiden reellen Nullstellen $x = \pm \sqrt{q}/\sqrt[4]{5}$ hat. Die Unzerlegbarkeit von f folgt wieder mit 26.20.

36.29 Nach der Produktregel ist

$$f' = \sum_{i=1}^{n} (X - \alpha_1) \ldots (X - \alpha_{i-1})(X - \alpha_{i+1}) \ldots (X - \alpha_n),$$

also
$$f'(\alpha_i) = (\alpha_i - \alpha_1) \ldots (\alpha_i - \alpha_{i-1})(\alpha_i - \alpha_{i+1}) \ldots (\alpha_i - \alpha_n)$$
$$= (-1)^{i-1}(\alpha_1 - \alpha_i) \ldots (\alpha_{i-1} - \alpha_i)(\alpha_i - \alpha_{i+1}) \ldots (\alpha_i - \alpha_n)$$

und somit
$$f'(\alpha_1) \ldots f'(\alpha_n) = (-1)^0 \ldots (-1)^{n-1} \prod_{i<j} (\alpha_i - \alpha_j)^2 = (-1)^{(n-1)n/2} D(f).$$

36.30 Es seien $\alpha_1, \ldots, \alpha_r$ die reellen sowie $\beta_1, \ldots, \beta_s, \overline{\beta}_1, \ldots, \overline{\beta}_s$ die nichtreellen Nullstellen von f. Dann gilt

$$D(f) = \prod_{i<j} (\alpha_i - \alpha_j)^2 \cdot \prod_{i,\mu} (\alpha_i - \beta_\mu)^2 (\alpha_i - \overline{\beta}_\mu)^2 \cdot \prod_{\mu<\nu} (\beta_\mu - \beta_\nu)^2 (\overline{\beta}_\mu - \overline{\beta}_\nu)^2$$
$$\cdot \prod_{\mu,\nu} (\beta_\mu - \overline{\beta}_\nu)^2.$$

Wegen $D(f) \neq 0$ sind alle vier Produkte $\neq 0$. Das erste Produkt ist als Quadrat einer reellen Zahl $\neq 0$ positiv. Da $\prod_{i,\mu} (\alpha_i - \beta_\mu)(\alpha_i - \overline{\beta}_\mu)$ und $\prod_{\mu<\nu} (\beta_\mu - \beta_\nu)(\overline{\beta}_\mu - \overline{\beta}_\nu)$ beim Konjugieren in sich übergehen, also reell sind, sind ebenso das zweite und dritte Produkt positiv. Genau dann ist somit $D(f)$ positiv, wenn das vierte Produkt a^2 positiv ist, wobei

$$a := \prod_{\mu,\nu=1}^{s} (\beta_\mu - \overline{\beta}_\nu)$$

gesetzt ist. Nun gilt $\overline{a} = \prod_{\mu,\nu=1}^{s} (\overline{\beta}_\mu - \beta_\nu) = (-1)^{s^2} \cdot a$.

Für gerades s ist a daher reell, also $a^2 > 0$, und für ungerades s ist a reinimaginär, also $a^2 < 0$.

Literatur (Auswahl)

Algebra

F i s c h e r, G.; S a c h e r, R.: Einführung in die Algebra. 2. Aufl. Stuttgart 1978
H o r n f e c k, B.: Algebra. 3. Aufl. Berlin-New York 1976
K ö r n e r, O.: Algebra. Frankfurt 1974
R e i f f e n, H.-J.; S c h e j a, G.; V e t t e r, U.: Algebra. Mannheim 1969
v a n d e r W a e r d e n, B. L.: Algebra I. 8. Aufl. Berlin-Heidelberg-New York 1971

Weiterführend sind:

J a c o b s o n, N.: Basic Algebra I. San Francisco 1974
L a n g, S.: Algebra. 4. Aufl. Reading, Mass., 1971
M e y b e r g, K.: Algebra I, II. München 1975, 1976
S c h e j a, G.; S t o r c h , U.: Lehrbuch der Algebra. Stuttgart (in Vorbereitung)
v a n d e r W a e r d e n, B. L.: Algebra II. 5. Aufl. Berlin-Heidelberg-New York 1967

Aufgabensammlungen:

A y r e s, F.: Theory and Problems of Modern Algebra. Schaum's Outline Series.
New York 1965
K a i s e r, H.: L i d l, R.; W i e s e n b a u e r, J.: Aufgabensammlung zur
Algebra. Frankfurt 1975
M e y b e r g, K.: Aufgaben und Lösungen zur Algebra. München (in Vorbereitung)

Zahlentheorie

A i g n e r, A.: Zahlentheorie, Berlin-New York 1975
H a r d y, G. H.; W r i g h t, E. M.: Einführung in die Zahlentheorie. München 1958
S t a r k, H. M.: An Introduction to Number Theory. Chicago 1970

Weiterführend sind:

B o r e w i c z, S. I.; Š a f a r e v i č, I. R.: Zahlentheorie, Basel-Stuttgart 1966
H a s s e, H.: Vorlesungen über Zahlentheorie. 2. Aufl. Berlin-Heidelberg-New York
1964

Gruppentheorie

K o c h e n d ö r f f e r, R.: Lehrbuch der Gruppentheorie unter besonderer
Berücksichtigung der endlichen Gruppen. Leipzig 1966
Z a s s e n h a u s, H.: The Theory of Groups. 2. Aufl. Göttingen 1958

Weiterführend sind:

H a l l, M.: The Theory of Groups. New York 1959
H u p p e r t, B.: Endliche Gruppen I. Berlin-Heidelberg-New York 1967

Aufgabensammlung:

B a u m s l a g, B.; C h a n d l e r, B.: Theory and Problems of Group Theory. Schaum's Outline Series. New York 1968

Lineare Algebra

F i s c h e r, G.: Lineare Algebra. Reinbek bei Hamburg 1975
K o w a l s k y, H.-J.: Lineare Algebra. 7. Aufl. Berlin-New York 1975
O e l j e k l a u s, E.; R e m m e r t, R.: Lineare Algebra I. Berlin-Heidelberg-New York 1974

Aufbau des Zahlsystems

C o h e n, L. W.; E h r l i c h, G.: The Structure of the Real Number System. Princeton, N. J. 1963
O b e r s c h e l p, A.: Aufbau des Zahlsystems. 2. Aufl. Göttingen 1972

Mengenlehre

H a l m o s, P. R.: Naive Mengenlehre. 4. Aufl. Göttingen 1976

Elementarere und didaktische Literatur zu verschiedenen Themen

A l e x a n d r o f f, P. S.: Einführung in die Gruppentheorie. 7. Aufl. Berlin 1971
A n d e l f i n g e r, B.: Mathematik S2, Kursheft Algebraische Strukturen und elementare Zahlentheorie (bearb. von K. Radbruch). Freiburg 1975
A r t m a n n, B.: Einführung in die neuere Algebra. Göttingen 1973
B i e b e r b a c h, L.: Theorie der geometrischen Konstruktionen. Basel-Stuttgart 1952
S c h e i d, H.: Einführung in die Zahlentheorie. Stuttgart 1972
S t e i n e r, H.-G.: Elementare Beweise zum Fundamentalsatz der Algebra. Eine didaktische Analyse. Math.-Unterr. **10** (1964) H. 2, 60 bis 93
—: Äquivalente Fassungen des Vollständigkeitsaxioms. Math. Phys. Semesterber. **XIII** (1966) 180 bis 201
W e i s s, E.: First Course in Algebra and Number Theory. London-New York 1971
W i e b e, H.: Bemerkungen über g-adische Darstellungen von Brüchen. Math. Phys. Semesterber. **XXIII** (1976) 251 bis 261

Hefte der Zeitschrift „Der Mathematikunterricht":

Mathematische Strukturen im Unterricht. **11** (1965) H. 1
Der Gruppenbegriff im Unterricht. **12** (1966) H. 2
Die natürlichen Zahlen I. **13** (1967) H. 3
Gruppentheorie. Anwendungen. **16** (1970) H. 3
Reelle Zahlen. **19** (1973). H. 3
Anwendungen der Gruppentheorie. **22** (1976) H. 6

Sachverzeichnis

Teubner Studienbücher

Mathematik

Böhmer: **Spline-Funktionen**
Theorie und Anwendungen. 340 Seiten. DM 28,80

Clegg: **Variationsrechnung**
138 Seiten. DM 17,80

Collatz: **Differentialgleichungen**
Eine Einführung unter besonderer Berücksichtigung der Anwendungen
5. Aufl. 226 Seiten. DM 22,80 (LAMM)

Collatz/Krabs: **Approximationstheorie**
Tschebyscheffsche Approximation mit Anwendungen. 208 Seiten. DM 28,—

Constantinescu: **Distributionen und ihre Anwendung in der Physik**
144 Seiten. DM 18,80

Fischer/Sacher: **Einführung in die Algebra**
2. Aufl. 240 Seiten. DM 18,80

Grigorieff: **Numerik gewöhnlicher Differentialgleichungen**
Bd. 1: Einschrittverfahren. 202 Seiten. DM 16,80
Bd. 2: Mehrschrittverfahren. 411 Seiten. DM 29,80

Hainzl: **Mathematik für Naturwissenschaftler**
2. Aufl. 311 Seiten. DM 29,— (LAMM)

Hilbert: **Grundlagen der Geometrie**
12. Aufl. VII, 271 Seiten. DM 22,80

Jaeger/Wenke: **Lineare Wirtschaftsalgebra**
Eine Einführung
Bd. 1: XVI, 174 Seiten. DM 19,80 (LAMM)
Bd. 2: IV, 160 Seiten. DM 19,80 (LAMM)

Kall: **Mathematische Methoden des Operations Research**
Eine Einführung. 176 Seiten. DM 22,80 (LAMM)

Kochendörffer: **Determinanten und Matrizen**
IV, 148 Seiten. DM 17,80

Kohlas: **Stochastische Methoden des Operations Research**
192 Seiten. DM 24,80 (LAMM)

Krabs: **Optimierung und Approximation**
208 Seiten. DM 25,80

Teubner Studienbücher

Stiefel: **Einführung in die numerische Mathematik**
5. Aufl. 292 Seiten. DM 24,80 (LAMM)

Stummel/Hainer: **Praktische Mathematik**
299 Seiten. DM 28,80

Topsøe: **Informationstheorie**
Eine Einführung. 88 Seiten. DM 12,80

Velte: **Direkte Methoden der Variationsrechnung**
Eine Einführung unter Berücksichtigung von Randwertaufgaben bei partiellen
Differentialgleichungen. 198 Seiten. DM 25,80 (LAMM)

Walter: **Biomathematik für Mediziner**
148 Seiten. DM 14,80

Witting: **Mathematische Statistik**
Eine Einführung in Theorie und Methoden. 3. Aufl. 223 Seiten. DM 26,80 (LAMM)

Preisänderungen vorbehalten